河北省马铃薯产区耕地质量演变与提升

河北省耕地质量监测保护中心　编著

中国农业出版社
北　京

图书在版编目（CIP）数据

河北省马铃薯产区耕地质量演变与提升/河北省耕地质量监测保护中心编著.—北京：中国农业出版社，2020.12

ISBN 978-7-109-27830-1

Ⅰ.①河… Ⅱ.①河… Ⅲ.①马铃薯—产区—耕地—土壤—分析 Ⅳ.①S532.61

中国版本图书馆 CIP 数据核字（2021）第 019472 号

中国农业出版社出版

地址：北京市朝阳区麦子店街 18 号楼

邮编：100125

责任编辑：贺志清

版式设计：杜　然　　责任校对：吴丽婷

印刷：化学工业出版社印刷厂

版次：2020 年 12 月第 1 版

印次：2020 年 12 月北京第 1 次印刷

发行：新华书店北京发行所

开本：787mm×1092mm　1/16

印张：20

字数：400 千字

定价：100.00 元

编　委　会

前言 PREFACE

马铃薯是全球第四大粮食作物，据粮农组织统计数据库2013年统计结果显示，中国马铃薯种植面积和总产量位居世界首位，但单产量排第93位，中国马铃薯单产需进一步提升。2015年我国启动了马铃薯主粮化战略，中央财政拨付专项资金启动了“马铃薯主粮化关键技术体系研究与示范”公益性行业（农业）科研专项项目。2016年，农业部制定《农业部关于推进马铃薯产业开发的指导意见》指出，到2020年中国马铃薯种植面积将扩大到1亿亩以上，平均单产提高到每亩1.3 t，优质脱毒种薯普及率45%，适宜主食加工品种种植比例30%，主食消费占马铃薯总消费量的30%。2017年中央1号文件明确指出“继续调减非优势区籽粒玉米，增加优质食用大豆、薯类、杂粮杂豆”。随着新一轮种植结构的调整，在国家新型粮食安全战略、农业供给侧结构性改革和马铃薯主食化的大背景下，马铃薯产业发展步伐将日益加快。

为摸清河北省马铃薯产区耕地地力演变规律，做好产区耕地质量等级研究，优化马铃薯种植结构，推动耕地质量等级提升，通过对2009—2018年十年间耕地质量野外调查和化验数据分析、比对，根据《耕地质量划分规范》（NY/T 2872—2015）、《耕地地力调查与质量评价技术规程》（NY/T 1634—2008）、《全国耕地质量等级评价指标体系》要求，利用信息技术评价马铃薯产区耕地质量等级面积及分布等，编写了《河北省马铃薯产区耕地质量演变与提升》。

为使耕地质量等级评价结果更具代表性，根据马铃薯种植制度，将河北省马铃薯产区分为一作区和二作区，筛选全面反映耕地质量的主导评价因子，分别制定区域评价指标体系。一作区选取16个评价指标，二作区选取18个评价指标，利用地理信息（GIS）和卫星定位（GPS）技术手段，以耕地资源管理单元为基础，采用特尔斐法、模糊数学、层次分析等多种方法确定各指标隶属函数和权重，计算耕地资源管理单元综合得分，依据评价指数划分标准计算耕地质量等级。研究结果反映了河北省马铃薯产区耕地质量等级空间分布、耕地质量评价因子属性特征及状况水平，为全省马铃薯产区种植结构调整、耕地合理利用、耕地质量保护与提升提供了科学依据。

尽管编著者花费了大量时间和精力，但由于数据庞大，编者水平有限，不足之处在所难免，敬请广大读者批评指正。

编　者

2020年10月

目录

CONTENTS

第一章 马铃薯产区概况

第一节　国内外产区概况

一、世界马铃薯的生产区域概况

（一）世界马铃薯的分布和种植面积

马铃薯（*Solanum tuberosum* L.）又称土豆、洋山芋、山药蛋、洋芋、薯仔等，属茄科一年生草本植物，其块茎可供食用。马铃薯是全球第四大重要的粮食作物，仅次于小麦、水稻和玉米。马铃薯原产于南美洲秘鲁与玻利维亚境内的安第斯山脉，人工栽培史最早可追溯到公元前8000—前5000年的秘鲁南部地区。世界马铃薯生产重心正在自西向东、由发达国家向发展中国家转移。在世界范围内，从南纬47°至北纬65°的地区均种植马铃薯，其中有2个较为集中的区域：一是北纬23°至北纬34°之间，主要分布在恒河平原、中国西南和埃及等地区，多为冬作马铃薯，约占世界马铃薯种植面积的19%；另一是北纬44°至北纬58°之间，主要集中在西欧北海沿岸、东欧、中国西北和北美部分地区，约占世界马铃薯种植面积的52%（Hijmans，2001；刘洋等，2014）。

魏延安（2005）认为，世界马铃薯产业发展存在严重的不平衡性，亚非国家已成为推动世界马铃薯产业发展的重要力量。目前，全球大约有160个国家或地区种植马铃薯，种植面积约为1 870万～1 920万 hm^2，总产量3.2亿～3.4亿t（高明杰等，2011）。中国、俄罗斯、印度、乌克兰、波兰、孟加拉、美国、白俄罗斯、秘鲁、尼日利亚是世界马铃薯种植面积位居前10的国家，其中前4个国家马铃薯种植面积均在100万 hm^2 以上，占世界总种植面积的56.28%（表1-1）。

表1-1　世界主要国家马铃薯生产情况

前10国	种植面积（万 hm^2）	前10国	总产量（万t）	前10国	单产（t/hm^2）
中国	520.76	中国	8 159.42	新西兰	46.51
俄罗斯	210.76	印度	3 657.73	美国	44.95
印度	183.53	俄罗斯	2 114.05	英国	43.88
乌克兰	141.19	乌克兰	1 870.50	荷兰	43.60
波兰	49.09	美国	1 833.75	法国	43.06
孟加拉	43.50	德国	1 020.19	比利时	42.27

（续）

前10国	种植面积（万 hm^2）	前10国	总产量（万 t）	前10国	单产（t/hm^2）
美国	40.79	波兰	876.60	德国	39.98
白俄罗斯	36.68	孟加拉	793.00	瑞士	38.70
秘鲁	28.99	白俄罗斯	783.11	丹麦	35.27
尼日利亚	26.89	法国	721.62	澳大利亚	35.13
世界	1 876.92	世界	33 426.25	世界	17.81

注：数据来源于粮农组织统计数据库，2013年。

（二）世界马铃薯的总产和单产水平

从总产量水平看，中国、印度、俄罗斯、乌克兰、美国、德国、波兰、孟加拉、白俄罗斯、法国是世界马铃薯产量最多的前10个国家，其中前5个国家马铃薯产量均在1 800万 t 以上（表1-1）。中国马铃薯种植面积最大，总产量位居世界之首，但单产排名并未进入前10位，单产排在第93位，说明中国马铃薯的单产水平还需要进一步提升。

从单产水平看，欧洲、北美和大洋洲是世界马铃薯生产水平较高的地区。新西兰、美国、英国、荷兰、法国、比利时、德国、瑞士、丹麦、澳大利亚是世界马铃薯单产最高的前10个国家，产量均在35t/hm^2以上。

（三）世界马铃薯进出口及用途

世界主要马铃薯进出口产品包括商品薯、种薯、冷冻马铃薯、马铃薯淀粉类（马铃薯细粉、团粒和淀粉）、非醋方法制作或保藏的冷冻马铃薯和未冷冻马铃薯。2016年，在世界马铃薯进出口贸易中，商品薯的进口量和出口量均居首位，进出口比例均在45%以上（表1-2）。冷冻马铃薯出口量位居前5位国家分别为比利时、荷兰、美国、加拿大、法国。马铃薯淀粉出口量位居前5的国家分别为德国、荷兰、美国、比利时、丹麦。

表1-2 世界马铃薯进出口总量和比例

进出口情况	商品薯	非醋方法制作或保藏的冷冻马铃薯	种薯	马铃薯淀粉类	非醋方法制作或保藏的未冷冻马铃薯	冷冻马铃薯	合计
进口量（万 t）	1 036.5	774.1	147.8	144.1	85.2	42.7	2 230.4
进口比例（%）	46.47	34.71	6.63	6.46	3.82	1.91	100
出口量（万 t）	1 026.3	850.5	166.0	102.7	104.2	19.9	2 269.6
出口比例（%）	45.22	37.47	7.31	4.53	4.59	0.88	100

注：数据来源于2016年中国马铃薯大会论文集。

世界发达国家的马铃薯加工食品占比高、种类多、鲜食少。国外马铃薯加工产品类型主要包括：油炸薯片、薯条、薯泥、淀粉、饲料、酒精等，加工业具有体系完整、集中度高、品种丰富、生产规模大、自动化水平高、工艺设备先进、综合利用率高等特点。据统计，美国在2013年马铃薯加工食品消费量达70%以上（中国农机院赴美考察组），以马铃薯为原料的加工食品种类繁多，约占整个美国食品市场的 31.7%，主要包括速冻马铃薯、薯条、脱水马铃薯与马铃薯罐头。美国约有 300 多个企业生产油炸马铃薯片，再加上用来加工成淀粉、饲料和酒精等产品，加工量已占到马铃薯产量的 85%左右。

法国仅粉状干马铃薯泥的年生产量就接近 1.2 万 t，占马铃薯加工转化总量的 45%。英国马铃薯制品用于食品工业的占 78%，以冷冻马铃薯制品最多，也有用于制糖、冷冻食品、果蔬制品、啤酒及肉类加工等。荷兰马铃薯鲜食仅占 5%，而全国 3/4 的马铃薯进行深加工成食品或提取淀粉。日本用于加工的马铃薯占总产量的 75%，加工产品主要有冷冻马铃薯产品、薯条（片）、薯泥、薯泥复合制品、淀粉以及全粉等，其中用于加工食品和淀粉的马铃薯占总产量的 66%。

二、中国马铃薯的生产区域概况

马铃薯引种到中国最早是在明朝万历年间，距今 400 年左右（佟屏亚，1990）。虽然栽培历史不长，但 19 世纪初马铃薯已在陕南、鄂西、甘南等地广泛种植，成为主食和救灾的重要作物（谢从华，2012）。据统计资料显示，1961 年，我国马铃薯种植面积为 130 万 hm^2，产量为 1 291 万 t，仅占世界马铃薯产量的 4.77%。随着马铃薯生产技术的提高，1990 年之后，我国马铃薯种植面积和产量得到快速提升。2000 年至今是马铃薯产业调整期，其主要品种、产业结构呈多样化发展趋势，特点是注重马铃薯品质的改善与提升，其播种面积和产量有波动。

对比 2009—2018 年 10 年间我国马铃薯生产情况（表 1-3），马铃薯播种面积 2018 年最少，达 475.807 万 hm^2；2012 年最多，达 503.077 万 hm^2；2012 年最多播种面积比 2018 年最少播种面积相差 27.27 万 hm^2，增加了 5.73%；2018 年我国马铃薯播种面积较 2012 年略有下降，降至 475.807 万 hm^2。全国马铃薯总产量 2009 年最低，为 1 396.69 万 t；2018 年最高，为 1 798.37 万 t；2018 年马铃薯最高产量与 2009 年最低产量相差 401.68 万 t，提高了 28.8%。单位面积产量稳步提高，2009 年最低为 2 882.62kg/hm^2，2018 年最高为 3 779.62kg/hm^2，2018 年较 2009 年马铃薯单产提高 897kg/hm^2，提升了 31.12%。

表 1-3　2009—2018 年全国马铃薯播种面积、总产量和单产汇总

年份	播种面积（万 hm^2）	总产量（万 t）	单产（kg/hm^2）
2009	484.520	1 396.69	2 882.62
2010	488.574	1 530.63	3 132.85
2011	501.130	1 631.46	3 255.55
2012	503.077	1 687.17	3 353.69
2013	502.576	1 717.59	3 417.57
2014	491.041	1 683.11	3 427.63
2015	478.558	1 645.33	3 438.1
2016	480.240	1 698.57	3 536.91

（续）

年份	播种面积（万 hm^2）	总产量（万 t）	单产（kg/hm^2）
2017	485.992	1 769.63	3 641.28
2018	475.807	1 798.37	3 779.62

注：数据来源于国家统计局网站。

我国马铃薯生产区域主要集中在西部地区，近年来生产省（自治区、直辖市）并未发生大的变化。据统计，2009 年中国马铃薯主要分布在内蒙古、甘肃、贵州、四川、云南和重庆等省（自治区、直辖市），以上 6 省份种植面积分别占全国马铃薯种植面积的 13%、13%、13%、11%、10%和 6%，共计 66%。

2018 年中国马铃薯主要分布在贵州、四川、甘肃、云南、内蒙古和重庆等省（自治区、直辖市），以上 6 省份播种面积分别占全国马铃薯种植面积的 15%、14%、12%、10%、7%和 7%，共计 65%。2018 年与 2009 相比，各省份马铃薯播种面积与在全国占比无明显变化。

2009 年马铃薯总产量居前 6 位的是四川、甘肃、内蒙古、贵州、云南和重庆，其产量分别为 210.3 万 t、191.4 万 t、157.2 万 t、153.5 万 t、151.8 万 t、107 万 t；总产量占全国总产量的比例分别是 14.36%、13.07%、10.73%、10.48%、10.36%、7.3%。6 省份马铃薯产量合计约占全国总产量的 66.3%。

2018 年马铃薯总产量居前 6 位的是四川、贵州、甘肃、内蒙古、云南和重庆，其产量分别为 282.9 万 t、241.36 万 t、202.33 万 t、149.51 万 t、148.7 万 t、118.55 万 t；总产量占全国总产量的比例分别是 15.73%、13.42%、11.25%、8.31%、8.27%、6.59%。6 省份马铃薯产量合计约占全国总产量的 63.58%。

三、我国马铃薯种植区划

随着马铃薯产业的迅速发展，我国马铃薯栽培形成了区域相对集中、各具特色的四大优势区域：北方一季作区、中原二季作区、西南一二季混作区和南方冬作区。农业部在《马铃薯优势区域布局规划（2009—2015）》中也明确指出了我国马铃薯的 4 个优势分区。

北方一作区是我国马铃薯最大主产区，主要包括东北地区的黑龙江、吉林和辽宁省除辽东半岛以外的大部，华北地区的河北北部、山西北部、内蒙古自治区全部以及西北地区的陕西北部、宁夏、甘肃、青海全部和新疆的天山以北地区，种植面积占全国的 49%左右，是我国主要的种薯产地和加工原料薯生产基地。中原两作区主要包括辽宁、河北、山西、陕西 4 省的南部，河南、山东、江苏、浙江、安徽和江西等省，种植面积占全国的 5%左右。西南一、二季混合区是我国马铃薯种植面积增长最快的产区，主要包括云南、贵州、四川、重庆、西藏等省（自治区、直辖市）、湖南和湖北西部地区，以及陕西的安康市，种植面积占全国的 39%左右。南方冬作区主要包括江西南部、湖南和湖北东部、广西、广东、福建、海南和台湾等省（自治区），该区域利用水稻等作物收获后的冬闲田种植马铃薯，在出口和早熟鲜食方面效益显著，近年来种植面积迅速扩大，且有较大潜力，马铃薯种植面积占全国的7%左右。

汇总2016—2018年3年全国马铃薯播种面积、总产量、单位面积产量数据，从表1-4可以看出，马铃薯播种面积最大的是贵州省，达70.59万 hm^2，之后依次为四川和甘肃省，安徽省最少；我国马铃薯产量最高的省份是四川，达282.29万t，其后依次是贵州和甘肃省，分别为231.55万t和193.20万t；单位面积产量居于前3位的是吉林省、新疆维吾尔自治区和河北省。

表1-4 河北省在全国马铃薯种植面积、总产量和单产中的位次（2016—2018年平均）

地区	播种面积（万 hm^2）	位次	总产（万t）	位次	单产（kg/hm^2）	位次
河北	16.285	9	99.07	7	6 082.53	3
内蒙古	41.078	5	140.44	5	3 477.27	15
湖北	20.656	8	63.17	10	3 059.68	19
重庆	33.463	6	117.48	6	3 510.78	14
贵州	70.590	1	231.55	2	3 279.51	17
云南	47.162	4	146.48	4	3 105.88	18
甘肃	56.334	3	193.20	3	3 428.66	16
青海	8.688	13	35.12	14	4 041.34	11
新疆	1.876	22	12.91	22	6 875.33	2
黑龙江	15.818	11	77.66	9	4 909.24	6
四川	67.928	2	282.29	1	4 155.80	9
山西	16.281	10	41.08	11	2 529.04	22
陕西	30.417	7	78.54	8	2 581.07	21
吉林	5.448	17	39.00	12	7 228.74	1
湖南	7.222	14	32.28	16	4 480.13	8
福建	4.592	19	18.99	19	4 134.04	10
广东	5.076	18	24.56	17	4 839.34	7
宁夏	11.731	12	35.26	13	3 016.21	20
浙江	4.038	20	16.11	20	3 977.01	12
辽宁	6.012	15	33.94	15	5 637.37	4
广西	5.606	16	13.97	21	2 490.99	23
安徽	0.457	23	1.56	23	3 904.07	13
江西	3.699	21	19.71	18	5 328.66	5

注：资料来源于国家统计局网站（http：//data.stats.gov.cn/）。

四、我国马铃薯产业政策

2015年我国启动了马铃薯主粮化战略，马铃薯成为我国继小麦、水稻和玉米之外的第四大主粮作物。我国同时启动了“马铃薯主粮化关键技术体系研究与示范”公益性行业（农业）科研专项项目，中央财政提供专项资金支持。

2016 年，农业部制定了《农业部关于推进马铃薯产业开发的指导意见》。《指导意见》指出，到 2020 年，中国马铃薯种植面积将扩大到 666.67 万 km^2（1 亿亩）① 以上，平均单产提高到每亩 1.3t，总产达到 1.3 亿 t 左右，优质脱毒种薯普及率达 45%，适宜主食加工的品种种植比例达 30%，主食消费占马铃薯总消费量的 30%。《指导意见》的颁布，促使我国马铃薯收获面积稳步增长，同时我国马铃薯产业进入从数量增长向稳定规模、提升质量的发展阶段。

2017 年中央 1 号文件明确指出“继续调减非优势区籽粒玉米，增加优质食用大豆、薯类、杂粮杂豆”。马铃薯作为新一轮种植结构调整特别是“镰刀弯”地区玉米结构调整理想的替代作物之一，在国家新型粮食安全战略、农业供给侧结构性改革和马铃薯主食化的大背景下，马铃薯产业发展步伐日益加快。

五、我国马铃薯加工业现状

中国马铃薯人均消费量远低于欧美等地的马铃薯消费大国。据报道，全世界人均年消费马铃薯 32kg，发达国家人均消费 74kg，欧洲一些国家马铃薯人均消费更高，达 80～100kg，而我国人均消费仅为 11.7kg。主要原因是：发达国家马铃薯食用形式多样，主要为马铃薯加工制品，欧美等发达国家的马铃薯加工比例高达 80%，其加工制品有薯条、薯泥、脱水薯片（泥、条）、全粉等；而我国以鲜食马铃薯为主，主要制品有速冻薯条、各类薯片及粉丝、淀粉、变性淀粉、全粉、粉条等，马铃薯加工制品约占总量的 12%，与发达国家消费比例有较大差距。

我国食用马铃薯加工行业多年持续低迷，一方面是配套加工技术受限，另一方面优质的加工型品种缺乏，限制了加工制品的种类。国家政策助推马铃薯加工产业的发展。2016 年，中央将“积极推进马铃薯主食开发”列入中央 1 号文件。随着马铃薯主食化工作的不断推进，除传统的淀粉、粉条（丝、皮）、薯条、薯片、薯泥等以外，以科技创新驱动的马铃薯主食化产品也在市场上相继出现，包括马铃薯全粉占比 40%的馒头、35%的面条、15%的米粉等。还出现了一些以全粉为主要原料制成的各种马铃薯糕点、膨化食品、固体饮料等新形式产品。此外，具有地域特色的马铃薯产品研制工作也开展起来，如马铃薯馕、丝糕、饸饹面等。即便如此，中国马铃薯仍未改变以鲜食为主，加工食品比例低，产品种类少的现状，中国马铃薯食品与发达国家相比尚有一定差距，中国目前马铃薯加工量约占总量的 12%。虽然政府给予大力支持，但中国马铃薯加工产业发展依然面临着较为严峻的形势。

中国马铃薯食品加工产业的规模将进一步扩大，马铃薯产品种类、生产技术和加工水平都将更符合中国消费者的需求。在解决马铃薯加工技术及设备等硬件配置问题的同时，更重视基于品质调控的规范化及标准化。在马铃薯种植及加工过程中，对原料及产品在不同加工方式下的标准化要求，对营养品质、感官品质及加工品质对应指标的限制，将促进马铃薯加工产业的健康稳定发展。

---

① 亩为非法定计量单位，1 亩＝1/15hm^2≈667m^2。——编者注

六、我国与发达国家马铃薯生产对比

近年来，我国马铃薯产业取得了长足的进步，在生产效益、种薯繁育、全产业链建设等方面有了较大发展，但与发达国家和地区相比仍然存在较大差距（表 1-5）。单产平均水平、脱毒种薯覆盖率、机械化水平，以及产业化水平等方面均低于世界发达国家。

表 1-5　我国与国际发达国家相关指标的对比

序号	相关指标	国际发达国家	中国
1	单产平均水平	荷兰 $50t/hm^2$，美国 $42t/hm^2$	$18.9t/hm^2$
2	脱毒种薯覆盖率	90%	50%
3	种质资源	资源丰富，大型马铃薯种植资源库	资源相对缺乏，起步较晚
4	品种构成	各类用途品种较全	鲜食为主，缺乏加工专用型
5	机械化水平	80%以上	10%
6	储藏损失	7%	10%
7	规模化生产程度	大	小
8	加工转化率	45%	25%
9	生产组织形式	专业化协会	农户分散经营为主
10	专用薯比例	50%以上	20%
11	产业化水平	较高，产业链完善	较低，产业链条短

注：数据来源于张家口马铃薯产业发展规划（2018—2022 年）。

七、我国马铃薯养分需求及养分管理技术

马铃薯生育期需要量最多的元素是氮、磷、钾，其中以钾最多，我国多年实践表明，每生产 1 000kg 块茎，需吸收氮（N）5～6kg、磷（P_2O_5）1～3kg、钾（K_2O）12～13kg，氮、磷、钾比例为 2.5∶1∶5.3。马铃薯对氮、磷、钾肥的需要量随茎叶和块茎的不断增长而增加。其次是少量钙（Ca）、镁（Mg）、硫（S）和微量元素铁（Fe）、硼（B）、锌（Zn）、锰（Mn）、铜（Cu）、钼（Mo）、钠（Na）等。

美国马铃薯生产上根据土壤肥力和目标产量推荐施肥量：氮、磷、钾的适宜施用量分别为 112.1～358.7kg/hm^2、0～493.2kg/hm^2 和 0～784.6kg/hm^2，目标产量越高，需肥量越高；土壤肥力越高，施肥量越少；土壤中游离石灰的含量影响磷的有效性，游离石灰含量越高，磷的施用量越高（Jeff et al.，2004）。

第二节　河北省产区概况

一、河北省马铃薯产业政策

马铃薯产业的发展对河北省农民精准脱贫、农民增收、提高粮食安全生产能力有重要意

义。2015年我国启动了马铃薯主粮化战略，为响应国家马铃薯主粮产业的发展号召，2016年河北省出台了《马铃薯主食产品及产业开发试点实施方案》，将马铃薯产业发展列入《河北省现代农业发展“十三五”规划》，大力促进马铃薯产业的持续健康发展。

河北省农业厅明确提出“河北省作为马铃薯主食化开发试点省份，在张家口、承德地区拥有马铃薯种植的优势条件”。张承地区是京津冀地区重要的水源涵养区和防风固沙区，是京津冀生态环境支撑区的重要组成部分，必须优化农作物品种结构，扩大旱地作物种植面积，相应减少高耗水作物面积。作为主食作物的马铃薯正符合这一要求。各种政策的出台，将促进河北省马铃薯产业快速健康发展。

二、河北省马铃薯的区域分布与播种面积

河北省马铃薯种植区划大致分为一季作区和二季作区。一季作区主要包括张家口、承德，二季作区主要包括保定、唐山、秦皇岛、石家庄、邢台、邯郸、衡水、廊坊、沧州等地。

河北省马铃薯种植总面积16.31万hm^2，总产量530.28万t，地区间整体分布不均衡。一季作区，即张家口、承德两地马铃薯总播种面积13.30万hm^2，总产量437.49万t，其总播种面积占全省总播种面积的81.54%，总产量占全省的82.50%。二季作区，即保定、唐山、秦皇岛、石家庄、邢台、邯郸、衡水、廊坊、沧州等地，马铃薯总播种面积3.01万hm^2，总产量92.79万t，其总播种面积占全省总播种面积的18.46%，总产量占全省的17.50%。单产水平最高的是沧州市，达44 217kg/hm^2；衡水、承德次之，单产水平均超过39 000kg/hm^2；廊坊市最低为19 070kg/hm^2（表1-6）。

表1-6 河北省主要区市马铃薯播种面积总产量及单产

地市	播种面积（hm^2）	总产量（t）	单产（kg/hm^2）
沧州市	313	13 840	44 217
衡水市	614	23 978	39 052
承德市	49 740	1 965 774	39 521
保定市	6 905	224 129	32 459
唐山市	7 972	250 492	31 421
邢台市	1 217	38 155	31 352
定州市	871	27 053	31 060
秦皇岛市	8 679	267 284	30 797
邯郸市	1 010	30 386	30 085
石家庄市	2 266	47 364	20 902
张家口市	83 271	2 409 158	28 932
廊坊市	272	5 187	19 070
共计	163 130	5 302 800	—

注：数据来源于《2018年河北农村统计年鉴》。

三、河北省马铃薯主产区生产情况

河北省马铃薯一季作区主要为张家口和承德两地，该区域是河北省马铃薯主要生产区，种植的马铃薯有商品薯和种薯两大类，其中商品薯有菜用型及加工型两类。而坝上地区是省内主要的马铃薯种薯繁育和商品薯生产、加工、贮运基地，具有发展马铃薯产业的特殊优势。省内马铃薯产业近几年发展较快，在品种、技术和产量方面均取得了迅猛进步，集约化、机械化生产基地面积快速增加，改变了过去马铃薯低投入低产出的生产路子，引进了大型喷灌、播种机、打药机、中耕机等先进设备，同时加大了水、肥、药及科学技术的投入，使得亩平均产量达到 3t 以上，显著提高了河北省马铃薯产业的水平。

（一）河北省马铃薯一季作区

1. 河北马铃薯一季作区的自然资源特点

（1）*温度适宜，昼夜温差大*　坝上地区年平均气温 2～3℃，≥5℃积温在 1 800～2 500℃之间，而马铃薯是喜冷凉作物，既怕霜冻，又怕高温，生长期所需积温 1 700～2 000℃，张家口、承德两地的热量资源能够满足马铃薯全生育期的需要。马铃薯块茎生长的适宜温度 16～18℃，最高不超过 21℃，坝上地区马铃薯生长关键时期在 6、7、8、9 月，这 4 个月的平均气温分别为 13.0～16.5℃、16.0～18.5℃、14.5～16.5℃、8.9～11.5℃，块茎在这样的温度变化条件下能够正常发育。坝上地区 6～9 月平均日温差 10.5～13.1℃，不仅温差大，而且降温速度快，夜间低温持续时间长，马铃薯光合作用强，消耗少，积累多，薯块产量就会增高，淀粉含量高。

（2）*日照长，光照充足*　坝上地区太阳辐射量 552.7～611.3kJ/cm^2，年日照时数 2 500～3 050h，居河北省之首，光照资源丰富。马铃薯是长日照作物，日照长有利于马铃薯生长和光合产物的积累，有利于营养转化和淀粉积累。坝上马铃薯光合生产潜力达 38.7 153t/hm^2。

（3）*生育期自然降水较充足*　坝上地区降水较少，年降水量 340～450mm，但季节性变异较大，夏季（6～8 月）降水量占 70%～80%，而 7 月中旬至 8 月中旬正是马铃薯现蕾至开花期，是植株生长的旺盛阶段，对水分要求最高，因此最高降水量与马铃薯需水关键生育期正好吻合，所以能充分利用自然降水，满足马铃薯正常生长需水要求。

（4）*土壤资源优势*　坝上地区土壤类型多为栗钙土，该类型土壤钾养分含量丰富。马铃薯是喜钾作物，除了部分瘠薄坡地和通气不良较黏重的湿滩地外，大部分地区土层深厚、疏松，富含钾元素，适宜马铃薯生长。因其独特的自然条件而表现为块茎大、整齐、干物质含量高、表皮光滑、无污染、退化轻、病虫害少，因而种薯及商品薯享誉全国。独特的自然条件，优良的马铃薯品种，为发展马铃薯产业创造了良好的条件。

2. 河北省一季作区马铃薯生产现状　一季作区种薯品种主要分为 5 个类型，即创汇型品种有金冠、冀张薯 5 号、台湾红皮；高淀粉品种有坝薯 10 号、89-1-73、春薯 4 号、虎头、陇薯 3 号、冀张薯 2 号、红皮等；商品型品种有冀张薯 1 号、冀张薯 3 号、克新 1 号等；菜用型品种有早大白、克新 1 号、荷 15、渭变、台湾红皮等；加工型炸薯条（片）品种有夏波蒂、布尔斑克、A76、冀张薯 4 号、大西洋等。

由河北省统计数据可知（表 1-7、表 1-8），2018 年张家口地区马铃薯播种面积与总产量位居前 3 位的为沽源县、张北县和康保县；单产前 3 位为察北区、塞北区和经开区。2018 年承德地区马铃薯播种面积与总产量位居前 3 位的为围场满族蒙古族自治县、丰宁满族自治县和隆化县；单产前 3 位的为滦平县、丰宁满族自治县和承德县。

表 1-7　张家口马铃薯播种面积、总产量与单产统计

县区	播种面积（hm^2）	总产量（t）	单产（kg/hm^2）
宣化区	1 449	44 883	30 975
万全区	1 500	51 157	34 105
崇礼区	1 810	45 839	25 325
张北县	14 678	398 817	27 171
康保县	8 936	238 185	26 655
沽源县	28 530	968 124	33 934
尚义县	4 182	93 862	22 444
蔚　县	2 530	20 768	8 209
阳原县	2 093	16 028	7 658
怀安县	2 352	35 793	15 218
怀来县	335	4 284	12 788
涿鹿县	1 335	14 085	10 551
赤城县	5 640	171 644	30 433
张家口市桥东区	114	2 180	19 123
张家口市桥西区	17	261	15 353
下花园区	114	2 160	18 947
张家口市经开区	21	760	36 190
张家口市察北区	2 995	131 200	43 806
张家口市塞北区	4 640	169 128	36 450
共计	83 271	2 409 158	—

注：数据来源于《2018 年河北农村统计年鉴》。

表 1-8　承德马铃薯播种面积、总产量与单产统计

县区	播种面积（hm^2）	总产量（t）	单产（kg/hm^2）
承德县	397	18 535	46 688
平泉市	548	22 180	40 474
隆化县	1 170	45 411	38 813
围场满族蒙古族自治县	44 081	1 712 258	38 843
兴隆县	20	780	39 000
滦平县	107	5 195	48 551
丰宁满族自治县	3 156	152 654	48 369
宽城满族自治县	223	7 937	35 592

（续）

县区	播种面积（hm^2）	总产量（t）	单产（kg/hm^2）
双桥区	6	235	39 167
双滦区	13	205	15 769
鹰手营子矿区	4	96	24 000
承德高新技术产业开发区	15	288	19 200
共计	49 740	1 965 774	—

注：数据来源于《2018年河北农村统计年鉴》。

（二）河北省马铃薯二季作区

1. 河北马铃薯二季作区自然资源特点　河北二季作区通常指一年可种植两季作物的地区，即马铃薯收获后，再种植一季其他作物。该区域包括除张家口、承德之外的各市。二季作区面积大，范围广。包括5个地形类型区：太行山山地丘陵区、太行山山前平原区、低平原区、滨海平原区、燕山山麓平原区。

（1）燕山山麓平原区　燕山山麓平原区位于滨海平原以北的京山铁路两侧，包括唐山、秦皇岛和廊坊的部分县区，总面积8 295km^2。种植业生产水平较高，是河北省重要的粮油作物种植区域。京山铁路沿线各县区，光热资源丰富，土壤养分较高，有利于粮食作物生长。

（2）太行山山地丘陵区　太行山山地丘陵区位于河北省西部，南起漳河，北至拒马河，包括保定、石家庄、邢台、邯郸的西部各县，总面积26 293km^2。地势以西北最高，向东海拔逐渐降低，呈阶梯状分布。有山地、丘陵、盆地和谷地等多种地貌。年平均日照时数2 600～2 800h，年平均降水量500～750mm，各地区之间差异显著。区域内山场面积大，耕地较少，土层较薄，不利于耕种。

（3）太行山山前平原区　太行山山前平原区位于太行山东麓，京广铁路两侧，包括邯郸、邢台、石家庄、保定东部平原各县区，总面积20 823km^2（河北省综合农业区划，1985）。由从太行山发源的大小河流在山麓地带形成的一系列冲积扇组成，地势平坦，土壤肥沃。全年日照时数为2 500～2 800h，无霜期180～204d，年均降水量500～560mm，集中在夏秋季节。农业集约化和机械化程度高，经济基础好，是河北省重要的粮食产区。

（4）低平原区　低平原区又称黑龙港地区。位于太行山山前平原以东，主要包括河北省中南部的邯郸、邢台、保定、廊坊、衡水、沧州地区的部分县，总面积359.66km^2。本区域是黄河、海河水系冲积而成的低平原，海拔5～50m，地势平坦、开阔，有利于耕作。日照时数2 500～2 900h，光热条件优越，年降水量500～650mm，雨热同期，能满足小麦、玉米、马铃薯、棉花等作物的种植需要。

（5）滨海平原区　滨海平原区位于渤海沿岸，黑龙港低平原区以东，燕山山麓平原以南，包括秦皇岛、唐山、沧州的部分县区。区域面积为8 577km^2。本区域气候湿润，光照充足，年日照时数为2 600～2 900h，年降水量600～700mm，大部分降水集中在7～8月，雨热同期，有利于作物生长。

2. 河北省二季作区马铃薯生产现状　目前河北马铃薯二季作区大部分是零星种植，规模小。由河北省统计数据可知（表 1-9），2018 年二季作区马铃薯播种面积前 10 位的县区分别为：昌黎、玉田、阜平、乐亭、定兴、涞水、蠡县、抚宁、青龙、曲阳。总产量前 10 位的县区分别是：昌黎、玉田、阜平、乐亭、定兴、涞水、蠡县、抚宁、青龙、武安。单产前 10 位的县区分别为：南皮、吴桥、柏乡、献县、沧县、隆尧、北戴河新区、盐山、泊头、饶阳。

表 1-9　河北省马铃薯二季作区主要县区播种面积、总产量和单产汇总

排名	县区	播种面积（hm^2）	排名	县区	总产量（t）	排名	县区	单产（kg/hm^2）
1	昌黎县	6 861	1	昌黎县	211 109	1	南皮县	50 579
2	玉田县	5 270	2	玉田县	164 375	2	吴桥县	50 000
3	阜平县	1 835	3	阜平县	57 311	3	柏乡县	49 000
4	乐亭县	1 300	4	乐亭县	40 820	4	献县	47 240
5	定兴县	1 011	5	定兴县	37 071	5	沧县	46 000
6	涞水县	676	6	涞水县	22 028	6	隆尧县	45 000
7	蠡　县	649	7	蠡县	21 617	7	北戴河新区	45 000
8	抚宁区	628	8	抚宁区	19 667	8	盐山县	45 000
9	青龙满族自治县	488	9	青龙满族自治县	15 250	9	泊头市	43 842
10	曲阳县	471	10	武安市	14 920	10	饶阳县	42 544

河北二季作区春季土壤化冻早，该区种植的马铃薯 90%左右采用的是地膜覆盖种植方式。一般在 3 月 5～20 日采用地膜就可播种早熟品种，6 月份麦收前后即可收获。

影响河北二季作区马铃薯的灾害天气主要是霜冻和高温，在二季作区春季马铃薯出苗期（大致在 4 月上中旬）都会遇到不同程度的冻害。每年 5 月中下旬当气温骤升 25℃以上时则会遭遇高温灼伤。

近几年，绝大部分种植户采取了地膜覆盖栽培的模式，部分农民开始种植大棚马铃薯。在邯郸、邢台、衡水等地还成功地发展了棉花与马铃薯间作种植的模式，均显著提高了种植效益，使河北二季作区春季马铃薯播种期从 1 月底持续到 3 月中旬，收获期从 4 月底持续到 6 月底，上市期可延长到 8 月底，正好补充河北马铃薯供应淡季，显著提高农民的经济效益。同时，马铃薯收获期恰好处在麦收前后，不影响下茬作物如夏玉米、油麦、大豆的种植。

现在黑龙港一带如沧州、衡水等地区，因为水源匮乏，小麦集中浇水时期经常出现因水源不足不能保浇，造成小麦减产现象，目前已经开始提倡春季种植地膜马铃薯代替冬小麦，缓解了水资源匮乏问题。随着土地流转和马铃薯机械化进程的发展，该区马铃薯种植面积不断增加。

20 世纪河北中南部的马铃薯品种主要有东农 303、早大白、小白铃等，经过不断发展，春季种植地膜马铃薯在选用品种多选择前期生长快，结薯早的早熟品种脱毒一级种薯，常用的有费乌瑞它、石薯 1 号、早大白、中薯 3 号和中薯 5 号等。近年来随着脱毒马铃薯的发展，河北二季作区种植马铃薯的面积越来越大，目前该区使用的种薯 85%以上为脱毒种薯。由于种薯质量的提高，以及农民采取了设施栽培、配方施肥、及时浇水等技术措施，目前河北省中南部的马铃薯产量基本达到亩产 2 000kg 左右的水平，最高亩产可达 2 500～3 000kg（刘德超，2019）。

四、马铃薯种植效益

河北省马铃薯生产效益长期低于全国平均水平（刘德超，2019 年）。一方面是马铃薯种植净利润较低。据统计，2012 年全国马铃薯种植每亩平均利润为 486 元，而河北省仅为 94 元；2013 年全国马铃薯种植每亩利润为 807 元，而河北省为 639 元。自 2013 年之后，全国马铃薯种植平均利润下降，河北省马铃薯种植利润比全国平均下降幅度更大。到 2017 年全国每亩平均利润水平为 285.81 元，而河北省下降至 16.17 元。在我国马铃薯主产区中，除四川外，河北省每亩利润水平最低。另一方面，河北省马铃薯种植的成本利润率不高。2013 年全国平均成本利润率为 56.06%，河北省为 42.89%，随后，河北省马铃薯成本利润率从 2013 年的 42.89%，逐渐下降至 2017 年的 0.94%，下降幅度为 97.81%。

第二章 马铃薯产区耕地质量分析

耕地是由自然土壤发育而成、能够种植农作物的田地。耕地质量是指在特定气候区域，不同地形、地貌、成土母质、土壤理化性状、农田基础设施，以及培肥水平等要素综合构成的耕地生产能力，由立地条件、土壤条件、农田基础设施条件以及培肥水平等因素影响并决定。耕地质量评价则以利用方式为目的，评估耕地生产潜力和土地适宜性的过程，主要揭示生物生产力的高低和潜在生产力，其实质是对耕地生产力高低的鉴定。耕地质量的好坏直接影响农业的可持续发展和粮食安全。摸清马铃薯主产区耕地质量和养分时空变化，是进行耕地和土壤生产能力保护，合理配置、利用和节约水土资源的重要基础，也是确保我国农业可持续发展的重要基础。因为前期点位少，这里将 2007—2009 年 3 年结果统计在一起作为 2009 年结果，本章对 2009—2018 年河北省马铃薯主栽区测土配方施肥调查结果进行分析。

第一节　土壤性状指标

作物生长发育所需要的养分 70％来自于土壤，自然土壤养分主要来源于土壤矿物质和有机质，其次是大气降水、坡渗水和地下水。在耕作土壤中，还来源于施肥和灌溉。土壤养分包括碳（C）、氮（N）、磷（P）、钾（K）、钙（Ca）、镁（Mg）、硫（S）、铁（Fe）、硼（B）、钼（Mo）、锌（Zn）、锰（Mn）、铜（Cu）和氯（Cl）等元素。土壤养分根据作物对它们的需要量可以划分为大量元素和中微量元素。这些元素只有在协调供应的条件下，才能达到优质、高效、高产的目的。土壤养分的含量因土壤类型不同而不同。受成土条件、人为耕作、施肥等因素的影响，耕层土壤养分有明显的差异。

一、土壤有机质

（一）马铃薯主产区土壤有机质时间变化特征

1. 马铃薯一作区土壤有机质时间变化特征　马铃薯一作区土壤有机质含量时间变化特征表明，该区 2009 年耕地土壤有机质平均含量为 18.69g/kg，变幅为 1.10～41.20g/kg，变异系数为 33％；2018 年土壤有机质平均含量为 17.33g/kg，变幅为 9.90～33.60g/kg，变异系数为 20.29％。2009—2018 年土壤有机质平均含量下降 1.36g/kg，年均降低 0.136g/kg，变异系数下降 12.71％。表明 10 年来该地区土壤有机质含量趋于减少，区域间差距逐渐减小（表 2-1）。

表 2-1　马铃薯一作区土壤有机质时间变化特征（g/kg）

年份	平均值	最大值	最小值	标准差	变异系数（%）
2009	18.69	41.20	1.10	6.17	33.00
2018	17.33	33.60	9.90	3.52	20.29

2. 马铃薯二作区土壤有机质时间变化特征　马铃薯二作区土壤有机质含量时间变化特征表明，该区 2009 年土壤有机质平均含量为 16.69g/kg，变幅为 9.60～24.90g/kg，变异系数为 17.99%；2018 年土壤有机质平均含量为 17.30g/kg，变幅为 9.90～26.80g/kg，变异系数为 19.43%。2009—2018 年土壤有机质平均含量增加 0.61g/kg，年均增长 0.061g/kg，变异系数上升 1.44%。马铃薯二作区土壤有机质含量变化表明，10 年来该地区土壤有机质含量逐步增加，区域间差距逐渐增大（表 2-2）。

表 2-2　马铃薯二作区土壤有机质时间变化特征（g/kg）

年份	平均值	最大值	最小值	标准差	变异系数（%）
2009	16.69	24.90	9.60	3.00	17.99
2018	17.30	26.80	9.90	3.36	19.43

（二）县域土壤有机质时间变化特征

1. 马铃薯一作区县域土壤有机质时间变化特征　在县域范围内，同一时间内，2009 年土壤有机质平均含量最高的是沽源县，为 24.99g/kg，最低的为万全区，为 2.57g/kg，最高值与最低值相差 22.42g/kg；2018 年平泉县土壤有机质平均含量最高，为 23.18g/kg，阳原县最低，为 13.66g/kg，最高值与最低值相差 9.52g/kg。从时间演变看，2009—2018 年马铃薯一作区的承德县、平泉县、怀安县、怀来县、万全区、蔚县、涿鹿县土壤有机质含量有所提升，尤其是万全区土壤有机质含量提升幅度最大，为 14.82g/kg；其余各区（县）土壤有机质含量均有下降趋势，康保县土壤有机质含量下降幅度最大，为 7.60g/kg。各县土壤有机质总体含量变化结果（表 2-3）表明，马铃薯一作区土壤有机质含量有下降趋势，区域间差距不断减少。

表 2-3　马铃薯一作区县域土壤有机质时间变化特征（g/kg）

地区	2009 年					2018 年				
	平均值	最大值	最小值	标准差	变异系数（%）	平均值	最大值	最小值	标准差	变异系数（%）
承德县	16.12	31.60	11.20	2.46	15.26	18.81	24.30	14.50	1.88	10.00
丰宁满族自治县	21.76	32.60	12.10	6.17	28.33	18.14	31.10	13.90	3.54	19.53
隆化县	19.53	32.50	9.90	4.95	25.35	17.23	22.20	12.60	2.11	12.23
平泉县	19.06	29.60	4.70	2.77	14.53	23.18	26.30	13.60	1.70	7.31
围场满族蒙古族自治县	18.43	27.80	10.70	2.46	13.35	15.30	20.10	11.40	1.84	12.05
赤城县	20.63	39.20	12.80	4.44	21.51	15.54	26.20	11.50	2.73	17.54
崇礼区	23.70	41.20	1.30	6.03	25.45	21.45	33.60	12.50	4.66	21.70
沽源县	24.99	33.10	14.60	3.30	13.19	20.84	31.50	15.80	4.07	19.52

（续）

地区	2009年					2018年				
	平均值	最大值	最小值	标准差	变异系数（%）	平均值	最大值	最小值	标准差	变异系数（%）
怀安县	10.68	31.50	1.30	5.65	52.95	17.84	21.40	13.80	1.79	10.02
怀来县	14.64	24.80	8.10	3.57	24.39	15.26	22.30	9.90	4.18	27.38
康保县	22.65	31.70	10.30	1.94	8.55	15.05	17.50	12.10	1.15	7.65
尚义县	19.54	41.10	1.30	5.76	29.46	14.14	18.00	11.60	1.20	8.48
万全区	2.57	20.30	1.10	3.61	140.47	17.39	20.20	13.30	1.61	9.27
蔚　县	16.13	32.80	8.90	3.75	23.22	18.81	23.50	13.30	2.25	11.95
宣化区	18.15	33.10	4.40	5.88	32.40	17.46	21.70	14.40	1.29	7.41
阳原县	14.52	33.20	8.80	4.01	27.64	13.66	20.70	10.80	2.00	14.66
张北县	16.94	40.30	1.20	7.53	44.48	16.79	27.20	11.70	2.61	15.56
涿鹿县	13.03	26.90	8.80	3.03	23.24	17.58	21.50	13.20	2.02	11.48
合计	18.69	41.20	1.10	6.17	33.00	17.33	33.60	9.90	3.52	20.29

2. 马铃薯二作区县域土壤有机质时间变化特征　表2-4表明，在县域范围内，纵向看，2009年土壤有机质平均含量最高的是阜平县，为22.08g/kg，蠡县最低，为13.32g/kg，最高值与最低值相差8.76g/kg；2018年涞水县土壤有机质平均含量最高，为21.32g/kg，昌黎县最低，为12.13g/kg，最高值与最低值相差9.19g/kg。从横向看，2009—2018年马铃薯二作区昌黎县、抚宁县、青龙满族自治县、灵寿县、乐亭县土壤有机质含量均呈下降趋势，昌黎县土壤有机质含量下降幅度最大，为3.87g/kg；其余各区（县）土壤有机质含量有所提升，尤其是涿州市土壤有机质含量提升幅度最大，为5.71g/kg。各县土壤有机质整体含量变化结果表明，马铃薯二作区土壤有机质持续改善，区域间差距不断缩小。

表2-4　马铃薯二作区县域土壤有机质时间变化特征（g/kg）

地区	2009年					2018年				
	平均值	最大值	最小值	标准差	变异系数（%）	平均值	最大值	最小值	标准差	变异系数（%）
定兴县	16.82	18.20	13.80	0.82	4.90	20.14	23.00	15.30	1.18	5.14
阜平县	22.08	24.90	13.00	1.99	9.02	17.31	22.70	14.10	1.91	8.43
涞水县	15.49	23.70	12.80	2.75	17.77	21.32	26.80	18.00	3.15	11.75
蠡　县	13.32	17.20	9.60	2.16	16.24	16.24	19.00	13.80	1.30	6.85
清苑区	15.13	18.20	13.00	1.59	10.54	17.95	22.00	14.30	2.35	10.67
曲阳县	15.72	19.50	13.00	1.19	7.56	19.89	22.30	15.00	1.43	6.43
涿州市	15.26	18.90	12.90	1.13	7.43	20.97	23.70	11.80	2.45	10.36
武安市	18.80	24.20	12.20	3.04	16.15	19.69	23.10	17.30	1.22	5.28
饶阳县	15.64	17.40	13.00	1.06	6.77	16.87	19.00	14.90	1.16	6.10
昌黎县	16.00	20.60	12.30	1.87	11.67	12.13	20.20	9.90	1.27	6.31
抚宁县	14.72	18.40	13.20	0.81	5.52	14.07	15.70	12.50	0.63	4.01

（续）

地区	2009年					2018年				
	平均值	最大值	最小值	标准差	变异系数（%）	平均值	最大值	最小值	标准差	变异系数（%）
青龙满族自治县	13.62	16.10	10.50	1.22	8.99	12.87	20.50	10.60	1.38	6.73
新乐市	16.18	21.00	14.40	1.25	7.69	19.90	22.90	15.80	2.24	9.76
灵寿县	17.77	21.40	14.90	1.21	6.79	16.66	22.60	13.20	2.69	11.89
乐亭县	21.11	22.50	10.80	1.70	8.04	18.54	20.40	13.90	1.39	6.81
玉田县	18.58	21.00	13.20	1.34	7.22	19.29	23.00	16.20	1.57	6.81
内丘县	15.50	18.50	11.50	1.24	7.98	15.73	20.40	10.70	1.44	7.08
邢台县	16.48	24.60	13.50	2.35	14.27	19.09	23.40	15.80	1.78	7.59
合计	16.69	24.90	9.60	3.00	17.99	17.30	26.80	9.90	3.36	12.54

二、土壤有效磷

（一）马铃薯主产区土壤有效磷时间变化特征

1. 马铃薯一作区土壤有效磷时间变化特征　马铃薯一作区2009年耕地土壤有效磷平均含量为18.62mg/kg，变幅为2.50～53.2mg/kg，变异系数为40.04%；2018年土壤有效磷平均含量为23.31mg/kg，变幅为2.70～68.40mg/kg，变异系数为54.76%。2009—2018年土壤有效磷平均含量增加4.69mg/kg，年均增加0.469mg/kg，变异系数增加14.72个百分点。马铃薯一作区土壤有效磷含量变化（表2-5）表明，多年来该地区土壤有效磷含量逐步增加，区域间差距逐渐增大。

表2-5　马铃薯一作区土壤有效磷时间变化特征（mg/kg）

年份	平均值	最大值	最小值	标准差	变异系数（%）
2009	18.62	53.20	2.50	7.45	40.04
2018	23.31	68.40	2.70	12.76	54.76

2. 马铃薯二作区土壤有效磷时间变化特征　马铃薯二作区2009年耕地土壤有效磷平均含量为26.29mg/kg，变幅为10.6～66.1mg/kg，变异系数为43.11%；2018年土壤有效磷平均含量为31.36mg/kg，变幅为7.6～76.6mg/kg，变异系数为16.26%。2009—2018年土壤有效磷平均含量增加5.07mg/kg，年均增长0.507mg/kg，变异系数下降26.85个百分点。马铃薯二作区土壤有效磷含量变化（表2-6）表明，10年来该地区土壤有效磷含量逐步增加，区域间差距逐渐缩小。

表2-6　马铃薯二作区土壤有效磷时间变化特征（mg/kg）

年份	平均值	最大值	最小值	标准差	变异系数（%）
2009	26.29	66.1	10.6	11.34	43.11
2018	31.36	76.6	7.6	12.46	16.26

（二）县域土壤有效磷时间变化特征

1. 马铃薯一作区县域土壤有效磷时间变化特征 在县域范围内，纵向看，2009年有效磷平均含量最高的是万全区，为31.93mg/kg，阳原县最低，为8.30mg/kg，最高值与最低值相差23.63mg/kg；2018年围场满族蒙古族自治县土壤有效磷含量最高，为42.76mg/kg，阳原县土壤有效磷含量最低，为7.19mg/kg，最高值与最低值相差35.57mg/kg。从横向看，2009—2018年马铃薯一作区平泉县、围场满族蒙古族自治县、承德县、丰宁满族自治县、隆化县、崇礼区、沽源县、怀来县、蔚县、宣化区、涿鹿县土壤有效磷含量有所提升，尤其是平泉县土壤有效磷含量提升幅度最大，为19.72mg/kg；其余各区（县）土壤有效磷含量均呈下降趋势，万全区土壤有效磷含量下降幅度最大，为6.79mg/kg。各县土壤有效磷含量变化结果（表2-7）表明，马铃薯一作区土壤有效磷整体含量逐渐增加，区域间差距逐渐拉大。

表2-7 马铃薯一作区县域土壤有效磷时间变化特征（mg/kg）

地区	2009年					2018年				
	平均值	最大值	最小值	标准差	变异系数（%）	平均值	最大值	最小值	标准差	变异系数（%）
承德县	19.94	36.70	8.50	6.52	29.11	36.19	59.30	15.80	8.71	24.08
丰宁满族自治县	16.10	29.00	10.80	4.13	25.62	20.12	36.90	9.20	5.34	26.54
隆化县	21.33	45.90	4.10	6.26	29.33	29.07	49.90	10.60	7.74	26.63
平泉县	22.44	40.10	8.80	5.58	24.85	42.16	53.00	3.20	5.87	13.91
围场满族蒙古族自治县	24.23	38.90	9.90	5.49	22.64	42.76	68.40	10.20	10.92	25.54
赤城县	18.79	45.00	5.40	5.73	30.52	13.32	29.30	6.40	3.75	28.17
崇礼区	19.09	51.30	6.20	8.73	45.72	22.21	45.40	8.90	7.60	34.22
沽源县	13.13	22.30	6.10	2.74	20.90	21.98	35.20	12.80	4.97	22.63
怀安县	23.43	45.60	9.40	7.54	32.16	20.87	35.60	10.90	5.07	24.30
怀来县	11.61	19.90	7.00	2.17	18.71	19.28	29.20	6.20	6.97	36.15
康保县	14.85	37.00	2.50	4.61	31.07	12.81	21.40	5.10	3.61	28.20
尚义县	17.08	39.40	3.60	4.37	25.57	13.08	29.20	2.70	5.33	40.72
万全区	31.93	46.40	14.60	5.39	16.89	25.14	33.10	7.20	3.97	15.80
蔚　县	12.17	24.00	5.70	3.39	27.83	15.45	28.90	6.60	4.34	28.09
宣化区	15.60	53.20	3.40	10.76	68.97	16.36	27.90	6.90	4.61	28.19
阳原县	8.30	22.40	4.20	3.59	43.29	7.19	15.30	4.00	2.26	31.46
张北县	19.55	41.70	6.70	6.34	32.43	16.10	31.50	3.00	4.77	29.64
涿鹿县	13.09	32.90	6.50	4.48	34.21	15.27	24.10	6.90	4.70	30.75
合计	18.62	53.20	2.50	7.45	40.04	23.31	68.40	2.70	12.76	54.76

2. 马铃薯二作区县域土壤有效磷时间变化特征 在县域范围内，纵向看，2009年土壤有效磷平均含量最高的是昌黎县，含量为47.76mg/kg，最低值为曲阳县，为15.41mg/kg，

最高值与最低值相差 32.35mg/kg；2018 年乐亭县土壤有效磷含量最高，为 57.61mg/kg，武安市土壤有效磷含量最低，为 16.34mg/kg，最高值与最低值相差 41.27mg/kg。从横向看，2009—2018 年马铃薯二作区涞水县、蠡县、武安市、饶阳县、昌黎县、灵寿县、内丘县、邢台县土壤有效磷含量均是下降趋势，灵寿县土壤有效磷含量下降幅度最大，为 10.67mg/kg；其余各区（县）土壤有效磷含量有所提升，尤其是乐亭县土壤有效磷含量提升幅度最大，为 27.49mg/kg。各县土壤有效磷含量整体变化结果（表 2-8）表明，马铃薯二作区土壤有效磷含量逐年增加，区域间差距不断增加。

表 2-8　马铃薯二作区县域土壤有效磷时间变化特征（mg/kg）

地区	2009 年					2018 年				
	平均值	最大值	最小值	标准差	变异系数（%）	平均值	最大值	最小值	标准差	变异系数（%）
定兴县	21.45	35.90	14.00	5.71	26.62	27.40	39.70	18.50	5.66	14.26
阜平县	30.72	45.70	12.80	10.04	32.68	35.06	48.20	17.40	8.91	18.48
涞水县	36.17	65.70	13.80	18.72	51.76	24.30	62.20	7.60	8.71	14.01
蠡　县	29.45	42.90	15.60	8.66	29.41	23.62	34.60	12.40	6.70	19.36
清苑区	25.66	40.50	17.70	7.46	29.08	29.19	39.90	22.70	2.85	7.13
曲阳县	15.41	25.00	10.60	2.19	14.19	38.27	51.50	21.90	5.92	11.50
涿州市	20.77	49.50	13.00	4.57	22.02	37.09	46.60	21.90	6.67	14.32
武安市	21.17	34.00	11.90	4.25	20.08	16.34	35.70	13.50	1.67	4.68
饶阳县	25.70	35.50	21.00	3.43	13.36	21.04	32.10	15.00	5.07	15.79
昌黎县	47.76	66.10	16.30	10.73	22.46	38.41	52.50	21.10	4.10	7.81
抚宁县	18.52	38.80	11.50	8.08	43.60	38.33	48.30	15.00	3.52	7.29
青龙满族自治县	22.42	27.70	16.70	2.46	10.96	30.61	41.40	23.80	4.16	10.04
灵寿县	39.21	49.90	19.10	4.97	12.68	28.54	38.20	13.60	3.92	10.26
新乐市	29.70	39.00	21.40	3.50	11.77	34.37	39.70	15.90	4.05	10.21
乐亭县	30.12	39.00	16.10	3.14	10.41	57.61	72.80	27.40	7.49	10.29
玉田县	28.11	44.80	12.00	8.01	28.51	49.37	76.60	29.10	11.97	15.63
内丘县	19.33	25.20	13.00	3.53	18.28	18.14	36.70	10.80	6.00	16.34
邢台县	19.81	27.40	10.90	4.38	22.09	18.54	45.20	11.40	7.74	17.12
合计	26.29	66.10	10.60	11.34	43.11	31.36	76.60	7.60	12.46	16.26

三、土壤速效钾

（一）马铃薯主产区土壤速效钾时间变化特征

1. 马铃薯一作区土壤速效钾时间变化特征　马铃薯一作区 2009 年耕地土壤速效钾平均含量为 157.1mg/kg，变幅为 54～340mg/kg，变异系数为 23.14%；2018 年土壤速效钾平均含量为 157.2mg/kg，变幅为 96～242mg/kg，变异系数为 19.60%。2009—2018 年土壤速效钾含量增加 0.1mg/kg，年均增加 0.01mg/kg，变异系数减少 3.54 个百分点。

马铃薯一作区土壤速效钾含量变化（表 2-9）表明，10 年来该地区土壤速效钾含量基本稳定，区域间差距减少。

表 2-9　马铃薯一作区土壤速效钾时间变化特征（mg/kg）

年份	平均值	最大值	最小值	标准差	变异系数（%）
2009	157.1	340	54	36.36	23.14
2018	157.2	242	96	30.81	19.60

2. 马铃薯二作区土壤速效钾时间变化特征　马铃薯二作区 2009 年耕地土壤速效钾平均含量为 104.7mg/kg，变幅为 53～173mg/kg，变异系数为 26.34%；2018 年土壤速效钾平均含量为 123.4mg/kg，变幅为 64～207mg/kg，变异系数为 18.21%。2009—2018 年土壤速效钾含量增加 18.7mg/kg，年均增长 1.87mg/kg，变异系数下降 8.13 个百分点。马铃薯二作区土壤速效钾含量变化（表 2-10）表明，10 年来该地区土壤速效钾含量逐步增加，区域间差距缩小。

表 2-10　马铃薯二作区土壤速效钾时间变化特征（mg/kg）

年份	平均值	最大值	最小值	标准差	变异系数（%）
2009	104.7	173	53	27.61	26.34
2018	123.4	207	64	37.69	18.21

（二）县域土壤速效钾时间变化特征

1. 马铃薯一作区县域土壤速效钾时间变化特征　在县域范围内，纵向看，2009 年速效钾平均含量最高的是宣化区，含量为 210.40mg/kg，最低值为怀来县，含量为 117.30mg/kg，最高值与最低值相差 93.10mg/kg；2018 年平泉县土壤速效钾含量最高，为 201.73mg/kg，阳原县最低，为 118.23mg/kg，最高值与最低值相差 83.50mg/kg。从横向看，2009—2018 年马铃薯一作区承德县、隆化县、平泉县、围场满族蒙古族自治县、怀安县、怀来县、万全区、蔚县、涿鹿县土壤速效钾含量有所提升，尤其是平泉县土壤速效钾含量提升幅度最大，为 61.74mg/kg；其余各区（县）土壤速效钾含量均是下降趋势，宣化区土壤速效钾含量下降幅度最大，为 75.79mg/kg。各县土壤速效钾总体含量变化结果（表 2-11）表明，马铃薯一作区土壤速效钾增加，区域间差距变小。

表 2-11　马铃薯一作区县域土壤速效钾时间变化特征（mg/kg）

地区	2009 年					2018 年				
	平均值	最大值	最小值	标准差	变异系数（%）	平均值	最大值	最小值	标准差	变异系数（%）
承德县	131.1	278	90	17.72	13.52	171.28	219	131	22.19	12.96
丰宁满族自治县	168.69	278	125	21.89	12.98	147.06	171	110	8.49	5.77
隆化县	167.14	250	84	33.06	19.78	178.52	211	131	16.97	9.50
平泉县	139.99	238	92	26.95	19.25	201.73	242	145	20.71	10.27

（续）

地区	2009年					2018年				
	平均值	最大值	最小值	标准差	变异系数（%）	平均值	最大值	最小值	标准差	变异系数（%）
围场满族蒙古族自治县	141.48	231	62	31.00	21.91	184.08	221	133	18.34	9.96
赤城县	187.65	326	122	32.13	17.12	133.74	188	104	17.34	12.97
崇礼区	178.23	318	54	49.83	27.96	158.95	231	105	27.58	17.35
沽源县	141.38	202	107	18.99	13.43	138.38	208	100	21.51	15.54
怀安县	166.35	258	82	26.54	15.95	181.50	227	145	19.14	10.54
怀来县	117.30	210	68	25.40	21.66	127.09	176	101	19.55	15.38
康保县	142.06	262	106	18.77	13.21	120.37	142	98	9.36	7.77
尚义县	174.34	262	113	22.22	12.74	163.93	219	101	23.72	14.47
万全区	184.44	206	153	7.69	4.17	195.08	235	148	20.25	10.38
蔚　县	133.58	260	74	18.09	13.54	135.87	163	108	12.86	9.47
宣化区	210.40	340	92	51.99	24.71	134.61	207	103	17.68	13.13
阳原县	127.58	190	88	19.48	15.27	118.23	153	96	10.26	8.67
张北县	166.95	297	97	29.12	17.44	147.90	210	100	21.30	14.40
涿鹿县	127.73	226	54	32.96	25.81	162.79	192	118	16.10	9.89
合计	157.13	340	54	36.36	23.14	157.19	242	96	30.81	19.60

2. 马铃薯二作区县域土壤速效钾时间变化特征　在县域范围内，纵向看，2009年速效钾平均含量最高的是乐亭县，含量为149.83mg/kg，阜平县最低，为75.85mg/kg，最高值与最低值相差73.98mg/kg；2018年玉田县土壤速效钾含量最高，为183.34mg/kg，青龙满族自治县土壤速效钾含量最低，为75.45mg/kg，最高值与最低值相差107.89mg/kg。从横向看，2009—2018年马铃薯二作区所有区（县）土壤速效钾平均含量大部分是上升趋势，曲阳县土壤速效钾含量上升幅度最大，为84.43mg/kg。各县土壤速效钾整体含量变化结果（表2-12）表明，马铃薯二作区土壤速效钾增加，区域间差距缩小。

表2-12　马铃薯二作区县域土壤速效钾时间变化特征（mg/kg）

地区	2009年					2018年				
	平均值	最大值	最小值	标准差	变异系数（%）	平均值	最大值	最小值	标准差	变异系数（%）
定兴县	81.91	148	67	10.78	13.16	135.11	196	101	19.71	10.05
阜平县	75.85	97	59	11.03	14.54	81.08	136	65	13.27	9.76
涞水县	91.79	160	66	24.63	26.83	119.76	197	93	19.75	10.02
蠡　县	120.79	152	93	17.55	14.53	151.37	198	117	17.93	9.06
清苑区	121.43	141	88	10.09	8.31	162.82	200	126	16.02	8.01
曲阳县	84.15	107	68	4.43	5.26	168.58	194	93	19.35	9.98
涿州市	77.65	139	68	13.33	17.17	83.38	170	64	15.20	8.94

（续）

地区	2009年					2018年				
	平均值	最大值	最小值	标准差	变异系数（%）	平均值	最大值	最小值	标准差	变异系数（%）
武安市	139.28	173	88	16.29	11.69	135.63	152	115	3.55	2.33
饶阳县	117.56	173	88	23.63	20.10	135.93	171	115	11.77	6.88
昌黎县	113.31	157	73	23.29	20.55	91.23	143	75	13.78	9.64
抚宁县	81.28	113	66	8.98	11.04	104.00	118	76	8.38	7.11
青龙满族自治县	103.42	147	75	10.46	10.12	75.45	169	64	10.92	6.46
灵寿县	96.90	119	78	9.78	10.09	116.69	143	81	18.13	12.68
新乐市	85.25	129	72	10.40	12.20	102.69	135	80	13.62	10.09
乐亭县	149.83	171	108	11.42	7.62	175.86	206	110	16.30	7.91
玉田县	138.01	171	69	22.07	15.99	183.34	207	69	26.73	12.91
内丘县	83.65	122	53	18.07	21.61	137.65	186	66	22.39	12.04
邢台县	115.89	152	77	17.15	14.80	143.57	196	116	17.08	8.72
合计	104.72	173	53	27.61	26.37	123.38	207	64	37.69	18.21

四、土壤 pH

（一）马铃薯主产区土壤 pH 时间变化特征

1. 马铃薯一作区土壤 pH 时间变化特征　马铃薯一作区 2009 年耕地土壤 pH 平均为 7.73，变幅为 4.70～9.00，变异系数为 9.83%；2018 年土壤 pH 平均为 7.51，变幅为 5.30～8.70，变异系数为 8.94%。2009—2018 年土壤 pH 降低 0.22，年均降低 0.022，变异系数减少 0.89 个百分点。

马铃薯一作区土壤 pH 变化（表 2-13）表明，10 年来该地区土壤 pH 逐渐降低，出现酸化趋势，区域间差距缩小。

表 2-13　马铃薯一作区土壤 pH 时间变化特征

年份	平均值	最大值	最小值	标准差	变异系数（%）
2009	7.73	9.00	4.70	0.76	9.83
2018	7.51	8.70	5.30	0.67	8.94

2. 马铃薯二作区土壤 pH 时间变化特征　马铃薯二作区 2009 年耕地土壤 pH 平均为 7.36，变幅为 4.60～8.60，变异系数为 9.23%；2018 年土壤 pH 平均为 7.37，变幅为 5.20～8.50，变异系数为 9.66%。2009—2018 年土壤 pH 增长 0.01，年均增长 0.001，变异系数上升 0.43 个百分点。

马铃薯二作区土壤 pH 变化（表 2-14）表明，多年来该地区土壤 pH 基本稳定，区域间差距略有增加。

表 2-14　马铃薯二作区土壤 pH 时间变化特征

年份	平均值	最大值	最小值	标准偏差	变异系数（%）
2009	7.36	8.60	4.60	0.68	9.23
2018	7.37	8.50	5.20	0.82	9.66

（二）县域土壤 pH 时间变化特征

1. 马铃薯一作区县域土壤 pH 时间变化特征　在县域范围内，纵向看，2009 年 pH 平均最高的是阳原县，土壤 pH 为 8.56，最低值为围场满族蒙古族自治县，土壤 pH 为 6.57，最高值与最低值相差 1.99；2018 年怀来县土壤 pH 最高，为 8.26，平泉县土壤 pH 最低，为 6.34，最高值与最低值相差 1.92。从横向看，2009—2018 年马铃薯一作区丰宁满族自治县、围场满族蒙古族自治县、宣化区土壤 pH 有所提升，尤其是丰宁满族自治县土壤 pH 提升幅度最大，为 0.68；其余各区（县）土壤 pH 均是下降趋势，涿鹿县土壤 pH 下降幅度最大，为 0.65。各县土壤 pH 整体变化结果（表 2-15）表明，马铃薯一作区土壤环境有向酸化发展趋势，区域间差距逐渐减小。

表 2-15　马铃薯一作区县域土壤 pH 时间变化特征

地区	2009 年					2018 年				
	平均值	最大值	最小值	标准差	变异系数（%）	平均值	最大值	最小值	标准差	变异系数（%）
承德县	7.23	8.30	5.00	0.82	11.32	6.70	7.70	5.50	0.48	7.19
丰宁满族自治县	7.09	8.80	6.50	0.34	4.84	7.77	8.60	6.10	0.50	6.45
隆化县	7.48	8.40	5.00	0.60	8.02	7.00	8.20	5.40	0.48	6.83
平泉县	6.74	8.80	4.90	0.81	12.06	6.34	8.10	5.30	0.52	8.22
围场满族蒙古族自治县	6.57	8.50	4.70	0.53	8.07	6.75	8.30	5.40	0.52	7.66
赤城县	8.11	8.70	6.90	0.21	2.61	7.93	8.10	7.40	0.10	1.26
崇礼区	8.11	8.70	6.90	0.28	3.48	7.83	8.40	7.00	0.28	3.59
沽源县	7.97	8.80	7.00	0.33	4.09	7.55	8.40	6.80	0.36	4.72
怀安县	8.24	8.80	7.30	0.27	3.28	7.79	8.10	7.50	0.12	1.59
怀来县	8.40	8.80	8.00	0.15	1.82	8.26	8.60	8.00	0.16	1.89
康保县	8.01	8.40	6.70	0.16	2.02	7.82	8.40	5.90	0.37	4.79
尚义县	8.09	8.60	7.40	0.16	2.03	7.99	8.50	7.30	0.24	2.99
万全区	8.21	8.70	6.30	0.28	3.44	7.85	8.30	7.10	0.23	2.89
蔚　县	8.35	8.70	7.10	0.15	1.85	8.16	8.70	7.70	0.18	2.25
宣化区	7.99	9.00	7.30	0.28	3.49	8.06	8.40	7.70	0.11	1.34
阳原县	8.56	9.00	8.20	0.14	1.60	7.98	8.30	7.60	0.13	1.69
张北县	8.27	8.80	7.50	0.20	2.39	7.81	8.40	6.50	0.35	4.51
涿鹿县	8.51	8.90	7.60	0.22	2.62	7.86	8.10	7.60	0.10	1.29
合计	7.73	9.00	4.70	0.76	9.83	7.51	8.70	5.30	0.67	8.94

2. 马铃薯二作区县域土壤 pH 时间变化特征 在县域范围内，纵向看，2009 年土壤 pH 最高的是清苑区，土壤 pH 为 8.40，最低值为抚宁县，土壤 pH 为 6.28，最高值与最低值相差 2.12；2018 年武安市土壤 pH 最高，为 8.36，青龙满族自治县土壤 pH 最低，为 6.04，最高值与最低值相差 2.32。从横向看，2009—2018 年马铃薯二作区阜平县、涞水县、蠡县、武安市、饶阳县、抚宁县、玉田县、邢台县土壤 pH 有所提升，尤其是武安市土壤 pH 提升幅度最大，为 0.90；其余各区（县）土壤 pH 均是下降趋势，青龙满族自治县土壤 pH 下降幅度最大，为 0.72。各县土壤 pH 整体变化结果（表 2-16）表明，马铃薯二作区土壤 pH 平均值变化较小，区域间差距不大。

表 2-16 马铃薯二作区县域土壤 pH 时间变化特征

地区	2009 年					2018 年				
	平均值	最大值	最小值	标准差	变异系数（%）	平均值	最大值	最小值	标准差	变异系数（%）
定兴县	8.02	8.20	5.70	0.36	4.47	7.82	8.20	6.80	0.28	3.47
阜平县	7.19	7.90	6.80	0.19	2.59	7.82	8.10	7.30	0.15	1.88
涞水县	7.75	8.00	6.80	0.14	1.80	7.91	8.10	6.70	0.15	1.91
蠡　县	7.97	8.30	7.70	0.13	1.69	7.99	8.20	7.50	0.11	1.32
清苑区	8.40	8.60	7.90	0.13	1.51	8.05	8.20	7.50	0.11	1.39
曲阳县	7.80	8.20	7.00	0.25	3.22	7.78	8.30	6.90	0.26	3.13
涿州市	8.01	8.60	6.50	0.27	3.36	7.81	8.40	6.80	0.27	3.19
武安市	7.46	7.90	7.30	0.08	1.04	8.36	8.50	7.00	0.16	1.87
饶阳县	7.93	8.00	7.80	0.06	0.71	8.31	8.40	8.10	0.08	0.97
昌黎县	6.34	8.20	4.60	0.63	9.98	6.27	8.00	5.20	0.63	7.89
抚宁县	6.28	7.40	5.40	0.50	8.03	6.36	7.90	5.50	0.41	5.13
青龙满族自治县	6.76	8.50	6.00	0.41	6.06	6.04	8.10	5.40	0.39	4.83
灵寿县	7.85	8.40	6.70	0.37	4.66	7.30	8.20	6.40	0.28	3.41
新乐市	7.70	8.00	7.20	0.18	2.38	7.56	7.80	7.00	0.19	2.44
乐亭县	7.23	8.00	6.50	0.46	6.31	7.02	8.00	6.10	0.48	5.95
玉田县	7.45	8.10	6.40	0.38	5.10	7.60	8.10	6.70	0.31	3.79
内丘县	8.04	8.40	6.70	0.28	3.43	7.97	8.30	5.60	0.45	5.40
邢台县	7.33	8.00	6.70	0.37	4.99	7.38	8.10	6.80	0.37	4.56
合计	7.36	8.60	4.60	0.68	9.23	7.37	8.50	5.20	0.82	9.66

五、土壤容重

（一）马铃薯主产区土壤容重时间变化特征

1. 马铃薯一作区土壤容重时间变化特征 马铃薯一作区 2009 年耕地土壤平均容重为 1.33g/cm^3，变幅为 1.10～1.57g/cm^3，变异系数为 5.24%；2018 年土壤平均容重为 1.35g/cm^3，变幅为 0.52～2.62g/cm^3，变异系数为 18.02%。2009—2018 年土壤平均容重增加 0.02g/cm^3，年均增加 0.002g/cm^3，变异系数增加 12.78 个百分点。马铃薯一作区土壤容重变化（表 2-17）表明，10 年来该区土壤容重基本稳定，区域间容重差距变幅增大。

表 2-17 马铃薯一作区土壤容重时间变化特征（g/cm^3）

年份	平均值	最大值	最小值	标准偏差	变异系数（%）
2009	1.33	1.57	1.10	0.07	5.24
2018	1.35	2.62	0.52	0.24	18.02

2. 马铃薯二作区土壤容重时间变化特征 马铃薯二作区 2009 年耕地土壤平均容重为 1.45g/cm^3，变幅为 1.11～1.63g/cm^3，变异系数为 6.63%；2018 年土壤平均容重为 1.48g/cm^3，变幅为 1.22～1.63g/cm^3，变异系数为 4.84%。2009—2018 年土壤平均容重增加 0.03g/cm^3，年均增长 0.003g/cm^3，变异系数下降 1.79 个百分点。马铃薯二作区土壤容重变化（表 2-18）表明，10 年来该区土壤容重逐步增加，区域间差距有减小趋势。

表 2-18 马铃薯二作区土壤容重时间变化特征（g/cm^3）

年份	平均值	最大值	最小值	标准偏差	变异系数（%）
2009	1.45	1.63	1.11	0.10	6.63
2018	1.48	1.63	1.22	0.08	4.84

（二）县域土壤容重时间变化特征

1. 马铃薯一作区县域土壤容重时间变化特征 在县域范围内，纵向看，2009 年土壤平均容重最高的是赤城县，容重为 1.38g/cm^3，最低值为承德县，为 1.21g/cm^3，最高值与最低值相差 0.17g/cm^3；2018 年康保县土壤容重最高，为 1.73g/cm^3，沽源县最低，为 0.72g/cm^3，最高值与最低值相差 1.01g/cm^3。从横向看，2009—2018 年马铃薯一作区承德县、丰宁满族自治县、隆化县、平泉县、围场满族蒙古族自治县、赤城县、怀安县、康保县、尚义县、万全区、蔚县、阳原县土壤容重有所提升，尤其是康保县土壤容重提升幅度最大，为 0.40g/cm^3；其余各区（县）土壤容重均呈下降趋势，崇礼区土壤容重下降幅度最大，为 0.17g/cm^3。各县土壤容重整体变化结果（表 2-19）表明，马铃薯一作区县域土壤容重基本稳定变化不大，区域间差距增大。

表 2-19 马铃薯一作区县域土壤容重时间变化特征（g/cm^3）

地区	2009 年					2018 年				
	平均值	最大值	最小值	标准差	变异系数（%）	平均值	最大值	最小值	标准差	变异系数（%）
承德县	1.21	1.39	1.19	0.02	1.78	1.29	1.46	1.19	0.05	3.88
丰宁满族自治县	1.36	1.54	1.21	0.06	4.62	1.40	1.59	0.59	0.10	7.22
隆化县	1.33	1.56	1.10	0.07	5.51	1.43	1.52	1.28	0.04	2.96
平泉县	1.31	1.52	1.14	0.08	5.90	1.42	1.58	1.30	0.05	3.52
围场满族蒙古族自治县	1.32	1.53	1.12	0.05	4.12	1.38	1.59	1.20	0.08	5.46

(续)

地区	2009年					2018年				
	平均值	最大值	最小值	标准差	变异系数(%)	平均值	最大值	最小值	标准差	变异系数(%)
赤城县	1.38	1.52	1.17	0.06	4.67	1.40	1.50	0.85	0.09	6.24
崇礼区	1.35	1.51	1.19	0.05	3.96	1.18	1.53	0.67	0.23	19.81
沽源县	1.32	1.44	1.16	0.05	3.86	0.72	1.41	0.52	0.18	24.53
怀安县	1.36	1.47	1.21	0.07	4.90	1.44	1.64	1.22	0.10	6.65
怀来县	1.34	1.46	1.21	0.05	4.08	1.23	1.27	1.18	0.02	1.86
康保县	1.33	1.50	1.11	0.08	6.09	1.73	2.62	0.93	0.33	18.83
尚义县	1.35	1.57	1.12	0.08	5.91	1.42	1.56	1.23	0.05	3.27
万全区	1.34	1.45	1.19	0.05	3.98	1.53	1.67	1.20	0.09	5.78
蔚　县	1.32	1.49	1.16	0.05	3.49	1.42	1.45	1.33	0.03	1.90
宣化区	1.33	1.47	1.18	0.06	4.16	1.32	1.42	1.19	0.06	4.67
阳原县	1.34	1.51	1.17	0.06	4.83	1.35	1.62	1.21	0.05	3.80
张北县	1.32	1.48	1.17	0.05	4.04	1.19	1.47	0.65	0.19	15.70
涿鹿县	1.32	1.41	1.20	0.04	2.85	1.31	1.46	1.17	0.07	5.53
合计	1.33	1.57	1.10	0.07	5.24	1.35	2.62	0.52	0.24	18.02

2. 马铃薯二作区县域土壤容重时间变化特征 在县域范围内，纵向看，2009年土壤平均容重最高的是抚宁县，为1.55g/cm^3，最低值在蠡县，为1.22g/cm^3，最高值与最低值相差0.33g/cm^3；2018年内丘县土壤容重最高，为1.58g/cm^3，涞水县最低，为1.36g/cm^3，最高值与最低值相差0.22g/cm^3。从横向看，2009—2018年马铃薯二作区定兴县、阜平县、涞水县、蠡县、清苑区、曲阳县、涿州市土壤容重有所提升，尤其是蠡县土壤容重提升幅度最大，为0.20g/cm^3；其余各区（县）土壤容重均是下降趋势，新乐市土壤容重下降幅度最大，为0.10g/cm^3。各县土壤容重整体变化（表2-20）结果表明，马铃薯二作区土壤基本稳定，区域间差距逐渐减少。

表2-20 马铃薯二作区县域土壤容重时间变化特征（g/cm^3）

地区	2009年					2018年				
	平均值	最大值	最小值	标准差	变异系数(%)	平均值	最大值	最小值	标准差	变异系数(%)
定兴县	1.43	1.57	1.31	0.05	3.21	1.48	1.56	1.44	0.03	2.05
阜平县	1.38	1.57	1.20	0.06	4.33	1.41	1.50	1.34	0.04	2.40
涞水县	1.30	1.54	1.18	0.06	4.92	1.36	1.50	1.27	0.07	4.84
蠡　县	1.22	1.50	1.11	0.06	4.86	1.42	1.50	1.36	0.02	1.61
清苑区	1.38	1.46	1.19	0.06	4.12	1.47	1.60	1.41	0.03	1.65
曲阳县	1.49	1.57	1.39	0.04	2.81	1.57	1.63	1.43	0.03	1.86
涿州市	1.42	1.53	1.27	0.04	3.05	1.49	1.59	1.39	0.04	2.70
武安市	1.41	1.50	1.24	0.05	3.41	1.49	1.51	1.41	0.01	0.65

（续）

地区	2009年					2018年				
	平均值	最大值	最小值	标准差	变异系数（%）	平均值	最大值	最小值	标准差	变异系数（%）
饶阳县	1.47	1.54	1.22	0.06	3.82	1.43	1.46	1.39	0.02	1.28
昌黎县	1.48	1.54	1.41	0.04	2.57	1.40	1.48	1.37	0.02	1.36
抚宁县	1.55	1.57	1.39	0.02	1.47	1.54	1.57	1.43	0.02	1.27
青龙满族自治县	1.53	1.57	1.30	0.02	1.54	1.52	1.60	1.44	0.04	2.48
灵寿县	1.51	1.58	1.39	0.04	2.45	1.51	1.61	1.44	0.04	2.26
新乐市	1.52	1.54	1.45	0.02	1.12	1.42	1.56	1.36	0.05	3.15
乐亭县	1.50	1.56	1.11	0.06	3.82	1.45	1.52	1.36	0.03	2.17
玉田县	1.51	1.55	1.37	0.03	2.04	1.50	1.56	1.45	0.02	1.34
内丘县	1.54	1.58	1.35	0.04	2.76	1.58	1.63	1.45	0.04	2.19
邢台县	1.36	1.63	1.20	0.10	7.08	1.42	1.62	1.22	0.14	8.57
合计	1.45	1.63	1.11	0.10	6.63	1.48	1.63	1.22	0.08	4.84

第二节　土壤微生态质量

一、连作对土壤微生态的破坏

（一）土壤养分亏缺

连作造成土壤养分亏缺，养分消耗单一，肥力水平下降，不利于养分的平衡供给。马铃薯是喜钾作物，连作年限越长，导致土壤中速效钾下降越快。有研究表明，随马铃薯连作年限的增加，土壤全氮、全磷、全钾含量总体呈下降趋势；碱解氮、速效磷、速效钾含量也有不同程度的下降；Fe、Mn含量下降。

（二）土壤酶活性下降

土壤酶是土壤中最活跃的有机成分之一，在驱动土壤代谢、土壤中养分物质循环及养分的有效释放过程中起着重要作用。连作土壤湿热灭菌后，土壤脲酶、磷酸酶、过氧化氢酶活性均极显著降低。土壤蔗糖酶和脲酶活性随连作年限的增加呈下降趋势。连作会很大程度上抑制土壤中碳氮的转化，从而影响马铃薯对养分的有效吸收。

（三）土壤微生物结构变化

土壤中微生物的变化在一定程度上反映了土地的生产力和稳定性。马铃薯连作后，土壤中细菌和放线菌数量降低，真菌数量明显增加。土壤细菌中的有益菌能分解土壤有机物、固氮、分泌抗生素、防止有害病原菌侵染或促进有害病原菌死亡等。放线菌是抗生素的主要产生菌，土壤放线菌分泌的抗生素可抑制某些有害病原物的生长。土壤中放线菌的生长繁殖对调整土壤微生物生态平衡起着至关重要的作用，而土壤真菌多数是致病菌。随着连作年限增加，导致微生物种群结构失衡，土壤从细菌型向真菌型转化，土壤肥力下降、作物减产。

二、连作障碍形成的机制

（一）改变土壤理化性状

由于作物对营养成分具有选择的单一性，所以连作会导致种植马铃薯的土壤养分缺失严重，主要的营养物质匮乏，如果不能及时补充这些养分，会严重影响植株的正常生长，引发连作障碍。连作也会使得土壤的有机碳、有机氮等处于较高的养分水平；降低土壤 pH，甚至出现酸化现象，并且随着连作年限的增加，土壤酶活性降低，而且马铃薯植株细胞内的酶结构也会遭到破坏，活性随之降低，进而影响植株的生长发育。

（二）化感自毒物质的积累

在自毒物质的介导下，连作栽培加速了土壤自毒物质的积累，使自身的毒害作用加大。长期连作会造成邻苯二甲酸二丁异酯及顺式-14-二十九烯的积累，这种物质是导致连作障碍的主要化感物质，它会改变土壤微生物群落结构与功能，尤其是改变化感自毒物质和土壤微生物之间的协同作用；连作还会使根系分泌的酚酸类物质逐步积累，这类物质会抑制土壤有益微生物的生长，从而破坏根际土壤微生物群落结构的平衡，引起微生物群落功能变化，导致根际土壤微生物群落结构失衡与土壤微生态功能退化，进而引起作物生长不良甚至死亡，影响其产量和品质。

（三）土壤生物生态系统失衡

对于马铃薯的连作障碍，国内外许多学者都进行了研究和分析，证实连作障碍的出现不仅与土壤理化性质、酶活性、化感自毒物质有关，还与土壤微生物种群结构（种群丰富度和均匀度），种群多样性（alpha 多样性、beta 多样性）等有关。

1. 细菌型转向真菌型 土壤微生物种群结构失衡是导致土壤质量下降、作物减产的主要原因。大量研究表明，连作障碍主要表现之一在于土壤微生物区系由“细菌型”向“真菌型”的转变，土壤微生物从细菌型向真菌型转化，会使土壤微生物群落结构和功能发生巨大变化。马铃薯轮作条件下根际与非根际土壤中细菌、放线菌的数量显著高于连作，连作土壤中真菌数量远远高于轮作；土壤放线菌分泌的抗生素可抑制某些有害病原物的生长，而细菌型向真菌型转化会降低土壤放线菌的数量，间接提高了有害病原物的增长。细菌和真菌数量差异的剧烈变化也会导致真菌群落中 AM 真菌种的多样性显著下降，优势种发生改变，打破了微生物群落结构与功能平衡，引起土壤微生物群落结构功能的失调，并且持续连作减少了土壤中以羧酸、芳香类化合物为碳源微生物的微生物类群，土壤微生物数量变化会直接或间接影响着土壤中养分的吸收和转化。连作会使土壤从细菌型向真菌型转化，真菌数量越多土壤肥力越差，真菌型土壤是地力衰竭的标志。

2. 引发病害 根际土壤真菌群落组成结构的改变特别是与土传病害有关的致病菌滋生可能是导致当地马铃薯连作障碍的重要原因。植物根际促生菌定殖于根系并促进植物生长，能够分泌植物激素、维生素、氨基酸等促进植物生长物质，并能够产生抗生素、胞外溶解酶、氰化物和铁载体等，从而降低许多作物病害的发生，所以根际促生菌的减少也是导致植物产生土传病害的一方面原因。

真菌 18SrDNA 测序分析表明，马铃薯连作较轮作相比增加了导致马铃薯土传病害的主要致病菌类型；马铃薯连作也会使根际土壤中芽孢杆菌纲、鞘氨醇纲等益菌属的细菌比例下降甚至消失，β-变形菌纲和异常球菌纲比例上升；土壤真菌中座囊菌纲煤炱目随连作年限增加比例下降，粪壳菌纲肉座菌目随连作年限增加比例上升，罗尔斯通菌属等致病菌属的细菌增加。通过 DGGE 条带的克隆测序比对发现，随着连作年限的增加，马铃薯根际土壤土传病害病原菌尖孢镰刀菌和茄病镰刀菌的数量明显增加，并且连作栽培促使土壤中出现了诱发马铃薯枯萎病和黑痣病的病原菌，而球毛壳菌作为一种生防菌，连作栽培时数量明显减少。并且马铃薯连作栽培也易引起早疫病、枯萎病，并且连作大幅度提高了干腐病的发病率。干腐病这种病害是马铃薯种植和贮藏过程中发生的重要病害之一，在病薯中所占比例较高，导致马铃薯块茎的经济价值大幅下降。

3. 微生物多样性减少　马铃薯连作后根际土壤中某些微生物数量、功能多样性等均发生较大变化。连作栽培显著提高了土壤微生物量碳氮比，并且严重影响了在植物生长期降解氨基酸、糖类和羧酸类碳源的微生物群落。作物的根系分泌物可以影响土壤微生物群落的生长代谢，造成某些微生物群落消亡，从而影响土壤微生物群落多样性。连作大棚黄瓜的研究表明连作种植与轮作种植相比显著降低了微生物群落的丰富度和种群多样性，多样性的降低是土壤有机质的数量和质量及分配上的差异所造成的；并且 Eskelinen 的研究进一步证明土壤有机质含量与微生物的群落组成和结构之间有着良好的线性关系。也有学者从土壤微生物生理群落方面研究产生连作障碍的原因，例如对麦冬的研究结果表明，随着连作年限的延长，土壤微生物生理类群，如氨化细菌、硝化细菌、固氮菌和纤维素分解菌的数量锐减。从生理群落数量角度来看，随着连作年限的增加，各细菌生理群均呈现降低趋势。

三、缓解马铃薯连作障碍的调控措施

（一）实施轮作

轮作既利于作物吸收土壤中的不同养分，又可调节微生物群落，使土壤病害受到控制。轮作可使病菌和害虫失去寄主或改变生活环境，因而减轻或消灭病虫害，同时也可以改善土壤结构，充分利用土壤养分。轮作是解决连作障碍最为简单和有效的方法。豆科植物对马铃薯连作田土壤速效氮、有效磷及速效钾含量有不同程度的促进作用；实施马铃薯豆科植物轮作对防止马铃薯连作田土壤盐渍化有显著效果；轮作豆科植物使连作田土壤脲酶、碱性磷酸酶和过氧化氢酶活性均显著提高，马铃薯增产较明显。

（二）科学施肥

增施有机肥、腐殖酸铵、微生物肥可有效克服干旱地区马铃薯连作障碍，显著提高马铃薯产量，黄腐酸可减轻连作所造成的生理障碍，提高马铃薯幼苗对连作障碍的整体抗性，促进连作马铃薯的生长发育，改善了马铃薯块茎营养。

（三）选用耐连作的品种

对克服连作障碍而言，选育抗性品种具有重要意义。针对马铃薯连作障碍进行专门的生态育种，种植耐连作的马铃薯品种（如耐病虫害、耐自毒、耐盐害等）。此外，播种前施足基肥，使用微型薯，对种薯进行包衣，中耕培土，以及施用多效唑和膨大素均对消除马铃薯连作障碍有一定作用。品种间在连作障碍的适应性方面存在一定差异，生产中更应注意选用连作条件下产量高的品种，同时可以选育不产生自毒物质或对这些自毒物质具有抗性的新品种。

（四）土壤消毒

土壤进行有效灭菌可减轻或消除作物连作障碍。对土壤进行灭菌常用化学和物理方法，土壤灭菌可减少连作土壤对作物的不良影响。在马铃薯出苗后将药剂（如多菌灵）溶于水进行灌根处理，可有效防治土传病虫害的发生。在连作的马铃薯播种地喷撒抗重茬药剂能有效克服马铃薯连作危害。对连作马铃薯的土壤进行熏蒸灭菌，能降低马铃薯叶片的 SOD 酶活性、POD 酶活性，缓解不利于马铃薯生长的环境因素，提高土壤微生物群落的功能多样性。

第三节　排灌能力

一、排水能力

（一）马铃薯主产区耕地排水能力时间变化特征

1. 马铃薯一作区耕地排水能力时间变化特征　马铃薯一作区耕地排水能力处于“充分满足”、“满足”、“基本满足”和“不满足”状态，其中“基本满足”状态耕地占比均为最高，2009 年占比 63.70%、2018 年占比 56.40%。2009—2018 年耕地排水能力增强，“充分满足”状态耕地面积增加 126 372.60hm²，“满足”状态耕地面积增加 156 022.27hm²，“基本满足”状态耕地面积减少 92 274.77hm²，“不满足”状态耕地面积减少 190 120.09hm²。马铃薯一作区耕地排水能力变化（表 2-21）表明，多年来该地区耕地排水能力增强，土壤环境逐步改善。

表 2-21　马铃薯一作区耕地排水能力时间变化特征（hm²）

年份	充分满足	占比（%）	满足	占比（%）	基本满足	占比（%）	不满足	占比（%）
2009	37 480.64	2.97	186 550.92	14.78	804 322.19	63.70	234 200.22	18.55
2018	163 853.24	12.98	342 573.19	27.13	712 047.42	56.40	44 080.13	3.49
增减	126 372.60	10.01	156 022.27	12.35	−92 274.77	−7.30	−190 120.09	−15.06

2. 马铃薯二作区耕地排水能力时间变化特征　马铃薯二作区耕地排水能力处于“充分满足”、“满足”、“基本满足”和“不满足”状态，其中“基本满足”状态耕地占比均为最高，2009 年占比 34.60%、2018 年占比 47.17%。2009—2018 年耕地排水能力增强，“充分满足”状态耕地面积减少 21 908.62hm²，“满足”状态耕地面积增加 97 902.86hm²，“基本

满足”状态耕地面积增加 97 367.78hm²，“不满足”状态耕地面积减少 173 362.02hm²。马铃薯二作区耕地排水能力变化（表 2-22）表明，多年来该地区耕地排水能力增强，土壤环境逐步改善。

表 2-22　马铃薯二作区耕地排水能力时间变化特征（hm^2）

年份	充分满足	占比（%）	满足	占比（%）	基本满足	占比（%）	不满足	占比（%）
2009	83 537.73	10.78	187 122.42	24.16	267 980.43	34.60	235 959.23	30.46
2018	61 629.11	7.96	285 025.28	36.79	365 348.21	47.17	62 597.21	8.08
增减	−21 908.62	−2.82	97 902.86	12.65	97 367.78	12.57	−173 362.02	−22.38

（二）县域耕地排水能力时间变化特征

1. 马铃薯一作区县域耕地排水能力时间变化特征　在县域范围内，纵向看，2009 年处于“充分满足”、“满足”、“基本满足”状态面积最高的是张北县，总面积为145 910.71hm²，最低值为怀来县，面积为 5 676.79hm²，最高值与最低值相差140 233.92hm²，处于“不满足”状态面积最高的是沽源县，面积为 51 031.73hm²；2018 年处于“充分满足”、“满足”、“基本满足”状态面积最高的是张北县，总面积为 147 514.98hm²，最低值为承德县，面积为 21 827.29hm²，最高值与最低值相差 125 687.69hm²，处于“不满足”状态面积最高的是张北县，面积为 20 429hm²。从横向看，2009—2018 年马铃薯一作区承德县、阳原县、涿鹿县处于“充分满足”、“满足”、“基本满足”状态的耕地面积有所下降，尤其是承德县减少幅度最大，为 7 342.75hm²；其余各区（县）处于“充分满足”、“满足”、“基本满足”状态的耕地面积均呈增加趋势，沽源县增加幅度最大，为 51 031.74hm²。各县土壤排水能力随时间变化结果表明，马铃薯一作区土壤多年来排水能力增强，具体见表 2-23。

表 2-23　马铃薯一作区县域耕地排水能力时间变化特征（hm^2）

地区	2009 年				2018 年			
	充分满足	满足	基本满足	不满足	充分满足	满足	基本满足	不满足
承德县	24 648.05	3 812.10	709.89	4 083.34	—	12 858.63	8 968.66	11 426.09
丰宁满族自治县	—	—	57 613.91	35 475.75	—	216.64	92 873.00	—
隆化县	—	—	47 999.10	9 211.29	1 728.28	963.99	50 912.47	3 605.66
平泉县	—	—	35 649.13	12 931.10	28 640.54	9 240.09	9 393.67	1 305.95
围场满族蒙古族自治县	—	25 506.66	75 641.69	11 765.09	8 818.64	36 320.00	67 774.80	—
赤城县	—	2 432.10	39 207.22	17 614.53	—	22 180.36	33 452.23	3 621.26
崇礼区	—	—	13 832.11	9 486.22	1 740.45	1 055.59	20 522.29	—
沽源县	3 520.92	—	77 239.20	51 031.73	7 409.50	—	124 382.36	—
怀安县	—	—	36 878.85	8 775.82	—	—	45 654.68	—
怀来县	—	—	5 676.79	16 742.74	22 419.53	—	0.00	—
康保县	—	—	117 367.85	10 180.87	44 689.09	24 524.31	58 335.32	—
尚义县	—	—	64 326.61	1 579.06	—	4 275.18	61 630.49	—

（续）

地区	2009 年				2018 年			
	充分满足	满足	基本满足	不满足	充分满足	满足	基本满足	不满足
万全区	—	9 857.91	17 273.72	6 361.06	—	10 135.92	23 356.77	—
蔚　县	—	11 536.13	64 903.70	7 786.77	113.14	82 570.47	1 542.98	—
宣化区	—	4 127.35	44 580.37	7 774.15	396.70	65.07	56 020.09	—
阳原县	—	20 129.01	47 406.30	1 367.43	34 660.71	30 686.16	—	3 555.86
张北县	—	92 364.19	53 546.52	22 033.27	3 348.70	91 788.09	52 378.19	20 429.00
涿鹿县	9 311.67	16 785.47	4 469.23	—	9 887.96	15 692.69	4 849.42	136.31
总　计	37 480.64	186 550.92	804 322.19	234 200.22	163 853.24	342 573.19	712 047.42	44 080.13

2. 马铃薯二作区县域耕地排水能力时间变化特征　在县域范围内，纵向看，2009 年处于“充分满足”、“满足”、“基本满足”状态面积最高的是乐亭县，总面积为 60 696.15hm^2，最低值为饶阳县，面积为 2 337.51hm^2，最高值与最低值相差 58 358.64hm^2，处于“不满足”状态面积最高的是定兴县，面积为 39 378.14hm^2；2018 年处于“充分满足”、“满足”、“基本满足”状态面积最高的是乐亭县，总面积为 64 198.35hm^2，最低值为阜平县，面积为 14 923.79hm^2，最高值与最低值相差 49 274.56hm^2，处于“不满足”状态面积最高的是玉田县，面积为 32 507.54hm^2。从横向看，2009—2018 年马铃薯二作区玉田县处于“充分满足”、“满足”、“基本满足”状态的耕地面积有所下降，减少面积为 19 955.64hm^2；其余各区（县）处于“充分满足”、“满足”、“基本满足”状态的耕地面积均呈增加趋势，定兴县增加幅度最大，为 39 378.13hm^2。说明马铃薯二作区土壤多年来排水能力增强，具体数值见表 2-24。

表 2-24　马铃薯二作区县域耕地排水能力时间变化特征（hm^2）

地区	2009 年				2018 年			
	充分满足	满足	基本满足	不满足	充分满足	满足	基本满足	不满足
定兴县	—	1 196.37	7 218.47	39 378.14	—	46 472.35	1 320.62	—
阜平县	—	1 511.33	4 432.99	8 979.48	14 546.26	—	377.53	—
涞水县	—	—	7 363.59	16 259.97	6 736.12	4 632.68	12 254.76	—
蠡　县	3 316.28	6 988.14	6 713.14	29 496.18	—	46 219.61	294.13	—
清苑区	—	—	21 930.07	37 391.70	—	279.39	49 842.09	9 200.29
曲阳县	3 029.68	8 975.25	3 223.35	22 882.14	8 148.72	8 350.32	20 349.35	1 262.03
涿州市	—	8 189.58	19 193.32	16 571.37	—	43 954.27	—	—
武安市	1 013.41	12 677.56	21 016.24	20 711.71	—	22 756.33	19 909.75	12 752.83
饶阳县	—	328.70	2 008.80	35 058.28	—	37 395.79	—	—
昌黎县	19 348.44	10 089.03	18 535.80	15 100.91	—	4 852.63	55 642.59	2 578.98
抚宁县	—	3 819.83	15 331.27	23 634.22	—	1 990.65	40 794.67	—
青龙满族自治县	—	14 906.06	7 678.53	6 922.96	211.22	5 246.25	22 828.17	1 221.90
灵寿县	677.07	4 145.90	11 113.67	15 063.48	222.03	30 361.61	416.49	—

（续）

地区	2009年				2018年			
	充分满足	满足	基本满足	不满足	充分满足	满足	基本满足	不满足
新乐市	624.21	26 667.92	3 962.72	509.91	31 764.76	—	—	—
乐亭县	32 712.05	14 017.92	13 966.18	6 575.83	—	—	64 198.35	3 073.64
玉田县	3 443.44	18 800.84	36 350.55	12 551.91	—	—	38 639.19	32 507.54
内丘县	6 133.89	19 251.58	4 610.22	459.80	—	30 455.48	—	—
邢台县	5 726.65	8 325.90	4 929.46	21 556.40	—	2 057.92	38 480.52	—
总　计	76 025.14	159 891.91	209 578.37	329 104.39	61 629.11	285 025.28	365 348.21	62 597.21

二、灌溉能力

（一）马铃薯主产区耕地灌溉能力时间变化特征

1. 马铃薯一作区耕地灌溉能力时间变化特征　马铃薯一作区耕地灌溉能力处于“充分满足”、“满足”、“基本满足”和“不满足”状态，其中“不满足”状态耕地占比均为最高，2009年占比61.17%、2018年占比49.29%。2009—2018年耕地排水能力增强，“充分满足”状态耕地面积减少24 646.23hm²，“满足”状态耕地面积增加57 935.12hm²，“基本满足”状态耕地面积增加116 760.59hm²，“不满足”状态耕地面积减少710 049.49hm²。马铃薯一作区耕地灌溉能力变化（表2-25）表明，多年来该地区耕地灌溉能力增强，不满足的减少10%以上。

表2-25　马铃薯一作区耕地灌溉能力时间变化特征（hm²）

年份	充分满足	占比（%）	满足	占比（%）	基本满足	占比（%）	不满足	占比（%）
2009	51 456.69	4.08	143 771.23	11.39	294 991.26	23.36	772 334.80	61.17
2018	26 810.46	2.12	201 706.35	15.98	411 751.85	32.61	62 285.31	49.29
增减	−24 646.23	−1.96	57 935.12	4.59	116 760.59	9.25	−710 049.49	−11.88

2. 马铃薯二作区耕地灌溉能力时间变化特征　马铃薯二作区耕地灌溉能力处于“充分满足”、“满足”、“基本满足”和“不满足”状态，其中“基本满足”状态耕地占比均为最高，2009年占比34.60%、2018年占比43.41%。2009—2018年耕地灌溉能力增强，“充分满足”状态耕地面积增加20 911.88hm²，“满足”状态耕地面积增加13 506.19hm²，“基本满足”状态耕地面积增加68 294.97hm²，“不满足”状态耕地面积减少102 712.32hm²。马铃薯二作区耕地灌溉能力变化（表2-26）表明，10年来该地区耕地灌溉能力增强。

表2-26　马铃薯二作区耕地灌溉能力时间变化特征（hm²）

年份	充分满足	占比（%）	满足	占比（%）	基本满足	占比（%）	不满足	占比（%）
2009	83 537.73	10.78	187 122.42	24.16	267 980.43	34.60	235 959.23	30.46
2018	104 448.88	13.48	200 628.61	25.90	336 275.40	43.41	133 246.91	17.21
增减	20 911.88	2.70	13 506.19	1.74	68 294.97	8.81	−102 712.32	−13.25

（二）县域耕地灌溉能力时间变化特征

1. 马铃薯一作区县域耕地灌溉能力时间变化特征 在县域范围内，纵向看，2009 年灌溉能力处于“充分满足”、“满足”、“基本满足”状态面积最高的是沽源县，总面积 80 760.12hm²，最低值为丰宁满族自治县，面积为 312.82hm²，最高值与最低值相差 80 447.30hm²，处于“不满足”状态面积最高的是张北县，面积为 128 414.42hm²；2018 年处于“充分满足”、“满足”、“基本满足”状态面积最高的是丰宁满族自治县，总面积为 90 107.55hm²，最低值为平泉县，面积为 9 769.19hm²，最高值与最低值相差80 338.36hm²，处于“不满足”状态面积最高的是张北县，面积为 119 394.80hm²。从横向看，2009—2018 年马铃薯一作区围场满族蒙古族自治县、赤城县、沽源县、阳原县、涿鹿县处于“充分满足”、“满足”、“基本满足”状态的耕地面积有所下降，尤其是沽源县减幅最大，为 67 285.47hm²；其余各区（县）处于“充分满足”、“满足”、“基本满足”状态的耕地面积均呈增加趋势，丰宁满族自治县增幅最大，为 89 794.73hm²。各县土壤灌溉能力随时间变化结果（表 2-27）表明，马铃薯一作区土壤多年来耕地灌溉能力增强。

表 2-27 马铃薯一作区县域耕地灌溉能力时间变化特征（hm²）

地区	2009 年				2018 年			
	充分满足	满足	基本满足	不满足	充分满足	满足	基本满足	不满足
承德县	4 485.08	709.89	10 161.15	17 897.26	—	8 460.48	10 197.17	14 595.73
丰宁满族自治县	—	312.82	—	92 776.83	—	1 179.33	88 928.22	2 982.10
隆化县	—	6 818.38	8 212.24	42 179.77	—	36 811.00	14 628.50	5 770.88
平泉县	—	6 786.02	400.51	41 393.71	1 348.94	5 548.89	2 871.36	38 811.05
围场满族蒙古族自治县	—	—	24 687.66	88 225.78	—	—	10 179.41	102 734.04
赤城县	1 429.50	30 370.49	1 840.36	25 613.51	741.97	28 074.17	229.81	30 207.90
崇礼区	—	1 374.23	7 400.87	14 543.24	1 619.31	30.97	8 636.05	13 032.00
沽源县	3 520.92	—	77 239.21	51 031.73	7 409.50	—	6 065.15	118 317.20
怀安县	—	—	33 212.30	12 442.37	—	813.89	44 840.79	—
怀来县	—	5 864.06	10 878.68	5 676.79	—	9 222.96	11 155.38	2 041.20
康保县	—	22 956.94	4 733.87	99 857.92	6 593.39	3 451.52	20 119.12	97 384.68
尚义县	—	3 276.07	2 711.59	59 918.00	—	—	57 797.71	8 107.95
万全区	6 804.12	19 385.76	2 684.44	4 618.37	—	17 871.48	12 866.17	2 755.04
蔚　县	—	—	57 040.57	27 186.03	—	49 051.30	14 894.42	20 280.88
宣化区	—	27 360.36	5 784.92	23 336.58	—	65.07	56 190.23	226.57
阳原县	—	17 122.79	20 119.28	31 660.66	594.88	12 330.59	16 533.28	39 443.98
张北县	16 279.54	—	23 250.02	128 414.42	8 068.38	7 244.39	33 236.39	119 394.80
涿鹿县	18 937.53	1 433.42	4 633.59	5 561.83	434.09	21 550.31	2 382.69	6 199.29
总计	51 456.69	143 771.23	294 991.26	772 334.80	26 810.46	201 706.35	411 751.85	622 285.31

2. 马铃薯二作区县域耕地灌溉能力时间变化特征　在县域范围内，纵向看，2009年灌溉能力处于“充分满足”、“满足”、“基本满足”状态面积最高的是玉田县，总面积68 707.03hm²，最低值为青龙满族自治县，面积5 240.14hm²，最高值与最低值相差63 466.89hm²，处于“不满足”状态面积最高的是武安市，面积为36 186.48hm²；2018年处于“充分满足”、“满足”、“基本满足”状态面积最高的是乐亭县，总面积为67 271.99hm²，最低值为青龙满族自治县，面积为0，最高值与最低值相差67 271.99hm²，处于“不满足”状态面积最高的是玉田县，面积为65 400.39hm²。从横向看，2009—2018年马铃薯二作区抚宁县、青龙满族自治县、玉田县灌溉能力处于“充分满足”、“满足”、“基本满足”状态的耕地面积有所下降，尤其是玉田县减少幅度最大，为62 960.69hm²；其余各区（县）处于“充分满足”、“满足”、“基本满足”状态的耕地面积均呈增加趋势，武安市增加幅度最大，为36 186.49hm²。各县土壤灌溉能力随时间变化结果（表2-28）表明，马铃薯二作区土壤多年来耕地灌溉能力增强。

表2-28　马铃薯二作区县域耕地灌溉能力时间变化特征（hm²）

地区	2009年				2018年			
	充分满足	满足	基本满足	不满足	充分满足	满足	基本满足	不满足
定兴县	—	26 676.95	21 116.02	—	1 320.62	46 472.35	—	—
阜平县	—	5 334.12	4 754.63	4 835.03	2 120.46	9 080.79	428.87	3 293.66
涞水县	—	—	7 122.39	16 501.17	11 212.96	484.69	4 699.58	7 226.34
蠡　县	—	4 000.51	32 173.35	10 339.88	—	46 219.61	294.13	—
清苑区	—	1 251.52	31 829.13	26 241.12	—	279.39	59 042.38	—
曲阳县	—	10 086.43	11 470.44	16 553.55	120.61	37 989.82	—	—
涿州市	—	24 068.76	10 591.04	9 294.46	43 754.85	—	199.42	—
武安市	—	3 184.31	16 048.12	36 186.48	—	3 970.84	51 448.08	—
饶阳县	—	1 629.94	14 760.13	21 005.71	14 154.62	23 241.17	—	—
昌黎县	33 083.24	10 610.43	16 169.17	3 211.35	—	7 306.50	55 767.69	—
抚宁县	320.83	17 587.55	8 762.80	16 114.12	—	2 193.10	18 956.11	21 636.10
青龙满族自治县	—	1 298.82	3 941.32	24 267.41	—	—	—	29 507.55
灵寿县	—	398.19	14 848.88	15 753.04	—	21 879.91	9 111.14	9.08
新乐市	—	8 062.15	21 431.24	2 271.37	31 764.76	—	—	—
乐亭县	49 079.83	18 192.16	—	—	—	1 510.44	65 761.54	—
玉田县	—	52 833.04	15 873.98	2 439.71	—	—	5 746.34	65 400.39
内丘县	1 053.83	—	19 301.23	10 100.43	—	—	30 455.48	—
邢台县	—	1 907.50	17 786.52	20 844.40	—	—	34 364.64	6 173.79
总计	83 537.73	187 122.42	267 980.43	235 959.23	104 448.88	200 628.61	336 275.40	133 246.91

三、地下水埋深

（一）马铃薯二作区地下水埋深时间变化特征

马铃薯二作区耕地地下水埋深处于“≥300cm”、“200～300cm”和“<200cm”状态，

其中“≥300cm”状态耕地占比均为最高，2009 年占比 83.31%、2018 年占比 98.10%。2009—2018 年耕地地下水埋深深度增加，“≥300cm”状态耕地面积增加 114 567.99hm²，“200～300cm”状态耕地面积减 81 985.65hm²，“<200cm”状态耕地面积减少 32 582.35hm²。马铃薯二作区耕地地下水埋深变化（表 2-29）表明，多年来该地区耕地地下水埋深深度逐渐增加，土壤水环境日趋严峻。

表 2-29 二作区耕地地下水埋深时间变化（hm²）

年份	≥300cm	占比（%）	200～300cm	占比（%）	<200cm	占比（%）
2009	645 346.96	83.31	82 674.55	10.67	46 578.30	6.02
2018	759 914.95	98.10	688.90	0.09	13 995.95	1.81
增减	114 567.99	14.79	−81 985.65	−10.58	−32 582.35	−4.21

（二）县域耕地地下水埋深时间变化特征

在县域范围内，纵向看，2009 年地下水埋深处于“<200cm”状态面积最高的是蠡县，总面积为 46 219.61hm²，处于“≥300cm”、“200～300cm”状态面积最高的是玉田县，面积为 71 146.74hm²；2018 年地下水埋深处于“<200cm”状态面积最高的是玉田县，总面积为 11 073.07hm²，处于“≥300cm”、“200～300cm”状态面积最高的是乐亭县，面积为 67 271.99hm²。从横向看，2009—2018 年马铃薯二作区阜平县、玉田县、内丘县、邢台县地下水埋深处于“<200cm”状态的耕地面积有所提升，尤其是玉田县提升幅度最大，为 11 073.07hm²；蠡县、清苑区地下水埋深处于“<200cm”状态的耕地面积均呈减少趋势，蠡县减少幅度最大，为 46 219.61hm²，其余各区（县）地下水埋深并未发生变化，均处于“≥300cm”、“200～300cm”状态。各县土壤地下水埋深随时间变化结果（表 2-30）表明，马铃薯二作区耕地地下水埋深深度逐渐增加。

表 2-30 马铃薯二作区县域耕地地下水埋深时间变化特征（hm²）

地区	2009 年			2018 年		
	≥300cm	200～300cm	<200cm	≥300cm	200～300cm	<200cm
定兴县	47 792.97	—	—	47 792.97	—	—
阜平县	14 923.79	—	—	13 267.15	388.54	1 268.10
涞水县	23 623.56	—	—	23 623.56	—	—
蠡　县	294.13	—	46 219.61	46 513.75	—	—
清苑区	58 963.08	—	358.69	59 321.77	—	—
曲阳县	38 110.43	—	—	38 110.43	—	—
涿州市	43 954.27	—	—	43 954.27	—	—
武安市	55 418.92	—	—	55 418.92	—	—
饶阳县	32 007.94	5 387.85	—	37 395.79	—	—
昌黎县	37 331.43	25 742.76	—	63 074.19	—	—
抚宁县	42 235.67	549.65	—	42 785.32	—	—

（续）

地区	2009年			2018年		
	≥300cm	200～300cm	<200cm	≥300cm	200～300cm	<200cm
青龙满族自治县	29 507.55	—	—	29 507.54	—	—
灵寿县	31 000.12	—	—	31 000.12	—	—
新乐市	31 764.76	—	—	31 764.75	—	—
乐亭县	54 747.29	12 524.69	—	67 271.99	—	—
玉田县	34 958.14	36 188.60	—	60 073.66	—	11 073.07
内丘县	28 174.48	2 281.00	—	28 908.68	300.36	1 246.44
邢台县	40 538.43	—	—	40 130.09	—	408.35
总计	645 346.96	82 674.55	46 578.30	759 914.95	688.90	13 995.95

第四节 耕地质量等级确定

一、指标体系构建

全国耕地质量评价指标体系总集受气候、地形地貌、成土母质等多种因素的影响，不同地区、不同地貌类型、不同母质发育的土壤，耕地地力差异较大，各项指标对地力贡献的份额在不同地区也有较大的差别，即使在同一个气候区内也难以制订一个统一的地力评价指标体系。农业农村部按照基础性指标和区域补充性指标相结合的原则选定了各区域所辖二级农业区的评价指标，建立了各指标权重和隶属函数，并明确了耕地质量等级划分指数，形成了《全国耕地质量等级评价指标体系》。

（一）马铃薯一作区

1. 指标权重 河北省马铃薯一作区属于农业部耕作质量评价中的长城沿线农牧区二级区，该区的耕地质量评价指标权重见表 2-31。

表 2-31 马铃薯一作区耕地质量评价指标权重

指标名称	指标权重	指标名称	指标权重
排水能力	0.1 135	有效磷	0.0 608
灌溉能力	0.1 135	速效钾	0.0 489
有效土层厚	0.0 987	质地构型	0.0 483
有机质	0.0 867	生物多样性	0.0 375
障碍因素	0.0 749	坡度	0.0 339
耕层质地	0.0 721	土壤容重	0.0 304
地形部位	0.0 668	农田林网化	0.0 269
pH	0.0 608	清洁程度	0.0 263

2. 指标隶属函数 河北省马铃薯一作区属于农业部耕作质量评价中的长城沿线农牧区二级区，该区的概念型指标隶属度见表2-32，数值型指标隶属函数见表2-33。

表2-32 概念型指标隶属度

地形部位	山间盆地	宽谷盆地	平原低阶	平原中阶	平原高阶	丘陵上部	丘陵中部	丘陵下部	山地坡上	山地坡中	山地坡下
隶属度	0.79	0.86	1	0.88	0.74	0.39	0.5	0.61	0.16	0.3	0.42
有效土层厚	<30	30～60	≥60	—	—	—	—	—	—	—	—
隶属度	0.44	0.8	1	—	—	—	—	—	—	—	—
耕层质地	砂土	砂壤	轻壤	中壤	重壤	黏土	—	—	—	—	—
隶属度	0.38	0.75	0.86	1	0.77	0.49	—	—	—	—	—
质地构型	薄层型	松散型	紧实型	夹层型	上紧下松型	上松下紧型	海绵型	—	—	—	—
隶属度	0.32	0.44	0.68	0.62	0.53	1	0.91	—	—	—	—
生物多样性	丰富	一般	不丰富	—	—	—	—	—	—	—	—
隶属度	1	0.68	0.38	—	—	—	—	—	—	—	—
清洁程度	清洁	尚清洁	—	—	—	—	—	—	—	—	—
隶属度	1	0.6	—	—	—	—	—	—	—	—	—
障碍因素	瘠薄	障碍层次	沙化	盐渍化	无	—	—	—	—	—	—
隶属度	0.51	0.67	0.56	0.62	1	—	—	—	—	—	—
灌溉能力	充分满足	满足	基本满足	不满足	—	—	—	—	—	—	—
隶属度	1	0.85	0.65	0.38	—	—	—	—	—	—	—
排水能力	充分满足	满足	基本满足	不满足	—	—	—	—	—	—	—
隶属度	1	0.83	0.62	0.43	—	—	—	—	—	—	—
农田林网化	高	中	低	—	—	—	—	—	—	—	—
隶属度	1	0.74	0.39	—	—	—	—	—	—	—	—
坡度	≤2	2～6	6～10	10～15	>15	—	—	—	—	—	—
隶属度	1	0.84	0.67	0.52	0.29	—	—	—	—	—	—

表2-33 数值型指标隶属函数

指标	函数类型	函数公式	a 值	c 值	u 下限值	u 上限值
pH	峰型	$y=1/[1+a(u-c)^2]$	0.474 732	7.122 609	2.8	11.5
土壤容重	峰型	$y=1/[1+a(u-c)^2]$	10.38 861	1.283 822	0.35	2.21
有机质	戒上型	$y=1/[1+a(u-c)^2]$	0.003 437	29.467 952	0	29.5
有效磷	戒上型	$y=1/[1+a(u-c)^2]$	0.007	25.24	0	25.2
速效钾	戒上型	$y=1/[1+a(u-c)^2]$	0.000 032	273.613 884	0	274

注：y 为隶属度；a 为系数；u 为实测值；c 为标准指标。当函数类型为戒上型，u≤下限值时，y 为0；u≥上限值，y 为1；当函数类型为峰型，u≤下限值或 u≥上限值时，y 为0。

3. 等级划分指数 河北省马铃薯一作区属于国家农业部耕作质量评价中的长城沿线农牧区二级区，该区的耕地质量等级划分指数见表2-34。

表 2-34　耕地质量等级划分指数

耕地质量等级	综合指数范围	耕地质量等级	综合指数范围
一等	≥0.8 566	六等	0.7 140～0.7 421
二等	0.8 323～0.8 566	七等	0.6 889～0.7 140
三等	0.8 034～0.8 323	八等	0.6 638～0.6 889
四等	0.7 726～0.8 034	九等	0.6 285～0.6 638
五等	0.7 421～0.7 726	十等	<0.6 285

（二）马铃薯二作区

1. 指标权重　河北省马铃薯二作区属于国家农业部耕作质量评价中的冀鲁豫低洼平原农业二级区，该区的耕地质量评价指标权重见表 2-35。

表 2-35　马铃薯二作区耕地质量评价指标权重

指标名称	指标权重	指标名称	指标权重
灌溉能力	0.1 550	pH	0.0 360
耕层质地	0.1 300	有效土层厚	0.0 300
质地构型	0.1 110	土壤容重	0.0 300
有机质	0.1 040	地下水埋深	0.0 200
地形部位	0.0 770	障碍因素	0.0 200
盐渍化程度	0.0 760	耕层厚度	0.0 200
排水能力	0.0 570	农田林网化	0.0 100
有效磷	0.0 560	生物多样性	0.0 100
速效钾	0.0 480	清洁程度	0.0 100

2. 指标隶属函数　河北省马铃薯二作区属于国家农业部耕作质量评价中的冀鲁豫低洼平原农业二级区，该区的概念型指标隶属度见表 2-36，数值型指标隶属函数见表 2-37。

表 2-36　概念型指标隶属度

地形部位	平原高阶、山前平原		平原中阶、低平原、微斜平原、宽谷盆地、河谷阶地、河谷两侧		山间盆地	丘陵中部	丘陵上部	山地坡下	山地坡中	山地坡上
隶属度	1		0.9		0.85	0.5	0.4	0.35	0.2	0.2
有效土层厚	≥100	60～100	30～60	<30	—	—	—	—	—	—
隶属度	1	0.8	0.6	0.4	—	—	—	—	—	—
耕层质地	中壤	轻壤	重壤	黏土	砂壤	砾质壤土	砂土	砾质砂土	壤质砾石土	砂质砾石土
隶属度	1	0.94	0.92	0.88	0.8	0.55	0.5	0.45	0.45	0.4

（续）

土壤容重	适中		偏轻	偏重		—	—	—	—	—	—
	≥1 and<1.45		<1	≥1.45		—	—	—	—	—	—
隶属度	1		0.8	0.8		—	—	—	—	—	—
质地构型	夹黏型	上松下紧型	通体壤	紧实型	夹层型	海绵型	上紧下松型	松散型	通体砂	薄层型	裸露岩石
隶属度	0.95	0.93	0.9	0.85	0.8	0.75	0.75	0.65	0.6	0.4	0.2
生物多样性	丰富	一般	不丰富	—	—	—	—	—	—	—	—
隶属度	1	0.8	0.6	—	—	—	—	—	—	—	—
清洁程度	清洁	尚清洁	—	—	—	—	—	—	—	—	—
隶属度	1	0.8	—	—	—	—	—	—	—	—	—
障碍因素	无	夹砂层	砂姜层	砾质层	—	—	—	—	—	—	—
隶属度	1	0.8	0.7	0.5	—	—	—	—	—	—	—
灌溉能力	充分满足	满足	基本满足	不满足	—	—	—	—	—	—	—
隶属度	1	0.85	0.7	0.5	—	—	—	—	—	—	—
排水能力	充分满足	满足	基本满足	不满足	—	—	—	—	—	—	—
隶属度	1	0.85	0.7	0.5	—	—	—	—	—	—	—
农田林网化	高	中	低	—	—	—	—	—	—	—	—
隶属度	1	0.8	0.6	—	—	—	—	—	—	—	—
pH	≥8.5	8～8.5	7.5～8	6.5～7.5	6～6.5	5.5～6	4.5～5.5	<4.5	—	—	—
隶属度	0.5	0.8	0.9	1	0.9	0.85	0.75	0.5	—	—	—
耕层厚度	≥20	15～20	<15	—	—	—	—	—	—	—	—
隶属度	1	0.8	0.6	—	—	—	—	—	—	—	—
盐渍化程度	无	轻度	中度	重度	—	—	—	—	—	—	—
隶属度	1	0.8	0.6	0.35	—	—	—	—	—	—	—
地下水埋深	≥300	200～300	<200	—	—	—	—	—	—	—	—
隶属度	1	0.8	0.6	—	—	—	—	—	—	—	—

表 2-37　数值型指标隶属函数

指标名称	函数类型	函数公式	a 值	c 值	u 的下限值	u 的上限值	备注
有机质	戒上型	$y=1/[1+a(u-c)^2]$	0.005 431	18.219 012	0	18.2	
速效钾	戒上型	$y=1/[1+a(u-c)^2]$	0.00 001	277.30 496	0	277	
有效磷	戒上型	$y=1/[1+a(u-c)^2]$	0.000 102	79.043 468	0	79.0	有效磷<110
有效磷	戒下型	$y=1/[1+a(u-c)^2]$	0.000 007	148.611 679	148.6	500.0	有效磷≥110

注：y 为隶属度；a 为系数；u 为实测值；c 为标准指标。当函数类型为戒上型，u≤下限值时，y 为 0；u≥上限值，y 为 1；当函数类型为峰型，u≤下限值或 u≥上限值时，y 为 0。

3. 耕地质量等级指数划分　河北省马铃薯二作区属于农业部耕作质量评价中的冀鲁豫低洼平原农业二级区，该区的耕地质量等级划分指数见表 2-38。

表 2-38 耕地质量等级划分指数

耕地质量等级	综合指数范围	耕地质量等级	综合指数范围
一等	≥0.9 640	六等	0.8 090～0.8 400
二等	0.9 330～0.9 640	七等	0.7 780～0.8 090
三等	0.9 020～0.9 330	八等	0.7 470～0.7 780
四等	0.8 710～0.9 020	九等	0.7 160～0.7 470
五等	0.8 400～0.8 710	十等	<0.7 160

二、河北省马铃薯耕地质量等级时空演变趋势

（一）马铃薯一作区耕地质量等级时间变化特征

表 2-39 表明，2009 年马铃薯一作区耕地质量等级从 1～9 等地，分别为 7 589.67、26 442.30、94 507.43、141 275.00、295 926.04、297 137.24、247 308.69、99 591.12 和 53 076.49 hm^2。2018 年 2 等地、3 等地、4 等地和 5 等地，分别净增加 6 735.94、16 891.74、111 575.16 和 114 175.69 hm^2。1 等地和 6～9 等地，分别净减少 1 539.94、44 479.53、155 164.99、26 341.14 和 21 852.93 hm^2。2009 年耕地平均等级为 5.68，2018 年耕地平均等级为 5.14，耕地等级提升 0.54。

表 2-39 马铃薯一作区耕地质量等级统计

等级	2009 年		2018 年		增减	
	耕地面积（hm^2）	占总耕地（%）	耕地面积（hm^2）	占总耕地（%）	耕地面积（hm^2）	占总耕地（%）
1	7 589.67	0.60	6 049.73	0.48	−1 539.94	−0.12
2	26 442.30	2.09	33 178.24	2.63	6 735.94	0.54
3	94 507.43	7.49	111 399.17	8.82	16 891.74	1.33
4	141 275.00	11.19	252 850.16	20.03	111 575.16	8.84
5	295 626.04	23.41	409 801.73	32.46	114 175.69	9.05
6	297 137.24	23.53	252 657.71	20.01	−44 479.53	−3.52
7	247 308.69	19.59	92 143.70	7.30	−155 164.99	−12.29
8	99 591.12	7.89	73 249.98	5.80	−26 341.14	−2.09
9	53 076.49	4.21	31 223.56	2.47	−21 852.93	−1.74
平均等级	5.68		5.14		0.54	

（二）马铃薯二作区耕地质量等级变化特征

表 2-40 表明，2009 年马铃薯二作区耕地质量等级为 2～10 等地，分别为 7 632.48、99 729.06、64 867.56、114 905.12、220 547.33、177 578.75、76 567.70、11 901.42 和 870.38hm^2。2018 年，2～5 等地和 10 等地，分别净增加 12 359.79、26 784.42、113 229.06、110 549.59 和 863.29hm^2。6～9 等地分别减少 76 891.95、139 785.17、44 502.94 和 2 606.09hm^2。2009 年耕地平均等级为 5.73，2018 年耕地平均等级为 4.83，耕地等级提升 0.9。

表 2-40 马铃薯二作区耕地质量等级统计

等级	2009 年		2018 年		增减	
	耕地面积（hm^2）	占总耕地（%）	耕地面积（hm^2）	占总耕地（%）	耕地面积（hm^2）	占总耕地（%）
2	7 632.48	1.00	19 992.27	2.58	12 359.79	1.58
3	99 729.06	12.87	126 513.48	16.33	26 784.42	3.46
4	64 867.56	8.37	178 096.62	22.99	113 229.06	14.62
5	114 905.12	14.83	225 454.71	29.11	110 549.59	14.28
6	220 547.33	28.47	143 655.38	18.55	−76 891.95	−9.92
7	177 578.75	22.93	37 793.58	4.88	−139 785.17	−18.05
8	76 567.70	9.88	32 064.76	4.14	−44 502.94	−5.74
9	11 901.42	1.54	9 295.33	1.20	−2 606.09	−0.34
10	870.38	0.11	1 733.67	0.22	863.29	0.11
平均等级	5.73		4.83		0.9	

三、河北省马铃薯一作区耕地质量等级时空变化特征

（一）一级地耕地质量特征

1. 空间分布 一级地在马铃薯一作区各县市的具体分布见表 2-41，2009 年一级地在马铃薯一作区面积 7 589.67hm^2，占耕地总面积的 0.60%，2018 年面积为 6 049.73hm^2，占耕地总面积的 0.48%，一级地面积逐渐减少。2009—2018 年承德县、隆化县、万全区、宣化区、张北县一级地面积逐渐减少到 0；平泉县、沽源县、怀来县面积逐渐增加，其中沽源县面积增加最多为 1 186.32hm^2，其次是平泉县增加 1 156.13hm^2。

表 2-41 一级地在马铃薯一作区各县市的面积与分布

等级	2009 年		2018 年	
	面积（hm^2）	占一级地面积（%）	面积（hm^2）	占一级地面积（%）
承德县	685.76	9.04	—	—
隆化县	40.48	0.53	—	—
平泉县	—	—	1 156.13	19.11
沽源县	543.50	7.16	1 729.83	28.59
怀来县	—	—	199.02	3.29
万全区	57.88	0.76	—	—
宣化区	1 931.39	25.45	—	—
张北县	203.81	2.69	—	—
涿鹿县	4 126.85	54.37	2 964.75	49.01
合计	7 589.67	100.00	6 049.73	100.00

2. 属性特征

（1）排水能力 利用耕地质量等级图对排水能力栅格数据进行区域统计（表 2-42），马铃薯一作区一级地排水能力处于“充分满足”、“满足”和“基本满足”状态。用行政区划图

与耕地质量等级图叠加联合形成行政区划耕地质量等级综合图，对排水能力栅格数据进行区域统计，一级地中，2018 年处于“充分满足”状态耕地面积较 2009 年增加3 807.17hm^2，处于“满足”状态的耕地面积减少 3 482.22hm^2，处于“基本满足”状态耕地面积减少 1 864.89hm^2。

表 2-42　排水能力马铃薯一作区一级地行政区划分布（hm^2）

县区	充分满足		满足		基本满足	
	2009 年	2018 年	2009 年	2018 年	2009 年	2018 年
承德县	685.76	—	—	—	—	—
隆化县	—	—	—	—	40.48	—
平泉县	—	576.92	—	579.21	—	—
沽源县	543.50	1 729.83	—	—	—	—
怀来县	—	199.01	—	—	—	—
万全区	—	—	—	—	57.88	—
宣化区	—	—	164.86	—	1 766.53	—
张北县	—	—	203.81	—	—	—
涿鹿县	—	2 530.67	4 126.85	434.09	—	—
合计	1 229.26	5 036.43	4 495.52	1 013.30	1 864.89	—

（2）*灌溉能力*　利用耕地质量等级图对灌溉能力栅格数据进行区域统计（表 2-43），马铃薯一作区一级地灌溉能力处于“充分满足”和“满足”状态。用行政区划图与耕地质量等级图叠加联合形成行政区划耕地质量等级综合图，对灌溉能力栅格数据进行区域统计，一级地中，2018 年处于“充分满足”状态耕地面积较 2009 年减少 2 819.09hm^2，处于“满足”状态耕地面积增加 1 279.14hm^2。

表 2-43　灌溉能力马铃薯一作区一级地行政区划分布（hm^2）

县区	充分满足		满足	
	2009 年	2018 年	2009 年	2018 年
承德县	685.76	—	—	—
隆化县	—	—	40.48	—
平泉县	—	576.90	—	579.20
沽源县	543.50	1 729.83	—	—
怀来县	—	—	—	199.01
万全区	—	—	57.88	—
宣化区	—	—	1 931.39	—
张北县	203.81	—	—	—
涿鹿县	4 126.85	434.09	—	2 530.67
合计	5 559.92	2 740.83	2 029.75	3 308.89

（3）*有效土层厚度*　利用耕地质量等级图对有效土层厚度栅格数据进行区域统计（表 2-44），马铃薯一作区一级地有效土层厚度处于“30～60cm”和“≥60cm”状态。用行政区

划图与耕地质量等级图叠加联合形成行政区划耕地质量等级综合图，对有效土层厚度栅格数据进行区域统计，一级地中，2018 年处于“30～60cm”状态耕地面积较 2009 年增加 691.17hm^2，处于“≥60cm”状态耕地面积减少 2 231.18hm^2。

表 2-44　有效土层厚度马铃薯一作区一级地行政区划分布（hm^2）

县区	30～60cm		≥60cm	
	2009 年	2018 年	2009 年	2018 年
承德县	685.76	—	—	—
隆化县	—	—	40.48	—
平泉县	—	1 156.13	—	—
沽源县	—	—	543.51	1 729.83
怀来县	—	—	—	199.01
万全区	—	—	57.88	—
宣化区	—	—	1 931.39	—
张北县	—	—	203.81	—
涿鹿县	—	220.80	4 126.91	2 743.96
合计	685.76	1 376.93	6 903.98	4 672.80

（4）障碍因素　利用耕地质量等级图对障碍因素栅格数据进行区域统计（表 2-45），马铃薯一作区一级地基本无明显障碍，只有部分耕地存在障碍层次。用行政区划图与耕地质量等级图叠加联合形成行政区划耕地质量等级综合图，对障碍因素栅格数据进行区域统计，一级地中，2018 年无明显障碍耕地面积较 2009 年增加 2 586.89hm^2，存在障碍层次耕地面积减少 4 126.85hm^2。

表 2-45　障碍因素马铃薯一作区一级地行政区划分布（hm^2）

县区	无障碍层次		障碍层次	
	2009 年	2018 年	2009 年	2018 年
承德县	685.76	—	—	—
隆化县	40.48	—	—	—
平泉县	—	1 156.13	—	—
沽源县	543.51	1 729.83	—	—
怀来县	—	199.01	—	—
万全区	57.88	—	—	—
宣化区	1 931.39	—	—	—
张北县	203.81	—	—	—
涿鹿县	—	2 964.75	4 126.85	—
合计	3 462.83	6 049.72	4 126.85	—

（5）耕层质地　利用耕地质量等级图对耕层质地栅格数据进行区域统计（表 2-46），马铃薯一作区一级地耕层质地为轻壤、砂壤和中壤。用行政区划图与耕地质量等级图叠加联合形成行政区划耕地质量等级综合图，对耕层质地栅格数据进行区域统计，一级地中，2018

年轻壤面积较 2009 年减少 3 228.66hm²，砂壤面积增加 1 397.09hm²，中壤面积增加 291.61hm²。

表 2-46 耕层质地马铃薯一作区一级地行政区划分布（hm²）

县区	轻壤		砂壤		中壤	
	2009 年	2018 年	2009 年	2018 年	2009 年	2018 年
承德县	685.76	—	—	—	—	—
隆化县	40.48	—	—	—	—	—
平泉县	—	864.52	—	—	—	291.61
沽源县	543.51	332.74	—	1 397.09	—	—
怀来县	—	199.01	—	—	—	—
万全区	57.88	—	—	—	—	—
宣化区	1 931.39	—	—	—	—	—
张北县	203.81	—	—	—	—	—
涿鹿县	4 126.85	2 964.75	—	—	—	—
合计	7 589.68	4 361.02	—	1 397.09	—	291.61

（6）地形部位 利用耕地质量等级图对地形部位栅格数据进行区域统计（表 2-47），马铃薯一作区一级地地形部位分为宽谷盆地、平原低阶、平原高阶、平原中阶和丘陵下部。用行政区划图与耕地质量等级图叠加联合形成行政区划耕地质量等级综合图，对地形部位栅格数据进行区域统计，一级地中，2018 年地形部位为宽谷盆地的耕地面积较 2009 年增加 3 161.95hm²，地形部位为平原低阶的耕地面积减少 6 460.35hm²，地形部位为平原高阶耕地面积增加 199.01hm²，地形部位为平原中阶的耕地面积增加 1 186.32hm²，地形部位为丘陵下部的耕地面积增加 373.10hm²。

表 2-47 地形部位马铃薯一作区一级地行政区划分布（hm²）

县区	宽谷盆地		平原低阶		平原高阶		平原中阶		丘陵下部	
	2009 年	2018 年	2009 年	2018 年	2009 年	2018 年	2009 年	2018 年	2009 年	2018 年
承德县	382.01	—	303.75	—	—	—	—	—	—	—
隆化县	—	—	40.48	—	—	—	—	—	—	—
平泉县	—	579.21	—	—	—	—	—	—	—	576.91
沽源县	—	—	—	—	—	—	543.51	1 729.83	—	—
怀来县	—	—	—	—	—	199.01	—	—	—	—
万全区	—	—	57.88	—	—	—	—	—	—	—
宣化区	—	—	1 931.39	—	—	—	—	—	—	—
张北县	—	—	—	—	—	—	—	—	203.81	—
涿鹿县	—	2 964.75	4 126.85	—	—	—	—	—	—	—
合计	382.01	3 543.96	6 460.35	—	—	199.01	543.51	1 729.83	203.81	576.91

（7）质地构型 利用耕地质量等级图对质地构型栅格数据进行区域统计（表 2-48），马铃薯一作区一级地质地构型为海绵型、夹层型、松散型和紧实型状态。用行政区划图与耕地

质量等级图叠加联合形成行政区划耕地质量等级综合图，对质地构型栅格数据进行区域统计，一级地中，2018 年海绵型耕地面积较 2009 年减少 3 832.39hm²，夹层型耕地面积减少 726.24hm²，松散型耕地面积增加 1 186.32hm²，紧实型耕地面积增加 1 832.36hm²。

表 2-48　质地构型马铃薯一作区一级地行政区划分布（hm²）

县区	海绵型		夹层型		松散型		紧实型	
	2009 年	2018 年	2009 年	2018 年	2009 年	2018 年	2009 年	2018 年
承德县	—	—	685.76	—	—	—	—	—
隆化县	—	—	40.48	—	—	—	—	—
平泉县	—	1 156.13	—	—	—	—	—	—
沽源县	—	—	—	—	543.51	1 729.83	—	—
怀来县	—	199.01	—	—	—	—	—	—
万全区	57.88	—	—	—	—	—	—	—
宣化区	1 931.39	—	—	—	—	—	—	—
张北县	203.81	—	—	—	—	—	—	—
涿鹿县	4 126.85	1 132.39	—	—	—	—	—	1 832.36
合计	6 319.92	2 487.53	726.24	—	543.51	1 729.83	—	1 832.36

（8）生物多样性　利用耕地质量等级图对生物多样性栅格数据进行区域统计（表 2-49），马铃薯一作区一级地生物多样性处于“一般”状态。用行政区划图与耕地质量等级图叠加联合形成行政区划耕地质量等级综合图，对生物多样性栅格数据进行区域统计，一级地中，2018 年处于“一般”状态耕地面积较 2009 年减少 1 539.96hm²。

表 2-49　生物多样性马铃薯一作区一级地行政区划分布（hm²）

县市	一般	
	2009 年	2018 年
承德县	685.76	—
隆化县	40.48	—
平泉县	—	1 156.13
沽源县	543.51	1 729.83
怀来县	—	199.01
万全区	57.88	—
宣化区	1 931.39	—
张北县	203.81	—
涿鹿县	4 126.85	2 964.75
总计	7 589.68	6 049.72

（9）坡度　利用耕地质量等级图对坡度栅格数据进行区域统计（表 2-50），马铃薯一作区一级地坡度分为≤2°、2°～6°、6°～10°和 10°～15°。用行政区划图与耕地质量等级图叠加联合形成行政区划耕地质量等级综合图，对坡度栅格数据进行区域统计，一级地中，2018 年坡度≤2°耕地面积较 2009 年减少 2 451.80hm²，2°～6°耕地面积增加 375.40hm²，

6°～10°耕地面积减少 40.48hm²，10°～15°耕地面积增加 576.91hm²。

表 2-50　坡度马铃薯一作区一级地行政区划分布（hm²）

县区	≤2°		2°～6°		6°～10°		10°～15°	
	2009 年	2018 年	2009 年	2018 年	2009 年	2018 年	2009 年	2018 年
承德县	685.76	—	—	—	—	—	—	—
隆化县	—	—	—	—	40.48	—	—	—
平泉县	—	—	—	579.21	—	—	—	576.91
沽源县	543.51	1 729.83	—	—	—	—	—	—
怀来县	—	199.01	—	—	—	—	—	—
万全区	57.88	—	—	—	—	—	—	—
宣化区	1 931.39	—	—	—	—	—	—	—
张北县	—	—	203.81	—	—	—	—	—
涿鹿县	4 126.85	2 964.75	—	—	—	—	—	—
总计	7 345.39	4 893.59	203.81	579.21	40.48	—	—	576.91

（10）*农田林网化*　利用耕地质量等级图对农田林网化栅格数据进行区域统计（表 2-51），马铃薯一作区一级地农田林网化处于“中度”和“低度”状态。用行政区划图与耕地质量等级图叠加联合形成行政区划耕地质量等级综合图，对农田林网化栅格数据进行区域统计，一级地中，2018 年处于“中度”状态耕地面积较 2009 年增加 2 201.78hm²，处于“低度”状态耕地面积减少 3 940.75hm²。

表 2-51　农田林网化马铃薯一作区一级地行政区划分布（hm²）

县区	中度		低度	
	2009 年	2018 年	2009 年	2018 年
承德县	382.01	—	303.75	—
隆化县	40.48	—	—	—
平泉县	—	1 156.13	—	—
沽源县	—	1 729.83	543.51	—
万全区	57.88	—	—	—
宣化区	—	—	1 931.39	—
张北县	203.81	—	—	—
涿鹿县	—	—	4 126.85	2 964.75
总计	684.18	2 885.96	6 905.50	2 964.75

（11）*清洁程度*　利用耕地质量等级图对清洁程度栅格数据进行区域统计（表 2-52），马铃薯一作区一级地清洁程度处于“清洁”状态。用行政区划图与耕地质量等级图叠加联合形成行政区划耕地质量等级综合图，对清洁程度栅格数据进行区域统计，一级地中，2018 年处于“清洁”状态耕地面积较 2009 年减少 1 539.96hm²。

表 2-52　清洁程度马铃薯一作区一级地行政区划分布（hm^2）

县市	清洁	
	2009 年	2018 年
承德县	685.76	—
隆化县	40.48	—
平泉县	—	1 156.13
沽源县	543.51	1 729.83
怀来县	—	199.01
万全区	57.88	—
宣化区	1 931.39	—
张北县	203.81	—
涿鹿县	4 126.85	2 964.75
合计	7 589.68	6 049.72

（12）土壤有机质含量　利用耕地质量等级图对土壤有机质含量栅格数据进行区域统计（表 2-53），一作区一级地 2009 年土壤有机质含量平均为 20.84g/kg，2018 年平均为 22.93g/kg。利用行政区划图与耕地质量等级图叠加联合形成行政区划耕地质量等级综合图，对土壤有机质含量栅格数据进行区域统计，一级地中，2009 年土壤有机质含量变化幅度在 12.50～31.80g/kg 之间，2018 年在 18.00～26.30g/kg 之间，2009—2018 年土壤有机质平均值增加 2.09g/kg。

表 2-53　土壤有机质含量马铃薯一作区一级地行政区划分布（g/kg）

县区	最大值		最小值		平均值	
	2009 年	2018 年	2009 年	2018 年	2009 年	2018 年
承德县	20.30	—	13.90	—	16.26	—
隆化县	23.50	—	23.50	—	23.50	—
平泉县	—	26.30	—	22.50	—	24.39
沽源县	28.10	23.60	27.40	23.20	27.75	23.40
怀来县	—	21.90	—	21.90	—	21.90
万全区	19.90	—	19.90	—	19.90	—
宣化区	31.80	—	12.50	—	23.95	—
张北县	22.60	—	22.60	—	22.60	—
涿鹿县	23.60	21.50	20.00	18.00	21.80	20.03
总计	31.80	26.30	12.50	18.00	20.84	22.93

（13）土壤有效磷含量　利用耕地质量等级图对土壤有效磷含量栅格数据进行区域统计（表 2-54），一作区一级地 2009 年土壤有效磷含量为 29.08mg/kg，2018 年为 31.27mg/kg。利用行政区划图与耕地质量等级图叠加联合形成行政区划耕地质量等级综合图，对土壤有效磷含量栅格数据进行区域统计，一级地中，2009 年土壤有效磷含量变化幅度在 14.40～51.90mg/kg 之间，2018 年在 15.60～49.60mg/kg 之间，2009—2018 年土壤有效磷含量平

均值增加 12.19mg/kg。

表 2-54　土壤有效磷含量马铃薯一作区一级地行政区划分布（mg/kg）

县区	最大值		最小值		平均值	
	2009 年	2018 年	2009 年	2018 年	2009 年	2018 年
承德县	35.10	—	17.10	—	25.94	—
隆化县	28.80	—	28.80	—	28.80	—
平泉县	—	49.60	—	31.40	—	39.07
沽源县	16.80	21.10	14.40	19.40	15.60	20.25
怀来县	—	21.60	—	21.60	—	21.60
万全区	28.90	—	28.90	—	28.90	—
宣化区	51.90	—	20.00	—	36.02	—
张北县	21.00	—	21.00	—	21.00	—
涿鹿县	32.90	24.10	25.90	15.60	29.40	20.20
总计	51.90	49.60	14.40	15.60	29.08	31.27

（14）土壤速效钾含量　利用耕地质量等级图对土壤速效钾含量栅格数据进行区域统计（表 2-55），一作区一级地 2009 年土壤速效钾含量为 193.00mg/kg，2018 年为 197.38mg/kg。利用行政区划图与耕地质量等级图叠加联合形成行政区划耕地质量等级综合图，对土壤速效钾含量栅格数据进行区域统计，一级地中，2009 年土壤速效钾含量变化幅度在 120～340mg/kg 之间，2018 年在 132～236mg/kg 之间，2009—2018 年土壤速效钾含量平均值增加 4.38mg/kg。

表 2-55　土壤速效钾含量马铃薯一作区一级地行政区划分布（mg/kg）

县区	最大值		最小值		平均值	
	2009 年	2018 年	2009 年	2018 年	2009 年	2018 年
承德县	152	—	126	—	138.45	—
隆化县	180	—	180	—	180.00	—
平泉县	—	236	—	194	—	217.36
沽源县	182	143	120	132	151.00	137.50
怀来县	—	145	—	145	—	145.00
万全区	188	—	188	—	188.00	—
宣化区	340	—	189	—	266.20	—
张北县	223	—	223	—	223.00	—
涿鹿县	177	188	149	174	163.00	182.00
总计	340	236	120	132	193.00	197.38

（15）土壤 pH　利用耕地质量等级图对土壤 pH 栅格数据进行区域统计（表 2-56），一作区一级地 2009 年土壤 pH 为 7.57，2018 年土壤 pH 为 7.2。利用行政区划图与耕地质量等级图叠加联合形成行政区划耕地质量等级综合图，对土壤 pH 栅格数据进行区域统计，一级地中，2009 年土壤 pH 变化幅度在 6.6～8.4 之间，2018 年在 6.1～8.2 之间，自 2009 年

到2018年土壤pH平均值减小0.37。

表 2-56 土壤pH马铃薯一作区一级地行政区划分布

县区	最大值		最小值		平均值	
	2009年	2018年	2009年	2018年	2009年	2018年
承德县	7.7	—	6.6	—	7.08	—
隆化县	7.7	—	7.7	—	7.70	—
平泉县	—	7.0	—	6.1	—	6.7
沽源县	8	7.9	7.4	7.8	7.70	7.9
怀来县	—	8.2	—	8.2	—	8.2
万全区	7.1	—	7.1	—	7.10	—
宣化区	8.2	—	7.6	—	7.95	—
张北县	8.4	—	8.4	—	8.40	—
涿鹿县	8.3	8.1	7.6	7.8	7.95	7.9
总计	8.4	8.2	6.6	6.1	7.57	7.2

（16）土壤容重　利用耕地质量等级图对土壤容重栅格数据进行区域统计（表2-57），一作区一级地2009年土壤容重为1.27g/cm^3，2018年为1.32g/cm^3。利用行政区划图与耕地质量等级图叠加联合形成行政区划耕地质量等级综合图，对土壤容重栅格数据进行区域统计，一级地中，2009年土壤容重变化幅度在1.20～1.42g/cm^{3}之间，2018年在0.68～1.52g/cm^{3}之间，2009—2018年土壤容重平均值增加0.05g/cm^3。

表 2-57 土壤容重马铃薯一作区一级地行政区划分布（g/hm^3）

县区	最大值		最小值		平均值	
	2009年	2018年	2009年	2018年	2009年	2018年
承德县	1.20	—	1.20	—	1.20	—
隆化县	1.22	—	1.22	—	1.22	—
平泉县	—	1.52	—	1.40	—	1.46
沽源县	1.35	0.71	1.32	0.68	1.34	0.70
怀来县	—	1.19	—	1.19	—	1.19
万全区	1.25	—	1.25	—	1.25	—
宣化区	1.42	—	1.20	—	1.34	—
张北县	1.32	—	1.32	—	1.32	—
涿鹿县	1.32	1.32	1.20	1.18	1.26	1.24
总计	1.42	1.52	1.20	0.68	1.27	1.32

（二）二级地耕地质量特征

1. 空间分布　二级地在马铃薯一作区各县市的具体分布见表2-58，2009年二级地在马铃薯一作区面积26 442.30hm^2，占耕地总面积的2.09%；2018年面积为33 178.24hm^2，占耕地总面积的2.63%，二级地面积逐渐增加。2009—2018年，承德县、围场满族蒙古族自治县、万全区二级地面积逐渐减少到 0；宣化区面积减少 6 709.41hm²；隆化县、平泉县、崇礼区、沽源县、怀来县、阳原县、涿鹿县面积逐渐增加，其中怀来县面积增加最多为 9 023.95hm²，其次是隆化县增加 8 874.69hm²。

表 2-58　二级地在马铃薯一作区各县市的面积与分布

地区	2009 年		2018 年	
	面积（hm²）	占二级地面积（%）	面积（hm²）	占二级地面积（%）
承德县	3 219.83	12.18	—	—
隆化县	527.78	2.00	9 402.47	28.34
平泉县	204.74	0.77	4 862.53	14.66
围场满族蒙古族自治县	1 749.24	6.62	—	—
赤城县	4 949.80	18.72	45.32	0.14
崇礼区	—	—	912.93	2.75
沽源县	1 354.95	5.12	2 378.83	7.17
怀来县	—	—	9 023.95	27.20
万全区	2 045.30	7.73	—	—
宣化区	6 774.48	25.62	65.07	0.20
阳原县	242.83	0.92	1 356.24	4.09
张北县	4 834.04	18.28	2 233.18	6.73
涿鹿县	539.31	2.04	2 897.72	8.73
合计	26 442.30	100	33 178.24	100

2. 属性特征

(1) 排水能力　利用耕地质量等级图对排水能力栅格数据进行区域统计（表 2-59），马铃薯一作区二级地排水能力处于“充分满足”、“满足”、“基本满足”和“不满足”状态。用行政区划图与耕地质量等级图叠加联合形成行政区划耕地质量等级综合图，对排水能力栅格数据进行区域统计得知，二级地中，2018 年处于“充分满足”状态耕地面积较 2009 年增加 10 700.57hm²，处于“满足”状态的耕地面积减少 3 607.79hm²，处于“基本满足”状态耕地面积增加 3 270.47hm²，处于“不满足”状态耕地面积减少 3 580.36hm²。

表 2-59　排水能力马铃薯一作区二级地行政区划分布（hm²）

县市	充分满足		满足		基本满足		不满足	
	2009 年	2018 年	2009 年	2018 年	2009 年	2018 年	2009 年	2018 年
承德县	3 219.83	—	—	—	—	—	—	—
隆化县	—	—	—	—	527.78	9 402.47	—	—
平泉县	—	2 167.72	—	2 694.81	204.74	—	—	—
围场满族蒙古族自治县	—	—	1 702.30	—	—	—	—	—
赤城县	—	—	—	45.32	1 508.45	—	3 441.35	—
崇礼区	—	645.50	—	258.42	—	—	—	—

（续）

县市	充分满足		满足		基本满足		不满足	
	2009年	2018年	2009年	2018年	2009年	2018年	2009年	2018年
沽源县	1 354.95	2 378.83	—	—	—	—	—	—
怀来县	—	9 023.95	—	—	—	—	—	—
万全区	—	—	1 657.42	—	387.89	—	—	—
宣化区	—	—	2 925.36	65.07	3 503.14	—	345.97	—
阳原县	—	1 356.24	242.83	—	—	—	—	—
张北县	—	—	4 834.04	2 026.22	—	—	—	206.96
涿鹿县	460.03	154.14	79.26	2 743.58	—	—	—	—
合计	5 034.81	15 735.38	11 441.21	7 833.42	6 132.00	9 402.47	3 787.32	206.96

（2）*灌溉能力*　利用耕地质量等级图对灌溉能力栅格数据进行区域统计（表2-60），马铃薯一作区二级地灌溉能力处于“充分满足”、“满足”、“基本满足”和“不满足”状态。用行政区划图与耕地质量等级图叠加联合形成行政区划耕地质量等级综合图，对灌溉能力栅格数据进行区域统计，二级地中，2018年处于“充分满足”状态耕地面积较2009年减少7 462.65hm^2，处于“满足”状态耕地面积增加15 155.21hm^2，处于“基本满足”状态耕地面积减少2 030.02hm^2，处于“不满足”状态耕地面积增加1 073.41hm^2。

表2-60　灌溉能力马铃薯一作区二级地行政区划分布（hm^2）

县市	充分满足		满足		基本满足		不满足	
	2009年	2018年	2009年	2018年	2009年	2018年	2009年	2018年
承德县	3 184.26	—	—	—	35.57	—	—	—
隆化县	—	—	527.78	9 402.47	—	—	—	—
平泉县	—	479.11	204.74	3 310.02	—	—	—	1 073.41
围场满族蒙古族自治县	—	—	—	—	1 749.24	—	—	—
赤城县	—	—	4 949.80	45.32	—	—	—	—
崇礼区	—	654.50	—	—	—	258.42	—	—
沽源县	1 354.95	2 378.83	—	—	—	—	—	—
怀来县	—	—	—	9 023.95	—	—	—	—
万全区	1 657.42	—	—	—	387.89	—	—	—
宣化区	—	—	6 658.74	65.07	115.74	—	—	—
阳原县	—	594.88	242.83	761.37	—	—	—	—
张北县	4 834.04	—	—	2 233.18	—	—	—	—
涿鹿县	539.30	—	—	2 897.72	—	—	—	—
合计	11 569.97	4 107.32	12 583.89	27 739.10	2 288.44	258.42	—	1 073.41

（3）*有效土层厚度*　利用耕地质量等级图对有效土层厚度栅格数据进行区域统计（表2-61），马铃薯一作区二级地有效土层厚度处于“30～60cm”和“≥60cm”状态。用行政区划图与耕地质量等级图叠加联合形成行政区划耕地质量等级综合图，对有效土层厚度栅格数

据进行区域统计，二级地中，2018 年处于“30～60cm”状态耕地面积较 2009 年增加 11 835.99hm²，处于“≥60cm”状态耕地面积减少 7 100.05hm²。

表 2-61　有效土层厚度马铃薯一作区二级地行政区划分布（hm²）

县市	30～60cm		≥60cm	
	2009 年	2018 年	2009 年	2018 年
承德县	3 219.83	—	—	—
隆化县	—	9 402.47	527.78	—
平泉县	—	4 862.53	204.74	—
围场满族蒙古族自治县	—	—	1 749.24	—
赤城县	—	45.33	4 949.80	—
崇礼区	—	—	—	912.93
沽源县	—	—	1 354.95	2 378.83
怀来县	—	—	—	9 023.94
万全区	—	—	2 045.30	—
宣化区	—	—	6 774.48	65.07
阳原县	—	—	242.83	1 356.24
张北县	—	—	4 834.04	2 233.18
涿鹿县	—	745.49	539.31	2 152.23
合计	3 219.83	15 055.82	23 222.47	18 122.42

（4）*障碍因素*　利用耕地质量等级图对障碍因素栅格数据进行区域统计（表 2-62），马铃薯一作区二级地基本无明显障碍，只有部分耕地存在障碍层次和瘠薄等障碍因素。用行政区划图与耕地质量等级图叠加联合形成行政区划耕地质量等级综合图，对障碍因素栅格数据进行区域统计，二级地中，2018 年无明显障碍耕地面积较 2009 年减少 22 758.20hm²，存在障碍层次的耕地面积减少 79.26hm²，存在瘠薄的耕地面积增加 1 573.42hm²。

表 2-62　障碍因素马铃薯一作区二级地行政区划分布（hm²）

县市	无障碍层次		障碍层次		瘠薄型	
	2009 年	2018 年	2009 年	2018 年	2009 年	2018 年
承德县	3 219.83	—	—	—	—	—
隆化县	527.78	9 402.47	—	—	—	—
平泉县	204.74	3 289.11	—	—	—	1 573.42
围场满族蒙古族自治县	1 749.24	—	—	—	—	—
赤城县	4 949.80	45.32	—	—	—	—
崇礼区	—	912.93	—	—	—	—
沽源县	1 354.95	2 378.83	—	—	—	—
怀来县	—	9 023.95	—	—	—	—
万全区	2 045.30	—	—	—	—	—

（续）

县市	无障碍层次		障碍层次		瘠薄型	
	2009 年	2018 年	2009 年	2018 年	2009 年	2018 年
宣化区	6 774.48	65.07	—	—	—	—
阳原县	242.83	1 356.24	—	—	—	—
张北县	4 834.04	2 233.18	—	—	—	—
涿鹿县	460.03	2 897.72	79.26	—	—	—
合计	26 363.02	3 604.82	79.26	—	—	1 573.42

（5）耕层质地　利用耕地质量等级图对耕层质地栅格数据进行区域统计（表 2-63），马铃薯一作区二级地耕层质地为轻壤、砂壤、中壤和重壤。用行政区划图与耕地质量等级图叠加联合形成行政区划耕地质量等级综合图，对耕层质地栅格数据进行区域统计，二级地中，2018 年轻壤耕地面积较 2009 年减少 1 629.63hm^2，砂壤面积增加 1 900.70hm^2，中壤耕地面积减少 181.89hm^2，重壤耕地面积增加 6 646.75hm^2。

表 2-63　耕层质地马铃薯一作区二级地行政区划分布（hm^2）

县市	轻壤		砂壤		中壤		重壤	
	2009 年	2018 年	2009 年	2018 年	2009 年	2018 年	2009 年	2018 年
承德县	3 219.83	—	—	—	—	—	—	—
隆化县	527.78	8 967.11	—	172.06	—	263.30	—	—
平泉县	60.41	4 503.49	—	—	144.34	359.04	—	—
围场满族蒙古族自治县	1 089.34	—	—	—	659.91	—	—	—
赤城县	4 949.80	45.32	—	—	—	—	—	—
崇礼区	—	912.93	—	—	—	—	—	—
沽源县	1 354.95	1 883.24	—	495.59	—	—	—	—
怀来县	—	1 210.69	—	1 166.50	—	—	—	6 646.75
万全区	2 045.30	—	—	—	—	—	—	—
宣化区	6 774.48	65.07	—	—	—	—	—	—
阳原县	242.83	1 356.24	—	—	—	—	—	—
张北县	4 720.04	2 052.62	114.01	180.56	—	—	—	—
涿鹿县	539.30	2 897.72	—	—	—	—	—	—
合计	25 524.06	23 894.43	114.01	2 014.71	804.25	622.34	—	6 646.75

（6）地形部位　利用耕地质量等级图对地形部位栅格数据进行区域统计（表 2-64），马铃薯一作区二级地地形部位为宽谷盆地、平原高阶、平原中阶、平原低阶、丘陵下部、丘陵中部、山间盆地和山地坡中。用行政区划图与耕地质量等级图叠加联合形成行政区划耕地质量等级综合图，对地形部位栅格数据进行区域统计，二级地中，2018 年地形部位为宽谷盆地耕地面积较 2009 年增加 1 835.91hm^2，平原高阶耕地面积增加 2 835.81hm^2，平原中阶的耕地面积增加 6 622.75hm^2，平原低阶的耕地面积减少 8 491.19hm^2，丘陵下部的耕地面积增加 5 502.35hm^2，丘陵中部的耕地面积减少 268.43hm^2，山间盆地的耕地面积减少 204.74hm^2，山地坡中的耕地面积增加 258.42hm^2。

表 2-64　地形部位马铃薯一作区二级地行政区划分布（hm^2）

县市	宽谷盆地		平原高阶		平原中阶		平原低阶		丘陵下部		丘陵中部		山间盆地		山地坡中	
	2009 年	2018 年	2009 年	2018 年	2009 年	2018 年	2009 年	2018 年	2009 年	2018 年	2009 年	2018 年	2009 年	2018 年	2009 年	2018 年
承德县	2 695.15	—	—	—	—	—	524.68	—	—	—	—	—	—	—	—	—
隆化县	—	9 402.47	—	—	—	—	527.78	—	—	—	—	—	—	—	—	—
平泉县	—	2 215.71	—	—	—	—	—	—	—	2 646.83	—	—	204.74	—	—	—
围场满族蒙古族自治县	1 749.24	—	—	—	—	—	—	—	—	—	—	—	—	—	—	—
赤城县	4 949.80	45.32	—	—	—	—	—	—	—	—	—	—	—	—	—	—
崇礼区	—	—	—	—	—	654.50	—	—	—	—	—	—	—	—	—	258.42
沽源县	—	—	—	—	—	2 378.83	—	—	—	—	—	—	—	—	—	—
怀来县	—	—	—	1 334.38	—	—	—	—	—	7 689.56	—	—	—	—	—	—
万全区	—	—	—	—	—	—	2 045.30	—	—	—	—	—	—	—	—	—
宣化区	1 894.76	65.07	—	—	—	—	4 879.72	—	—	—	—	—	—	—	—	—
阳原县	—	—	—	—	—	1 356.24	242.83	—	—	—	—	—	—	—	—	—
张北县	—	—	—	—	—	2 233.18	—	—	4 834.04	—	—	—	—	—	—	—
涿鹿县	—	1 396.29	—	1 501.43	—	—	270.87	—	—	—	268.43	—	—	—	—	—
合计	11 288.95	13 124.86	—	2 835.81	—	6 622.75	8 491.19	—	4 834.04	10 336.39	268.43	—	204.74	—	—	258.42

（7）质地构型　利用耕地质量等级图对质地构型栅格数据进行区域统计（表 2-65），马铃薯一作区二级地质地构型为海绵型、紧实型、夹层型、上紧下松型、上松下紧型和松散型状态。用行政区划图与耕地质量等级图叠加联合形成行政区划耕地质量等级综合图，对质地构型栅格数据进行区域统计，二级地中，2018 年海绵型耕地面积较 2009 年增加 1 028.27hm^2，紧实型耕地面积增加 187.73hm^2，夹层型耕地面积减少 5 944.42hm^2，上紧下松型耕地面积增加 33.31hm^2，上松下紧型耕地面积增加 9 752.66hm^2，松散型耕地面积增加 1 678.38hm^2。

表 2-65　质地构型马铃薯一作区二级地行政区划分布（hm^2）

县市	海绵型		紧实型		夹层型		上紧下松型		上松下紧型		松散型	
	2009 年	2018 年	2009 年	2018 年	2009 年	2018 年	2009 年	2018 年	2009 年	2018 年	2009 年	2018 年
承德县	—	—	—	—	3 219.83	—	—	—	—	—	—	—
隆化县	—	—	—	—	527.78	—	—	—	—	9 402.47	—	—
平泉县	—	4 770.76	—	—	204.74	—	—	—	—	91.77	—	—
围场满族蒙古族自治县	—	—	—	—	1 749.24	—	—	—	—	—	—	—
赤城县	4 937.79	—	—	—	—	—	12.01	45.32	—	—	—	—
崇礼区	—	—	—	—	—	—	—	—	—	258.42	—	654.50
沽源县	—	—	—	—	—	—	—	—	—	—	1 354.95	2 378.83
怀来县	—	9 023.95	—	—	—	—	—	—	—	—	—	—
万全区	2 045.30	—	—	—	—	—	—	—	—	—	—	—
宣化区	6 774.78	31.47	—	33.59	—	—	—	—	—	—	—	—
阳原县	—	1 356.24	—	—	242.83	—	—	—	—	—	—	—
张北县	4 834.04	2 233.18	—	—	—	—	—	—	—	—	—	—
涿鹿县	539.30	2 743.58	—	154.14	—	—	—	—	—	—	—	—
合计	19 130.91	20 159.18	—	187.73	5 944.42	—	12.01	45.32	—	9 752.66	1 354.95	3 033.33

（8）生物多样性　利用耕地质量等级图对生物多样性栅格数据进行区域统计（表 2-66）得知，马铃薯一作区二级地生物多样性处于“一般”和“不丰富”状态。用行政区划图与耕地质量等级图叠加联合形成行政区划耕地质量等级综合图，对生物多样性栅格数据进行区域统计得知，二级地中，2018 年处于“一般”状态耕地面积较 2009 年增加 11 640.43hm^2，处于“不丰富”状态耕地面积减少 4 904.48hm^2。

表 2-66　生物多样性马铃薯一作区二级地行政区划分布（hm^2）

县市	一般		不丰富	
	2009 年	2018 年	2009 年	2018 年
承德县	3 219.83	—	—	—
隆化县	527.78	9 402.47	—	—
平泉县	204.74	4 862.53	—	—
围场满族蒙古族自治县	1 749.24	—	—	—

（续）

县市	一般		不丰富	
	2009 年	2018 年	2009 年	2018 年
赤城县	—	—	4 949.80	45.32
崇礼区	—	912.93	—	—
沽源县	1 354.95	2 378.83	—	—
怀来县	—	9 023.95	—	—
万全区	2 045.30	—	—	—
宣化区	6 774.48	65.07	—	—
阳原县	242.83	1 356.24	—	—
张北县	4 834.04	2 233.18	—	—
涿鹿县	539.30	2 897.72	—	—
合计	21 492.49	33 132.92	4 949.80	45.32

（9）坡度　利用耕地质量等级图对坡度栅格数据进行区域统计（表 2-67），马铃薯一作区二级地坡度为≤2°、2°～6°和 6°～10°。用行政区划图与耕地质量等级图叠加联合形成行政区划耕地质量等级综合图，对坡度栅格数据进行区域统计，二级地中，2018 年耕地坡度≤2°耕地面积较 2009 年增加 1 344.53hm^2，2°～6°耕地面积增加 3 574.12hm^2，6°～10°耕地面积增加 1 817.32hm^2。

表 2-67　坡度马铃薯一作区二级地行政区划分布（hm^2）

县市	≤2°		2°～6°		6°～10°	
	2009 年	2018 年	2009 年	2018 年	2009 年	2018 年
承德县	3 148.26	—	35.57	—	—	—
隆化县	—	6 563.00	—	592.72	527.78	2 246.76
平泉县	204.74	479.11	—	4 383.42	—	—
围场满族蒙古族自治县	1 749.24	—	—	—	—	—
赤城县	4 949.80	45.32	—	—	—	—
崇礼区	—	912.93	—	—	—	—
沽源县	1 354.95	2 378.83	—	—	—	—
怀来县	—	9 023.95	—	—	—	—
万全区	2 045.30	—	—	—	—	—
宣化区	6 774.48	65.07	—	—	—	—
阳原县	—	1 282.10	242.83	74.15	—	—
张北县	—	—	2 699.20	—	2 134.84	2 233.18
涿鹿县	539.30	1 396.29	—	1 501.43	—	—
合计	20 802.07	22 146.60	2 977.60	6 551.72	2 662.62	4 479.94

(10) 农田林网化　利用耕地质量等级图对农田林网化栅格数据进行区域统计（表 2-68），马铃薯一作区二级地农田林网化处于“中等”和“低等”状态。用行政区划图与耕地质量等级图叠加联合形成行政区划耕地质量等级综合图，对农田林网化栅格数据进行区域统计，二级地中，2018 年农田林网化处于“中等”状态耕地面积较 2009 年增加 3 273.45hm^2，处于“低等”状态耕地面积增加 3 462.50hm^2。

表 2-68　农田林网化马铃薯一作区二级地行政区划分布（hm^2）

县市	中等		低等	
	2009 年	2018 年	2009 年	2018 年
承德县	2 695.15	—	524.68	—
隆化县	527.78	9 402.47	—	—
平泉县	204.74	4 862.53	—	—
围场满族蒙古族自治县	1 749.24	—	—	—
赤城县	4 949.80	45.32	—	—
崇礼区	—	912.93	—	—
沽源县	—	2 378.83	1 354.95	—
怀来县	—	—	—	9 023.95
万全区	—	—	2 045.30	
宣化区	2 714.47	—	4 060.01	65.07
阳原县	242.83	1 356.24	—	—
张北县	4 834.04	2 233.18	—	—
涿鹿县	—	—	539.30	2 897.72
合计	17 918.05	21 191.50	8 524.24	11 986.74

(11) 清洁程度　利用耕地质量等级图对清洁程度栅格数据进行区域统计（表 2-69），马铃薯一作区二级地清洁程度处于“清洁”状态。用行政区划图与耕地质量等级图叠加联合形成行政区划耕地质量等级综合图，对清洁程度栅格数据进行区域统计，2018 年处于“清洁”状态耕地面积较 2009 年增加 6 735.95hm^2。

表 2-69　清洁程度马铃薯一作区二级地行政区划分布（hm^2）

县市	清洁	
	2009 年	2018 年
承德县	3 219.83	—
隆化县	527.78	9 402.47
平泉县	204.74	4 862.53
围场满族蒙古族自治县	1 749.24	—
赤城县	4 949.80	45.32
崇礼区	—	912.93
沽源县	1 354.95	2 378.83
怀来县	—	9 023.95

（续）

县市	清洁	
	2009 年	2018 年
万全区	2 045.30	—
宣化区	6 774.48	65.07
阳原县	242.83	1 356.24
张北县	4 834.04	2 233.18
涿鹿县	539.30	2 897.72
合计	26 442.29	33 178.24

（12）土壤有机质含量　利用耕地质量等级图对土壤有机质含量栅格数据进行区域统计（表 2-70），一作区二级地 2009 年土壤有机质含量 19.54g/kg，2018 年 19.56g/kg。利用行政区划图与耕地质量等级图叠加联合形成行政区划耕地质量等级综合图，对土壤有机质含量栅格数据进行区域统计得知，二级地中，2009 年土壤有机质含量变幅在 1.20～33.10g/kg 之间，2018 年在 13.80～29.60g/kg 之间，2009—2018 年土壤有机质含量平均值增加 0.02g/kg。

表 2-70　土壤有机质含量马铃薯一作区二级地行政区划分布（g/kg）

县市	最大值		最小值		平均值	
	2009 年	2018 年	2009 年	2018 年	2009 年	2018 年
承德县	20.90	—	13.10	—	16.59	—
隆化县	25.00	21.40	22.70	15.40	23.53	18.84
平泉县	25.00	26.30	19.70	22.10	21.50	24.34
围场满族蒙古族自治县	22.40	—	16.90	—	20.23	—
赤城县	30.40	24.80	20.40	23.70	25.43	24.25
崇礼区	—	29.60	—	16.10	—	19.39
沽源县	26.40	22.40	22.50	20.90	24.78	21.85
怀来县	—	22.30	—	19.90	—	21.71
万全区	20.30	—	1.20	—	4.04	—
宣化区	33.10	21.70	12.10	20.00	20.55	20.85
阳原县	18.70	17.20	18.70	13.80	18.70	14.96
张北县	26.30	27.20	11.60	16.60	21.54	18.66
涿鹿县	26.90	20.40	15.40	17.60	19.60	18.95
总计	33.10	29.60	1.20	13.80	19.54	19.56

（13）土壤有效磷含量　利用耕地质量等级图对土壤有效磷含量栅格数据进行区域统计（表 2-71），一作区二级地 2009 年土壤有效磷含量 19.68mg/kg，2018 年 28.46mg/kg。利用行政区划图与耕地质量等级图叠加联合形成行政区划耕地质量等级综合图，对土壤有效磷含量栅格数据进行区域统计，二级地中，2009 年土壤有效磷含量变化幅度在 6.60～47.30mg/kg 之间，2018 年在 5.60～51.30mg/kg 之间，2009—2018 年土壤有效磷含量平均值增加

8.78mg/kg。

表 2-71　土壤有效磷含量马铃薯一作区二级地行政区划分布（mg/kg）

县市	最大值		最小值		平均值	
	2009 年	2018 年	2009 年	2018 年	2009 年	2018 年
承德县	32.80	—	8.80	—	20.71	—
隆化县	21.90	42.80	18.40	27.70	20.40	35.84
平泉县	26.10	51.30	22.00	33.10	24.67	43.09
围场满族蒙古族自治县	30.30	—	19.60	—	23.59	—
赤城县	31.20	21.30	19.50	21.00	23.71	21.15
崇礼区	—	39.10	—	17.60	—	22.62
沽源县	16.00	18.70	10.90	15.00	13.88	17.25
怀来县	—	21.70	—	15.90	—	17.24
万全区	39.00	—	24.60	—	32.31	—
宣化区	47.30	18.30	7.00	17.40	18.26	17.85
阳原县	22.40	12.10	22.40	5.60	22.40	7.87
张北县	22.50	23.00	10.70	17.60	15.10	21.19
涿鹿县	23.60	23.80	6.60	17.50	13.10	20.51
总计	47.30	51.30	6.60	5.60	19.68	28.46

（14）土壤速效钾含量　利用耕地质量等级图对土壤速效钾含量栅格数据进行区域统计（表 2-72），一作区二级地 2009 年土壤速效钾含量为 175.70mg/kg，2018 年为 182.61mg/kg。利用行政区划图与耕地质量等级图叠加联合形成行政区划耕地质量等级综合图，对土壤速效钾含量栅格数据进行区域统计，二级地中，2009 年土壤速效钾含量变化幅度在 92～309mg/kg 之间，2018 年在 122～242mg/kg 之间，2009—2018 年土壤速效钾含量平均值增加 6.91mg/kg。

表 2-72　土壤速效钾含量马铃薯一作区二级地行政区划分布（mg/kg）

县市	最大值		最小值		平均值	
	2009 年	2018 年	2009 年	2018 年	2009 年	2018 年
承德县	151	—	112	—	132.52	—
隆化县	175	211	127	172	155.75	199.08
平泉县	210	242	156	169	174.67	220.33
围场满族蒙古族自治县	186	—	172	—	178.33	—
赤城县	309	188	169	186	217.86	187.00
崇礼区	—	196	—	140	—	160.35
沽源县	164	141	116	132	132.63	135.75
怀来县	—	176	—	147	—	168.80

（续）

县市	最大值		最小值		平均值	
	2009年	2018年	2009年	2018年	2009年	2018年
万全区	202	—	181	—	189.43	—
宣化区	296	172	140	155	230.88	163.50
阳原县	131	153	131	122	131.00	129.67
张北县	184	177	126	162	159.76	171.69
涿鹿县	159	189	92	160	135.80	175.00
总计	309	242	92	122	175.70	182.61

（15）土壤pH 利用耕地质量等级图对土壤pH栅格数据进行区域统计（表2-73），一作区二级地2009年土壤pH为7.73，2018年为7.40。利用行政区划图与耕地质量等级图叠加联合形成行政区划耕地质量等级综合图，对土壤pH栅格数据进行区域统计，二级地中，2009年土壤pH变化幅度在5.9～8.7之间，2018年在5.6～8.4之间，2009—2018年土壤pH平均值减少0.33。

表2-73 土壤pH马铃薯一作区二级地行政区划分布

县市	最大值		最小值		平均值	
	2009年	2018年	2009年	2018年	2009年	2018年
承德县	8.2	—	5.9	—	7.05	—
隆化县	7.9	7.7	7.3	6.5	7.68	7.00
平泉县	7.9	7.2	7.0	5.6	7.37	6.70
围场满族蒙古族自治县	7.1	—	6.2	—	6.60	—
赤城县	8.1	7.8	7.7	7.8	7.93	7.80
崇礼区	—	8.3	—	7.4	—	8.00
沽源县	8.7	8.2	8.0	8.0	8.51	8.10
怀来县	—	8.4	—	8.0	—	8.10
万全区	8.3	—	6.9	—	8.03	—
宣化区	8.5	7.9	7.4	7.9	7.92	7.90
阳原县	8.6	8.1	8.6	7.6	8.60	7.90
张北县	8.4	7.9	7.9	7.2	8.19	7.70
涿鹿县	8.5	8.0	7.6	7.9	8.22	7.90
总计	8.7	8.4	5.9	5.6	7.73	7.40

（16）土壤容重 利用耕地质量等级图对土壤容重栅格数据进行区域统计（表2-74），一作区二级地2009年土壤容重为1.30g/cm^3，2018年为1.28g/cm^3。利用行政区划图与耕地质量等级图叠加联合形成行政区划耕地质量等级综合图，对土壤容重栅格数据进行区域统计，二级地中，2009年土壤容重变化幅度在1.18～1.47g/cm^{3}之间，2018年在0.63～1.52g/cm^{3}之间，2009—2018年土壤容重平均值减小0.02。

表 2-74　土壤容重马铃薯一作区二级地行政区划分布（g/cm³）

县市	最大值		最小值		平均值	
	2009 年	2018 年	2009 年	2018 年	2009 年	2018 年
承德县	1.39	—	1.20	—	1.21	—
隆化县	1.34	1.46	1.26	1.38	1.31	1.43
平泉县	1.23	1.52	1.21	1.35	1.22	1.41
围场满族蒙古族自治县	1.35	—	1.28	—	1.30	—
赤城县	1.43	1.36	1.22	1.35	1.35	1.36
崇礼区	—	1.37	—	0.71	—	0.91
沽源县	1.36	0.67	1.27	0.63	1.31	0.65
怀来县	—	1.22	—	1.18	—	1.20
万全区	1.31	—	1.19	—	1.27	—
宣化区	1.47	1.31	1.26	1.25	1.35	1.28
阳原县	1.40	1.40	1.40	1.30	1.40	1.34
张北县	1.41	1.22	1.18	1.16	1.32	1.19
涿鹿县	1.30	1.42	1.23	1.27	1.28	1.33
总计	1.47	1.52	1.18	0.63	1.30	1.28

（三）三级地耕地质量特征

1. 空间分布　2009 年三级地在马铃薯一作区面积 94 507.43 hm²，占耕地总面积的 7.49%，2018 年面积为 111 399.17 hm²，占耕地总面积的 8.82%，三级地面积逐渐增加。三级地在马铃薯一作区各县市的具体分布见表 2-75，2009—2018 年，围场满族蒙古族自治县、康保县三级地面积逐渐减少到 0；赤城县面积减少 7 321.95 hm²，尚义县面积减少 205.56 hm²，万全区面积减少 8 908.38 hm²，宣化区面积减少 6 759.33hm²，张北县面积减少 2 026.42hm²；承德县、丰宁满族自治县、隆化县、平泉县、崇礼区、沽源县、怀安县、怀来县、蔚县、阳原县、涿鹿县面积逐渐增加，其中隆化县面积增加最多为 18 898.8hm²，其次是涿鹿县增加 8 571.36hm²。

表 2-75　三级地在马铃薯一作区各县市的面积与分布

地区	2009 年		2018 年	
	面积（hm²）	占三级地面积（%）	面积（hm²）	占三级地面积（%）
承德县	4 821.02	5.10	5 505.82	4.94
丰宁满族自治县	—	—	1 625.09	1.46
隆化县	5 343.98	5.65	24 242.78	21.76
平泉县	961.12	1.02	9 445.77	8.48
围场满族蒙古族自治县	24 213.65	25.62	—	—
赤城县	11 846.53	12.54	4 524.58	4.06

（续）

地区	2009年		2018年	
	面积（hm²）	占三级地面积（%）	面积（hm²）	占三级地面积（%）
崇礼区	772.80	0.82	1 798.93	1.61
沽源县	1 622.47	1.72	5 459.17	4.90
怀安县	—	—	7 536.47	6.77
怀来县	—	—	6 404.65	5.75
康保县	1 861.91	1.97	—	—
尚义县	378.29	0.40	172.73	0.16
万全区	9 885.19	10.46	976.81	0.88
蔚　县	147.39	0.16	5 736.05	5.15
宣化区	16 186.03	17.13	9 426.70	8.46
阳原县	1 671.21	1.77	7 202.79	6.47
张北县	10 882.68	11.52	8 856.26	7.95
涿鹿县	3 913.16	4.12	12 484.52	11.20
合计	94 507.43	100.00	111 399.17	100.00

2. 属性特征

（1）排水能力　利用耕地质量等级图对排水能力栅格数据进行区域统计得知，马铃薯一作区三级地排水能力处于“充分满足”、“满足”和“基本满足”状态。用行政区划图与耕地质量等级图叠加联合形成行政区划耕地质量等级综合图，对排水能力栅格数据进行区域统计（表2-76），三级地中，2018年处于“充分满足”状态耕地面积较2009年增加17 329.79hm²，处于“满足”状态的耕地面积减少4 027.70hm²，处于“基本满足”状态耕地面积增加4 200.94hm²，处于“不满足”状态耕地面积减少346.40hm²。

表2-76　排水能力马铃薯一作区三级地行政区划分布（hm²）

县市	充分满足		满足		基本满足		不满足	
	2009年	2018年	2009年	2018年	2009年	2018年	2009年	2018年
承德县	4 821.02	—	—	5 505.82	—	—	—	—
丰宁满族自治县	—	—	—	—	—	1 625.09	—	—
隆化县	—	136.43	—	395.73	5 343.98	23 710.62	—	—
平泉县	—	8 968.95	—	476.81	961.12	—	—	—
围场满族蒙古族自治县	—	—	17 529.48	—	6 684.18	—	—	—
赤城县	—	—	—	4 524.58	10 156.62	—	1 689.91	—
崇礼区	—	964.80	—	606.71	588.86	227.41	—	—
沽源县	1 622.47	3 300.84	—	—	—	2 158.33	—	—
怀安县	—	—	—	—	—	7 536.47	—	—
怀来县	—	6 404.65	—	—	—	—	—	—

（续）

县市	充分满足		满足		基本满足		不满足	
	2009 年	2018 年	2009 年	2018 年	2009 年	2018 年	2009 年	2018 年
康保县	—	—	—	—	1 861.91	—	—	—
尚义县	—	—	—	—	378.29	172.73	—	—
万全区	—	—	6 404.28	67.89	3 399.98	908.92	—	—
蔚　县	—	113.14	147.39	5 622.90	—	—	—	—
宣化区	—	—	910.15	—	14 198.02	9 426.70	1 077.86	—
阳原县	—	7 110.57	277.31	92.21	1 393.90	—	—	—
张北县	—	268.14	10 604.49	6 166.75	278.19	—	—	2 421.37
涿鹿县	3 494.25	—	418.89	8 804.87	—	3 679.72	—	—
合计	9 937.74	27 267.52	36 291.99	32 264.27	45 245.05	49 445.99	2 767.77	2 421.37

（2）灌溉能力　利用耕地质量等级图对灌溉能力栅格数据进行区域统计，马铃薯一作区三级地灌溉能力处于“充分满足”和“满足”状态。用行政区划图与耕地质量等级图叠加联合形成行政区划耕地质量等级综合图，对灌溉能力栅格数据进行区域统计（表 2-77），三级地中，2018 年处于“充分满足”状态耕地面积较 2009 年减少 9 148.98hm^2，处于“满足”状态耕地面积较增加 26 103.65hm^2，处于“基本满足”状态耕地面积增加 567.35hm^2，处于“不满足”状态耕地面积减少 630.22hm^2。

表 2-77　灌溉能力马铃薯一作区三级地行政区划分布（hm^2）

县市	充分满足		满足		基本满足		不满足	
	2009 年	2018 年	2009 年	2018 年	2009 年	2018 年	2009 年	2018 年
承德县	615.06	—	—	5 505.82	4 205.96	—	—	—
丰宁满族自治县	—	—	—	—	—	1 625.09	—	—
隆化县	—	—	1 221.56	23 292.37	3 659.08	813.98	463.34	136.43
平泉县	—	292.92	785.13	508.65	—	—	175.98	8 644.20
围场满族蒙古族自治县	—	—	—	—	18 577.14	—	5 636.51	—
赤城县	—	—	10 598.22	4 375.10	—	149.47	1 248.32	—
崇礼区	—	964.80	708.26	—	64.55	834.12	—	—
沽源县	1 622.47	3 300.84	—	—	—	2 158.33	—	—
怀安县	—	—	—	152.92	—	7 383.55	—	—
怀来县	—	—	—	—	—	6 404.65	—	—
康保县	—	—	1 861.91	—	—	—	—	—
尚义县	—	—	378.29	—	—	172.73	—	—
万全区	3 338.95	—	6 479.13	908.92	—	67.89	67.12	—
蔚　县	—	—	—	5 622.90	—	113.14	147.39	—
宣化区	—	—	11 875.98	—	3 845.70	9 426.70	464.35	—

（续）

县市	充分满足		满足		基本满足		不满足	
	2009 年	2018 年	2009 年	2018 年	2009 年	2018 年	2009 年	2018 年
阳原县	8 986.95	—	1 671.21	5 159.29	—	2 043.50	—	—
张北县	8 986.95	3 538.71	—	5 011.22	687.89	306.33	1 207.84	—
涿鹿县	2 682.87	—	1 230.28	12 376.43	—	108.16	—	—
合计	17 246.25	8 097.27	36 809.97	62 913.62	31 040.32	31 607.64	9 410.85	8 780.63

（3）*有效土层厚度*　利用耕地质量等级图对有效土层厚度栅格数据进行区域统计，马铃薯一作区三级地有效土层厚度处于“30～60cm”和“≥60cm”状态。用行政区划图与耕地质量等级图叠加联合形成行政区划耕地质量等级综合图，对有效土层厚度栅格数据进行区域统计（表 2-78），三级地中，2018 年处于“30～60cm”状态耕地面积较 2009 年增加 39 924.40hm^2，处于“≥60cm”状态耕地面积减少 23 032.64hm^2。

表 2-78　有效土层厚度马铃薯一作区三级地行政区划分布（hm^2）

县市	30～60cm		≥60cm	
	2009 年	2018 年	2009 年	2018 年
承德县	4 821.02	5 505.82	—	—
丰宁满族自治区	—	1 625.09	—	—
隆化县	—	24 242.78	5 343.98	—
平泉县	—	9 445.77	961.12	—
围场满族蒙古族自治县	—	—	24 213.65	—
赤城县	446.80	4 375.10	11 399.74	149.47
崇礼区	524.31	49.50	248.49	1 749.43
沽源县	—	2 158.33	1 622.47	3 300.84
怀安县	—	—	—	7 536.47
怀来县	—	—	—	6 404.65
康保县	1 861.91	—	—	—
尚义县	—	—	378.29	172.73
万全区	—	67.89	9 885.19	908.92
蔚　县	—	—	147.39	5 736.05
宣化区	—	—	16 186.03	9 426.70
阳原县	—	—	1 671.21	7 202.79
张北县	—	—	10 882.68	8 856.26
涿鹿县	—	108.16	3 913.14	12 376.43
合计	7 654.04	47 578.44	86 853.38	63 820.74

（4）*障碍因素*　利用耕地质量等级图对障碍因素栅格数据进行区域统计，马铃薯一作区三级地基本无明显障碍，只有部分耕地存在障碍层次、沙化和瘠薄等障碍因素。用行政区划图与耕地质量等级图叠加联合形成行政区划耕地质量等级综合图，对障碍因素栅格数据进行

区域统计（表2-79），三级地中，2018年无明显障碍耕地面积较2009年增加17 866.46hm²，存在障碍层次的耕地面积减少2 484.94hm²，存在沙化的耕地面积增加889.58hm²，存在瘠薄的耕地面积增加617.67hm²。

表2-79 障碍因素马铃薯一作区三级地行政区划分布（hm²）

县市	无障碍层次		障碍层次		沙化		瘠薄	
	2009年	2018年	2009年	2018年	2009年	2018年	2009年	2018年
承德县	4 821.02	4 800.13	—	—	—	705.68	—	—
丰宁满族自治县	—	1 625.09	—	—	—	—	—	—
隆化县	4 050.73	24 242.78	1 293.25	—	—	—	—	—
平泉县	961.12	8 644.20	—	—	—	183.90	—	617.67
围场满族蒙古族自治县	24 213.65	—	—	—	—	—	—	—
赤城县	11 846.53	4 524.58	—	—	—	—	—	—
崇礼区	—	1 798.93	772.80	—	—	—	—	—
沽源县	1 622.47	5 459.17	—	—	—	—	—	—
怀安县	—	7 536.47	—	—	—	—	—	—
怀来县	—	6 404.65	—	—	—	—	—	—
康保县	1 861.91	—	—	—	—	—	—	—
尚义县	378.29	172.73	—	—	—	—	—	—
万全区	9 885.19	976.81	—	—	—	—	—	—
蔚　县	147.39	5 736.05	—	—	—	—	—	—
宣化区	16 186.03	9 426.70	—	—	—	—	—	—
阳原县	1 671.21	7 202.79	—	—	—	—	—	—
张北县	10 882.68	8 856.26	—	—	—	—	—	—
涿鹿县	3 494.25	12 484.59	418.89	—	—	—	—	—
合计	92 022.47	109 891.93	2 484.94	—	—	889.58	—	617.67

（5）*耕层质地*　利用耕地质量等级图对耕层质地栅格数据进行区域统计，马铃薯一作区三级地耕层质地为轻壤、砂壤、中壤和重壤。用行政区划图与耕地质量等级图叠加联合形成行政区划耕地质量等级综合图，对耕层质地栅格数据进行区域统计（表2-80），三级地中，2018年轻壤面积较2009年增加1 963.65hm²，砂壤面积增加9 323.73hm²，中壤面积增加4 953.57hm²，重壤面积增加650.82hm²。

表2-80 耕层质地马铃薯一作区三级地行政区划分布（hm²）

县市	轻壤		砂壤		中壤		重壤	
	2009年	2018年	2009年	2018年	2009年	2018年	2009年	2018年
承德县	4 689.66	5 505.82	—	—	131.36	—	—	—
丰宁满族自治县	—	1 479.66	—	145.43	—	—	—	—
隆化县	5 122.05	23 088.32	182.10	826.34	39.83	328.12	—	—

（续）

县市	轻壤		砂壤		中壤		重壤	
	2009 年	2018 年	2009 年	2018 年	2009 年	2018 年	2009 年	2018 年
平泉县	961.12	4 399.74	—	794.86	—	4 251.17	—	—
围场满族蒙古族自治县	22 552.26	—	—	—	1 661.39	—	—	—
赤城县	11 697.11	4 524.58	149.43	—	—	—	—	—
崇礼区	772.80	1 798.93	—	—	—	—	—	—
沽源县	1 622.47	2 248.91	—	3 210.26	—	—	—	—
怀安县	—	2 823.01	—	—	—	3 674.96	—	1 038.50
怀来县	—	3 312.54	—	3 092.11	—	—	—	—
康保县	456.49	—	—	—	1 405.42	—	—	—
尚义县	378.29	172.73	—	—	—	—	—	—
万全区	9 497.51	976.81	—	—	—	—	387.68	—
蔚　县	147.39	5 736.05	—	—	—	—	—	—
宣化区	16 123.34	9 426.70	—	—	62.68	—	—	—
阳原县	1 671.21	6 732.01	—	470.78	—	—	—	—
张北县	7 360.52	8 432.05	3 522.16	424.21	—	—	—	—
涿鹿县	2 682.87	7 040.88	1 230.28	5 443.71	—	—	—	—
合计	85 735.09	87 698.74	5 083.97	14 407.70	3 300.68	8 254.25	387.68	1 038.50

（6）地形部位　利用耕地质量等级图对地形部位栅格数据进行区域统计，马铃薯一作区三级地地形部位为宽谷盆地、平原高阶、平原中阶、平原低阶、丘陵下部、丘陵中部、山间盆地、山地坡上、山地坡中和山地坡下。用行政区划图与耕地质量等级图叠加联合形成行政区划耕地质量等级综合图，对地形部位栅格数据进行区域统计（表 2-81），三级地中，2018 年地形部位为宽谷盆地的耕地面积较 2009 年减少 589.38hm^2，地形部位为平原高阶的耕地面积增加 20 212.98hm^2，地形部位为平原中阶的耕地面积增加 17 801.69hm^2，地形部位为平原低阶的耕地面积减少 29 993.11hm^2，地形部位为丘陵下部的耕地面积增加 5 836.80hm^2，地形部位为丘陵中部的耕地面积减少 1 009.33hm^2，地形部位为山间盆地的耕地面积减少 1 736.29hm^2，地形部位为山地坡上的耕地面积增加 167.22hm^2，地形部位为山地坡中的耕地面积增加 812.45hm^2，地形部位为山地坡下的耕地面积增加 5 398.68hm^2。

（7）质地构型　利用耕地质量等级图对质地构型栅格数据进行区域统计，马铃薯一作区三级地质地构型为海绵型、紧实型、夹层型、上紧下松型、上松下紧型和松散型状态。用行政区划图与耕地质量等级图叠加联合形成行政区划耕地质量等级综合图，对质地构型栅格数据进行区域统计（表 2-82），三级地中，2018 年海绵型耕地面积较 2009 年增加 5 702.61hm^2，紧实型耕地面积增加 6 088.28hm^2，夹层型耕地面积减少 36 102.06hm^2，上紧下松型耕地面积增加 2 888.64hm^2，上松下紧型耕地面积增加 25 420.13hm^2，松散型耕地面积增加 12 894.18hm^2。

表 2-81　地形部位马铃薯一作区三级地行政区划分布（hm^2）

县市	宽谷盆地		平原高阶		平原中阶		平原低阶		丘陵下部		丘陵中部		山间盆地		山地坡上		山地坡中		山地坡下	
	2009 年	2018 年	2009 年	2018 年	2009 年	2018 年	2009 年	2018 年	2009 年	2018 年	2009 年	2018 年	2009 年	2018 年	2009 年	2018 年	2009 年	2018 年	2009 年	2018 年
承德县	615.06	553.00	—	—	—	—	4 205.96	—	—	4 952.81	—	—	—	—	—	—	—	—	—	—
丰宁满族自治县	—	—	—	1 625.09	—	—	—	—	—	—	—	—	—	—	—	—	—	—	—	—
隆化县	—	23 847.05	—	—	—	—	1 586.33	—	—	395.73	—	—	3 757.65	—	—	—	—	—	—	—
平泉县	—	559.24	—	—	—	—	—	—	—	8 886.52	—	—	961.12	—	—	—	—	—	—	—
围场满族蒙古族自治县	23 954.61	—	—	—	—	—	—	—	—	—	—	—	259.05	—	—	—	—	—	—	—
赤城县	11 846.53	4 375.10	—	—	—	—	—	—	—	—	—	—	—	—	—	—	—	149.47	—	—
崇礼区	—	—	—	49.50	—	1 142.72	772.80	—	—	—	—	—	—	—	—	—	—	606.71	—	—
沽源县	—	—	—	2 158.33	1 622.47	3 300.84	—	—	—	—	—	—	—	—	—	—	—	—	—	—
怀安县	—	—	—	7 383.55	—	—	—	—	—	—	—	—	—	152.92	—	—	—	—	—	—
怀来县	—	—	—	6 226.25	—	—	—	—	—	178.40	—	—	—	—	—	—	—	—	—	—
康保县	—	—	—	—	182.73	—	1 679.18	—	—	—	—	—	—	—	—	—	—	—	—	—
尚义县	—	—	—	—	—	172.73	—	—	80.52	—	—	—	—	—	—	—	—	—	297.77	—
万全区	—	—	—	—	—	—	9 885.19	908.92	—	—	—	—	—	67.89	—	—	—	—	—	—
蔚　县	—	—	—	—	—	—	—	—	—	113.14	—	—	—	—	—	—	—	—	147.39	5 622.90
宣化区	2 173.07	—	—	—	264.44	6 415.98	10 703.89	—	3 044.63	—	—	—	—	3 010.72	—	—	—	—	—	—
阳原县	146.52	448.19	—	—	—	6 754.59	1 524.70	—	—	—	—	—	—	—	—	—	—	—	—	—
张北县	—	—	—	—	605.04	2 689.51	—	—	10 194.79	5 860.42	—	—	—	—	82.84	250.06	—	56.27	—	—
涿鹿县	—	8 363.83	—	2 770.27	—	—	543.98	—	1 230.28	—	2 138.89	1 129.56	—	—	—	—	—	—	—	220.94
合计	38 735.79	38 146.41	—	20 212.99	2 674.68	20 476.37	30 902.03	908.92	14 550.22	20 387.02	2 138.89	1 129.56	4 977.82	3 231.53	82.84	250.06	—	812.45	445.16	5 843.84

表 2-82　质地构型马铃薯一作区三级地行政区划分布（hm^2）

县市	海绵型		紧实型		夹层型		上紧下松型		上松下紧型		松散型	
	2009 年	2018 年	2009 年	2018 年	2009 年	2018 年	2009 年	2018 年	2009 年	2018 年	2009 年	2018 年
承德县	—	—	—	—	4 821.02	—	—	—	—	—	—	5 505.82
丰宁满族自治县	—	—	—	1 625.09	—	—	—	—	—	—	—	—
隆化县	—	—	—	1 899.19	5 343.98	—	—	—	—	21 811.44	—	532.16
平泉县	—	7 724.77	—	—	961.12	—	—	—	—	1 537.11	—	183.90
围场满族蒙古族自治县	—	—	—	—	24 213.65	—	—	—	—	—	—	—
赤城县	6 607.60	—	—	—	—	—	5 238.93	4 375.10	—	149.47	—	—
崇礼区	—	177.91	—	49.50	—	—	772.80	—	—	606.71	—	964.80
沽源县	—	—	—	2 158.33	—	—	—	—	—	—	1 622.47	3 300.84
怀安县	—	2 858.28	—	—	—	—	—	4 525.27	—	152.92	—	—
怀来县	—	5 670.20	—	734.46	—	—	—	—	—	—	—	—
康保县	—	—	—	—	—	—	—	—	—	—	1 861.91	—
尚义县	—	—	378.29	—	—	—	—	—	—	172.73	—	—
万全区	9 885.19	—	—	—	—	908.92	—	—	—	67.89	—	—
蔚　县	147.39	113.14	—	—	—	—	—	—	—	—	—	5 622.90
宣化区	16 186.03	8 561.11	—	—	—	—	—	—	—	865.59	—	—
阳原县	—	7 202.79	—	—	1 671.21	—	—	—	—	—	—	—
张北县	10 882.68	8 531.85	—	—	—	—	—	—	—	56.27	—	268.14
涿鹿县	3 913.14	12 484.59	—	—	—	—	—	—	—	—	—	—
合计	47 622.03	53 324.64	378.29	6 466.57	37 010.98	908.92	6 011.73	8 900.37	—	25 420.13	3 484.38	16 378.56

（8）生物多样性　利用耕地质量等级图对生物多样性栅格数据进行区域统计，马铃薯一作区三级地生物多样性处于“丰富”、“一般”和“不丰富”状态。用行政区划图与耕地质量等级图叠加联合形成行政区划耕地质量等级综合图，对生物多样性栅格数据进行区域统计（表 2-83），三级地中，2018 年处于“丰富”状态耕地面积较 2009 年增加 10 086.17hm^2，处于“一般”状态耕地面积增加 14 277.03hm^2，处于“不丰富”状态耕地面积减少 7 471.43hm^2。

表 2-83　生物多样性马铃薯一作区三级地行政区划分布（hm^2）

县市	丰富		一般		不丰富	
	2009 年	2018 年	2009 年	2018 年	2009 年	2018 年
承德县	—	—	4 821.02	5 505.82	—	—
丰宁满族自治县	—	—	—	1 625.09	—	—
隆化县	—	—	5 343.98	24 242.78	—	—
平泉县	—	—	961.12	9 445.77	—	—

（续）

县市	丰富		一般		不丰富	
	2009 年	2018 年	2009 年	2018 年	2009 年	2018 年
围场满族蒙古族自治县	—	—	24 213.65	—	—	—
赤城县	—	—	—	149.47	11 846.53	4 375.10
崇礼区	—	—	772.80	1 798.93	—	—
沽源县	—	—	1 622.47	5 459.17	—	—
怀安县	—	4 859.58	—	2 676.89	—	—
怀来县	—	—	—	6 404.65	—	—
康保县	—	—	1 861.91	—	—	—
尚义县	—	—	378.29	172.73	—	—
万全区	—	—	9 885.19	976.81	—	—
蔚　县	147.39	5 373.98	—	362.07	—	—
宣化区	—	—	16 186.03	9 426.70	—	—
阳原县	—	—	1 671.21	7 202.79	—	—
张北县	—	—	10 882.68	8 856.26	—	—
涿鹿县	—	—	3 913.14	12 484.59	—	—
总计	147.39	10 233.56	82 513.49	96 790.52	11 846.53	4 375.10

（9）坡度　利用耕地质量等级图对坡度栅格数据进行区域统计，马铃薯一作区三级地坡度为≤2°、2°～6°、6°～10°、10°～15°和>15°。用行政区划图与耕地质量等级图叠加联合形成行政区划耕地质量等级综合图，对坡度栅格数据进行区域统计（表 2-84），三级地中，2018 年耕地坡度≤2°的耕地面积较 2009 年减少 6 208.71hm²，2°～6°的耕地面积增加 17 981.89hm²，6°～10°的耕地面积增加 4 216.02hm²，10°～15°的耕地面积增加 250.63hm²，>15°的耕地面积增加 651.91hm²。

表 2-84　坡度马铃薯一作区三级地行政区划分布（hm²）

县市	≤2°		2°～6°		6°～10°		10°～15°		>15°	
	2009 年	2018 年	2009 年	2018 年	2009 年	2018 年	2009 年	2018 年	2009 年	2018 年
承德县	615.06	1 632.06	4 205.96	3 873.76	—	—	—	—	—	—
丰宁满族自治县	—	—	—	1 625.09	—	—	—	—	—	—
隆化县	1 548.08	12 325.09	—	4 831.13	3 795.90	7 086.56	—	—	—	—
平泉县	961.12	476.81	—	5 368.73	—	2 044.32	—	559.24	—	996.66
围场满族蒙古族自治县	24 023.32	—	—	—	190.33	—	—	—	—	—
赤城县	9 214.73	4 524.58	2 631.81	—	—	—	—	—	—	—
崇礼区	248.49	1 749.43	524.31	49.50	—	—	—	—	—	—
沽源县	1 622.47	3 300.84	—	2 158.33	—	—	—	—	—	—
怀安县	—	7 536.47	—	—	—	—	—	—	—	—

（续）

县市	≤2°		2°～6°		6°～10°		10°～15°		>15°	
	2009年	2018年	2009年	2018年	2009年	2018年	2009年	2018年	2009年	2018年
怀来县	—	6 404.65	—	—	—	—	—	—	—	—
康保县	—	—	1 861.91	—	—	—	—	—	—	—
尚义县	378.29	172.73	—	—	—	—	—	—	—	—
万全区	9 556.54	908.92	—	—	67.12	—	261.53	67.89	—	—
蔚　县	147.39	5 736.05	—	—	—	—	—	—	—	—
宣化区	16 186.03	9 426.70	—	—	—	—	—	—	—	—
阳原县	1 611.37	5 756.76	59.85	1 446.02	—	—	—	—	—	—
张北县	246.06	324.41	1 151.34	367.80	9 025.56	8 164.05	114.97	—	344.75	—
涿鹿县	3 913.14	3 787.88	—	8 696.71	—	—	—	—	—	—
总计	70 272.09	64 063.38	10 435.18	28 417.07	13 078.91	17 294.93	376.50	627.13	344.75	996.66

（10）农田林网化　利用耕地质量等级图对农田林网化栅格数据进行区域统计，马铃薯一作区三级地农田林网化处于“高”、“中”和“低”状态。用行政区划图与耕地质量等级图叠加联合形成行政区划耕地质量等级综合图，对农田林网化栅格数据进行区域统计（表2-85），三级地中，2018年处于“高”状态耕地面积较2009年增加5 226.59hm^2，处于“中”状态耕地面积增加15 558.23hm^2，处于“低”状态耕地面积减少3 893.06hm^2。

表2-85　农田林网化马铃薯一作区三级地行政区划分布（hm^2）

县市	高		中		低	
	2009年	2018年	2009年	2018年	2009年	2018年
承德县	—	—	615.06	5 505.82	4 205.96	—
丰宁满族自治县	—	—	—	1 625.09	—	—
隆化县	—	—	5 343.98	24 242.78	—	—
平泉县	—	—	961.12	9 445.77	—	—
围场满族蒙古族自治县	—	—	23 768.42	—	445.24	—
赤城县	—	—	11 399.74	4 524.58	446.80	—
崇礼区	—	—	772.80	1 798.93	—	—
沽源县	—	—	—	5 459.17	1 622.47	—
怀安县	—	—	—	7 536.47	—	—
怀来县	—	—	—	—	—	6 404.65
康保县	—	—	1 861.91	—	—	—
尚义县	—	—	297.77	172.73	80.52	—
万全区	—	—	2 188.16	976.81	7 697.03	—
蔚　县	147.39	5 373.98	—	362.07	—	—
宣化区	—	—	11 814.89	9 426.70	4 371.14	—

（续）

县市	高		中		低	
	2009 年	2018 年	2009 年	2018 年	2009 年	2018 年
阳原县	—	—	1 671.21	7 202.79	—	—
张北县	—	—	10 882.68	8 856.26	—	—
涿鹿县	—	—	—	—	3 913.14	12 484.59
合计	147.39	5 373.98	71 577.74	87 135.97	22 782.30	18 889.24

（11）清洁程度　利用耕地质量等级图对清洁程度栅格数据进行区域统计，马铃薯一作区三级地清洁程度处于“清洁”状态。用行政区划图与耕地质量等级图叠加联合形成行政区划耕地质量等级综合图，对清洁程度栅格数据进行区域统计（表 2-86），三级地中 2018 年处于“清洁”状态耕地面积较 2009 年增加 16 891.78hm^2。

表 2-86　清洁程度马铃薯一作区三级地行政区划分布（hm^2）

县市	清洁	
	2009 年	2018 年
承德县	4 821.02	5 505.82
丰宁满族自治县	—	1 625.09
隆化县	5 343.98	24 242.78
平泉县	961.12	9 445.77
围场满族蒙古族自治县	24 213.65	—
赤城县	11 846.53	4 524.58
崇礼区	772.80	1 798.93
沽源县	1 622.47	5 459.17
怀安县	—	7 536.47
怀来县	—	6 404.65
康保县	1 861.91	—
尚义县	378.29	172.73
万全区	9 885.19	976.81
蔚　县	147.39	5 736.05
宣化区	16 186.03	9 426.70
阳原县	1 671.21	7 202.79
张北县	10 882.68	8 856.26
涿鹿县	3 913.14	12 484.59
合计	94 507.41	111 399.19

（12）土壤有机质含量　利用耕地质量等级图对土壤有机质含量栅格数据进行区域统计，一作区三级地 2009 年土壤有机质含量为 19.69g/kg，2018 年为 18.36g/kg。利用行政区划图与耕地质量等级图叠加联合形成行政区划耕地质量等级综合图，对土壤有机质含量栅格数据进行区域统计（表 2-87），三级地中，2009 年土壤有机质含量变幅在 1.10～40.30g/kg，

2018 年在 11.60～31.50g/kg，2009—2018 年土壤有机质含量平均值减少 1.33g/kg。

表 2-87　有机质含量马铃薯一作区三级地行政区划分布（g/kg）

县市	最大值		最小值		平均值	
	2009 年	2018 年	2009 年	2018 年	2009 年	2018 年
承德县	21.40	23.30	13.30	17.00	17.40	19.94
丰宁满族自治县	—	31.10	—	27.30	—	28.96
隆化县	32.50	22.20	11.90	12.60	25.30	16.43
平泉县	29.60	26.30	18.70	21.20	23.60	23.94
围场满族蒙古族自治县	27.80	—	13.80	—	18.64	—
赤城县	39.20	24.00	16.30	20.70	22.19	22.09
崇礼区	38.80	27.50	22.20	16.60	33.51	21.08
沽源县	22.20	31.50	22.20	19.90	22.20	28.67
怀安县	—	21.40	—	17.00	—	17.96
怀来县	—	20.90	—	11.90	—	15.46
康保县	31.20	—	22.10	—	25.81	—
尚义县	36.80	13.70	18.90	13.70	24.93	13.70
万全区	18.30	17.70	1.10	16.20	3.08	16.83
蔚　县	23.70	19.60	23.70	17.80	23.70	18.68
宣化区	31.70	19.50	7.50	16.50	18.86	18.27
阳原县	22.10	17.70	14.50	11.60	18.86	14.57
张北县	40.30	26.60	3.60	12.80	20.93	19.67
涿鹿县	20.10	19.30	10.30	16.70	15.59	18.27
总计	40.30	31.50	1.10	11.60	19.69	18.36

（13）土壤有效磷含量　利用耕地质量等级图对土壤有效磷含量栅格数据进行区域统计，一作区三级地 2009 年土壤有效磷含量为 22.79mg/kg，2018 年为 26.37mg/kg。利用行政区划图与耕地质量等级图叠加联合形成行政区划耕地质量等级综合图，对土壤有效磷含量栅格数据进行区域统计（表 2-88），三级地中，2009 年土壤有效磷含量变幅在 3.40～51.60mg/kg，2018 年在 4.40～50.80mg/kg，2009—2018 年土壤有效磷含量平均值增加 3.58mg/kg。

表 2-88　有效磷含量马铃薯一作区三级地行政区划分布（mg/kg）

县市	最大值		最小值		平均值	
	2009 年	2018 年	2009 年	2018 年	2009 年	2018 年
承德县	36.70	45.90	9.00	32.00	22.66	38.47
丰宁满族自治县	—	25.80	—	23.80	—	25.03
隆化县	35.60	43.00	15.60	18.70	22.80	28.26

（续）

县市	最大值		最小值		平均值	
	2009 年	2018 年	2009 年	2018 年	2009 年	2018 年
平泉县	37.90	50.80	18.70	30.90	27.19	42.84
围场满族蒙古族自治县	31.60	—	16.30	—	26.75	—
赤城县	40.10	20.30	14.40	15.70	22.04	16.96
崇礼区	36.50	36.00	20.50	15.60	32.03	21.99
沽源县	13.00	25.90	13.00	14.10	13.00	23.34
怀安县	—	33.60	—	19.40	—	25.83
怀来县	—	29.20	—	21.60	—	24.99
康保县	37.00	—	14.80	—	22.47	—
尚义县	24.90	26.00	17.30	26.00	21.83	26.00
万全区	45.30	32.00	14.60	16.50	32.36	26.98
蔚　县	14.50	22.50	14.50	17.10	14.50	19.86
宣化区	51.60	27.90	3.40	20.30	15.57	23.21
阳原县	22.40	12.80	5.00	4.40	14.81	7.54
张北县	41.70	22.50	6.70	11.80	15.67	17.08
涿鹿县	24.10	23.50	7.40	14.60	14.19	17.98
总计	51.60	50.80	3.40	4.40	22.79	26.37

（14）土壤速效钾含量　利用耕地质量等级图对土壤速效钾含量栅格数据进行区域统计，一作区三级地 2009 年土壤速效钾含量为 175.15mg/kg，2018 年为 171.58mg/kg。利用行政区划图与耕地质量等级图叠加联合形成行政区划耕地质量等级综合图，对土壤速效钾含量栅格数据进行区域统计（表 2-89），三级地中，2009 年土壤速效钾含量变幅在 91～325mg/kg 之间，2018 年在 105～235mg/kg 之间，2009—2018 年土壤速效钾含量平均值减小 3.57mg/kg。

表 2-89　速效钾含量马铃薯一作区三级地行政区划分布（mg/kg）

县市	最大值		最小值		平均值	
	2009 年	2018 年	2009 年	2018 年	2009 年	2018 年
承德县	153	219	98	151	132.90	184.81
丰宁满族自治县	—	171	—	160	—	164.13
隆化县	240	210	125	154	192.07	179.57
平泉县	213	235	146	180	185.71	208.03
围场满族蒙古族自治县	231	—	104	—	153.16	—
赤城县	296	186	164	162	202.72	170.09
崇礼区	318	192	199	131	246.12	162.50
沽源县	120	172	120	135	120.00	162.94

（续）

县市	最大值		最小值		平均值	
	2009年	2018年	2009年	2018年	2009年	2018年
怀安县	—	222	—	179	—	197.54
怀来县	—	142	—	114	—	129.00
康保县	214	—	155	—	173.14	—
尚义县	211	195	169	195	189.33	195.00
万全区	199	210	166	158	184.37	187.50
蔚 县	260	162	260	146	260.00	156.89
宣化区	325	145	93	119	220.11	135.97
阳原县	179	140	123	107	145.43	121.54
张北县	283	186	97	105	140.14	158.09
涿鹿县	225	192	91	155	148.23	173.08
总计	325	235	91	105	175.15	171.58

（15）**土壤 pH** 利用耕地质量等级图对土壤pH栅格数据进行区域统计，一作区三级地2009年土壤pH为7.58，2018年为7.30。用行政区划图与耕地质量等级图叠加联合形成行政区划耕地质量等级综合图，对土壤pH栅格数据进行区域统计（表2-90），三级地中，2009年土壤pH变化幅度在5.7～8.7之间，2018年在5.5～8.5之间，自2009年到2018年土壤pH平均值减少0.28。

表2-90 土壤pH马铃薯一作区三级地行政区划分布

县市	最大值		最小值		平均值	
	2009年	2018年	2009年	2018年	2009年	2018年
承德县	8.0	7.6	5.7	6.1	7.29	6.90
丰宁满族自治县	—	7.8	—	6.9	—	7.40
隆化县	8.2	7.8	6.4	5.5	7.75	6.90
平泉县	8.2	7.3	6.9	5.8	7.66	6.60
围场满族蒙古族自治县	7.7	—	6.2	—	6.63	—
赤城县	8.5	7.8	7.5	7.7	8.06	7.80
崇礼区	8.4	8.3	7.6	7.3	8.02	7.90
沽源县	8.4	8.2	8.4	7.1	8.40	7.50
怀安县	—	8.1	—	7.8	—	7.90
怀来县	—	8.5	—	8.1	—	8.30
康保县	8.1	—	7.8	—	7.93	—
尚义县	8	8.2	8.0	8.2	8.00	8.20
万全区	8.7	7.8	7.8	7.6	8.22	7.70
蔚 县	7.1	8.2	7.1	7.7	7.10	8.00
宣化区	8.5	8.1	7.4	7.7	7.91	8.00
阳原县	8.6	8.3	8.4	7.7	8.53	8.00

（续）

县市	最大值		最小值		平均值	
	2009年	2018年	2009年	2018年	2009年	2018年
张北县	8.7	8.1	7.5	6.9	8.20	7.50
涿鹿县	8.7	8.1	8.2	7.6	8.48	7.90
总计	8.7	8.5	5.7	5.5	7.58	7.30

（16）土壤容重　利用耕地质量等级图对土壤容重栅格数据进行区域统计，一作区三级地2009年土壤容重为1.33g/cm³，2018年为1.36g/cm³。用行政区划图与耕地质量等级图叠加联合形成行政区划耕地质量等级综合图，对土壤容重栅格数据进行区域统计（表2-91），三级地中，2009年土壤容重变化幅度在1.19～1.49g/cm³之间，2018年在0.66～1.62g/cm³之间，2009—2018年土壤容重平均值增加0.03。

表2-91　土壤容重马铃薯一作区三级地行政区划分布（g/cm³）

县市	最大值		最小值		平均值	
	2009年	2018年	2009年	2018年	2009年	2018年
承德县	1.20	1.31	1.20	1.19	1.20	1.24
丰宁满族自治县	—	1.36	—	1.30	—	1.34
隆化县	1.48	1.49	1.23	1.30	1.35	1.44
平泉县	1.32	1.57	1.19	1.30	1.25	1.44
围场满族蒙古族自治县	1.38	—	1.27	—	1.31	—
赤城县	1.49	1.37	1.19	1.34	1.39	1.36
崇礼区	1.47	1.41	1.28	0.73	1.36	1.09
沽源县	1.26	1.29	1.26	0.66	1.26	1.12
怀安县	—	1.62	—	1.26	—	1.43
怀来县	—	1.25	—	1.19	—	1.23
康保县	1.36	—	1.24	—	1.31	—
尚义县	1.39	1.43	1.30	1.43	1.34	1.43
万全区	1.40	1.62	1.24	1.51	1.34	1.57
蔚　县	1.40	1.44	1.40	1.39	1.40	1.44
宣化区	1.46	1.41	1.19	1.22	1.33	1.34
阳原县	1.40	1.41	1.22	1.28	1.31	1.34
张北县	1.48	1.41	1.21	0.75	1.32	1.09
涿鹿县	1.41	1.46	1.24	1.23	1.32	1.32
总计	1.49	1.62	1.19	0.66	1.33	1.36

（四）四级地耕地质量特征

1. 空间分布　2009年四级地在马铃薯一作区面积141 274.99hm²，占耕地总面积的11.19%，2018年面积为252 850.16hm²，占耕地总面积的20.03%，四级地面积逐渐增加。四级地在马铃薯一作区各县市的具体分布见表2-92，2009—2018年，围场满族蒙古族自治县、赤城县、康保县、万全区、涿鹿县四级地面积减少，其中围场满族蒙古族自治县最多减少22 230.27hm^2；除此之外其余区县四级地面积逐渐增加，其中丰宁满族自治县面积增加最多为30 127.96hm^2，其次是蔚县增加 23 281.44hm^2。

表 2-92　四级地在马铃薯一作区各县市的面积与分布

地区	2009 年		2018 年	
	面积（hm^2）	占四级地面积（%）	面积（hm^2）	占四级地面积（%）
承德县	2 014.47	1.43	6 213.02	2.46
丰宁满族自治县	—	—	30 127.96	11.92
隆化县	10 240.01	7.25	12 244.58	4.84
平泉县	7 082.91	5.01	15 041.88	5.95
围场满族蒙古族自治县	31 259.86	22.13	9 029.59	3.57
赤城县	17 175.79	12.16	10 041.96	3.97
崇礼区	1 030.65	0.73	5 047.42	2.00
沽源县	—	—	13 174.27	5.21
怀安县	1 730.86	1.23	22 102.36	8.74
怀来县	117.01	0.08	1 997.68	0.79
康保县	12 297.89	8.70	7 782.26	3.08
尚义县	4 608.22	3.26	22 459.55	8.88
万全区	9 427.39	6.67	7 997.95	3.16
蔚　县	3 031.73	2.15	26 313.17	10.41
宣化区	8 901.59	6.30	23 940.95	9.47
阳原县	4 835.57	3.42	11 199.99	4.43
张北县	21 467.47	15.20	23 067.03	9.12
涿鹿县	6 053.57	4.28	5 068.54	2.00
合计	141 274.99	100.00	252 850.16	100.00

2. 属性特征

（1）排水能力　利用耕地质量等级图对排水能力栅格数据进行区域统计，马铃薯一作区四级地排水能力处于“充分满足”、“满足”、“基本满足”和“不满足”状态。用行政区划图与耕地质量等级图叠加联合形成行政区划耕地质量等级综合图，对排水能力栅格数据进行区域统计（表 2-93），四级地中，2018 年处于“充分满足”状态耕地面积较 2009 年增加 32 176.25hm^2，处于“满足”状态的耕地面积增加 41 834.21hm^2，处于“基本满足”状态耕地面积增加 52 367.79hm^2，处于“不满足”状态耕地面积减少 14 803.08hm^2。

表 2-93　排水能力马铃薯一作区四级地行政区划分布（hm^2）

县市	充分满足		满足		基本满足		不满足	
	2009 年	2018 年	2009 年	2018 年	2009 年	2018 年	2009 年	2018 年
承德县	2 014.28	—	0.19	2 691.57	—	3 521.45	—	—
丰宁满族自治县	—	—	—	—	—	30 127.96	—	—

（续）

县市	充分满足		满足		基本满足		不满足	
	2009 年	2018 年	2009 年	2018 年	2009 年	2018 年	2009 年	2018 年
隆化县	—	1 591.85	—	—	9 494.77	9 239.23	745.24	1 413.51
平泉县	—	9 884.46	—	4 438.07	5 630.78	719.35	1 452.12	—
围场满族蒙古族自治县	—	5 077.46	2 251.54	2 067.11	28 987.06	1 885.01	21.26	—
赤城县	—	—	2 115.47	5 453.70	8 833.91	3 666.78	6 226.41	921.47
崇礼区	—	—	—	149.97	768.23	4 897.45	262.42	—
沽源县	—	—	—	—	—	13 174.27	—	—
怀安县	—	—	—	—	1 730.86	22 102.36	—	—
怀来县	—	1 997.68	—	—	—	—	117.01	—
康保县	—	7 782.26	—	—	12 297.89	—	—	—
尚义县	—	—	—	—	4 608.22	22 459.55	—	—
万全区	—	—	95.28	3 716.27	4 275.99	4 281.68	5 056.12	—
蔚　县	—	—	2 808.29	26 313.17	223.44	—	—	—
宣化区	—	170.13	126.98	—	7 539.39	23 770.82	1 235.22	—
阳原县	—	6 466.83	1 718.71	4 733.16	3 116.86	—	—	—
张北县	—	—	18 831.89	22 166.48	613.31	900.55	2 022.26	—
涿鹿县	1 939.04	3 158.90	3 298.41	1 351.47	816.13	558.17	—	—
合计	3 953.32	36 129.57	31 246.76	73 080.97	88 936.84	141 304.63	17 138.06	2 334.98

（2）*灌溉能力*　利用耕地质量等级图对灌溉能力栅格数据进行区域统计，马铃薯一作区四级地灌溉能力处于“充分满足”和“满足”状态。用行政区划图与耕地质量等级图叠加联合形成行政区划耕地质量等级综合图，对灌溉能力栅格数据进行区域统计（表 2-94），四级地中，2018 年耕地处于“充分满足”状态耕地面积较 2009 年增加 1 326.92hm^2，处于“满足”状态的耕地面积增加 9 147.26hm^2，处于“基本满足”状态耕地面积增加10 743.3hm^2，处于“不满足”状态耕地面积减少 636.32hm^2。

表 2-94　灌溉能力马铃薯一作区四级地行政区划分布（hm^2）

县市	充分满足		满足		基本满足		不满足	
	2009 年	2018 年	2009 年	2018 年	2009 年	2018 年	2009 年	2018 年
承德县	—	—	—	1 873.43	1 578.51	4 283.71	435.96	55.88
丰宁满族自治县	—	—	—	—	—	27 395.69	—	2 732.28
隆化县	—	—	2 968.55	4 032.69	3 972.76	6 620.05	3 298.70	1 591.85
平泉县	—	—	1 452.12	1 151.01	140.96	—	5 489.82	13 890.88
围场满族蒙古族自治县	—	—	—	—	4 084.85	1 885.01	27 175.02	7 144.57
赤城县	21.20	—	9 186.51	9 314.16	1 738.66	—	6 229.43	727.80
崇礼区	—	—	138.35	30.97	817.74	2 448.42	74.57	2 568.02
沽源县	—	—	—	—	—	3 906.83	—	9 267.44

（续）

县市	充分满足		满足		基本满足		不满足	
	2009年	2018年	2009年	2018年	2009年	2018年	2009年	2018年
怀安县	—	—	—	300.00	1 730.86	21 802.36	—	—
怀来县	—	—	117.01	—	—	1 997.68	—	—
康保县	—	6 593.40	11 556.60	1 188.85	—	—	741.29	—
尚义县	—	—	2 364.33	—	2 061.74	22 459.55	182.15	—
万全区	1 807.76	—	6 190.94	3 861.51	1 333.43	3 080.95	95.28	1 055.50
蔚　县	—	—	—	26 083.74	2 918.59	229.44	113.14	—
宣化区	—	—	6 659.71	—	683.20	23 940.95	1 558.68	—
阳原县	—	—	4 835.57	4 377.40	—	3 604.14	—	3 218.46
张北县	2 254.74	4 529.67	—	—	6 331.24	10 966.19	12 881.49	7 571.17
涿鹿县	5 712.45	—	203.14	2 606.33	—	208.87	137.98	2 253.34
合计	9 796.15	11 123.07	45 672.83	54 820.09	27 392.54	134 829.84	58 413.51	52 077.19

（3）*有效土层厚度*　利用耕地质量等级图对有效土层厚度栅格数据进行区域统计，马铃薯一作区四级地有效土层厚度处于“30～60cm”和“≥60cm”状态。用行政区划图与耕地质量等级图叠加联合形成行政区划耕地质量等级综合图，对有效土层厚度栅格数据进行区域统计（表2-95），四级地中，2018年处于“30～60cm”状态耕地面积较2009年增加63 286.46hm^2，处于“≥60cm”状态耕地面积增加48 288.71hm^2。

表2-95　有效土层厚度马铃薯一作区四级地行政区划分布（hm^2）

县市	30～60cm		≥60cm	
	2009年	2018年	2009年	2018年
承德县	2 014.47	6 213.02	—	—
丰宁满族自治区	—	27 395.69	—	2 732.28
隆化县	1 062.35	12 244.58	9 177.66	—
平泉县	—	15 041.88	7 082.91	—
围场满族蒙古族自治县	—	9 029.59	31 259.86	—
赤城县	867.61	1 270.57	16 308.17	8 771.39
崇礼区	787.07	1 969.15	243.58	3 078.26
沽源县	—	3 906.83	—	9 267.44
怀安县	—	—	1 730.86	22 102.36
怀来县	—	648.01	117.01	1 349.66
康保县	12 297.89	—	—	7 782.26
尚义县	2 061.74	—	2 546.48	22 459.55
万全区	—	2 955.30	9 427.39	5 042.65
蔚　县	—	—	3 031.73	26 313.17
宣化区	—	—	8 901.59	23 940.95
阳原县	—	—	4 835.57	11 199.99

（续）

县市	30～60cm		≥60cm	
	2009 年	2018 年	2009 年	2018 年
张北县	—	—	21 467.47	23 067.03
涿鹿县	—	1 702.97	6 053.57	3 365.57
合计	19 091.13	82 377.59	122 183.85	170 472.56

（4）*障碍因素*　利用耕地质量等级图对障碍因素栅格数据进行区域统计，马铃薯一作区四级地基本无明显障碍，部分耕地存在障碍层次、盐渍化、沙化和瘠薄等障碍因。用行政区划图与耕地质量等级图叠加联合形成行政区划耕地质量等级综合图，对障碍因素栅格数据进行区域统计（表 2-96），四级地中，2018 年无明显障碍耕地面积较 2009 年增加 100 724.23hm^2，存在障碍层次的耕地面积增加 8 339.13hm^2，存在盐渍化的耕地面积减少 85.16hm^2，存在沙化的耕地面积增加 2 291.62hm^2，存在瘠薄的耕地面积增加 305.35hm^2。

表 2-96　障碍因素马铃薯一作区四级地行政区划分布（hm^2）

县市	无障碍层		障碍层次		盐渍化		沙化		瘠薄	
	2009 年	2018 年	2009 年	2018 年	2009 年	2018 年	2009 年	2018 年	2009 年	2018 年
承德县	1 561.12	4 415.37	453.36	—	—	—	—	1 797.65	—	—
丰宁满族自治县	—	30 127.96	—	—	—	—	—	—	—	—
隆化县	9 205.03	12 244.58	1 034.98	—	—	—	—	—	—	—
平泉县	5 489.82	9 030.73	1 593.08	5 190.63	—	—	—	493.97	—	326.55
围场满族蒙古族自治县	31 259.86	9 029.59	—	—	—	—	—	—	—	—
赤城县	17 154.59	10 041.96	—	—	—	—	—	—	21.20	—
崇礼区	—	5 047.42	1 030.65	—	—	—	—	—	—	—
沽源县	—	13 174.27	—	—	—	—	—	—	—	—
怀安县	1 730.86	21 802.36	—	300.00	—	—	—	—	—	—
怀来县	117.01	353.03	—	1 644.65	—	—	—	—	—	—
康保县	12 297.89	7 782.26	—	—	—	—	—	—	—	—
尚义县	3 039.46	22 459.55	1 568.76	—	—	—	—	—	—	—
万全区	9 427.39	3 119.47	—	4 878.48	—	—	—	—	—	—
蔚　县	3 031.73	26 313.17	—	—	—	—	—	—	—	—
宣化区	8 901.59	23 657.09	—	283.86	—	—	—	—	—	—
阳原县	4 554.68	7 601.32	280.89	3 598.67	—	—	—	—	—	—
张北县	21 382.31	23 067.03	—	—	85.16	—	—	—	—	—
涿鹿县	2 755.16	3 365.57	3 298.41	1 702.97	—	—	—	—	—	—
合计	131 908.50	232 632.73	9 260.13	17 599.26	85.16	—	—	2 291.62	21.20	326.55

（5）*耕层质地*　利用耕地质量等级图对耕层质地栅格数据进行区域统计，马铃薯一作区四级地耕层质地为黏土、轻壤、砂壤、砂土、中壤和重壤。用行政区划图与耕地质量等级图叠加联合形成行政区划耕地质量等级综合图，对耕层质地栅格数据进行区域统计（表 2-97），四

级地中，2018 年黏土面积较 2009 年减少 147.36hm²，轻壤面积增加 96 996.95hm²，砂壤面积增加 12 193.22hm²，砂土面积减少 367.76hm²，中壤面积增加 6 421.4hm²，重壤面积减少 3 521.27hm²。

表 2-97　耕层质地马铃薯一作区四级地行政区划分布（hm²）

县市	黏土		轻壤		砂壤		砂土		中壤		重壤	
	2009 年	2018 年	2009 年	2018 年	2009 年	2018 年	2009 年	2018 年	2009 年	2018 年	2009 年	2018 年
承德县	—	—	2 014.47	4 367.32	—	—	—	—	—	1 845.70	—	—
丰宁满族自治县	—	—	—	29 760.53	—	367.44	—	—	—	—	—	—
隆化县	—	—	9 938.70	11 077.22	150.50	479.68	—	52.16	81.01	565.72	69.80	69.80
平泉县	—	—	3 643.66	13 463.79	—	724.63	—	—	3 439.24	853.46	—	—
围场满族蒙古族自治县	—	—	26 969.73	7 167.07	129.69	—	—	—	4 160.45	1 862.52	—	—
赤城县	—	—	16 823.39	10 041.96	352.40	—	—	—	—	—	—	—
崇礼区	—	—	1 030.65	4 978.71	—	68.71	—	—	—	—	—	—
沽源县	—	—	—	10 461.76	—	2 712.50	—	—	—	—	—	—
怀安县	—	—	692.36	13 008.21	—	—	—	—	—	9 094.15	1 038.50	—
怀来县	—	—	117.01	1 702.55	—	295.13	—	—	—	—	—	—
康保县	—	—	7 415.83	7 782.26	4 882.06	—	—	—	—	—	—	—
尚义县	—	—	4 426.06	21 848.45	—	611.10	—	—	182.15	—	—	—
万全区	147.36	—	6 797.26	7 997.95	—	—	—	—	—	—	2 482.77	—
蔚　县	—	—	3 031.73	17 234.94	—	9 078.23	—	—	—	—	—	—
宣化区	—	—	8 901.59	23 878.27	—	—	—	—	—	62.68	—	—
阳原县	—	—	4 835.57	10 897.08	—	302.91	—	—	—	—	—	—
张北县	—	—	19 156.47	16 654.89	2 311.00	6 412.14	—	—	—	—	—	—
涿鹿县	—	—	4 600.06	5 068.54	1 033.60	—	419.92	—	—	—	—	—
合计	147.36	—	120 394.54	217 391.50	8 859.25	21 052.47	419.92	52.16	7 862.85	14 284.23	3 591.07	69.80

（6）地形部位　利用耕地质量等级图对地形部位栅格数据进行区域统计，马铃薯一作区四级地地形部位为宽谷盆地、平原高阶、平原中阶、平原低阶、丘陵下部、丘陵中部、丘陵上部、山间盆地、山地坡上、山地坡中和山地坡下状态。用行政区划图与耕地质量等级图叠加联合形成行政区划耕地质量等级综合图，对地形部位栅格数据进行区域统计（表 2-98），四级地中，2018 年地形部位为宽谷盆地的耕地面积较 2009 年增加 9 212.44hm²，平原高阶的耕地面积增加 27 739.49hm²，平原中阶的耕地面积增加 28 205.49hm²，平原低阶的耕地面积减少 33 368.5hm²，丘陵下部的耕地面积增加 26 450.42hm²，丘陵中部的耕地面积增加 3 232.28hm²，丘陵上部的耕地面积增加 3 260.71hm²，山间盆地的耕地面积增加 7 731.57hm²，山地坡上的耕地面积增加 4 712.18hm²，山地坡中的耕地面积增加 582.61hm²，山地坡下的耕地面积增加 33 816.46hm²。

表 2-98 地形部位马铃薯一作区四级地行政区划分布（hm²）

县市	宽谷盆地		平原高阶		平原中阶		平原低阶		丘陵下部		丘陵中部		丘陵上部		山间盆地		山地坡上		山地坡中		山地坡下	
	2009 年	2018 年	2009 年	2018 年	2009 年	2018 年	2009 年	2018 年	2009 年	2018 年	2009 年	2018 年	2009 年	2018 年	2009 年	2018 年	2009 年	2018 年	2009 年	2018 年	2009 年	2018 年
承德县	360.61	1 594.87	—	—	—	—	1 625.27	—	28.59	4 618.16	—	—	—	—	—	—	—	—	—	—	—	—
丰宁满族自治县	—	17 733.68	—	9 662.01	—	2 732.28	—	—	—	—	—	—	—	—	—	—	—	—	—	—	—	—
隆化县	5 004.65	12 244.58	—	—	—	—	3 123.27	—	—	—	—	—	—	—	2 112.09	—	—	—	—	—	—	—
平泉县	2 709.56	376.62	—	—	—	—	—	—	—	14 202.28	—	—	—	462.99	4 373.34	—	—	—	—	—	—	—
围场满族蒙古族自治县	24 559.60	9 029.59	—	—	—	—	1 751.16	—	—	—	—	—	—	—	4 949.10	—	—	—	—	—	—	—
赤城县	17 154.59	10 040.05	—	—	—	—	—	—	—	—	—	—	—	—	—	—	—	—	21.20	—	—	1.90
崇礼区	—	30.97	—	1 969.15	—	205.72	1 030.65	—	—	—	—	—	—	—	—	329.29	—	—	—	224.89	—	2 287.38
沽源县	—	22.98	—	3 883.85	—	9 267.44	—	—	—	—	—	—	—	—	—	—	—	—	—	—	—	—
怀安县	—	—	1 730.86	9 912.38	—	—	—	—	—	11 889.98	—	195.58	—	—	—	—	—	—	—	—	—	104.41
怀来县	—	—	—	1 760.16	—	—	—	—	117.01	237.51	—	—	—	—	—	—	—	—	—	—	—	—
康保县	—	—	—	—	8 386.84	—	3 911.06	—	—	—	—	—	—	—	—	—	—	—	—	—	—	7 782.26
尚义县	—	—	—	—	2 061.74	22 459.55	182.15	—	1 706.42	—	—	—	—	—	—	—	—	—	—	—	657.90	—
万全区	—	—	—	29.46	—	—	9 427.39	—	—	1 055.50	—	3 861.51	—	96.19	—	1 938.33	—	—	—	—	—	1 016.97
蔚　县	—	—	—	—	—	—	—	—	—	—	—	—	—	—	—	—	—	—	—	—	3 031.73	26 313.17
宣化区	885.40	3 804.94	—	—	988.33	1 254.58	4 387.42	—	2 584.61	1 292.68	—	—	—	—	—	17 513.72	—	—	55.84	75.03	—	—
阳原县	761.76	3 696.17	—	—	—	6 098.12	4 073.82	—	—	1 405.69	—	—	—	—	—	—	—	—	—	—	—	—
张北县	—	—	—	—	3 275.84	900.55	—	—	10 827.07	7 028.48	—	—	2 370.83	5 072.36	—	—	4 993.73	9 705.91	—	359.73	—	—
涿鹿县	—	2 074.16	—	2 253.34	0.00	—	3 856.31	—	203.14	186.98	1 378.87	554.06	—	—	615.24	—	—	—	—	—	—	—
合计	51 436.17	60 648.61	1 730.86	29 470.35	14 712.75	42 918.24	33 368.50	—	15 466.84	41 917.26	1 378.87	4 611.15	2 370.83	5 631.54	12 049.77	19 781.34	4 993.73	9 705.91	77.04	659.65	3 689.63	37 506.09

(7) 质地构型 利用耕地质量等级图对质地构型栅格数据进行区域统计，马铃薯一作区四级地质地构型为海绵型、紧实型、夹层型、上紧下松、上松下紧型和松散型。用行政区划图与耕地质量等级图叠加联合形成行政区划耕地质量等级综合图，对质地构型栅格数据进行区域统计（表 2-99），四级地中，2018 年海绵型耕地面积较 2009 年增加26 239.98hm^2，紧实型耕地面积增加 40 049.30hm^2，夹层型耕地面积减少 52 889.94hm^2，上紧下松型耕地面积增加 14 933.11hm^2，上松下紧型耕地面积增加 24 926.16hm^2，松散型耕地面积增加 58 316.55hm^2。

表 2-99 质地构型马铃薯一作区四级地行政区划分布（hm^2）

县市	海绵型		紧实型		夹层型		上紧下松型		上松下紧型		松散型	
	2009 年	2018 年	2009 年	2018 年	2009 年	2018 年	2009 年	2018 年	2009 年	2018 年	2009 年	2018 年
承德县	—	—	—	—	2 014.47	—	—	—	—	75.78	—	6 137.24
丰宁满族自治县	—	—	—	27 395.69	—	—	—	—	—	1 477.21	—	1 255.06
隆化县	—	—	—	4 220.12	10 240.01	—	—	—	—	1 461.11	—	6 563.35
平泉县	—	6 753.19	—	—	7 082.91	—	—	—	—	5 190.63	—	3 098.07
围场满族蒙古族自治县	—	—	—	—	31 259.86	—	—	—	—	—	—	9 029.59
赤城县	13 553.26	8 716.73	—	—	—	—	3 601.33	1 325.22	21.20	—	—	—
崇礼区	—	2 301.79	—	1 969.15	—	—	1 030.65	420.78	—	192.63	—	163.06
沽源县	—	—	—	3 906.83	—	—	—	—	—	697.77	—	8 569.67
怀安县	1 639.41	4 802.33	—	—	—	—	91.45	17 195.61	—	104.41	—	—
怀来县	—	1 760.16	117.01	237.51	—	—	—	—	—	—	—	—
康保县	—	—	—	—	—	—	—	—	—	—	12 297.89	7 782.26
尚义县	—	11 332.91	4 608.22	6 562.03	—	—	—	373.14	—	4 191.48	—	—
万全区	9 427.39	4 972.77	—	—	—	—	—	29.46	—	2 995.73	—	—
蔚 县	3 031.73	—	—	—	—	—	—	—	—	—	—	26 313.17
宣化区	8 901.59	12 956.58	—	—	—	2 542.88	—	312.33	—	8 129.16	—	—
阳原县	—	11 199.99	—	—	4 835.57	—	—	—	—	—	—	—
张北县	21 467.47	22 196.13	—	439.45	—	—	—	—	—	431.45	—	—
涿鹿县	6 053.57	3 321.82	—	43.75	—	—	—	—	—	—	—	1 702.97
合计	64 074.42	90 314.40	4 725.23	44 774.53	55 432.82	2 542.88	4 723.43	19 656.54	21.20	24 947.36	12 297.89	70 614.44

(8) 生物多样性 利用耕地质量等级图对生物多样性栅格数据进行区域统计，马铃薯一作区四级地生物多样性处于“丰富”、“一般”和“不丰富”状态。用行政区划图与耕地质量等级图叠加联合形成行政区划耕地质量等级综合图，对生物多样性栅格数据进行区域统计（表 2-100），四级地中，2018 年处于“丰富”状态耕地面积较 2009 年增加1 626.35hm^2，处于“一般”状态耕地面积增加 101 792.39hm^2，处于“不丰富”状态耕地面积减少 6 482.6hm^2。

表 2-100　生物多样性马铃薯一作区四级地行政区划分布（hm^2）

县市	丰富		一般		不丰富	
	2009 年	2018 年	2009 年	2018 年	2009 年	2018 年
承德县	—	—	1 968.30	6 213.02	46.18	—
丰宁满族自治县	—	—	—	30 127.96	—	—
隆化县	—	—	10 240.01	12 244.58	—	—
平泉县	—	—	7 082.91	15 041.88	—	—
围场满族蒙古族自治县	—	—	31 259.86	9 029.59	—	—
赤城县	—	—	—	1.90	17 175.79	10 040.05
崇礼区	—	—	702.36	5 016.44	328.29	30.97
沽源县	—	—	—	13 174.27	—	—
怀安县	1 730.86	4 881.91	—	17 220.45	—	—
怀来县	—	—	117.01	1 001.04	—	996.64
康保县	—	—	12 297.89	7 782.26	—	—
尚义县	—	—	4 608.22	22 459.55	—	—
万全区	—	—	9 427.39	7 997.95	—	—
蔚　县	2 826.91	15 941.21	204.82	10 371.96	—	—
宣化区	—	—	8 901.59	23 940.95	—	—
阳原县	—	—	4 835.57	11 199.99	—	—
张北县	—	—	21 467.47	23 067.03	—	—
涿鹿县	—	—	6 053.57	5 068.54	—	—
合计	4 557.77	20 823.12	119 166.97	220 959.36	17 550.26	11 067.66

（9）坡度　利用耕地质量等级图对坡度栅格数据进行区域统计，马铃薯一作区四级地坡度为≤2°、2°～6°、6°～10°、10°～15°和“＞15°。用行政区划图与耕地质量等级图叠加联合形成行政区划耕地质量等级综合图，对坡度栅格数据进行区域统计（表 2-101），四级地中，2018 年坡度≤2°的耕地面积较 2009 年增加 52 717.18hm^2，2°～6°的耕地面积增加 66 383.13hm^2，6°～10°的耕地面积减少 10 798.63hm^2，10°～15°的耕地面积增加 731.69hm^2，＞15°的耕地面积增加 2 541.82hm^2。

表 2-101　坡度马铃薯一作区四级地行政区划分布（hm^2）

县市	≤2°		2°～6°		6°～10°		10°～15°		＞15°	
	2009 年	2018 年	2009 年	2018 年	2009 年	2018 年	2009 年	2018 年	2009 年	2018 年
承德县	842.56	4 987.97	1 171.91	843.67	—	381.38	—	—	—	—
丰宁满族自治县	—	8 008.37	—	22 119.59	—	—	—	—	—	—
隆化县	5 235.34	4 278.09	470.16	6 863.80	4 534.50	1 102.69	—	—	—	—
平泉县	3 113.91	2 534.61	1 479.01	9 828.47	2 489.99	796.43	—	285.30	—	1 597.08
围场满族蒙古族自治县	26 698.02	3 952.13	3 386.30	5 077.46	1 175.55	—	—	—	—	—
赤城县	14 623.29	10 041.96	2 552.50	—	—	—	—	—	—	—

（续）

县市	≤2°		2°～6°		6°～10°		10°～15°		>15°	
	2009 年	2018 年	2009 年	2018 年	2009 年	2018 年	2009 年	2018 年	2009 年	2018 年
崇礼区	421.76	3 078.26	561.11	1 969.15	47.78	—	—	—	—	—
沽源县	—	9 267.44	—	3 906.83	—	—	—	—	—	—
怀安县	1 730.86	8 501.47	—	13 600.89	—	—	—	—	—	—
怀来县	117.01	1 997.68	—	—	—	—	—	—	—	—
康保县	—	—	12 297.89	7 782.26	—	—	—	—	—	—
尚义县	4 608.22	22 459.55	—	—	—	—	—	—	—	—
万全区	8 357.75	5 202.46	—	—	95.28	—	974.36	1 937.87	—	857.63
蔚　县	3 031.73	26 313.17	—	—	—	—	—	—	—	—
宣化区	8 427.91	23 628.62	—	312.33	—	—	—	—	473.68	—
阳原县	4 517.04	9 739.02	318.54	1 460.97	—	—	—	—	—	—
张北县	12 842.40	6 319.49	1 501.50	13 563.12	6 606.45	2 623.64	517.12	—	—	560.79
涿鹿县	5 099.47	2 074.16	200.88	2 994.39	753.22	—	—	—	—	—
合计	99 667.27	152 384.45	23 939.80	90 322.93	15 702.77	4 904.14	1 491.48	2 223.17	473.68	3 015.50

（10）农田林网化　利用耕地质量等级图对农田林网化栅格数据进行区域统计，马铃薯一作区四级地农田林网化处于“高”、“中”和“低”状态。用行政区划图与耕地质量等级图叠加联合形成行政区划耕地质量等级综合图，对农田林网化栅格数据进行区域统计（表 2-102），四级地中，2018 年处于“高”状态耕地面积较 2009 年增加 13 114.3hm^2，处于“中”状态耕地面积增加 114 677.48hm^2，处于“低”状态耕地面积较减少 16 216.63hm^2。

表 2-102　农田林网化马铃薯一作区四级地行政区划分布（hm^2）

县市	高		中		低	
	2009 年	2018 年	2009 年	2018 年	2009 年	2018 年
承德县	—	—	—	6 213.02	2 014.47	—
丰宁满族自治县	—	—	—	30 127.96	—	—
隆化县	—	—	5 830.95	12 244.58	4 409.06	—
平泉县	—	—	3 160.96	15 041.88	3 921.94	—
围场满族蒙古族自治县	—	—	25 016.03	9 029.59	6 243.83	—
赤城县	—	—	16 545.64	10 040.05	630.15	1.90
崇礼区	—	—	982.87	2 685.11	47.78	2 362.30
沽源县	—	—	—	13 174.27	—	—
怀安县	—	—	1 730.86	22 102.36	—	—
怀来县	—	—	117.01	—	—	1 997.68
康保县	—	—	12 297.89	—	—	7 782.26
尚义县	—	—	2 901.79	22 459.55	1 706.42	—

（续）

县市	高		中		低	
	2009 年	2018 年	2009 年	2018 年	2009 年	2018 年
万全区	—	—	2 982.96	7 997.95	6 444.44	—
蔚　县	2 826.91	15 941.21	204.82	10 371.96	—	—
宣化区	—	—	6 943.95	23 940.95	1 957.65	—
阳原县	—	—	4 835.57	11 199.99	—	—
张北县	—	—	21 467.47	23 067.03	—	—
涿鹿县	—	—	—	—	6 053.57	5 068.54
合计	2 826.91	15 941.21	105 018.77	219 696.25	33 429.31	17 212.68

（11）清洁程度　利用耕地质量等级图对清洁程度栅格数据进行区域统计，马铃薯一作区四级地清洁程度处于“清洁”状态。用行政区划图与耕地质量等级图叠加联合形成行政区划耕地质量等级综合图，对清洁程度栅格数据进行区域统计（表 2-103），四级地中，2018 年处于“清洁”状态耕地面积较 2009 年增加 111 575.17hm^2。

表 2-103　清洁程度马铃薯一作区四级地行政区划分布（hm^2）

县市	清洁	
	2009 年	2018 年
承德县	2 014.47	6 213.02
丰宁满族自治县	—	30 127.96
隆化县	10 240.01	12 244.58
平泉县	7 082.91	15 041.88
围场满族蒙古族自治县	31 259.86	9 029.59
赤城县	17 175.79	10 041.96
崇礼区	1 030.65	5 047.42
沽源县	—	13 174.27
怀安县	1 730.86	22 102.36
怀来县	117.01	1 997.68
康保县	12 297.89	7 782.26
尚义县	4 608.22	22 459.55
万全区	9 427.39	7 997.95
蔚　县	3 031.73	26 313.17
宣化区	8 901.59	23 940.95
阳原县	4 835.57	11 199.99
张北县	21 467.47	23 067.03
涿鹿县	6 053.57	5 068.54
合计	141 274.99	252 850.16

（12）土壤有机质含量　利用耕地质量等级图对土壤有机质含量栅格数据进行区域统计，一作区四级地 2009 年土壤有机质含量为 18.62g/kg，2018 年为 18.81g/kg。用行政区划图

与耕地质量等级图叠加联合形成行政区划耕地质量等级综合图，对土壤有机质含量栅格数据进行区域统计（表 2-104），四级地中，2009 年土壤有机质含量变化幅度在 1.20～41.10g/kg 之间，2018 年在 11.30～33.6g/kg 之间，2009—2018 年土壤有机质含量平均值增加 0.19g/kg。

表 2-104 土壤有机质含量马铃薯一作区四级地行政区划分布（g/kg）

县市	最大值		最小值		平均值	
	2009 年	2018 年	2009 年	2018 年	2009 年	2018 年
承德县	31.60	21.90	16.00	15.00	19.75	19.04
丰宁满族自治县	—	29.60	—	15.40	—	20.26
隆化县	32.30	22.10	11.40	12.70	19.69	17.50
平泉县	29.40	26.20	16.60	20.60	21.90	23.19
围场满族蒙古族自治县	24.90	18.30	13.10	12.00	18.88	15.43
赤城县	32.80	26.20	13.00	13.20	20.70	16.30
崇礼区	40.00	33.60	16.60	15.70	28.22	27.13
沽源县	—	30.90	—	16.00	—	26.73
怀安县	20.50	21.40	1.30	16.10	7.72	18.59
怀来县	24.80	21.80	24.80	12.20	24.80	16.75
康保县	31.70	16.60	14.70	14.20	23.14	15.72
尚义县	41.10	18.00	19.20	12.50	23.83	14.53
万全区	12.30	20.20	1.20	13.30	2.01	16.90
蔚 县	32.80	22.20	12.10	16.00	20.48	19.56
宣化区	31.20	20.30	9.40	14.40	17.33	18.11
阳原县	21.90	18.30	11.30	11.30	16.08	14.06
张北县	32.70	25.30	1.30	13.00	20.32	18.01
涿鹿县	18.60	21.30	9.70	13.80	12.46	18.00
总计	41.10	33.60	1.20	11.30	18.62	18.81

（13）土壤有效磷含量　利用耕地质量等级图对土壤有效磷含量栅格数据进行区域统计，一作区四级地 2009 年土壤有效磷含量为 22.83mg/kg，2018 年为 24.27mg/kg。用行政区划图与耕地质量等级图叠加联合形成行政区划耕地质量等级综合图，对土壤有效磷含量栅格数据进行区域统计（表 2-105），四级地中，2009 年土壤有效磷含量变化幅度在 4.10～53.20mg/kg 之间，2018 年在 4.50～54.10mg/kg 之间，2009—2018 年土壤有效磷含量平均值增加 1.44mg/kg。

表 2-105 土壤有效磷含量马铃薯一作区四级地行政区划分布（mg/kg）

县市	最大值		最小值		平均值	
	2009 年	2018 年	2009 年	2018 年	2009 年	2018 年
承德县	29.20	54.10	8.90	28.60	16.42	37.00
丰宁满族自治县	—	36.90	—	16.50	—	24.67
隆化县	45.90	46.00	10.20	18.50	25.08	29.69

（续）

县市	最大值		最小值		平均值	
	2009 年	2018 年	2009 年	2018 年	2009 年	2018 年
平泉县	36.00	53.00	19.80	31.90	25.21	43.72
围场满族蒙古族自治县	38.90	51.30	14.10	30.60	26.91	40.24
赤城县	45.00	29.30	6.50	11.10	20.32	15.41
崇礼区	47.10	42.10	18.60	14.60	30.80	23.94
沽源县	—	26.20	—	21.00	—	23.41
怀安县	35.80	35.60	11.60	15.80	25.63	22.12
怀来县	17.30	28.70	17.30	19.70	17.30	24.01
康保县	27.50	18.90	13.00	14.10	17.26	16.95
尚义县	22.50	29.20	14.90	7.20	18.48	17.16
万全区	46.40	33.10	19.90	19.70	31.88	25.39
蔚　县	22.20	21.10	7.30	10.40	12.52	15.37
宣化区	53.20	23.20	4.10	9.10	14.91	17.24
阳原县	22.10	12.90	4.70	4.50	10.93	7.90
张北县	34.10	25.60	8.10	9.30	19.71	18.88
涿鹿县	20.30	23.70	7.50	9.70	13.58	15.55
总计	53.20	54.10	4.10	4.50	22.83	24.27

（14）土壤速效钾含量　利用耕地质量等级图对土壤速效钾含量栅格数据进行区域统计，一作区四级地 2009 年土壤速效钾含量平均为 169.64mg/kg，2018 年平均为 165.17mg/kg。用行政区划图与耕地质量等级图叠加联合形成行政区划耕地质量等级综合图，对土壤速效钾含量栅格数据进行区域统计（表 2-106），四级地中，2009 年土壤速效钾含量变化幅度在 84～333mg/kg 之间，2018 年在 102～237mg/kg 之间，2009—2018 年土壤速效钾含量平均值减小 4.47mg/kg。

表 2-106　速效钾含量马铃薯一作区四级地行政区划分布（mg/kg）

县市	最大值		最小值		平均值	
	2009 年	2018 年	2009 年	2018 年	2009 年	2018 年
承德县	278	203	111	150	136.36	175.00
丰宁满族自治县	—	160	—	123	—	147.04
隆化县	234	209	86	147	152.06	181.98
平泉县	238	237	109	170	162.96	203.40
围场满族蒙古族自治县	228	210	90	150	153.96	184.81
赤城县	326	186	148	117	197.16	135.26
崇礼区	303	201	170	113	242.45	166.27
沽源县	—	165	—	114	—	145.26

（续）

县市	最大值		最小值		平均值	
	2009 年	2018 年	2009 年	2018 年	2009 年	2018 年
怀安县	199	227	180	161	187.17	186.05
怀来县	163	141	163	109	163.00	125.36
康保县	262	133	134	112	160.88	122.05
尚义县	262	219	148	139	181.75	180.88
万全区	206	219	168	148	184.29	187.64
蔚　县	205	162	130	129	149.89	139.21
宣化区	333	207	96	118	211.02	139.98
阳原县	185	153	107	105	134.26	121.27
张北县	297	189	102	102	178.29	159.32
涿鹿县	192	184	84	141	129.77	163.42
总计	333	237	84	102	169.64	165.17

（15）**土壤 pH**　利用耕地质量等级图对土壤 pH 栅格数据进行区域统计，一作区四级地 2009 年土壤 pH 为 7.66，2018 年为 7.50。用行政区划图与耕地质量等级图叠加联合形成行政区划耕地质量等级综合图，对土壤 pH 栅格数据进行区域统计（表 2-107），四级地中，2009 年土壤 pH 变化幅度在 5.7～8.9 之间，2018 年在 5.3～8.5 之间，2009—2018 年土壤 pH 平均值减少 0.16。

表 2-107　土壤 pH 马铃薯一作区四级地行政区划分布

县市	最大值		最小值		平均值	
	2009 年	2018 年	2009 年	2018 年	2009 年	2018 年
承德县	8.3	7.2	7.0	5.8	7.80	6.60
丰宁满族自治县	—	8.1	—	6.1	—	7.40
隆化县	8.2	7.9	6.1	5.4	7.32	7.00
平泉县	8.2	7.2	5.8	5.3	7.12	6.20
围场满族蒙古族自治县	7.9	7.7	5.7	6.2	6.81	7.00
赤城县	8.4	8.0	7.3	7.7	8.11	7.90
崇礼区	8.6	8.1	7.6	7.0	8.10	7.60
沽源县	—	7.9	—	7.1	—	7.50
怀安县	8.7	8.0	7.8	7.5	8.20	7.70
怀来县	8.3	8.4	8.3	8.0	8.30	8.20
康保县	8.2	7.9	7.1	7.2	7.97	7.60
尚义县	8.3	8.5	7.5	7.5	8.01	8.00
万全区	8.6	8.0	7.7	7.1	8.22	7.80
蔚　县	8.4	8.5	8.2	7.9	8.27	8.10
宣化区	8.9	8.4	7.3	7.7	7.98	8.10

（续）

县市	最大值		最小值		平均值	
	2009年	2018年	2009年	2018年	2009年	2018年
阳原县	8.7	8.2	8.2	7.6	8.53	7.90
张北县	8.6	8.4	7.8	6.5	8.26	7.50
涿鹿县	8.8	8.0	8.0	7.6	8.58	7.80
总计	8.9	8.5	5.7	5.3	7.66	7.50

（16）土壤容重　利用耕地质量等级图对土壤容重栅格数据进行区域统计，一作区四级地2009年土壤容重为1.33g/cm^3，2018年为1.36g/cm^3。用行政区划图与耕地质量等级图叠加联合形成行政区划耕地质量等级综合图，对土壤容重栅格数据进行区域统计（表2-108），四级地中，2009年土壤容重变化幅度在1.14～1.56g/cm^{3}之间，2018年在0.60～1.93g/cm^{3}之间，2009—2018年土壤容重（平均值）增加0.03g/cm^3。

表2-108　土壤容重马铃薯一作区四级地行政区划分布（g/cm^3）

县市	最大值		最小值		平均值	
	2009年	2018年	2009年	2018年	2009年	2018年
承德县	1.32	1.36	1.20	1.20	1.21	1.28
丰宁满族自治县	—	1.50	—	0.79	—	1.35
隆化县	1.56	1.51	1.17	1.29	1.35	1.41
平泉县	1.50	1.50	1.17	1.30	1.31	1.40
围场满族蒙古族自治县	1.51	1.53	1.22	1.28	1.32	1.38
赤城县	1.52	1.50	1.17	1.29	1.40	1.40
崇礼区	1.44	1.43	1.22	0.79	1.34	1.27
沽源县	—	1.41	—	0.60	—	0.92
怀安县	1.45	1.64	1.33	1.26	1.37	1.42
怀来县	1.33	1.24	1.33	1.19	1.33	1.21
康保县	1.46	1.93	1.19	1.52	1.34	1.69
尚义县	1.50	1.50	1.14	1.30	1.33	1.41
万全区	1.45	1.67	1.22	1.26	1.36	1.53
蔚　县	1.39	1.44	1.16	1.41	1.33	1.43
宣化区	1.46	1.42	1.18	1.19	1.32	1.33
阳原县	1.42	1.48	1.20	1.24	1.31	1.35
张北县	1.43	1.45	1.18	0.81	1.32	1.16
涿鹿县	1.36	1.45	1.26	1.17	1.31	1.30
总计	1.56	1.93	1.14	0.60	1.33	1.36

（五）五级地耕地质量特征

1. 空间分布　2009年五级地在马铃薯一作区面积295 626.04 hm^2，占耕地总面积的23.41%，2018年面积为409 801.73hm^2，占耕地总面积的32.46%，五级地面积逐渐增加。

五级地在马铃薯一作区各县市的具体分布见表 2-109，2009—2018 年，隆化县、平泉县、康保县、涿鹿县五级地面积逐渐减少，其中隆化县最多为 22 684.57hm²；除此之外其他区县面积逐渐增加，其中丰宁满族自治县面积增加最多为 46 819.16hm²，其次是围场满族蒙古族自治县增加 4 6827.701hm²。

表 2-109　五级地在马铃薯一作区各县市的面积与分布

地区	2009 年		2018 年	
	面积（hm²）	占五级地面积（%）	面积（hm²）	占五级地面积（%）
承德县	5 262.14	1.78	7 192.06	1.76
丰宁满族自治县	3 902.26	1.32	50 729.95	12.38
隆化县	30 183.42	10.21	7 498.85	1.83
平泉县	15 342.99	5.19	9 240.86	2.25
围场满族蒙古族自治县	25 719.47	8.70	48 583.54	11.86
赤城县	14 278.74	4.83	25 512.15	6.23
崇礼区	2 542.38	0.86	6 877.69	1.68
沽源县	40 648.58	13.75	47 798.16	11.66
怀安县	11 233.79	3.80	15 381.63	3.75
怀来县	473.00	0.16	2 332.59	0.57
康保县	13 303.17	4.50	6 129.68	1.50
尚义县	12 209.36	4.13	31 678.62	7.73
万全区	5 114.33	1.73	16 986.51	4.15
蔚　县	17 412.37	5.89	20 573.52	5.02
宣化区	15 136.05	5.12	15 708.56	3.83
阳原县	12 564.11	4.25	27 363.86	6.68
张北县	59 420.83	20.10	64 918.26	15.84
涿鹿县	10 879.04	3.68	5 295.24	1.29
合计	295 626.04	100.00	409 801.73	100.00

2. 属性特征

（1）排水能力　利用耕地质量等级图对排水能力栅格数据进行区域统计，马铃薯一作区五级地排水能力处于“充分满足”、“满足”、“基本满足”和“不满足”状态。用行政区划图与耕地质量等级图叠加联合形成行政区划耕地质量等级综合图，对排水能力栅格数据进行区域统计，五级地中，2018 年处于“充分满足”状态耕地面积较 2009 年增加 27 101.77hm²，处于“满足”状态的耕地面积增加 38 021.12hm²，处于“基本满足”状态耕地面积增加 68 336.06hm²，处于“不满足”状态耕地面积减少 19 283.3hm²，统计结果见表 2-110。

表 2-110　排水能力马铃薯一作区五级地行政区划分布（hm²）

县市	充分满足		满足		基本满足		不满足	
	2009 年	2018 年	2009 年	2018 年	2009 年	2018 年	2009 年	2018 年
承德县	2 723.94	—	207.71	1 238.29	615.96	5 374.41	1 709.02	579.36
丰宁满族自治县	—	—	—	216.65	3 741.42	50 513.30	169.37	—

（续）

县市	充分满足		满足		基本满足		不满足	
	2009年	2018年	2009年	2018年	2009年	2018年	2009年	2018年
隆化县	—	—	—	538.82	25 311.10	6 960.03	4 883.96	—
平泉县	—	4 328.15	—	797.02	12 680.99	3 520.40	2 658.58	595.28
围场满族蒙古族自治县	—	1 551.57	3 402.24	18 260.62	20 064.91	28 771.35	2 264.48	—
赤城县	—	—	—	7 844.80	11 371.86	15 160.85	2 896.34	2 506.49
崇礼区	—	121.14	—	40.49	1 264.56	6 716.06	1 271.61	—
沽源县	—	—	—	—	40 648.87	47 798.16	—	—
怀安县	—	—	—	—	9 081.00	15 381.63	2 165.37	—
怀来县	—	2 332.59	—	—	267.73	—	216.78	—
康保县	—	2 262.67	—	3 867.02	13 307.26	—	—	—
尚义县	—	—	—	150.52	12 148.51	31 528.10	73.80	—
万全区	—	—	1 700.94	5 829.18	2 186.08	11 157.33	1 224.00	—
蔚　县	—	—	6 998.67	20 573.52	10 408.17	—	—	—
宣化区	—	226.57	—	—	14 433.94	15 481.99	696.37	—
阳原县	—	17 185.90	5 354.29	10 177.97	7 202.28	—	—	—
张北县	—	—	45 071.55	38 036.89	11 178.79	26 473.14	3 142.91	408.23
涿鹿县	2 002.99	3 820.11	8 098.79	1 283.52	778.90	191.61	—	—
合计	4 726.93	31 828.70	70 834.19	108 855.31	196 692.32	265 028.36	23 372.59	4 089.36

（2）灌溉能力　利用耕地质量等级图对灌溉能力栅格数据进行区域统计，马铃薯一作区五级地灌溉能力处于“充分满足”、“满足”、“基本满足”和“不满足”状态。用行政区划图与耕地质量等级图叠加联合形成行政区划耕地质量等级综合图，对灌溉能力栅格数据进行区域统计，五级地中，2018年处于“充分满足”状态耕地面积较2009年减少6 194.6hm^2，处于“满足”状态的耕地面积增加9 673.06hm^2，处于“基本满足”状态耕地面积增加93 461.65hm^2，处于“不满足”状态耕地面积增加17 235.60hm^2，统计结果见表2-111。

表2-111　灌溉能力马铃薯一作区五级地行政区划分布（hm^2）

县市	充分满足		满足		基本满足		不满足	
	2009年	2018年	2009年	2018年	2009年	2018年	2009年	2018年
承德县	—	—	615.96	282.93	1 966.79	4 384.50	2 673.88	2 524.64
丰宁满族自治县	—	—	—	1 179.33	—	49 300.79	3 910.79	249.83
隆化县	—	—	2 011.27	—	567.49	6 288.52	27 616.30	1 210.33
平泉县	—	—	1 791.70	—	259.55	1 178.90	13 288.32	8 061.96
围场满族蒙古族自治县	—	—	—	—	276.42	4 767.96	25 455.21	43 815.58
赤城县	336.31	—	5 635.96	14 146.28	101.70	80.34	8 194.22	11 285.53
崇礼区	—	—	27.41	—	1 199.52	2 851.54	1 309.23	4 026.15
沽源县	—	—	—	—	40 648.87	—	—	47 798.16

（续）

县市	充分满足		满足		基本满足		不满足	
	2009 年	2018 年	2009 年	2018 年	2009 年	2018 年	2009 年	2018 年
怀安县	—	—	—	360.97	11 003.44	15 020.66	242.92	—
怀来县	—	—	153.75	—	63.03	805.74	267.73	1 526.84
康保县	—	—	7 465.06	2 262.67	—	3 867.02	5 842.20	—
尚义县	—	—	533.46	—	438.47	31 528.10	11 250.38	150.52
万全区	—	—	1 248.04	8 187.97	963.12	7 099.01	2 899.85	1 699.54
蔚　县	—	—	—	8 803.32	15 717.54	9 404.73	1 689.30	2 365.46
宣化区	—	—	234.54	—	576.46	15 481.99	14 319.31	226.57
阳原县	—	—	7 896.68	1 344.20	4 470.50	8 018.12	189.40	18 001.54
张北县	—	—	—	—	5 548.80	19 054.63	53 844.46	45 863.63
涿鹿县	5 858.30	—	—	719.23	3 934.86	2 065.66	1 087.53	2 510.35
合计	6 194.61	—	27 613.84	37 286.90	87 736.56	181 198.21	174 081.03	191 316.63

（3）有效土层厚度　利用耕地质量等级图对有效土层厚度栅格数据进行区域统计，马铃薯一作区五级地有效土层厚度处于“30～60cm”和“≥60cm”状态。用行政区划图与耕地质量等级图叠加联合形成行政区划耕地质量等级综合图，对有效土层厚度栅格数据进行区域统计，五级地中，2018 年处于“30～60cm”状态耕地面积较 2009 年增加 53 191.22hm^2，处于“≥60cm”状态耕地面积增加 60 984.43hm^2，统计结果见表 2-112。

表 2-112　有效土层厚度马铃薯一作区五级地行政区划分布（hm^2）

县市	30～60cm		≥60cm	
	2009 年	2018 年	2009 年	2018 年
承德县	5 256.63	7 192.06	—	—
丰宁满族自治区	3 910.79	49 300.79	—	1 429.16
隆化县	2 490.41	7 498.85	27 704.66	—
平泉县	—	9 240.86	15 339.57	—
围场满族蒙古族自治县	—	48 583.54	25 731.63	—
赤城县	5 745.96	797.62	8 522.23	24 714.52
崇礼区	1 667.58	2 579.07	868.58	4 298.62
沽源县	40 648.87	—	—	47 798.16
怀安县	2 678.12	—	8 568.25	15 381.63
怀来县	—	—	484.51	2 332.59
康保县	13 307.26	—	—	6 129.68
尚义县	438.47	—	11 783.84	31 678.62
万全区	24.04	8 329.52	5 086.98	8 656.99
蔚　县	4 609.45	—	12 797.39	20 573.52
宣化区	—	226.57	15 130.31	15 481.99
阳原县	—	—	12 556.58	27 363.86

（续）

县市	30～60cm		≥60cm	
	2009 年	2018 年	2009 年	2018 年
张北县	—	—	59 393.26	64 918.26
涿鹿县	—	219.92	10 880.69	5 075.31
合计	80 777.58	133 968.80	214 848.48	275 832.91

（4）*障碍因素*　利用耕地质量等级图对障碍因素栅格数据进行区域统计，马铃薯一作区五级地基本无明显障碍，部分耕地存在障碍层次、盐渍化、沙化和瘠薄等障碍因素。用行政区划图与耕地质量等级图叠加联合形成行政区划耕地质量等级综合图，对障碍因素栅格数据进行区域统计，五级地中，2018 年无明显障碍耕地面积较 2009 年增加 112 159.51hm^2，存在障碍层次的耕地面积增加 3 401.36hm^2，存在盐渍化的耕地面积减少 7 022.17hm^2，存在沙化的耕地面积增加 4 018.69hm^2，存在瘠薄的耕地面积增加 1 618.29hm^2，统计结果见表 2-113。

表 2-113　障碍因素马铃薯一作区五级地行政区划分布（hm^2）

县市	无障碍层		障碍层次		盐渍化		沙化		瘠薄	
	2009 年	2018 年	2009 年	2018 年	2009 年	2018 年	2009 年	2018 年	2009 年	2018 年
承德县	3 263.06	5 121.41	1 993.57	—	—	—	—	2 070.65	—	—
丰宁满族自治县	3 910.79	50 729.95	—	—	—	—	—	—	—	—
隆化县	29 253.27	7 388.01	941.80	—	—	—	—	110.84	—	—
平泉县	12 480.58	6 734.04	2 858.98	319.59	—	—	—	232.62	—	1 954.60
围场满族蒙古族自治县	25 731.63	42 890.76	—	4 088.20	—	—	—	1 604.58	—	—
赤城县	13 909.03	25 512.15	22.86	—	—	—	—	—	336.31	—
崇礼区	—	6 877.69	2 536.17	—	—	—	—	—	—	—
沽源县	40 648.87	47 798.16	—	—	—	—	—	—	—	—
怀安县	11 246.37	15 020.66	—	360.97	—	—	—	—	—	—
怀来县	484.51	1 526.84	—	805.74	—	—	—	—	—	—
康保县	7 442.05	6 129.68	5 865.20	—	—	—	—	—	—	—
尚义县	9 029.11	31 678.62	3 193.19	—	—	—	—	—	—	—
万全区	5 086.98	2 844.95	24.04	14 141.57	—	—	—	—	—	—
蔚　县	17 406.84	18 597.08	—	1 976.44	—	—	—	—	—	—
宣化区	15 130.31	14 895.92	—	812.64	—	—	—	—	—	—
阳原县	7 965.91	23 188.41	4 590.67	4 175.45	—	—	—	—	—	—
张北县	52 371.08	61 282.58	—	3 635.68	7 022.17	—	—	—	—	—
涿鹿县	5 801.29	5 104.27	5 079.40	190.96	—	—	—	—	—	—
合计	261 161.68	373 321.19	27 105.88	30 507.24	7 022.17	—	—	4 018.69	336.31	1 954.60

（5）*耕层质地*　利用耕地质量等级图对耕层质地栅格数据进行区域统计，马铃薯一作区五级地耕层质地为黏土、轻壤、砂壤、砂土、中壤和重壤。用行政区划图与耕地质量等级图叠加联合形成行政区划耕地质量等级综合图，对耕层质地栅格数据进行区域统计，五级地中，2018 年黏土面积较 2009 年没有发生变化，轻壤面积增加 101 873.47hm^2，砂壤面积增

加 5 623.30hm²，砂土面积减少 109.69hm²，中壤面积减少 1 096.91hm²，重壤面积增加 7 885.53hm²，统计结果见表 2-114。

表 2-114 耕层质地马铃薯一作区五级地行政区划分布（hm²）

县市	黏土		轻壤		砂壤		砂土		中壤		重壤	
	2009 年	2018 年	2009 年	2018 年	2009 年	2018 年	2009 年	2018 年	2009 年	2018 年	2009 年	2018 年
承德县	—	—	3 235.26	6 975.88	170.68	—	—	—	1 850.69	216.18	—	—
丰宁满族自治县	—	—	3 910.79	47 275.86	0.00	1 743.93	—	—	—	1 710.16	—	—
隆化县	—	—	27 591.64	6 812.49	1 514.96	686.36	52.16	—	1 036.31	0.00	—	—
平泉县	—	—	13 561.23	7 619.11	514.25	1 017.86	—	—	1 264.09	603.89	—	—
围场满族蒙古族自治县	—	—	22 308.64	41 883.79	977.49	2 310.52	57.53	—	2 387.97	4 389.23	—	—
赤城县	—	—	13 699.69	25 512.15	0.00	—	—	—	—	—	568.50	—
崇礼区	—	—	2 507.58	6 125.99	0.00	688.32	—	—	28.59	63.39	—	—
沽源县	—	—	34 366.06	47 531.20	6 282.81	266.97	—	—	—	—	—	—
怀安县	—	—	3 221.04	7 764.74	0.00	—	—	—	8 025.32	7 616.89	—	—
怀来县	—	—	484.51	1 490.23	0.00	842.36	—	—	—	—	—	—
康保县	—	—	13 105.99	6 129.68	201.26	—	—	—	—	—	—	—
尚义县	—	—	9 330.20	27 176.72	1 788.43	4 501.90	—	—	1 103.68	—	—	—
万全区	1 076.08	1 076.08	4 034.94	13 076.04	0.00	1 340.08	—	—	—	—	—	1 494.32
蔚　县	—	—	15 715.58	17 239.35	1 691.26	3 334.17	—	—	—	—	—	—
宣化区	—	—	15 130.31	15 708.56	—	—	—	—	—	—	—	—
阳原县	—	—	10 722.26	24 065.07	1 834.32	2 544.43	—	—	—	—	—	754.36
张北县	—	—	39 886.61	34 296.76	19 506.64	24 416.16	—	—	—	—	—	6 205.35
涿鹿县	—	—	5 504.44	3 506.61	5 376.25	1 788.62	—	—	—	—	—	—
合计	1 076.08	1 076.08	238 316.76	340 190.23	39 858.36	45 481.66	109.69	—	15 696.65	14 599.74	568.50	8 454.03

（6）地形部位　利用耕地质量等级图对地形部位栅格数据进行区域统计，马铃薯一作区五级地地形部位为宽谷盆地、平原高阶、平原中阶、平原低阶、丘陵下部、丘陵中部、丘陵上部、山间盆地、山地坡上、山地坡中和山地坡下。用行政区划图与耕地质量等级图叠加联合形成行政区划耕地质量等级综合图，对地形部位栅格数据进行区域统计，五级地中，2018 年地形部位为宽谷盆地的耕地面积较 2009 年增加 71 699.98hm²，2018 年地形部位为平原高阶的耕地面积较 2009 年增加 3 443.88hm²，地形部位为平原中阶的耕地面积增加 50 350.33hm²，地形部位为平原低阶的耕地面积减少 38 992.58hm²，地形部位为丘陵下部的耕地面积增加 4 100.95hm²，地形部位为丘陵中部的耕地面积增加 3 130.72hm²，地形部位为丘陵上部的耕地面积增加 12 556.31hm²，地形部位为山间盆地的耕地面积减少 17 979.27hm²，地形部位为山地坡上的耕地面积增加 2 866.59hm²，地形部位为山地坡中的耕地面积增加 2 161.75hm²，地形部位为山地坡下的耕地面积增加 20 837.03hm²，统计结果见表 2-115。

表 2-115　地形部位马铃薯一作区五级地行政区划分布（hm²）

县市	宽谷盆地		平原高阶		平原中阶		平原低阶		丘陵下部		丘陵中部		丘陵上部		山间盆地		山地坡上		山地坡中		山地坡下	
	2009 年	2018 年	2009 年	2018 年	2009 年	2018 年	2009 年	2018 年	2009 年	2018 年	2009 年	2018 年	2009 年	2018 年	2009 年	2018 年	2009 年	2018 年	2009 年	2018 年	2009 年	2018 年
承德县	982.55	2 677.30	—	—	—	—	3 086.63	—	981.43	4 514.76	—	—	—	—	—	—	—	—	—	—	206.02	—
丰宁满族自治县	—	49 913.12	—	783.65	—	33.18	—	—	3 910.79	—	—	—	—	—	—	—	—	—	—	—	—	—
隆化县	22 913.09	6 268.71	—	691.32	—	—	1 508.08	—	—	—	—	—	—	—	3 279.30	—	—	—	—	—	2 494.59	538.82
平泉县	3 027.69	411.84	—	—	—	—	—	—	—	6 423.24	—	—	—	2 405.78	11 045.34	—	—	—	—	—	1 266.53	—
围场满族蒙古族自治县	17 848.64	45 802.98	—	834.61	—	—	501.87	—	—	—	—	—	—	—	4 879.66	—	—	—	—	—	2 501.46	1 945.95
赤城县	13 931.89	25 193.49	—	—	—	238.32	—	—	—	—	—	—	—	—	—	—	—	—	336.31	80.34	—	—
崇礼区	—	176.42	—	2 443.14	—	1 428.36	2 536.17	—	—	—	—	121.14	—	—	—	—	—	—	—	370.89	—	2 337.73
沽源县	—	—	—	—	33 191.24	47 798.16	—	—	7 457.62	—	—	—	—	—	—	—	—	—	—	—	—	—
怀安县	—	—	8 309.48	5 590.81	—	—	—	—	2 936.89	9 417.13	—	—	—	—	—	—	—	—	—	12.72	—	360.97
怀来县	63.03	—	—	805.74	—	—	—	—	421.48	—	—	—	—	1 378.44	—	—	—	—	—	—	—	148.40
康保县	—	—	—	—	1 573.22	—	11 556.68	—	177.35	—	—	—	—	—	—	—	—	—	—	—	—	6 129.68
尚义县	—	—	—	—	438.47	29 289.81	3 289.86	—	8 369.99	150.52	—	2 238.29	—	—	—	—	—	—	—	—	123.99	—
万全区	—	—	—	—	—	42.78	5 086.98	—	—	1 699.54	—	3 608.07	—	—	—	1 102.62	—	—	—	—	24.04	10 533.49
蔚　县	—	—	—	—	—	—	—	—	—	—	—	—	—	—	—	—	—	—	—	—	17 406.84	20 573.52
宣化区	3 728.49	545.45	—	—	8 189.64	—	850.29	—	1 754.17	9 338.33	75.74	—	—	—	—	3 211.47	—	—	531.97	2 386.74	—	226.57
阳原县	3 441.64	6 456.73	—	—	—	14 128.17	9 045.27	—	—	5 644.28	—	—	—	—	69.67	—	—	—	—	—	—	1 134.68
张北县	—	—	—	—	8 300.32	9 084.44	—	—	28 757.47	21 680.34	—	—	14 644.73	23 416.82	—	—	7 690.74	10 557.33	—	179.34	—	—
涿鹿县	—	190.96	—	604.09	—	—	1 530.75	—	—	—	6 330.54	3 569.50	—	—	3 019.39	—	—	—	—	—	—	930.69
合计	65 937.02	137 637.00	8 309.48	11 753.36	51 692.89	102 043.22	38 992.58	—	54 767.19	58 868.14	6 406.28	9 537.00	14 644.73	27 201.04	22 293.36	4 314.09	7 690.74	10 557.33	868.28	3 030.03	24 023.47	44 860.50

(7) 质地构型　利用耕地质量等级图对质地构型栅格数据进行区域统计，马铃薯一作区五级地质地构型为薄层型、海绵型、紧实型、夹层型、上紧下松型、上松下紧型和松散型。用行政区划图与耕地质量等级图叠加联合形成行政区划耕地质量等级综合图，对质地构型栅格数据进行区域统计，五级地中，2018 年薄层型面积较 2009 年增加 1 101.41hm^2，海绵型面积增加 23 861.65hm^2，紧实型面积增加 64 389.01hm^2，夹层型面积减少91 075.28hm^2，上紧下松型面积增加 6 055.58hm^2，上松下紧型面积增加 34 704.40hm^2，松散型面积增加 75 138.96hm^2，统计结果见表 2-116。

表 2-116　质地构型马铃薯一作区五级地行政区划分布（hm^2）

县市	薄层型		海绵型		紧实型		夹层型		上紧下松型		上松下紧型		松散型	
	2009 年	2018 年	2009 年	2018 年	2009 年	2018 年	2009 年	2018 年	2009 年	2018 年	2009 年	2018 年	2009 年	2018 年
承德县	—	—	—	—	—	—	5 256.63	—	—	—	—	—	—	7 192.06
丰宁满族自治县	—	—	—	216.65	—	—	3 910.79	—	—	1 179.33	—	—	—	33.18
隆化县	—	—	—	—	—	—	30 195.07	—	—	—	—	—	—	1 800.87
平泉县	—	1 101.41	—	2 844.61	—	—	15 339.57	—	—	—	—	319.59	—	4 975.25
围场满族蒙古族自治县	—	—	—	—	—	—	25 731.63	—	—	—	—	—	—	47 748.94
赤城县	—	—	6 858.23	16 930.86	—	—	—	—	7 073.65	8 262.62	336.31	318.66	—	—
崇礼区	—	—	—	993.58	—	2 579.07	—	—	2 536.17	1 826.82	—	338.87	—	1 139.35
沽源县	—	—	—	—	—	—	—	—	—	—	—	10 242.83	40 648.87	37 555.34
怀安县	—	—	797.01	718.47	—	—	—	—	10 449.36	14 302.19	—	360.97	—	—
怀来县	—	—	—	—	421.48	1 378.44	—	—	—	—	—	954.14	63.03	—
康保县	—	—	—	—	—	—	—	—	—	—	—	3 867.02	13 307.26	2 262.67
尚义县	—	—	—	12 726.96	12 222.30	16 353.20	—	—	—	162.06	—	2 436.40	—	—
万全区	—	—	5 086.98	3 653.83	—	—	—	—	—	—	24.04	13 332.69	—	—
蔚　县	—	—	17 406.84	—	—	—	—	—	—	—	—	—	—	20 573.52
宣化区	—	—	15 130.31	10 518.27	—	—	—	1 914.99	—	381.72	—	2 893.58	—	—
阳原县	—	—	—	26 229.19	—	—	12 556.58	—	—	—	—	—	—	1 134.68
张北县	—	—	59 393.26	59 821.86	—	888.68	—	—	—	—	—	—	—	4 207.72
涿鹿县	—	—	10 880.69	4 760.69	—	—	—	—	—	—	—	—	—	534.54
合计	—	1 101.41	115 553.32	139 414.97	12 643.78	77 032.79	92 990.27	1 914.99	20 059.18	26 114.74	360.35	35 064.75	54 019.16	129 158.12

(8) 生物多样性　利用耕地质量等级图对生物多样性栅格数据进行区域统计，马铃薯一作区五级地生物多样性处于“丰富”、“一般”和“不丰富”状态。用行政区划图与耕地质量等级图叠加联合形成行政区划耕地质量等级综合图，对生物多样性栅格数据进行区域统计，五级地中，2018 年处于“丰富”状态耕地面积较 2009 年减少 17 379.25hm^2，处于“一般”状态耕地面积增加 126 984.31hm^2，处于“不丰富”状态耕地面积增加4 570.61hm^2，统计结果见表 2-117。

表 2-117 生物多样性马铃薯一作区五级地行政区划分布（hm^2）

县市	丰富		一般		不丰富	
	2009 年	2018 年	2009 年	2018 年	2009 年	2018 年
承德县	—	—	1 910.76	7 192.06	3 345.87	—
丰宁满族自治县	—	—	169.37	49 333.97	3 741.42	1 395.98
隆化县	—	—	30 195.07	7 498.85	—	—
平泉县	—	—	15 339.57	9 240.86	—	—
围场满族蒙古族自治县	—	—	25 731.63	48 583.54	—	—
赤城县	—	—	—	318.66	14 268.20	25 193.49
崇礼区	—	—	1 832.30	6 837.20	703.86	40.49
沽源县	—	—	40 648.87	47 798.16	—	—
怀安县	4 189.85	530.69	7 056.52	14 850.94	—	—
怀来县	—	—	484.51	2 332.59	—	—
康保县	—	—	13 307.26	6 129.68	—	—
尚义县	—	—	12 222.30	31 678.62	—	—
万全区	—	—	5 111.02	16 986.51	—	—
蔚　县	14 634.24	914.15	2 772.60	19 659.37	—	—
宣化区	—	—	15 130.31	15 708.56	—	—
阳原县	—	—	12 556.58	27 363.86	—	—
张北县	—	—	59 393.26	64 918.26	—	—
涿鹿县	—	—	10 880.69	5 295.24	—	—
合计	18 824.09	1 444.84	254 742.62	381 726.93	22 059.35	26 629.96

（9）坡度　利用耕地质量等级图对坡度栅格数据进行区域统计，马铃薯一作区五级地坡度为≤2°、2°～6°、6°～10°、10°～15°和>15°。用行政区划图与耕地质量等级图叠加联合形成行政区划耕地质量等级综合图，对坡度栅格数据进行区域统计，五级地中，2018 年坡度≤2°的耕地面积较 2009 年增加 88 470.23hm^2，2°～6°的耕地面积增加 37 639.91hm^2，6°～10°的耕地面积减少 18 086.66hm^2，10°～15°的耕地面积减少 7 316.29hm^2，>15°的耕地面积增加 13 468.53hm^2，统计结果见表 2-118。

表 2-118 坡度马铃薯一作区五级地行政区划分布（hm^2）

县市	≤2°		2°～6°		6°～10°		10°～15°		>15°	
	2009 年	2018 年	2009 年	2018 年	2009 年	2018 年	2009 年	2018 年	2009 年	2018 年
承德县	3 837.18	5 116.34	1 343.18	1 792.80	—	282.93	—	—	76.27	—
丰宁满族自治县	3 741.42	13 174.16	169.37	37 555.79	—	—	—	—	—	—
隆化县	13 737.34	1 334.18	242.90	6 164.67	16 214.82	—	—	—	—	—
平泉县	9 448.39	1 392.44	4 520.45	6 406.98	1 267.08	—	103.64	1 441.44	—	—
围场满族蒙古族自治县	15 019.58	35 949.57	6 043.00	5 706.23	4 669.05	6 927.75	—	—	—	—
赤城县	10 846.32	18 812.14	3 421.87	6 700.00	—	—	—	—	—	—
崇礼区	1 609.45	4 088.67	655.71	2 739.16	271.00	49.85	—	—	—	—

（续）

县市	≤2°		2°～6°		6°～10°		10°～15°		>15°	
	2009年	2018年	2009年	2018年	2009年	2018年	2009年	2018年	2009年	2018年
沽源县	33 191.24	47 798.16	—	—	—	—	7 457.62	—	—	—
怀安县	4 974.70	6 861.94	6 271.66	8 519.68	—	—	—	—	—	—
怀来县	421.48	2 184.18	63.03	148.40	—	—	—	—	—	—
康保县	—	—	13 307.26	6 129.68	—	—	—	—	—	—
尚义县	11 501.16	31 528.10	721.14	150.52	—	—	—	—	—	—
万全区	3 158.62	11 832.44	—	—	1 700.94	—	251.46	3 814.00	—	1 340.08
蔚　县	17 406.84	20 573.52	—	—	—	—	—	—	—	—
宣化区	14 579.80	15 326.84	—	381.72	—	—	—	—	550.51	—
阳原县	11 451.52	15 544.34	1 105.06	9 080.65	—	2 181.90	—	172.57	—	384.40
张北县	24 902.05	40 287.05	24 008.59	9 145.85	4 283.00	1 846.50	5 495.26	563.68	704.35	13 075.18
涿鹿县	5 823.90	2 317.15	4 087.09	2 978.09	969.70	—	—	—	—	—
合计	185 650.99	274 121.22	65 960.31	103 600.22	29 375.59	11 288.93	13 307.98	5 991.69	1 331.13	14 799.66

（10）*农田林网化* 利用耕地质量等级图对农田林网化栅格数据进行区域统计，马铃薯一作区五级地农田林网化处于“高”、“中”和“低”状态。用行政区划图与耕地质量等级图叠加联合形成行政区划耕地质量等级综合图，对农田林网化栅格数据进行区域统计，五级地中，2018年处于“高”状态耕地面积较2009年减少12 845.44hm^2，处于“中”状态耕地面积增加219 777.70hm^2，处于“低”状态耕地面积减少92 756.55hm^2，统计结果见表2-119。

表2-119 农田林网化马铃薯一作区五级地行政区划分布（hm^2）

县市	高		中		低	
	2009年	2018年	2009年	2018年	2009年	2018年
承德县	—	—	129.53	7 192.06	5 127.10	—
丰宁满族自治县	—	—	3 910.79	50 729.95	—	—
隆化县	—	—	16 925.49	7 498.85	13 269.58	—
平泉县	—	—	10 709.18	9 240.86	4 630.39	—
围场满族蒙古族自治县	—	—	16 240.21	48 583.54	9 491.42	—
赤城县	—	—	8 898.12	25 512.15	5 370.08	—
崇礼区	—	—	2 265.16	4 047.92	271.00	2 829.77
沽源县	—	—	7 457.62	47 798.16	33 191.24	—
怀安县	—	—	2 614.16	15 381.63	8 632.20	—
怀来县	—	—	484.51	—	—	2 332.59
康保县	—	—	7 067.52	—	6 239.73	6 129.68
尚义县	—	—	7 075.76	31 678.62	5 146.54	—
万全区	—	—	3 052.51	16 986.51	2 058.51	—
蔚　县	14 849.28	2 003.84	2 557.56	18 569.68	—	—
宣化区	—	—	9 812.71	15 481.99	5 317.60	226.57
阳原县	—	—	12 556.58	27 363.86	—	—

（续）

县市	高		中		低	
	2009年	2018年	2009年	2018年	2009年	2018年
张北县	—	—	59 393.26	64 738.92	—	179.34
涿鹿县	—	—	—	—	10 880.69	5 171.58
合计	14 849.28	2 003.84	171 150.67	390 928.40	109 626.08	16 869.53

（11）清洁程度　利用耕地质量等级图对清洁程度栅格数据进行区域统计，马铃薯一作区五级地清洁程度处于“清洁”状态。用行政区划图与耕地质量等级图叠加联合形成行政区划耕地质量等级综合图，对清洁程度栅格数据进行区域统计，五级地中，2018年处于“清洁”状态耕地面积较2009年增加114 175.66hm^2，统计结果见表2-120。

表2-120　清洁程度马铃薯一作区五级地行政区划分布（hm^2）

县市	清洁	
	2009年	2018年
承德县	5 256.63	7 192.06
丰宁满族自治县	3 910.79	50 729.95
隆化县	30 195.07	7 498.85
平泉县	15 339.57	9 240.86
围场满族蒙古族自治县	25 731.63	48 583.54
赤城县	14 268.20	25 512.15
崇礼区	2 536.17	6 877.69
沽源县	40 648.87	47 798.16
怀安县	11 246.37	15 381.63
怀来县	484.51	2 332.59
康保县	13 307.26	6 129.68
尚义县	12 222.30	31 678.62
万全区	5 111.02	16 986.51
蔚　县	17 406.84	20 573.52
宣化区	15 130.31	15 708.56
阳原县	12 556.58	27 363.86
张北县	59 393.26	64 918.26
涿鹿县	10 880.69	5 295.24
合计	295 626.07	409 801.73

（12）土壤有机质含量　利用耕地质量等级图对土壤有机质含量栅格数据进行区域统计，一作区五级地2009年土壤有机质含量为18.88g/kg，2018年为17.04g/kg。用行政区划图与耕地质量等级图叠加联合形成行政区划耕地质量等级综合图，对土壤有机质含量栅格数据进行区域统计，五级地中，2009年土壤有机质含量变化幅度在1.20～41.20g/kg之间，2018年在10.90～31.20g/kg之间，2009—2018年土壤有机质含量平均值减少1.84g/kg，统计结果见表2-121。

表 2-121　有机质含量马铃薯一作区五级地行政区划分布（g/kg）

县市	最大值		最小值		平均值	
	2009 年	2018 年	2009 年	2018 年	2009 年	2018 年
承德县	22.40	24.30	12.50	15.20	17.77	18.62
丰宁满族自治县	31.60	22.30	23.10	13.90	25.88	16.69
隆化县	29.70	19.80	10.20	14.50	19.37	16.91
平泉县	27.90	25.60	15.30	20.60	19.40	23.22
围场满族蒙古族自治县	26.10	19.80	11.70	11.50	18.08	15.29
赤城县	36.90	23.30	12.80	11.50	21.07	14.98
崇礼区	41.20	31.20	2.80	15.30	27.22	21.97
沽源县	32.70	26.40	20.90	15.80	25.83	20.19
怀安县	26.60	19.90	1.30	14.80	7.80	16.78
怀来县	21.70	18.10	15.40	10.90	18.65	13.96
康保县	30.70	15.20	11.60	13.40	22.63	14.16
尚义县	39.50	17.40	5.40	11.70	21.41	14.12
万全区	18.70	19.40	1.20	14.40	2.61	17.83
蔚　县	22.00	22.90	11.10	15.50	17.14	18.10
宣化区	31.20	19.60	8.00	14.90	19.43	16.96
阳原县	22.50	20.70	10.00	11.20	13.92	13.48
张北县	32.40	24.90	1.30	13.20	17.39	17.71
涿鹿县	15.70	19.60	8.90	13.20	12.30	16.20
总计	41.20	31.20	1.20	10.90	18.88	17.04

（13）土壤有效磷含量　利用耕地质量等级图对土壤有效磷含量栅格数据进行区域统计，一作区五级地 2009 年土壤有效磷含量为 20.07mg/kg，2018 年为 23.31mg/kg。用行政区划图与耕地质量等级图叠加联合形成行政区划耕地质量等级综合图，对土壤有效磷含量栅格数据进行区域统计，五级地中，2009 年土壤有效磷含量变化幅度在 3.80～46.70mg/kg 之间，2018 年在 2.70～67.90mg/kg 之间，2009—2018 年土壤有效磷含量平均值增加 3.24mg/kg，统计结果见表 2-122。

表 2-122　土壤有效磷含量马铃薯一作区五级地行政区划分布（mg/kg）

县市	最大值		最小值		平均值	
	2009 年	2018 年	2009 年	2018 年	2009 年	2018 年
承德县	28.60	59.30	11.10	22.00	19.97	40.81
丰宁满族自治县	29.00	36.10	18.00	10.00	21.61	18.84
隆化县	36.20	49.00	11.40	10.60	21.42	23.09
平泉县	40.10	50.50	14.00	30.10	23.70	41.69
围场满族蒙古族自治县	36.90	67.90	11.30	14.60	23.81	41.52
赤城县	32.30	27.50	5.40	6.50	16.81	13.41
崇礼区	46.00	43.10	16.40	10.10	27.74	23.09

（续）

县市	最大值		最小值		平均值	
	2009 年	2018 年	2009 年	2018 年	2009 年	2018 年
沽源县	18.10	32.00	9.50	17.50	14.12	23.77
怀安县	35.50	24.50	14.60	10.90	27.75	16.75
怀来县	19.90	22.20	13.80	7.90	17.15	16.46
康保县	30.20	16.00	10.80	12.00	18.48	13.73
尚义县	28.50	19.30	11.90	2.70	18.47	11.49
万全区	40.90	32.60	25.30	7.20	32.24	24.87
蔚　县	24.00	21.40	7.80	9.40	11.83	13.95
宣化区	46.70	21.50	3.80	8.40	14.49	14.49
阳原县	19.70	15.30	4.90	4.40	9.01	7.59
张北县	36.60	31.50	11.30	3.00	20.34	18.06
涿鹿县	18.10	21.80	7.00	6.90	12.21	11.35
总计	46.70	67.90	3.80	2.70	20.07	23.31

（14）土壤速效钾含量　利用耕地质量等级图对土壤速效钾含量栅格数据进行区域统计，一作区五级地 2009 年土壤速效钾含量为 161.09mg/kg，2018 年为 158.82mg/kg。用行政区划图与耕地质量等级图叠加联合形成行政区划耕地质量等级综合图，对土壤速效钾含量栅格数据进行区域统计，五级地中，2009 年土壤速效钾含量变化幅度在 63～314mg/kg 之间，2018 年在 97～235mg/kg 之间，2009—2018 年土壤速效钾含量平均值减小 2.27mg/kg，统计结果见表 2-123。

表 2-123　速效钾含量马铃薯一作区五级地行政区划分布（mg/kg）

县市	最大值		最小值		平均值	
	2009 年	2018 年	2009 年	2018 年	2009 年	2018 年
承德县	184	209	102	144	128.12	174.47
丰宁满族自治县	278	170	141	110	168.41	146.87
隆化县	247	201	84	135	168.58	158.65
平泉县	227	234	109	165	143.07	200.64
围场满族蒙古族自治县	222	221	63	148	142.33	184.19
赤城县	303	179	135	104	182.67	130.72
崇礼区	314	231	177	105	232.76	160.25
沽源县	191	178	107	105	137.56	140.09
怀安县	203	207	139	151	176.09	167.78
怀来县	210	118	130	113	169.25	116.00
康保县	251	123	113	108	153.05	115.86
尚义县	250	206	114	137	180.50	159.73
万全区	202	235	153	154	181.43	197.92
蔚　县	198	163	78	120	132.40	136.87
宣化区	290	184	92	115	192.32	131.14

（续）

县市	最大值		最小值		平均值	
	2009年	2018年	2009年	2018年	2009年	2018年
阳原县	188	137	96	97	134.20	115.99
张北县	242	210	118	129	170.77	157.78
涿鹿县	183	170	77	137	127.60	148.15
总计	314	235	63	97	161.09	158.82

（15）土壤pH　利用耕地质量等级图对土壤pH栅格数据进行区域统计，一作区五级地2009年土壤pH为7.67，2018年为7.60。用行政区划图与耕地质量等级图叠加联合形成行政区划耕地质量等级综合图，对土壤pH栅格数据进行区域统计，五级地中，2009年土壤pH变化幅度在4.7～9.0之间，2018年在5.4～8.6之间，2009—2018年土壤pH平均值减少0.07，统计结果见表2-124。

表2-124　土壤pH马铃薯一作区五级地行政区划分布

县市	最大值		最小值		平均值	
	2009年	2018年	2009年	2018年	2009年	2018年
承德县	8.2	7.7	6.3	5.5	7.32	6.60
丰宁满族自治县	7.3	8.6	6.8	6.2	7.09	7.90
隆化县	8.3	8.1	5.6	5.9	7.42	7.30
平泉县	8.1	7.3	5.6	5.4	6.75	6.20
围场满族蒙古族自治县	8.1	8.0	4.7	5.8	6.52	6.90
赤城县	8.4	8.1	6.9	7.7	8.08	7.90
崇礼区	8.6	8.3	6.9	7.3	8.10	7.80
沽源县	8.7	8.1	7.3	7.0	8.07	7.50
怀安县	8.7	8.0	7.3	7.6	8.15	7.80
怀来县	8.3	8.4	8.0	8.0	8.08	8.20
康保县	8.1	8.0	7.3	6.5	7.96	7.20
尚义县	8.3	8.5	7.4	7.5	8.01	8.00
万全区	8.7	8.3	6.3	7.3	8.25	7.90
蔚　县	8.6	8.5	7.8	7.8	8.29	8.10
宣化区	9.0	8.4	7.4	7.9	8.08	8.10
阳原县	8.9	8.3	8.2	7.6	8.51	8.00
张北县	8.8	8.4	7.7	6.8	8.27	7.80
涿鹿县	8.9	8.1	8.1	7.7	8.51	7.90
总计	9.0	8.6	4.7	5.4	7.67	7.60

（16）土壤容重　利用耕地质量等级图对土壤容重栅格数据进行区域统计，一作区五级地2009年土壤容重为1.33g/cm^3，2018年为1.32g/cm^3。用行政区划图与耕地质量等级图叠加联合形成行政区划耕地质量等级综合图，对土壤容重栅格数据进行区域统计，五级地中，2009年土壤容重变幅在1.10～1.52g/cm^{3}之间，2018年在0.55～1.67g/cm^{3}之间，

2009—2018 年土壤容重平均值减少 0.01g/cm³，统计结果见表 2-125。

表 2-125 土壤容重马铃薯一作区五级地行政区划分布（g/cm³）

县市	最大值		最小值		平均值	
	2009 年	2018 年	2009 年	2018 年	2009 年	2018 年
承德县	1.34	1.46	1.19	1.19	1.21	1.27
丰宁满族自治县	1.32	1.53	1.25	0.59	1.29	1.42
隆化县	1.52	1.52	1.10	1.32	1.32	1.45
平泉县	1.46	1.58	1.19	1.31	1.32	1.43
围场满族蒙古族自治县	1.49	1.57	1.17	1.21	1.33	1.37
赤城县	1.49	1.50	1.20	0.85	1.38	1.39
崇礼区	1.47	1.43	1.26	0.80	1.37	1.20
沽源县	1.43	0.91	1.16	0.55	1.33	0.68
怀安县	1.45	1.61	1.21	1.22	1.34	1.46
怀来县	1.39	1.27	1.31	1.21	1.36	1.25
康保县	1.49	1.64	1.20	1.48	1.34	1.55
尚义县	1.51	1.50	1.12	1.23	1.33	1.41
万全区	1.39	1.67	1.20	1.20	1.31	1.53
蔚　县	1.39	1.44	1.19	1.39	1.30	1.43
宣化区	1.45	1.41	1.18	1.20	1.33	1.31
阳原县	1.45	1.45	1.23	1.25	1.35	1.35
张北县	1.45	1.45	1.17	0.67	1.33	1.22
涿鹿县	1.40	1.46	1.26	1.19	1.33	1.31
总计	1.52	1.67	1.10	0.55	1.33	1.32

（六）六级地耕地质量特征

1. 空间分布　2009 年六级地在马铃薯一作区面积 297 137.24hm²，占耕地总面积的 23.53%，2018 年，面积为 252 657.71hm²，占耕地总面积的 20.01%，六级地面积逐渐减少。六级地在马铃薯一作区各县市的具体分布见表 2-126，2009—2018 年丰宁满族自治县、隆化县、平泉县、怀安县、怀来县、康保县、尚义县、蔚县、张北县、涿鹿县六级地面积逐渐减少，其中康保县最多减少 41 409.7hm²；承德县、围场满族蒙古族自治县、赤城县、崇礼区、沽源县、万全区、宣化区、阳原县面积逐渐增加，其中沽源县最多增加 29 743.34hm²，其次是围场满族蒙古族自治县增加 14 430.58hm²。

表 2-126 六级地在马铃薯一作区各县市的面积与分布

地区	2009 年		2018 年	
	面积（hm²）	占六级地面积（%）	面积（hm²）	占六级地面积（%）
承德县	7 421.61	2.50	8 053.37	3.19

（续）

地区	2009年		2018年	
	面积（hm²）	占六级地面积（%）	面积（hm²）	占六级地面积（%）
丰宁满族自治县	15 356.31	5.17	9 585.93	3.79
隆化县	8 605.89	2.90	3 498.21	1.38
平泉县	16 517.28	5.56	5 423.95	2.15
围场满族蒙古族自治县	24 224.91	8.15	38 655.49	15.29
赤城县	6 877.15	2.31	11 711.28	4.64
崇礼区	5 884.45	1.98	7 257.37	2.87
沽源县	30 934.87	10.41	60 678.21	24.02
怀安县	15 682.23	5.28	634.22	0.25
怀来县	7 635.02	2.57	2 079.85	0.82
康保县	48 385.14	16.28	6 975.44	2.76
尚义县	16 401.66	5.52	7 762.00	3.07
万全区	2 265.23	0.76	7 531.41	2.98
蔚　县	32 356.51	10.89	21 127.28	8.36
宣化区	6 019.93	2.03	7 340.58	2.91
阳原县	12 233.26	4.12	19 045.94	7.54
张北县	38 923.34	13.10	33 997.89	13.46
涿鹿县	1 412.45	0.48	1 299.30	0.51
合计	297 137.24	100.00	252 657.71	100.00

2. 属性特征

（1）排水能力　利用耕地质量等级图对排水能力栅格数据进行区域统计，马铃薯一作区六级地排水能力处于“充分满足”、“满足”、“基本满足”和“不满足”状态。用行政区划图与耕地质量等级图叠加联合形成行政区划耕地质量等级综合图，对排水能力栅格数据进行区域统计，六级地中，2018年处于“充分满足”状态耕地面积较2009年增加7 042.46hm²，处于“满足”状态的耕地面积增加69 409.91hm²，处于“基本满足”状态耕地面积减少78 647.29hm²，处于“不满足”状态耕地面积减少44 153.33hm²，统计结果见表2-127。

表2-127　排水能力马铃薯一作区六级地行政区划分布（hm²）

县市	充分满足		满足		基本满足		不满足	
	2009年	2018年	2009年	2018年	2009年	2018年	2009年	2018年
承德县	4 194.53	—	1 682.19	2 265.10	93.93	72.79	1 450.97	5 715.48
丰宁满族自治县	—	—	—	—	8 146.99	9 585.93	7 209.32	—
平泉县	—	2 689.55	—	254.16	10 593.78	2 321.34	5 923.50	158.91
围场满族蒙古族自治县	—	2 189.61	621.10	15 182.83	17 734.06	21 283.05	5 869.76	—
赤城县	—	—	316.64	2 927.34	4 325.29	8 590.65	2 235.22	193.30

（续）

县市	充分满足		满足		基本满足		不满足	
	2009 年	2018 年	2009 年	2018 年	2009 年	2018 年	2009 年	2018 年
崇礼区	—	—	—	—	1 746.96	7 257.37	4 137.48	—
沽源县	—	—	—	—	30 859.54	60 678.21	75.33	—
怀安县	—	—	—	—	12 888.39	634.22	2 793.84	—
怀来县	—	2 079.85	—	—	—	—	7 635.02	—
康保县	—	2 714.78	—	1 361.84	46 442.60	2 898.82	1 942.54	—
尚义县	—	—	—	4 124.66	16 144.29	3 637.33	257.37	—
万全区	—	—	—	522.57	2 265.23	7 008.84	—	—
蔚　县	—	—	1 581.78	21 127.28	30 774.73	—	—	—
宣化区	—	—	—	—	2 249.72	7 340.58	3 770.21	—
阳原县	—	2 541.17	2 101.95	15 560.40	10 131.32	—	—	944.37
张北县	—	—	8 925.51	20 226.12	22 546.06	11 899.73	7 451.77	1 872.04
涿鹿县	1 202.11	224.14	17.78	1 075.16	192.56	—	—	—
合计	5 396.64	12 439.10	15 246.95	84 656.86	223 456.25	144 808.96	53 037.43	8 884.10

（2）*灌溉能力*　利用耕地质量等级图对灌溉能力栅格数据进行区域统计，马铃薯一作区六级地灌溉能力处于“充分满足”、“满足”、“基本满足”和“不满足”状态。用行政区划图与耕地质量等级图叠加联合形成行政区划耕地质量等级综合图，对灌溉能力栅格数据进行区域统计，六级地中，2018 年处于“充分满足”状态耕地面积较 2009 年减少 159.11hm^2，处于“满足”状态的耕地面积增加 4 355.59hm^2，处于“基本满足”状态耕地面积减少 65 042.05hm^2，处于“不满足”状态耕地面积增加 16 366.03hm^2，统计结果见表2-128。

表 2-128　灌溉能力马铃薯一作区六级地行政区划分布（hm^2）

县市	充分满足		满足		基本满足		不满足	
	2009 年	2018 年	2009 年	2018 年	2009 年	2018 年	2009 年	2018 年
承德县	—	—	93.93	798.30	1 450.97	1 463.85	5 876.72	5 791.23
丰宁满族自治县	—	—	312.82	—	—	9 585.93	15 043.49	—
隆化县	—	—	48.74	83.47	12.91	905.96	8 544.24	2 508.78
平泉县	—	—	2 552.32	—	—	1 140.71	13 964.96	4 283.24
围场满族蒙古族自治县	—	—	—	—	—	2 190.52	24 224.91	36 464.97
赤城县	883.30	741.97	—	193.30	—	—	5 993.85	10 776.01
崇礼区	—	—	500.21	—	3 744.63	2 243.55	1 639.61	5 013.81
沽源县	—	—	—	—	30 859.54	—	75.33	60 678.21
怀安县	—	—	—	—	13 401.64	634.22	2 280.59	—
怀来县	—	—	552.28	—	7 082.74	1 565.49	—	514.36
康保县	—	—	2 073.37	—	3 991.41	4 119.80	42 320.36	2 855.64

（续）

县市	充分满足		满足		基本满足		不满足	
	2009 年	2018 年	2009 年	2018 年	2009 年	2018 年	2009 年	2018 年
尚义县	—	—	—	—	211.39	3 637.33	16 190.27	4 124.66
万全区	—	—	709.10	4 913.09	—	2 618.32	1 556.12	—
蔚　县	—	—	—	6 998.35	27 555.52	4 996.72	4 800.99	9 132.20
宣化区	—	—	—	—	56.93	7 340.58	5 963.00	—
阳原县	—	—	2 476.49	688.34	8 784.17	256.03	972.61	18 101.57
张北县	—	—	—	—	10 682.10	791.62	28 241.24	33 206.28
涿鹿县	17.78	—	—	—	698.73	—	695.94	1 299.30
合计	901.08	741.97	9 319.26	13 674.85	108 532.68	43 490.63	178 384.23	194 750.26

（3）*有效土层厚度*　利用耕地质量等级图对有效土层厚度栅格数据进行区域统计，马铃薯一作区六级地有效土层厚度处于“＜30cm”、“30～60cm”和“≥60cm”状态。用行政区划图与耕地质量等级图叠加联合形成行政区划耕地质量等级综合图，对有效土层厚度栅格数据进行区域统计，六级地中，2018 年处于“＜30cm”状态耕地面积较 2009 年增加 4 913.09hm^2，处于“30～60cm”状态耕地面积减少 43 560.84hm^2，处于“≥60cm”状态耕地面积减少 5 831.79hm^2，统计结果见表 2-129。

表 2-129　有效土层厚度马铃薯一作区六级地行政区划分布（hm^2）

县市	＜30cm		30～60cm		≥60cm	
	2009 年	2018 年	2009 年	2018 年	2009 年	2018 年
承德县	—	—	7 421.61	8 053.37	—	—
丰宁满族自治区	—	—	15 356.31	9 585.93	—	—
隆化县	—	—	605.71	3 498.21	8 000.19	—
平泉县	—	—	—	5 423.95	16 517.28	—
围场满族蒙古族自治县	—	—	—	38 655.49	24 224.91	—
赤城县	—	—	3 050.16	3 647.81	3 826.99	8 063.47
崇礼区	—	—	5 674.93	2 243.55	209.52	5 013.81
沽源县	—	—	30 934.87	—	—	60 678.21
怀安县	—	—	11 214.46	—	4 467.78	634.22
怀来县	—	—	286.97	—	7 348.05	2 079.85
康保县	—	—	48 385.14	2 714.78	—	4 260.66
尚义县	—	—	211.39	—	16 190.27	7 762.00
万全区	—	4 913.09	709.10	2 618.32	1 556.12	—
蔚　县	—	—	—	3 848.40	32 356.51	17 278.88
宣化区	—	—	—	—	6 019.93	7 340.58
阳原县	—	—	—	—	12 233.26	19 045.94
张北县	—	—	—	—	38 923.34	33 997.89

（续）

县市	＜30cm		30～60cm		≥60cm	
	2009 年	2018 年	2009 年	2018 年	2009 年	2018 年
涿鹿县	—	—	—	—	1 412.45	1 299.30
合计	—	4 913.09	123 850.65	80 289.81	173 286.60	167 454.81

（4）*障碍因素*　利用耕地质量等级图对障碍因素栅格数据进行区域统计，马铃薯一作区六级地基本无明显障碍，部分耕地存在障碍层次、盐渍化、沙化和瘠薄障碍因素。用行政区划图与耕地质量等级图叠加联合形成行政区划耕地质量等级综合图，对障碍因素栅格数据进行区域统计，六级地中，2018 年无明显障碍耕地面积较 2009 年减少 21 073.72hm^2，存在障碍层次的耕地面积减少 28 820.32hm^2，存在盐渍化的耕地面积减少 1 021.89hm^2，存在沙化的耕地面积增加 5 519.02hm^2，存在瘠薄的耕地面积增加 917.43hm^2，统计结果见表 2-130。

表 2-130　障碍因素马铃薯一作区六级地行政区划分布（hm^2）

县市	无障碍层		障碍层次		盐渍化		沙化		瘠薄	
	2009 年	2018 年	2009 年	2018 年	2009 年	2018 年	2009 年	2018 年	2009 年	2018 年
承德县	5 556.80	5 774.44	1 864.81	—	—	—	—	2 278.94	—	—
丰宁满族自治县	4 277.42	9 585.93	11 078.89	—	—	—	—	—	—	—
隆化县	7 721.44	3 414.74	884.45	—	—	—	—	83.47	—	—
平泉县	8 176.41	1 874.84	8 340.87	1 748.38	—	—	—	—	—	1 800.73
围场满族蒙古族自治县	24 224.91	31 516.07	—	3 982.81	—	—	—	3 156.61	—	—
赤城县	5 632.46	10 969.31	361.38	741.97	—	—	—	—	883.30	—
崇礼区	—	6 393.87	5 884.45	863.50	—	—	—	—	—	—
沽源县	30 934.87	60 678.21	—	—	—	—	—	—	—	—
怀安县	15 682.23	634.22	—	—	—	—	—	—	—	—
怀来县	7 635.02	155.41	—	1 924.44	—	—	—	—	—	—
康保县	41 679.13	6 975.44	6 706.01	—	—	—	—	—	—	—
尚义县	4 183.38	7 762.00	12 218.28	—	—	—	—	—	—	—
万全区	1 556.12	—	709.10	7 531.41	—	—	—	—	—	—
蔚　县	31 358.77	17 649.70	—	3 477.58	997.74	—	—	—	—	—
宣化区	6 019.93	7 340.58	—	—	—	—	—	—	—	—
阳原县	7 108.11	18 540.53	5 125.15	505.41	—	—	—	—	—	—
张北县	38 899.19	30 502.09	—	3 495.81	24.15	—	—	—	—	—
涿鹿县	1 394.67	1 199.76	17.78	99.54	—	—	—	—	—	—
合计	242 040.86	220 967.14	53 191.17	24 370.85	1 021.89	—	—	5 519.02	883.30	1 800.73

（5）*耕层质地*　利用耕地质量等级图对耕层质地栅格数据进行区域统计，马铃薯一作区六级地耕层质地为轻壤、砂壤、砂土、黏土、中壤和重壤。用行政区划图与耕地质量等级图叠加联合形成行政区划耕地质量等级综合图，对耕层质地栅格数据进行区域统计，六级地

中，2018 年轻壤面积较 2009 年减少 30 920.14hm²，砂壤面积减少 3 484.81hm²，砂土面积减少 1 659.76hm²，黏土面积增加 147.36hm²，中壤面积减少 7 029.49hm²，重壤面积减少 1 532.68hm²，统计结果见表 2-131。

表 2-131　耕层质地马铃薯一作区六级地行政区划分布（hm²）

县市	轻壤		砂壤		砂土		黏土		中壤		重壤	
	2009 年	2018 年	2009 年	2018 年	2009 年	2018 年	2009 年	2018 年	2009 年	2018 年	2009 年	2018 年
承德县	7 320.69	7 821.09	—	—	—	—	—	—	100.92	232.28	—	—
丰宁满族自治县	13 857.39	8 105.22	957.69	1 480.71	—	—	—	—	541.23	—	—	—
隆化县	8 144.00	3 316.55	461.89	181.66	—	—	—	—	—	—	—	—
平泉县	13 437.40	4 299.32	1 913.80	788.72	—	—	—	—	1 166.08	335.91	—	—
围场满族蒙古族自治县	19 579.41	34 046.53	2 619.44	1 906.69	1 915.50	255.74	—	—	110.56	2 446.53	—	—
赤城县	6 794.18	11 628.31	—	—	—	—	—	—	—	—	82.97	82.97
崇礼区	5 833.49	6 645.98	50.96	611.38	—	—	—	—	—	—	—	—
沽源县	20 105.36	30 529.90	10 829.51	30 148.30	—	—	—	—	—	—	—	—
怀安县	9 767.38	634.22	—	—	—	—	—	—	5 914.85	—	—	—
怀来县	988.27	2 079.85	—	—	—	—	—	—	—	—	6 646.75	—
康保县	32 412.99	4 604.09	12 873.89	1 483.67	—	—	—	—	3 098.26	887.69	—	—
尚义县	14 749.26	3 343.53	1 652.39	4 418.46	—	—	—	—	—	—	—	—
万全区	875.57	3 081.10	1 340.08	—	—	—	—	147.36	—	—	49.58	4 302.95
蔚　县	21 168.91	15 331.60	11 187.60	4 899.20	—	—	—	—	—	—	—	896.48
宣化区	6 019.93	7 340.58	—	—	—	—	—	—	—	—	—	—
阳原县	11 930.36	19 045.94	302.91	—	—	—	—	—	—	—	—	—
张北县	25 079.90	25 811.48	13 807.65	8 186.42	—	—	—	—	—	—	35.78	—
涿鹿县	1 412.45	891.51	—	407.79	—	—	—	—	—	—	—	—
合计	219 476.94	188 556.80	57 997.81	54 513.00	1 915.50	255.74	—	147.36	10 931.90	3 902.41	6 815.08	5 282.40

（6）地形部位　利用耕地质量等级图对地形部位栅格数据进行区域统计，马铃薯一作区六级地地形部位为宽谷盆地、平原高阶、平原中阶、平原低阶、丘陵下部、丘陵中部、丘陵上部、山间盆地、山地坡上、山地坡中和山地坡下状态。用行政区划图与耕地质量等级图叠加联合形成行政区划耕地质量等级综合图，对地形部位栅格数据进行区域统计，六级地中，2018 年地形部位为宽谷盆地的耕地面积较 2009 年减少 13 254.87hm²，地形部位为平原高阶的耕地面积增加 1 039.86hm²，地形部位为平原中阶的耕地面积增加 65 583.44hm²，地形部位为平原低阶的耕地面积减少 54 377.31hm²，地形部位为丘陵下部的耕地面积减少 30 498.56hm²，地形部位为丘陵中部的耕地面积增加 4 642.67hm²，地形部位为丘陵上部的耕地面积减少 7 655.34hm²，地形部位为山间盆地的耕地面积减少 13 532.04hm²，地形部位为山地坡上的耕地面积减少 8 432.28hm²，地形部位为山地坡中的耕地面积增加 12 575.09hm²，地形部位为山地坡下的耕地面积减少 570.15hm²，统计结果见表 2-132。

表 2-132 地形部位马铃薯一作区六级地行政区划分布（hm^2）

县市	宽谷盆地		平原高阶		平原中阶		平原低阶		丘陵下部		丘陵中部		丘陵上部		山间盆地		山地坡上		山地坡中		山地坡下	
	2009年	2018年	2009年	2018年	2009年	2018年	2009年	2018年	2009年	2018年	2009年	2018年	2009年	2018年	2009年	2018年	2009年	2018年	2009年	2018年	2009年	2018年
承德县	2 440.15	1 917.52	—	—	—	—	3 221.85	—	516.11	3 960.34	—	—	—	—	—	—	—	—	—	—	1 243.50	2 175.52
丰宁满族自治县	—	6 137.21	—	3 448.72	—	—	—	—	15 356.31	—	—	—	—	—	—	—	—	—	—	—	—	—
隆化县	5 740.69	836.86	—	69.10	—	—	647.32	—	—	1 868.66	—	—	—	—	1 956.23	—	—	—	—	—	261.65	723.59
平泉县	5 515.59	132.78	—	—	—	—	—	—	—	2 627.29	—	—	—	2 663.88	7 988.70	—	—	—	—	—	3 012.98	—
围场满族蒙古族自治县	17 070.27	16 879.15	—	1 223.52	—	—	—	—	—	4 136.65	—	—	—	—	3 313.65	—	—	—	—	5 528.52	3 840.99	10 887.65
赤城县	5 993.85	10 959.47	—	—	—	9.84	—	—	—	—	—	—	—	—	—	—	—	—	883.30	741.97	—	—
崇礼区	—	733.33	—	2 188.75	—	2 648.39	5 884.45	—	—	—	—	—	—	—	—	—	—	—	—	—	—	1 686.90
沽源县	—	—	—	—	11 254.36	60 678.21	—	—	19 680.51	—	—	—	—	—	—	—	—	—	—	—	—	—
怀安县	—	—	8 284.31	469.62	—	—	—	—	7 397.92	164.60	—	—	—	—	—	—	—	—	—	—	—	—
怀来县	7 082.74	—	—	1 924.44	—	—	—	—	265.32	—	286.97	—	—	—	—	—	—	—	—	—	—	155.41
康保县	3 991.41	—	—	—	—	—	36 904.19	—	7 489.54	2 855.64	—	—	—	—	—	—	—	—	—	—	—	4 119.80
尚义县	512.53	—	—	—	211.39	2 253.71	360.76	—	15 037.32	4 124.66	—	1 383.62	—	—	—	—	279.66	—	—	—	—	—
万全区	—	—	—	—	—	—	1 556.12	—	—	—	—	7 531.41	—	—	—	—	—	—	—	—	709.10	—
蔚县	—	—	—	—	—	896.48	—	—	—	—	—	—	—	—	—	—	—	—	—	—	32 356.51	20 230.80
宣化区	916.51	—	—	—	318.81	—	680.25	—	837.03	95.75	3 210.41	—	—	—	—	—	—	—	56.93	7 244.83	—	—
阳原县	6 063.28	4 475.83	—	—	—	6 422.31	5 122.37	—	966.71	8 147.80	—	—	—	—	80.90	—	—	—	—	—	—	—
张北县	—	—	—	—	2 875.03	7 334.09	—	—	10 315.63	19 382.45	—	—	11 394.60	220.99	—	—	14 338.07	6 185.45	—	—	—	874.91
涿鹿县	—	—	—	—	—	—	—	—	—	—	1 219.89	444.91	—	854.39	192.56	—	—	—	—	—	—	—
合计	55 327.02	42 072.15	8 284.31	9 324.15	14 659.59	80 243.03	54 377.31	—	77 862.40	47 363.84	4 717.27	9 359.94	11 394.60	3 739.26	13 532.04	—	14 617.73	6 185.45	940.23	13 515.32	41 424.73	40 854.58

（7）质地构型　利用耕地质量等级图对质地构型栅格数据进行区域统计，马铃薯一作区六级地质地构型为薄层型、海绵型、紧实型、夹层型、上紧下松型、上松下紧型和松散型。用行政区划图与耕地质量等级图叠加联合形成行政区划耕地质量等级综合图，对质地构型栅格数据进行区域统计，六级地中，2018 年薄层型面积较 2009 年增加 417.81hm^2，海绵型面积减少 69.33hm^2，紧实型面积增加 1 315.91hm^2，夹层型面积减少 84 359.27hm^2，上紧下松型面积减少 17 619.40hm^2，上松下紧型面积增加 3 182.05hm^2，松散型面积增加 52 652.72hm^2，统计结果见表 2-133。

表 2-133　质地构型马铃薯一作区六级地行政区划分布（hm^2）

县市	薄层型		海绵型		紧实型		夹层型		上紧下松型		上松下紧型		松散型	
	2009 年	2018 年	2009 年	2018 年	2009 年	2018 年	2009 年	2018 年	2009 年	2018 年	2009 年	2018 年	2009 年	2018 年
承德县	—	—	—	—	—	—	7 421.61	—	—	—	—	—	—	8 053.37
丰宁满族自治县	—	—	—	—	—	9 585.93	15 356.31	—	—	—	—	—	—	—
隆化县	—	—	—	—	—	905.96	8 605.90	—	—	—	—	—	—	2 592.25
平泉县	—	417.81	—	862.63	—	1 376.66	16 517.28	—	—	—	—	371.72	—	2 395.13
围场满族蒙古族自治县	—	—	—	—	—	1 223.52	24 224.91	—	—	—	—	—	—	37 431.96
赤城县	—	—	4 003.68	8 977.18	—	—	—	—	1 990.16	1 982.30	883.30	741.97	—	9.84
崇礼区	—	—	—	678.53	—	2 243.55	—	—	5 884.45	1 686.90	—	—	—	2 648.39
沽源县	—	—	—	—	—	—	—	—	—	—	—	—	30 934.87	60 678.21
怀安县	—	—	857.56	—	—	—	—	—	14 824.67	634.22	—	—	—	—
怀来县	—	—	—	938.58	552.28	358.95	—	—	—	—	—	155.41	7 082.74	626.91
康保县	—	—	—	5 307.04	—	—	—	—	—	—	—	1 220.98	48 385.14	447.42
尚义县	—	—	—	4 880.30	16 401.66	2 575.28	—	—	—	306.42	—	—	—	—
万全区	—	—	1 556.12	5 435.66	—	—	—	—	—	—	709.10	2 095.75	—	—
蔚　县	—	—	32 356.51	896.48	—	—	—	—	—	—	—	—	—	20 230.80
宣化区	—	—	6 019.93	7 151.96	—	—	—	—	—	—	—	188.62	—	—
阳原县	—	—	—	19 045.94	—	—	12 233.26	—	—	—	—	—	—	—
张北县	—	—	38 923.34	29 689.57	—	—	—	—	—	470.04	—	—	—	3 838.28
涿鹿县	—	—	1 412.45	1 196.39	—	—	—	—	—	—	—	—	—	102.91
合计	—	417.81	85 129.59	85 060.26	16 953.94	18 269.85	84 359.27	—	22 699.28	5 079.88	1 592.40	4 774.45	86 402.75	139 055.47

（8）生物多样性　利用耕地质量等级图对生物多样性栅格数据进行区域统计，马铃薯一作区六级地生物多样性处于“丰富”、“一般”和“不丰富”状态。用行政区划图与耕地质量等级图叠加联合形成行政区划耕地质量等级综合图，对生物多样性栅格数据进行区域统计，六级地中，2018 年处于“丰富”状态耕地面积较 2009 年减少 5 254.04hm^2，处于“一般”状态耕地面积减少 36 708.10hm^2，处于“不丰富”状态耕地面积减少 2 517.40hm^2，统计结果见表 2-134。

表 2-134　生物多样性马铃薯一作区六级地行政区划分布（hm²）

县市	丰富		一般		不丰富	
	2009 年	2018 年	2009 年	2018 年	2009 年	2018 年
承德县	—	—	3 516.78	8 053.37	3 904.84	—
丰宁满族自治县	—	—	11 536.27	9 585.93	3 820.04	—
隆化县	—	—	8 605.90	3 498.21	—	—
平泉县	—	—	16 517.28	5 423.95	—	—
围场满族蒙古族自治县	—	—	24 224.91	38 655.49	—	—
赤城县	—	—	—	9.84	6 877.15	11 701.44
崇礼区	—	—	4 655.87	6 578.84	1 228.58	678.53
沽源县	—	—	30 934.87	60 678.21	—	—
怀安县	3 302.48	—	12 379.75	634.22	—	—
怀来县	—	—	7 635.02	1 146.61	—	933.24
康保县	—	—	48 385.14	6 975.44	—	—
尚义县	—	—	16 401.66	7 762.00	—	—
万全区	—	—	2 265.23	7 531.41	—	—
蔚　县	1 951.56	—	30 404.95	21 127.28	—	—
宣化区	—	—	6 019.93	7 340.58	—	—
阳原县	—	—	12 233.26	19 045.94	—	—
张北县	—	—	38 923.34	33 997.89	—	—
涿鹿县	—	—	1 412.45	1 299.30	—	—
合计	5 254.04	—	276 052.61	239 344.51	15 830.61	13 313.21

（9）坡度　利用耕地质量等级图对坡度栅格数据进行区域统计，马铃薯一作区六级地坡度为≤2°、2°～6°、6°～10°、10°～15°和>15°。用行政区划图与耕地质量等级图叠加联合形成行政区划耕地质量等级综合图，对坡度栅格数据进行区域统计，六级地中，2018 年坡度≤2°的耕地面积较 2009 年增加 17 198.28hm²，2°～6°的耕地面积减少 25 871.94hm²，6°～10°的耕地面积减少 7 713.56hm²，10°～15°的耕地面积减少 14 301.95hm²，>15°的耕地面积减少 13 790.42hm²，统计结果见表 2-135。

表 2-135　坡度马铃薯一作区六级地行政区划分布（hm²）

县市	≤2°		2°～6°		6°～10°		10°～15°		>15°	
	2009 年	2018 年	2009 年	2018 年	2009 年	2018 年	2009 年	2018 年	2009 年	2018 年
承德县	4 020.23	72.79	2 723.63	4 760.57	—	1 044.49	—	2 175.52	677.75	—
丰宁满族自治县	7 172.22	391.71	7 871.27	9 194.21	312.82	—	—	—	—	—
隆化县	1 982.19	199.60	—	3 298.61	6 623.71	—	—	—	—	—
平泉县	6 696.95	417.81	6 207.74	3 030.34	1 386.42	1 376.66	2 226.17	599.14	—	—
围场满族蒙古族自治县	15 851.10	12 332.89	4 111.30	20 396.53	4 262.51	5 926.06	—	—	—	—
赤城县	5 523.02	10 078.52	1 354.13	1 632.76	—	—	—	—	—	—
崇礼区	1 701.80	4 354.66	4 182.65	2 553.03	—	349.67	—	—	—	—

（续）

县市	≤2°		2°～6°		6°～10°		10°～15°		＞15°	
	2009 年	2018 年	2009 年	2018 年	2009 年	2018 年	2009 年	2018 年	2009 年	2018 年
沽源县	11 254.36	60 678.21	—	—	—	—	19 680.51	—	—	—
怀安县	9 770.08	625.67	5 912.15	8.55	—	—	—	—	—	—
怀来县	552.28	1 924.44	7 082.74	155.41	—	—	—	—	—	—
康保县	—	140.86	45 015.53	6 834.57	3 369.61	—	—	—	—	—
尚义县	14 958.67	3 637.33	1 442.99	4 124.66	—	—	—	—	—	—
万全区	2 265.23	7 008.84	—	—	—	—	—	522.57	—	—
蔚　县	32 356.51	21 127.28	—	—	—	—	—	—	—	—
宣化区	5 371.15	7 340.58	—	—	—	—	—	—	648.78	—
阳原县	9 936.02	12 961.70	2 284.35	5 925.55	12.90	—	—	—	—	158.69
张北县	13 268.00	16 361.25	10 338.40	11 077.25	442.47	—	2 251.89	6 559.39	12 622.58	—
涿鹿县	397.84	621.79	1 014.61	677.51	—	—	—	—	—	—
合计	143 077.65	160 275.93	99 541.49	73 669.55	16 410.44	8 696.88	24 158.57	9 856.62	13 949.11	158.69

（10）农田林网化　利用耕地质量等级图对农田林网化栅格数据进行区域统计，马铃薯一作区六级地农田林网化处于“高”、“中”和“低”状态。用行政区划图与耕地质量等级图叠加联合形成行政区划耕地质量等级综合图，对农田林网化栅格数据进行区域统计，六级地中，2018 年处于“高”状态耕地面积较 2009 年减少 1 579.66hm^2，处于“中”状态耕地面积增加 10 796.09hm^2，处于“低”状态耕地面积减少 53 695.97hm^2，统计结果见表 2-136。

表 2-136　农田林网化马铃薯一作区六级地行政区划分布（hm^2）

县市	高		中		低	
	2009 年	2018 年	2009 年	2018 年	2009 年	2018 年
承德县	—	—	846.42	8 053.37	6 575.20	—
丰宁满族自治县	—	—	14 694.36	9 585.93	661.95	—
隆化县	—	—	6 027.25	3 498.21	2 578.64	—
平泉县	—	—	7 476.56	5 423.95	9 040.72	—
围场满族蒙古族自治县	—	—	14 413.19	38 655.49	9 811.72	—
赤城县	—	—	6 188.05	11 711.28	689.10	—
崇礼区	—	—	5 884.45	5 570.47	—	1 686.90
沽源县	—	—	19 680.51	60 678.21	11 254.36	—
怀安县	—	—	10 181.21	634.22	5 501.02	—
怀来县	—	—	7 635.02	155.41	—	1 924.44
康保县	—	—	37 025.01	140.86	11 360.12	6 834.57
尚义县	—	—	11 129.47	7 762.00	5 272.19	—
万全区	—	—	709.10	7 531.41	1 556.12	—
蔚　县	2 710.56	1 130.90	29 539.61	18 511.65	106.34	1 484.72
宣化区	—	—	4 046.86	7 340.58	1 973.07	—
阳原县	—	—	12 225.46	19 045.94	7.81	—

（续）

县市	高		中		低	
	2009 年	2018 年	2009 年	2018 年	2009 年	2018 年
张北县	—	—	38 923.34	33 122.98	—	874.91
涿鹿县	—	—	—	—	1 412.45	1 299.30
合计	2 710.56	1 130.90	226 625.87	237 421.96	67 800.81	14 104.84

(11) 清洁程度　利用耕地质量等级图对清洁程度栅格数据进行区域统计，马铃薯一作区六级地清洁程度处于“清洁”状态。用行政区划图与耕地质量等级图叠加联合形成行政区划耕地质量等级综合图，对清洁程度栅格数据进行区域统计，六级地中，2018 年处于“清洁”状态耕地面积较 2009 年减少 44 479.53hm^2，统计结果见表 2-137。

表 2-137　清洁程度马铃薯一作区六级地行政区划分布（hm^2）

县市	清洁	
	2009 年	2018 年
承德县	7 421.61	8 053.37
丰宁满族自治县	15 356.31	9 585.93
隆化县	8 605.90	3 498.21
平泉县	16 517.28	5 423.95
围场满族蒙古族自治县	24 224.91	38 655.49
赤城县	6 877.15	11 711.28
崇礼区	5 884.45	7 257.37
沽源县	30 934.87	60 678.21
怀安县	15 682.23	634.22
怀来县	7 635.02	2 079.85
康保县	48 385.14	6 975.44
尚义县	16 401.66	7 762.00
万全区	2 265.23	7 531.41
蔚　县	32 356.51	21 127.28
宣化区	6 019.93	7 340.58
阳原县	12 233.26	19 045.94
张北县	38 923.34	33 997.89
涿鹿县	1 412.45	1 299.30
合计	297 137.25	252 657.72

(12) 土壤有机质含量　利用耕地质量等级图对土壤有机质含量栅格数据进行区域统计，一作区六级地 2009 年土壤有机质含量为 18.43g/kg，2018 年为 16.76g/kg。用行政区划图与耕地质量等级图叠加联合形成行政区划耕地质量等级综合图，对土壤有机质含量栅格数据进行区域统计，六级地中，2009 年土壤有机质含量变化幅度在 1.20～40.60g/kg 之间，2018 年在 10.20～25.10g/kg 之间，2009—2018 年土壤有机质含量平均值减少 1.67g/kg，统计结果见表 2-138。

表 2-138 土壤有机质含量马铃薯一作区六级地行政区划分布（g/kg）

县市	最大值		最小值		平均值	
	2009 年	2018 年	2009 年	2018 年	2009 年	2018 年
承德县	19.30	23.50	11.20	15.70	14.94	19.49
丰宁满族自治县	31.90	21.50	13.10	14.30	26.72	16.90
隆化县	25.20	21.50	9.90	16.00	16.49	19.14
平泉县	27.60	25.10	4.70	13.80	18.30	21.73
围场满族蒙古族自治县	22.40	20.10	10.70	11.40	17.70	15.59
赤城县	27.10	20.80	12.90	13.00	19.49	16.09
崇礼区	33.80	24.40	1.50	13.50	23.16	18.71
沽源县	32.70	21.70	14.60	16.60	24.09	18.39
怀安县	31.50	14.60	2.00	13.80	10.99	14.15
怀来县	23.90	14.10	13.60	10.20	17.70	11.37
康保县	31.70	15.90	19.20	12.10	23.08	14.11
尚义县	40.60	14.50	11.00	11.60	22.51	13.03
万全区	4.60	18.40	1.40	14.00	1.91	17.03
蔚 县	25.40	23.20	8.90	13.30	14.67	17.73
宣化区	25.20	17.20	4.40	14.40	14.45	16.03
阳原县	21.20	19.40	8.90	10.80	13.72	12.70
张北县	28.60	22.90	1.20	12.30	14.04	16.09
涿鹿县	12.80	18.70	9.40	14.30	11.22	17.23
总计	40.60	25.10	1.20	10.20	18.43	16.76

（13）土壤有效磷含量　利用耕地质量等级图对土壤有效磷含量栅格数据进行区域统计，一作区六级地 2009 年土壤有效磷含量为 17.88mg/kg，2018 年为 24.87mg/kg。用行政区划图与耕地质量等级图叠加联合形成行政区划耕地质量等级综合图，对土壤有效磷含量栅格数据进行区域统计，六级地中，2009 年土壤有效磷含量变幅在 2.70～51.30mg/kg 之间，2018 年在 2.7～68.40mg/kg 之间，2009—2018 年土壤有效磷含量平均值增加 6.99mg/kg，统计结果见表 2-139。

表 2-139 土壤有效磷含量马铃薯一作区六级地行政区划分布（mg/kg）

县市	最大值		最小值		平均值	
	2009 年	2018 年	2009 年	2018 年	2009 年	2018 年
承德县	30.10	51.10	9.90	19.20	17.97	32.67
丰宁满族自治县	26.20	19.30	11.70	9.20	19.19	14.03
隆化县	33.70	49.90	4.10	11.30	17.71	31.13
平泉县	36.50	48.40	12.50	10.90	22.06	38.80
围场满族蒙古族自治县	34.70	68.40	11.40	10.60	19.95	45.34
赤城县	36.10	19.60	6.20	7.20	17.89	13.38
崇礼区	51.30	45.40	7.10	10.20	17.79	21.51

（续）

县市	最大值		最小值		平均值	
	2009 年	2018 年	2009 年	2018 年	2009 年	2018 年
沽源县	21.00	32.10	7.50	12.80	11.99	20.13
怀安县	45.60	13.90	9.90	12.50	24.27	13.28
怀来县	17.10	26.30	9.10	6.20	12.11	11.22
康保县	26.10	21.40	2.70	7.00	15.85	12.61
尚义县	26.00	16.20	3.60	2.70	17.23	6.79
万全区	35.50	27.10	22.90	19.40	30.47	25.21
蔚　县	23.20	19.80	9.10	9.30	13.71	13.81
宣化区	30.20	15.30	6.60	6.90	11.45	11.61
阳原县	13.40	8.80	4.30	4.00	7.52	5.44
张北县	39.00	30.80	11.70	8.30	21.93	15.30
涿鹿县	20.40	23.10	6.50	9.70	10.33	14.16
总计	51.30	68.40	2.70	2.70	17.88	24.87

（14）*土壤速效钾含量*　利用耕地质量等级图对土壤速效钾含量栅格数据进行区域统计，一作区六级地 2009 年土壤速效钾含量为 151.89mg/kg，2018 年为 154.48mg/kg。用行政区划图与耕地质量等级图叠加联合形成行政区划耕地质量等级综合图，对土壤速效钾含量栅格数据进行区域统计，六级地中，2009 年土壤速效钾含量变幅在 54～292mg/kg 之间，2018 年在 96～227mg/kg 之间，2009—2018 年土壤速效钾含量平均值增加 3.59mg/kg，统计结果见表 2-140。

表 2-140　土壤速效钾含量马铃薯一作区六级地行政区划分布（mg/kg）

县市	最大值		最小值		平均值	
	2009 年	2018 年	2009 年	2018 年	2009 年	2018 年
承德县	157	219	90	137	126.54	168.84
丰宁满族自治县	241	164	144	137	179.35	145.28
隆化县	250	180	92	131	166.20	162.37
平泉县	231	225	96	145	138.04	192.27
围场满族蒙古族自治县	176	220	68	133	111.68	181.84
赤城县	227	161	122	112	172.32	138.33
崇礼区	292	227	86	111	166.19	158.35
沽源县	188	173	111	100	143.22	130.91
怀安县	251	156	130	145	172.38	150.75
怀来县	162	125	102	102	137.13	109.87
康保县	183	125	112	107	143.56	112.85
尚义县	219	188	127	142	175.16	153.53
万全区	191	224	180	175	184.91	206.94
蔚　县	166	153	74	109	134.10	131.85
宣化区	284	170	149	103	191.57	126.13

（续）

县市	最大值		最小值		平均值	
	2009 年	2018 年	2009 年	2018 年	2009 年	2018 年
阳原县	164	139	88	96	125.90	113.72
张北县	215	195	125	105	169.18	144.73
涿鹿县	153	179	54	143	117.23	170.45
总计	292	227	54	96	151.89	154.48

（15）土壤 pH　利用耕地质量等级图对土壤 pH 栅格数据进行区域统计，一作区六级地 2009 年土壤 pH 为 7.72，2018 年为 7.40。用行政区划图与耕地质量等级图叠加联合形成行政区划耕地质量等级综合图，对土壤 pH 栅格数据进行区域统计，六级地中，2009 年土壤 pH 变化幅度在 4.8～9.0 之间，2018 年在 5.4～8.6 之间，2009—2018 年土壤 pH 平均值减少 0.32，统计结果见表 2-141。

表 2-141　土壤 pH 马铃薯一作区六级地行政区划分布

县市	最大值		最小值		平均值	
	2009 年	2018 年	2009 年	2018 年	2009 年	2018 年
承德县	8.3	7.7	5.6	5.5	6.96	6.70
丰宁满族自治县	8.0	8.4	6.5	6.3	7.22	8.00
隆化县	8.4	8.2	5.0	6.3	7.53	7.30
平泉县	8.3	7.8	4.9	5.4	6.59	6.20
围场满族蒙古族自治县	8.5	8.1	4.8	5.6	6.29	6.60
赤城县	8.7	8.1	7.0	7.4	8.14	7.90
崇礼区	8.6	8.4	7.4	7.4	8.05	8.00
沽源县	8.8	8.4	7.5	6.8	8.04	7.60
怀安县	8.7	7.9	7.8	7.7	8.27	7.80
怀来县	8.5	8.6	8.3	8.2	8.38	8.40
康保县	8.3	8.0	7.8	5.9	8.03	7.50
尚义县	8.3	8.3	7.7	7.8	8.07	8.00
万全区	8.4	8.3	8.0	7.4	8.24	7.90
蔚　县	8.7	8.6	8.1	8.0	8.40	8.20
宣化区	8.7	8.2	7.6	7.9	8.04	8.10
阳原县	9.0	8.2	8.3	7.7	8.56	8.00
张北县	8.8	8.4	7.6	7.5	8.27	8.00
涿鹿县	8.7	8.0	8.2	7.8	8.46	7.80
总计	9.0	8.6	4.8	5.4	7.72	7.40

（16）土壤容重　利用耕地质量等级图对土壤容重栅格数据进行区域统计，一作区六级地 2009 年土壤容重为 1.33g/cm^3，2018 年为 1.26g/cm^3。用行政区划图与耕地质量等级图叠加联合形成行政区划耕地质量等级综合图，对土壤容重栅格数据进行区域统计，六级地

中，2009 年土壤容重变化幅度在 1.12～1.54g/cm³ 之间，2018 年在 0.52～1.6g/cm³ 之间，2009—2018 年土壤容重平均值减小 0.06g/cm³，统计结果见表 2-142。

表 2-142　土壤容重马铃薯一作区六级地行政区划分布（g/cm³）

县市	最大值		最小值		平均值	
	2009 年	2018 年	2009 年	2018 年	2009 年	2018 年
承德县	1.31	1.36	1.20	1.21	1.21	1.30
丰宁满族自治县	1.54	1.54	1.23	1.37	1.37	1.43
隆化县	1.45	1.50	1.15	1.32	1.32	1.37
平泉县	1.52	1.49	1.14	1.31	1.31	1.43
围场满族蒙古族自治县	1.53	1.58	1.12	1.23	1.33	1.39
赤城县	1.48	1.50	1.24	0.93	1.37	1.40
崇礼区	1.51	1.51	1.19	0.67	1.34	1.15
沽源县	1.44	0.99	1.23	0.52	1.34	0.64
怀安县	1.47	1.52	1.22	1.50	1.35	1.51
怀来县	1.43	1.25	1.25	1.18	1.32	1.23
康保县	1.47	1.60	1.13	1.33	1.33	1.50
尚义县	1.50	1.49	1.18	1.33	1.34	1.43
万全区	1.41	1.60	1.32	1.48	1.36	1.54
蔚　县	1.41	1.45	1.26	1.37	1.32	1.43
宣化区	1.43	1.42	1.27	1.22	1.33	1.30
阳原县	1.47	1.48	1.17	1.21	1.34	1.35
张北县	1.45	1.47	1.21	0.65	1.33	1.12
涿鹿县	1.39	1.33	1.26	1.23	1.33	1.29
总计	1.54	1.60	1.12	0.52	1.33	1.26

（七）七级地耕地质量特征

1. 空间分布　2009 年七级地在马铃薯一作区面积 247 308.69hm²，占耕地总面积的 19.59%，2018 年，面积为 92 143.7hm²，占耕地总面积的 7.30%，七级地面积逐渐减少。七级地在马铃薯一作区各县市的具体分布见表 2-143，2009—2018 年，一作区内围场满族蒙古族自治县、赤城县七级地耕地面积逐渐增加，其中围场满族蒙古族自治县增加 12 718.45hm²，其余区县面积均呈现逐渐减小的趋势，其中丰宁满族自治县最大减少 36 432.57hm²。

表 2-143　七级地在马铃薯一作区各县市的面积与分布

地区	2009 年		2018 年	
	面积（hm²）	占七级地面积（%）	面积（hm²）	占七级地面积（%）
承德县	8 636.01	3.49	5 249.52	5.70
丰宁满族自治县	37 453.29	15.14	1 020.72	1.11

（续）

地区	2009 年		2018 年	
	面积（hm^2）	占七级地面积（%）	面积（hm^2）	占七级地面积（%）
隆化县	1 977.33	0.81	323.50	0.35
平泉县	6 182.52	2.51	3 406.38	3.70
围场满族蒙古族自治县	3 571.49	1.44	16 289.94	17.68
赤城县	4 094.43	1.66	5 968.80	6.48
崇礼区	7 951.78	3.22	1 159.20	1.26
沽源县	20 157.83	8.15	573.39	0.62
怀安县	12 312.10	4.98	—	—
怀来县	9 484.70	3.84	381.81	0.41
康保县	44 401.02	17.95	23 167.01	25.14
尚义县	25 123.19	10.16	—	—
万全区	4 680.07	1.89	—	—
蔚　县	12 909.27	5.22	8 155.70	8.85
宣化区	1 329.83	0.54	—	—
阳原县	18 069.05	7.31	2 611.49	2.83
张北县	25 639.24	10.37	23 416.32	25.41
涿鹿县	3 335.54	1.35	419.92	0.46
合计	247 308.69	100.00	92 143.70	100.00

2. 属性特征

（1）排水能力　利用耕地质量等级图对排水能力栅格数据进行区域统计，马铃薯一作区七级地排水能力处于“充分满足”、“满足”、“基本满足”和“不满足”状态。用行政区划图与耕地质量等级图叠加联合形成行政区划耕地质量等级综合图，对排水能力栅格数据进行区域统计，七级地中，2018 年处于“充分满足”状态耕地面积较 2009 年增加 1 125 321hm^2，处于“满足”状态的耕地面积增加 2 651.59hm^2，处于“基本满足”状态耕地面积减少 119 954.85hm^2，处于“不满足”状态耕地面积减少 49 114.94hm^2，统计结果见表 2-144。

表 2-144　排水能力马铃薯一作区七级地行政区划分布（hm^2）

县市	充分满足		满足		基本满足		不满足	
	2009 年	2018 年	2009 年	2018 年	2009 年	2018 年	2009 年	2018 年
承德县	5 822.50	—	1 890.17	1 157.85	—	0.00	923.35	4 091.67
丰宁满族自治县	—	—	—	—	17 806.97	1 020.72	19 646.32	—
隆化县	—	—	—	—	788.97	—	1 188.36	323.50
平泉县	—	24.78	—	—	4 047.47	2 829.83	2 135.04	551.76
围场满族蒙古族自治县	—	—	—	809.44	1 813.33	15 480.51	1 758.16	—
赤城县	—	—	—	1 339.38	3 011.09	4 629.42	1 083.34	—

（续）

县市	充分满足		满足		基本满足		不满足	
	2009年	2018年	2009年	2018年	2009年	2018年	2009年	2018年
崇礼区	—	—	—	—	5 798.48	1 159.20	2 153.30	—
沽源县	—	—	—	—	5 730.80	573.39	14 427.03	—
怀安县	—	—	—	—	10 518.37	—	1 793.73	—
怀来县	—	381.81	—	—	3 327.87	—	6 156.82	—
康保县	—	15 082.65	—	1 434.60	36 971.11	6 649.75	7 429.92	—
尚义县	—	—	—	—	24 089.66	—	1 033.53	—
万全区	—	—	—	—	4 680.07	—	—	—
蔚　县	—	—	—	6 612.73	12 839.10	1 542.98	70.17	—
宣化区	—	—	—	—	889.63	—	440.20	—
阳原县	—	—	7 795.05	—	10 274.00	—	—	2 611.49
张北县	—	1 799.70	1 437.33	3 165.63	18 383.22	9 086.38	5 818.70	9 364.61
涿鹿县	213.24	—	745.49	—	2 376.81	419.92	—	—
合计	6 035.74	17 288.94	11 868.04	14 519.63	163 346.95	43 392.10	66 057.97	16 943.03

（2）*灌溉能力*　利用耕地质量等级图对灌溉能力栅格数据进行区域统计，马铃薯一作区七级地灌溉能力处于“充分满足”、“满足”、“基本满足”和“不满足”状态。用行政区划图与耕地质量等级图叠加联合形成行政区划耕地质量等级综合图，对灌溉能力栅格数据进行区域统计，七级地中，2018年处于“充分满足”状态耕地面积较2009年减少188.69hm^2，处于“满足”状态的耕地面积减少6 319.15hm^2，处于“基本满足”状态耕地面积减少13 152.84hm^2，处于“不满足”状态耕地面积减少135 504.33hm^2，统计结果见表2-145。

表2-145　灌溉能力马铃薯一作区七级地行政区划分布（hm^2）

县市	充分满足		满足		基本满足		不满足	
	2009年	2018年	2009年	2018年	2009年	2018年	2009年	2018年
承德县	—	—	—	—	—	65.12	7 712.66	5 184.40
丰宁满族自治县	—	—	—	—	—	1 020.72	37 453.29	—
隆化县	—	—	—	—	—	—	1 977.33	323.50
平泉县	—	—	—	—	—	551.76	6 182.51	2 854.62
围场满族蒙古族自治县	—	—	—	—	—	1 335.90	3 571.49	14 954.04
赤城县	188.69	—	—	—	—	—	3 905.75	5 968.80
崇礼区	—	—	—	—	1 422.17	—	6 529.62	1 159.20
沽源县	—	—	—	—	5 730.80	—	14 427.03	573.39
怀安县	—	—	—	—	6 070.62	—	6 241.48	—
怀来县	—	—	3 601.98	—	2 554.84	381.81	3 327.87	—
康保县	—	—	—	—	742.46	5 183.65	43 658.57	17 983.35

（续）

县市	充分满足		满足		基本满足		不满足	
	2009 年	2018 年	2009 年	2018 年	2009 年	2018 年	2009 年	2018 年
尚义县	—	—	—	—	—	—	25 123.19	—
万全区	—	—	4 680.07	—	—	—	—	—
蔚　县	—	—	—	1 542.98	2 056.07	150.38	10 853.20	6 462.34
宣化区	—	—	—	—	506.89	—	822.94	—
阳原县	—	—	—	—	—	2 611.49	11 504.96	—
张北县	—	—	—	—	—	2 117.62	25 639.24	21 298.70
涿鹿县	—	—	—	419.92	—	—	3 335.54	—
合计	188.69	—	8 282.05	1 962.90	26 571.29	13 418.45	212 266.67	76 762.34

（3）*有效土层厚度*　利用耕地质量等级图对有效土层厚度栅格数据进行区域统计，马铃薯一作区七级地有效土层厚度处于“＜30cm”、“30～60cm”和“≥60cm”状态。用行政区划图与耕地质量等级图叠加联合形成行政区划耕地质量等级综合图，对有效土层厚度栅格数据进行区域统计，七级地中，2018 年处于“＜30cm”状态耕地面积较 2009 年减少 4 680.07hm^2，处于“30～60cm”状态耕地面积减少 100 490.93hm^2，处于“≥60cm”状态耕地面积减少 49 994.0hm^2，统计结果见表 2-146。

表 2-146　有效土层厚度马铃薯一作区七级地行政区划分布（hm^2）

县市	＜30cm		30～60cm		≥60cm	
	2009 年	2018 年	2009 年	2018 年	2009 年	2018 年
承德县	—	—	8 636.01	5 249.52	—	—
丰宁满族自治区	—	—	37 453.29	1 020.72	—	—
隆化县	—	—	430.11	323.50	1 547.22	—
平泉县	—	—	—	3 406.38	6 182.51	—
围场满族蒙古族自治县	—	—	—	16 289.94	3 571.49	—
赤城县	—	—	3 000.75	465.27	1 093.68	5 503.53
崇礼区	—	—	7 857.43	—	94.36	1 159.20
沽源县	—	—	20 157.83	—	—	573.39
怀安县	—	—	7 604.15	—	4 707.95	—
怀来县	—	—	2 759.62	—	6 725.08	381.81
康保县	—	—	44 401.02	1 968.97	—	21 198.03
尚义县	—	—	—	—	25 123.19	—
万全区	4 680.07	—	—	—	—	—
蔚　县	—	—	—	1 797.80	12 909.27	6 357.90
宣化区	—	—	—	—	1 329.83	—
阳原县	—	—	—	—	18 069.05	2 611.49
张北县	—	—	—	1 287.18	25 639.24	22 129.14

（续）

县市	<30cm		30～60cm		≥60cm	
	2009 年	2018 年	2009 年	2018 年	2009 年	2018 年
涿鹿县	—	—	—	—	3 335.54	419.92
合计	4 680.07	—	132 300.21	31 809.28	110 328.41	60 334.41

（4）*障碍因素* 利用耕地质量等级图对障碍因素栅格数据进行区域统计，马铃薯一作区七级地大部分基本无明显障碍，部分耕地存在障碍层次、盐渍化、沙化和瘠薄等障碍因素。用行政区划图与耕地质量等级图叠加联合形成行政区划耕地质量等级综合图，对障碍因素栅格数据进行区域统计，七级地中，2018 年无明显障碍耕地面积较 2009 年减少 9 101.63hm^2，存在障碍层次的耕地面积减少 67 200.05hm^2，存在盐渍化的耕地面积减少1 535.96hm^2，存在沙化的耕地面积增加 173.8hm^2，存在瘠薄的耕地面积增加 2 876.85hm^2，统计结果见表 2-147。

表 2-147 障碍因素马铃薯一作区七级地行政区划分布（hm^2）

县市	无障碍层		障碍层次		盐渍化		沙化		瘠薄	
	2009 年	2018 年	2009 年	2018 年	2009 年	2018 年	2009 年	2018 年	2009 年	2018 年
承德县	6 745.85	4 875.95	1 890.17	308.45	—	—	—	65.12	—	—
丰宁满族自治县	18 114.60	1 020.72	19 338.69	—	—	—	—	—	—	—
隆化县	1 628.10	323.50	349.22	—	—	—	—	—	—	—
平泉县	3 316.58	—	2 865.93	24.78	—	—	—	316.06	—	3 065.54
围场满族蒙古族自治县	3 348.86	14 957.32	222.63	—	—	—	—	1 332.62	—	—
赤城县	2 905.37	4 629.42	1 000.38	1 339.38	—	—	—	—	188.69	—
崇礼区	—	796.57	7 951.78	362.64	—	—	—	—	—	—
沽源县	20 021.18	484.39	136.65	89.00	—	—	—	—	—	—
怀安县	12 312.10	—	—	—	—	—	—	—	—	—
怀来县	9 484.70	—	—	381.81	—	—	—	—	—	—
康保县	41 235.22	23 167.00	3 165.80	—	—	—	—	—	—	—
尚义县	3 555.70	—	21 567.49	—	—	—	—	—	—	—
万全区	—	—	4 680.07	—	—	—	—	—	—	—
蔚 县	11 373.32	3 709.30	—	4 446.40	1 535.96	—	—	—	—	—
宣化区	1 329.83	—	—	—	—	—	—	—	—	—
阳原县	7 768.01	2 548.67	10 301.04	62.83	—	—	—	—	—	—
张北县	25 639.24	23 416.32	—	—	—	—	—	—	—	—
涿鹿县	2 590.05	419.92	745.49	—	—	—	—	—	—	—
合计	171 368.71	80 349.08	74 215.34	7 015.29	1 535.96	—	—	1 713.81	188.69	3 065.54

（5）*耕层质地* 利用耕地质量等级图对耕层质地栅格数据进行区域统计，马铃薯一作区七级地耕层质地为轻壤、砂壤、砂土、中壤和重壤。用行政区划图与耕地质量等级图叠加联

合形成行政区划耕地质量等级综合图，对耕层质地栅格数据进行区域统计，七级地中，2018年轻壤面积较 2009 年减少 125 002.52hm^2，砂壤面积减少 18 459.83hm^2，砂土面积增加 2 079.68hm^2，中壤面积减少 4 750.23hm^2，重壤面积减少 9 212.06hm^2，统计结果见表 2-148。

表 2-148　耕层质地马铃薯一作区七级地行政区划分布（hm^2）

县市	轻壤		砂壤		砂土		中壤		重壤	
	2009 年	2018 年	2009 年	2018 年	2009 年	2018 年	2009 年	2018 年	2009 年	2018 年
承德县	8 283.15	5 249.52	—	—	—	—	352.86	—	—	—
丰宁满族自治县	35 022.82	488.70	1 985.74	532.02	—	—	444.73	—	—	—
隆化县	1 833.37	216.19	143.96	107.31	—	—	—	—	—	—
平泉县	5 372.00	3 157.46	129.17	248.92	—	—	681.33	—	—	—
围场满族蒙古族自治县	2 892.29	13 685.72	679.20	662.48	—	1 659.76	—	281.99	—	—
赤城县	4 094.43	4 898.47	—	501.83	—	—	—	—	—	568.50
崇礼区	7 162.93	1 159.20	754.06	—	—	—	34.79	—	—	—
沽源县	18 450.28	262.94	1 707.55	310.46	—	—	—	—	—	—
怀安县	8 973.59	—	—	—	—	—	3 338.51	—	—	—
怀来县	4 606.61	225.50	4 878.09	156.31	—	—	—	—	—	—
康保县	40 552.50	17 384.44	3 848.53	5 782.55	—	—	—	—	—	—
尚义县	19 303.01	—	5 820.18	—	—	—	—	—	—	—
万全区	1 823.43	—	—	—	—	—	—	—	2 856.63	—
蔚　县	8 983.47	7 620.03	3 925.80	535.68	—	—	—	—	—	—
宣化区	1 329.83	—	—	—	—	—	—	—	—	—
阳原县	15 039.86	524.06	2 274.82	2 087.44	—	—	—	—	754.36	—
张北县	14 081.29	21 265.65	5 388.39	2 150.66	—	—	—	—	6 169.57	—
涿鹿县	3 335.54	—	—	—	—	419.92	—	—	—	—
合计	201 140.40	76 137.88	31 535.49	13 075.66	—	2 079.68	4 852.22	281.99	9 780.56	568.50

（6）地形部位　利用耕地质量等级图对地形部位栅格数据进行区域统计，马铃薯一作区七级地地形部位为宽谷盆地、平原高阶、平原中阶、平原低阶、丘陵下部、丘陵中部、丘陵上部、山间盆地、山地坡上、山地坡中和山地坡下。用行政区划图与耕地质量等级图叠加联合形成行政区划耕地质量等级综合图，对地形部位栅格数据进行区域统计，七级地中，2018年地形部位为宽谷盆地的态耕地面积较 2009 年减少 8 076.65hm^2，地形部位为平原高阶的耕地面积减少 4 005.26hm^2，地形部位为平原中阶的耕地面积减少 5 655.69hm^2，地形部位为平原低阶的耕地面积减少 33 001.60hm^2，地形部位为丘陵下部的耕地面积减少 97 459.01hm^2，地形部位为丘陵中部的耕地面积减少 8 681.78hm^2，地形部位为丘陵上部的耕地面积增加 2 269.99hm^2，地形部位为山间盆地的耕地面积减少 10 552.84hm^2，地形部位为山地坡上的耕地面积减少 8 574.93hm^2，地形部位为山地坡中的耕地面积增加 882.96hm^2，地形部位为山地坡下的耕地面积增加 9 749.82hm^2，统计结果见表 2-149。

表 2-149　地形部位马铃薯一作区七级地行政区划分布（hm²）

县市	宽谷盆地		平原高阶		平原中阶		平原低阶		丘陵下部		丘陵中部		丘陵上部		山间盆地		山地坡上		山地坡中		山地坡下	
	2009 年	2018 年	2009 年	2018 年	2009 年	2018 年	2009 年	2018 年	2009 年	2018 年	2009 年	2018 年	2009 年	2018 年	2009 年	2018 年	2009 年	2018 年	2009 年	2018 年	2009 年	2018 年
承德县	464.32	1 407.80	—	—	—	—	2 813.52	—	273.83	2 683.86	—	—	—	—	—	—	—	—	—	—	5 084.35	1 157.85
丰宁满族自治县	—	—	—	1 020.72	—	—	—	—	37 453.29	—	—	—	—	—	—	—	—	—	—	—	—	—
隆化县	592.29	—	—	—	—	—	—	—	—	323.50	—	—	—	—	587.65	—	—	—	—	—	797.38	—
平泉县	170.07	—	—	—	—	—	—	—	—	3 090.32	—	—	—	316.06	4 793.37	—	—	—	—	—	1 219.07	—
围场满族蒙古族自治区	1 377.58	4 049.35	—	3.28	—	—	—	—	—	—	—	—	—	—	1 593.77	—	—	—	—	9 726.45	600.14	2 510.87
赤城县	3 905.75	5 968.80	—	—	—	—	—	—	—	—	—	—	—	—	—	—	—	—	188.69	—	—	—
崇礼区	—	161.28	—	—	—	635.29	7 951.78	—	—	—	—	—	—	—	—	—	—	—	—	—	—	362.64
沽源县	—	—	—	—	14 290.38	484.39	—	—	5 867.45	—	—	—	—	—	—	—	—	—	—	—	—	89.00
怀安县	—	—	5 411.07	—	—	—	—	—	6 901.03	—	—	—	—	—	—	—	—	—	—	—	—	—
怀来县	5 033.61	—	—	381.81	—	—	—	—	1 691.46	—	2 759.62	—	—	—	—	—	—	—	—	—	—	—
康保县	742.46	—	—	—	—	1 466.10	12 438.99	—	31 219.58	873.68	—	—	—	5 280.79	—	—	—	—	—	—	—	15 546.43
尚义县	—	—	—	—	—	—	—	—	24 228.53	—	—	—	—	—	—	—	686.74	—	207.91	—	—	—
万全区	—	—	—	—	—	—	—	—	—	—	4 680.07	—	—	—	—	—	—	—	—	—	—	—
蔚县	—	—	—	—	—	—	—	—	—	—	—	—	—	—	—	—	—	—	—	—	12 909.27	8 155.70
宣化区	—	—	—	—	—	—	370.12	—	169.47	—	283.35	—	—	—	—	—	—	—	506.89	—	—	—
阳原县	7 440.63	62.83	—	—	—	—	9 427.19	—	—	2 548.67	—	—	—	—	1 201.24	—	—	—	—	—	—	—
张北县	—	—	—	—	—	6 048.91	—	—	2 963.93	3 789.53	—	—	7 910.58	4 583.72	—	—	14 764.73	6 876.54	—	—	—	2 117.62
涿鹿县	—	—	—	—	—	—	—	—	—	—	958.74	—	—	—	2 376.81	—	—	—	—	—	—	419.92
合计	19 726.71	11 650.06	5 411.07	1 405.81	14 290.38	8 634.69	33 001.60	—	110 768.57	13 309.56	8 681.78	—	7 910.58	10 180.57	10 552.84	—	15 451.47	6 876.54	903.49	9 726.45	20 610.21	30 360.03

(7) 质地构型 利用耕地质量等级图对质地构型栅格数据进行区域统计，马铃薯一作区七级地质地构型为薄层型、海绵型、紧实型、夹层型、上紧下松型、上松下紧型和松散型。用行政区划图与耕地质量等级图叠加联合形成行政区划耕地质量等级综合图，对质地构型栅格数据进行区域统计，七级地，2018 年薄层型面积较 2009 年增加 1 716.04hm²，海绵型面积减少 23 047.83hm²，紧实型面积减少 28 550.27hm²，夹层型面积减少 75 889.68hm²，上紧下松型面积减少 19 291.83hm²，上松下紧型面积增加 303.6hm²，松散型面积减少 10 405.00hm²，统计结果见表 2-150。

表 2-150 质地构型马铃薯一作区七级地行政区划分布（hm²）

县市	薄层型		海绵型		紧实型		夹层型		上紧下松型		上松下紧型		松散型	
	2009 年	2018 年	2009 年	2018 年	2009 年	2018 年	2009 年	2018 年	2009 年	2018 年	2009 年	2018 年	2009 年	2018 年
承德县	—	—	—	—	—	—	8 636.01	—	—	—	—	—	—	5 249.52
丰宁满族自治县	—	—	—	—	—	1 020.72	37 453.29	—	—	—	—	—	—	—
隆化县	—	—	—	—	—	—	1 977.33	—	—	—	—	—	—	323.50
平泉县	—	1 716.04	—	—	—	—	6 182.51	—	—	—	—	24.78	—	1 665.56
围场满族蒙古族自治县	—	—	—	—	—	3.28	3 571.49	—	—	—	—	—	—	16 286.67
赤城县	—	—	1 828.27	3 623.40	—	—	—	—	2 077.48	2 345.40	188.69	—	—	—
崇礼区	—	—	—	161.28	—	—	—	—	7 951.78	362.64	—	—	—	635.29
沽源县	—	—	—	—	—	—	—	—	—	89.00	—	—	20 157.83	484.39
怀安县	—	—	252.49	—	—	—	—	—	12 059.61	—	—	—	—	—
怀来县	—	—	—	—	4 451.08	—	—	—	—	—	—	—	5 033.61	381.81
康保县	—	—	—	1 875.05	—	—	—	—	—	—	—	467.51	44 401.02	20 824.44
尚义县	—	—	—	—	25 123.19	—	—	—	—	—	—	—	—	—
万全区	—	—	4 680.07	—	—	—	—	—	—	—	—	—	—	—
蔚 县	—	—	12 909.27	—	—	—	—	—	—	—	—	—	—	8 155.70
宣化区	—	—	1 329.83	—	—	—	—	—	—	—	—	—	—	—
阳原县	—	—	—	2 611.49	—	—	18 069.05	—	—	—	—	—	—	—
张北县	—	—	25 639.24	18 235.74	—	—	—	—	—	—	—	—	—	5 180.58
涿鹿县	—	—	3 335.54	419.92	—	—	—	—	—	—	—	—	—	—
合计	—	1 716.04	49 974.71	26 926.88	29 574.27	1 024.00	75 889.68	—	22 088.87	2 797.04	188.69	492.29	69 592.46	59 187.46

(8) 生物多样性 利用耕地质量等级图对生物多样性栅格数据进行区域统计，马铃薯一作区七级地生物多样性处于“丰富”、“一般”和“不丰富”状态。用行政区划图与耕地质量等级图叠加联合形成行政区划耕地质量等级综合图，对生物多样性栅格数据进行区域统计，七级地中，2018 年处于“丰富”状态耕地面积较 2009 年减少 3 198.18hm²，处于“一般”状态耕地面积减少 132 156.55hm²，处于“不丰富”耕地面积减少 19 810.28hm²，统计结果见表 2-151。

表 2-151　生物多样性马铃薯一作区七级地行政区划分布（hm^2）

县市	丰富		一般		不丰富	
	2009 年	2018 年	2009 年	2018 年	2009 年	2018 年
承德县	—	—	945.03	5 249.52	7 690.99	—
丰宁满族自治县	—	—	24 042.19	1 020.72	13 411.10	—
隆化县	—	—	1 977.33	323.50	—	—
平泉县	—	—	6 182.51	3 406.38	—	—
围场满族蒙古族自治县	—	—	3 571.49	16 289.94	—	—
赤城县	—	—	—	—	4 094.43	5 968.80
崇礼区	—	—	2 276.97	997.92	5 674.82	161.28
沽源县	—	—	20 157.83	573.39	—	—
怀安县	528.95	—	11 783.16	—	—	—
怀来县	—	—	9 484.70	156.31	—	225.50
康保县	—	—	44 401.02	23 167.00	—	—
尚义县	—	—	25 123.19	—	—	—
万全区	—	—	4 680.07	—	—	—
蔚　县	2 669.23	—	9 858.79	3 068.98	381.25	5 086.73
宣化区	—	—	1 329.83	—	—	—
阳原县	—	—	18 069.05	2 611.49	—	—
张北县	—	—	25 639.24	23 416.32	—	—
涿鹿县	—	—	3 335.54	419.92	—	—
合计	3 198.18	—	212 857.94	80 701.39	31 252.59	11 442.31

（9）坡度　利用耕地质量等级图对坡度栅格数据进行区域统计，马铃薯一作区七级地坡度为≤2°、2°～6°、6°～10°、10°～15°和>15°。用行政区划图与耕地质量等级图叠加联合形成行政区划耕地质量等级综合图，对坡度栅格数据进行区域统计，七级地中，2018 年坡度≤2°的耕地面积较 2009 年减少 85 932.47hm^2，2°～6°的耕地面积减少36 392.06hm^2，6°～10°的耕地面积减少 22 794.08hm^2，10°～15°的耕地面积减少 7 461.92hm^2，>15°的耕地面积减少 2 447.86hm^2，统计结果见表 2-152。

表 2-152　坡度马铃薯一作区七级地行政区划分布（hm^2）

县市	≤2°		2°～6°		6°～10°		10°～15°		>15°	
	2009 年	2018 年	2009 年	2018 年	2009 年	2018 年	2009 年	2018 年	2009 年	2018 年
承德县	3 020.40	1 975.97	738.15	96.96	—	1 710.29	—	1 157.85	4 877.47	308.45
丰宁满族自治县	6 813.62	—	21 091.98	1 020.72	7 499.72	—	2 047.97	—	—	—
隆化县	390.98	—	—	323.50	1 586.35	—	—	—	—	—
平泉县	2 847.13	551.76	1 293.56	2 854.62	206.64	—	1 835.18	—	—	—
围场满族蒙古族自治区	2 331.38	1 659.76	791.18	11 431.16	448.93	3 199.02	—	—	—	—
赤城县	3 905.75	5 968.80	188.69	—	—	—	—	—	—	—
崇礼区	3 483.10	1 159.20	1 827.59	—	2 641.09	—	—	—	—	—

（续）

县市	≤2°		2°～6°		6°～10°		10°～15°		>15°	
	2009年	2018年	2009年	2018年	2009年	2018年	2009年	2018年	2009年	2018年
沽源县	14 290.38	573.39	—	—	—	—	5 730.80	—	136.65	—
怀安县	2 408.54	—	9 903.56	—	—	—	—	—	—	—
怀来县	4 451.08	381.81	5 033.61	—	—	—	—	—	—	—
康保县	—	1 466.10	30 146.18	21 700.90	14 254.85	—	—	—	—	—
尚义县	22 001.91	—	3 069.44	—	51.84	—	—	—	—	—
万全区	4 680.07	—	—	—	—	—	—	—	—	—
蔚　县	12 909.27	5 656.67	—	1 471.33	—	1 027.70	—	—	—	—
宣化区	959.71	—	—	—	—	—	—	—	370.12	—
阳原县	15 009.66	2 611.49	2 542.66	—	516.74	—	—	—	—	—
张北县	15 397.73	7 840.01	6 278.37	8 512.68	384.99	—	3 511.42	4 505.60	66.74	2 558.02
涿鹿县	876.72	—	1 318.88	419.92	1 139.94	—	—	—	—	—
合计	115 777.43	29 844.96	84 223.85	47 831.79	28 731.09	5 937.01	13 125.37	5 663.45	5 314.33	2 866.47

（10）农田林网化　利用耕地质量等级图对农田林网化栅格数据进行区域统计，马铃薯一作区七级地农田林网化处于“高”、“中”和“低”状态。用行政区划图与耕地质量等级图叠加联合形成行政区划耕地质量等级综合图，对农田林网化栅格数据进行区域统计，七级地中，2018年处于“高”状态耕地面积较2009年减少2 518.85hm^2，处于“中”状态耕地面积减少106 889.53hm^2，处于“低”状态耕地面积减少45 756.61hm^2，统计结果见表2-153。

表 2-153　农田林网化马铃薯一作区七级地行政区划分布（hm^2）

县市	高		中		低	
	2009年	2018年	2009年	2018年	2009年	2018年
承德县	—	—	23.17	5 249.52	8 612.84	—
丰宁满族自治县	—	—	23 955.01	1 020.72	13 498.28	—
隆化县	—	—	1 547.22	323.50	430.11	—
平泉县	—	—	1 196.21	3 406.38	4 986.30	—
围场满族蒙古族自治县	—	—	3 145.67	16 289.94	425.82	—
赤城县	—	—	2 177.02	5 968.80	1 917.41	—
崇礼区	—	—	5 310.69	796.57	2 641.09	362.64
沽源县	—	—	5 867.45	484.39	14 290.38	89.00
怀安县	—	—	2 443.75	—	9 868.36	—
怀来县	—	—	9 484.70	—	—	381.81
康保县	—	—	39 986.79	1 466.10	4 414.23	21 700.90
尚义县	—	—	16 885.08	—	8 238.11	—
万全区	—	—	4 680.07	—	—	—
蔚　县	2 669.23	150.38	8 480.40	2 918.59	1 759.64	5 086.73
宣化区	—	—	746.44	—	583.39	—

（续）

县市	高		中		低	
	2009 年	2018 年	2009 年	2018 年	2009 年	2018 年
阳原县	—	—	15 355.62	2 611.49	2 713.43	—
张北县	—	—	25 639.24	19 499.00	—	3 917.32
涿鹿县	—	—	—	—	3 335.54	419.92
合计	2 669.23	150.38	166 924.53	60 035.00	77 714.93	31 958.32

（11）清洁程度　利用耕地质量等级图对清洁程度栅格数据进行区域统计，马铃薯一作区七级地清洁程度处于“清洁”状态。用行政区划图与耕地质量等级图叠加联合形成行政区划耕地质量等级综合图，对清洁程度栅格数据进行区域统计，七级地中，2018 年处于“清洁”状态耕地面积较 2009 年减少 155 164.99hm^2，统计结果见表 2-154。

表 2-154　清洁程度马铃薯一作区七级地行政区划分布（hm^2）

县市	清洁	
	2009 年	2018 年
承德县	8 636.01	5 249.52
丰宁满族自治县	37 453.29	1 020.72
隆化县	1 977.33	323.50
平泉县	6 182.51	3 406.38
围场满族蒙古族自治县	3 571.49	16 289.94
赤城县	4 094.43	5 968.80
崇礼区	7 951.78	1 159.20
沽源县	20 157.83	573.39
怀安县	12 312.10	—
怀来县	9 484.70	381.81
康保县	44 401.02	23 167.00
尚义县	25 123.19	—
万全区	4 680.07	—
蔚　县	12 909.27	8 155.70
宣化区	1 329.83	—
阳原县	18 069.05	2 611.49
张北县	25 639.24	23 416.32
涿鹿县	3 335.54	419.92
合计	247 308.68	92 143.69

（12）土壤有机质含量　利用耕地质量等级图对土壤有机质含量栅格数据进行区域统计，一作区七级地 2009 年土壤有机质含量为 19.00g/kg，2018 年为 16.06g/kg。用行政区划图与耕地质量等级图叠加联合形成行政区划耕地质量等级综合图，对土壤有机质含量栅格数据进行区域统计，七级地中，2009 年土壤有机质含量变幅在 1.30～32.60g/kg 之间，2018 年在 9.90～25.60g/kg 之间，2009—2018 年土壤有机质含量平均值减少 2.94g/kg，统计结果见表 2-155。

表 2-155　土壤有机质含量马铃薯一作区七级地行政区划分布（g/kg）

县市	最大值		最小值		平均值	
	2009 年	2018 年	2009 年	2018 年	2009 年	2018 年
承德县	20.10	21.80	11.90	14.50	15.23	17.55
丰宁满族自治县	32.60	18.20	15.40	17.70	24.06	17.90
隆化县	23.80	18.00	10.50	16.70	17.92	17.35
平泉县	20.80	25.60	12.70	13.60	17.42	22.56
围场满族蒙古族自治县	21.70	18.20	13.80	11.80	18.32	14.13
赤城县	22.60	16.30	14.20	11.60	18.08	13.40
崇礼区	31.60	20.00	1.30	12.80	22.12	17.05
沽源县	31.40	19.70	17.80	17.70	23.59	18.73
怀安县	27.10	—	1.30	—	12.19	—
怀来县	20.10	11.00	10.40	9.90	15.80	10.25
康保县	28.40	17.50	10.30	12.90	22.35	15.56
尚义县	28.00	—	1.30	—	17.20	—
万全区	1.60	—	1.30	—	1.40	—
蔚　县	19.60	23.5	9.10	13.80	14.91	19.64
宣化区	17.80	—	7.70	—	12.18	—
阳原县	22.40	12.70	9.5	12.30	14.30	12.57
张北县	26.70	18.90	1.3	11.70	16.80	15.22
涿鹿县	17.70	13.80	10.2	13.80	12.63	13.80
总计	32.60	25.60	1.3	9.90	19.00	16.06

（13）土壤有效磷含量　利用耕地质量等级图对土壤有效磷含量栅格数据进行区域统计，一作区七级地 2009 年土壤有效磷含量为 15.52mg/kg，2018 年为 21.11mg/kg。用行政区划图与耕地质量等级图叠加联合形成行政区划耕地质量等级综合图，对土壤有效磷含量栅格数据进行区域统计，七级地中，2009 年土壤有效磷含量变化幅度在 2.80～41.50mg/kg 之间，2018 年在 3.20～65.30mg/kg 之间，2009—2018 年土壤有效磷含量平均值增加 5.59mg/kg，统计结果见表 2-156。

表 2-156　土壤有效磷含量马铃薯一作区七级地行政区划分布（mg/kg）

县市	最大值		最小值		平均值	
	2009 年	2018 年	2009 年	2018 年	2009 年	2018 年
承德县	28.50	48.30	8.50	15.80	21.07	33.34
丰宁满族自治县	24.50	10.10	11.00	9.40	16.44	9.67
隆化县	26.00	29.90	5.20	27.90	15.06	28.90
平泉县	35.10	50.60	8.80	3.20	19.10	43.27
围场满族蒙古族自治县	27.50	65.30	9.90	10.20	16.62	39.99
赤城县	20.60	14.20	7.80	6.40	15.38	10.10
崇礼区	33.30	27.50	6.20	8.90	15.01	17.73

（续）

县市	最大值		最小值		平均值	
	2009 年	2018 年	2009 年	2018 年	2009 年	2018 年
沽源县	20.70	35.20	6.10	14.70	12.70	21.70
怀安县	34.80	—	11.00	—	20.48	—
怀来县	14.30	10.50	7.00	7.20	11.09	8.73
康保县	32.10	20.10	2.80	5.10	13.67	13.83
尚义县	35.60	—	9.50	—	16.55	—
万全区	31.80	—	27.60	—	30.00	—
蔚　县	20.90	28.90	6.90	6.60	12.87	16.99
宣化区	14.20	—	5.40	—	9.01	—
阳原县	15.40	5.90	4.50	5.60	7.88	5.77
张北县	41.50	18.60	8.10	4.70	16.88	13.01
涿鹿县	17.20	10.60	7.50	10.60	13.35	10.60
总计	41.50	65.30	2.80	3.20	15.52	21.11

（14）土壤速效钾含量　利用耕地质量等级图对土壤速效钾含量栅格数据进行区域统计，一作区七级地 2009 年土壤速效钾含量为 146.41mg/kg，2018 年为 144.47mg/kg。用行政区划图与耕地质量等级图叠加联合形成行政区划耕地质量等级综合图，对土壤速效钾含量栅格数据进行区域统计，七级地中，2009 年土壤速效钾含量变幅在 62～258mg/kg 之间，2018 年在 100～218mg/kg 之间，自 2009—2018 年土壤速效钾含量平均值减小 1.94mg/kg，统计结果见表 2-157。

表 2-157　土壤速效钾含量马铃薯一作区七级地行政区划分布（mg/kg）

县市	最大值		最小值		平均值	
	2009 年	2018 年	2009 年	2018 年	2009 年	2018 年
承德县	150	200	91	131	132.91	161.26
丰宁满族自治县	228	143	128	134	171.65	139.33
隆化县	228	167	88	163	168.12	165.00
平泉县	160	218	92	150	121.54	183.30
围场满族蒙古族自治县	176	210	62	134	107.92	191.62
赤城县	207	137	141	114	171.90	121.19
崇礼区	246	210	107	118	155.10	136.39
沽源县	182	208	109	100	130.48	149.00
怀安县	258	—	109	—	154.30	—
怀来县	154	114	68	101	116.74	104.75
康保县	182	138	111	101	137.32	125.62
尚义县	206	—	120	—	174.59	—
万全区	204	—	186	—	192.33	—
蔚　县	153	148	75	108	127.72	127.44

（续）

县市	最大值		最小值		平均值	
	2009 年	2018 年	2009 年	2018 年	2009 年	2018 年
宣化区	233	—	114	—	168.44	—
阳原县	190	136	95	129	126.73	133.33
张北县	199	170	108	102	156.41	133.49
涿鹿县	226	142	70	142	121.44	142.00
总计	258	218	62	100	146.41	144.47

（15）土壤 pH　利用耕地质量等级图对土壤 pH 栅格数据进行区域统计，一作区七级地 2009 年土壤 pH 为 7.85，2018 年为 7.60。用行政区划图与耕地质量等级图叠加联合形成行政区划耕地质量等级综合图，对土壤 pH 栅格数据进行区域统计，七级地中，2009 年土壤 pH 变化幅度在 5.0～8.9 之间，2018 年在 5.4～8.6 之间，自 2018 年到 2009 年土壤 pH 平均值减少 0.25，统计结果见表 2-158。

表 2-158　土壤 pH 马铃薯一作区七级地行政区划分布

县市	最大值		最小值		平均值	
	2009 年	2018 年	2009 年	2018 年	2009 年	2018 年
承德县	8.3	7.7	5.0	6.0	7.31	6.80
丰宁满族自治县	8.8	8.3	6.5	8.1	7.19	8.20
隆化县	8.4	7.6	6.6	7.0	7.84	7.30
平泉县	8.8	8.1	5.2	5.5	6.77	6.40
围场满族蒙古族自治县	8.4	8.3	5.4	5.4	6.21	6.70
赤城县	8.4	8.1	8.0	7.9	8.23	8.00
崇礼区	8.7	8.2	7.1	7.6	8.10	7.90
沽源县	8.5	8.3	7.4	7.3	7.92	7.90
怀安县	8.8	—	7.4	—	8.24	—
怀来县	8.8	8.5	8.2	8.4	8.42	8.50
康保县	8.4	8.2	6.7	7.4	7.99	8.00
尚义县	8.6	—	7.9	—	8.14	—
万全区	8.3	—	8.2	—	8.23	—
蔚　县	8.7	8.6	8.1	7.8	8.42	8.20
宣化区	8.9	—	7.7	—	8.19	—
阳原县	8.8	8.1	8.3	7.8	8.56	8.00
张北县	8.7	8.4	7.8	7.5	8.28	8.00
涿鹿县	8.8	7.9	8.3	7.9	8.57	7.90
总计	8.9	8.6	5.0	5.4	7.85	7.60

（16）土壤容重　利用耕地质量等级图对土壤容重栅格数据进行区域统计，一作区七级地 2009 年土壤容重为 1.33g/cm^3，2018 年为 1.44g/cm^3。用行政区划图与耕地质量等级图

叠加联合形成行政区划耕地质量等级综合图，对土壤容重栅格数据进行区域统计，七级地中，2009 年土壤容重变化幅度在 1.1～1.54g/cm³ 之间，2018 年在 0.55～2.62g/cm³ 之间，2009—2018 年土壤容重平均值增加 0.11g/cm³，统计结果见表 2-159。

表 2-159　土壤容重马铃薯一作区七级地行政区划分布（g/cm³）

县市	最大值		最小值		平均值	
	2009 年	2018 年	2009 年	2018 年	2009 年	2018 年
承德县	1.27	1.40	1.20	1.23	1.20	1.31
丰宁满族自治县	1.51	1.59	1.21	1.55	1.38	1.57
隆化县	1.48	1.32	1.10	1.28	1.34	1.30
平泉县	1.51	1.49	1.16	1.35	1.30	1.41
围场满族蒙古族自治县	1.51	1.59	1.15	1.20	1.37	1.41
赤城县	1.47	1.47	1.27	1.35	1.36	1.41
崇礼区	1.49	1.53	1.23	0.71	1.35	1.18
沽源县	1.42	1.21	1.19	0.55	1.30	0.82
怀安县	1.47	—	1.27	—	1.37	—
怀来县	1.44	1.24	1.21	1.24	1.34	1.24
康保县	1.48	2.62	1.11	0.93	1.31	1.89
尚义县	1.54	—	1.18	—	1.36	—
万全区	1.37	—	1.24	—	1.32	—
蔚　县	1.40	1.44	1.26	1.33	1.31	1.39
宣化区	1.43	—	1.27	—	1.33	—
阳原县	1.44	1.33	1.18	1.29	1.33	1.31
张北县	1.48	1.44	1.21	0.68	1.33	1.23
涿鹿县	1.38	1.28	1.28	1.28	1.33	1.28
总计	1.54	2.62	1.10	0.55	1.33	1.44

（八）八级地耕地质量特征

1. 空间分布　2009 年八级地在马铃薯一作区面积 99 591.12hm²，占耕地总面积的 7.89%，2018 年面积为 73 249.98hm²，占耕地总面积的 5.80%，八级地面积逐渐减少。八级地在马铃薯一作区各县市的具体分布见表 2-160，2009—2018 年，丰宁满族自治县、隆化县、沽源县、怀安县、怀来县、万全区、宣化区八级地面积逐渐减少到 0；隆化县面积减少最多为 23 778.22hm²；赤城县、康保县、张北县面积逐渐增加，其中康保县面积增加最多为 46 930.49hm²，其次是张北县增加 4 327.34hm²。

表 2-160　八级地在马铃薯一作区各县市的面积与分布

地区	2009 年		2018 年	
	面积（hm²）	占八级地面积（%）	面积（hm²）	占八级地面积（%）
承德县	1 198.03	1.20	1 039.59	1.42

（续）

地区	2009 年		2018 年	
	面积（hm^2）	占八级地面积（%）	面积（hm^2）	占八级地面积（%）
丰宁满族自治县	23 778.22	23.88	—	—
隆化县	279.85	0.28	—	—
平泉县	1 937.50	1.95	2.74	0.004
围场满族蒙古族自治县	1 513.72	1.52	354.88	0.48
赤城县	41.95	0.04	1 449.77	1.98
崇礼区	4 230.70	4.25	264.81	0.36
沽源县	14 206.51	14.26	—	—
怀安县	4 683.12	4.70	—	—
怀来县	4 660.49	4.68	—	—
康保县	7 295.50	7.33	54 225.99	74.03
尚义县	5 714.96	5.74	2 493.06	3.40
万全区	20.61	0.02	—	—
蔚　县	12 801.47	12.85	2 320.87	3.17
宣化区	208.31	0.21	—	—
阳原县	10 203.13	10.25	122.42	0.17
张北县	6 512.21	6.54	10 839.55	14.80
涿鹿县	304.84	0.30	136.30	0.19
合计	99 591.12	100.00	73 249.98	100.00

2. 属性特征

（1）排水能力　利用耕地质量等级图对排水能力栅格数据进行区域统计，马铃薯一作区八级地排水能力处于“充分满足”、“满足”、“基本满足”和“不满足”状态。用行政区划图与耕地质量等级图叠加联合形成行政区划耕地质量等级综合图，对排水能力栅格数据进行区域统计，八级地中，2018 年处于“充分满足”状态耕地面积较 2009 年增加 1 372.47hm^2，处于“满足”状态的耕地面积增加 8 609.52hm^2，处于“基本满足”状态耕地面积减少 13 210.09hm^2，处于“不满足”状态耕地面积减少 35 013.05hm^2，统计结果见表 2-161。

表 2-161　排水能力马铃薯一作区八级地行政区划分布（hm^2）

县市	充分满足		满足		基本满足		不满足	
	2009 年	2018 年	2009 年	2018 年	2009 年	2018 年	2009 年	2018 年
承德县	1 166.19	—	31.85	—	—	—	—	1 039.59
丰宁满族自治县	—	—	—	—	15 504.04	—	8 274.18	—
隆化县	—	—	—	—	171.22	—	108.63	—
平泉县	—	—	—	—	1 175.64	2.74	761.86	—
围场满族蒙古族自治县	—	—	—	—	311.21	354.88	1 202.51	—

（续）

县市	充分满足		满足		基本满足		不满足	
	2009 年	2018 年	2009 年	2018 年	2009 年	2018 年	2009 年	2018 年
赤城县	—	—	—	45.23	—	1 404.54	41.95	—
崇礼区	—	—	—	—	3 072.03	264.81	1 158.67	—
沽源县	—	—	—	—	—	—	14 206.51	—
怀安县	—	—	—	—	2 660.23	—	2 022.89	—
怀来县	—	—	—	—	2 043.39	—	2 617.11	—
康保县	—	13 157.80	—	10 206.48	6 487.08	30 861.71	808.42	—
尚义县	—	—	—	—	5 500.61	2 493.06	214.35	—
万全区	—	—	—	—	20.61	—	—	—
蔚　县	—	—	—	2 320.87	5 591.82	—	7 209.65	—
宣化区	—	—	—	—	—	—	208.31	—
阳原县	—	—	1 598.06	122.42	8 605.06	—	—	—
张北县	—	1 280.86	2 455.57	—	546.95	3 402.90	3 509.70	6 155.79
涿鹿县	—	—	—	—	304.84	—	—	136.31
合计	1 166.19	14 438.66	4 085.48	12 695.00	51 994.73	38 784.64	42 344.74	7 331.69

（2）灌溉能力　利用耕地质量等级图对灌溉能力栅格数据进行区域统计，马铃薯一作区八级地灌溉能力处于“满足”、“基本满足”和“不满足”状态。用行政区划图与耕地质量等级图叠加联合形成行政区划耕地质量等级综合图，对灌溉能力栅格数据进行区域统计，八级地中，2018 年处于“满足”状态耕地面积较 2009 年减少 1 459.64hm^2，处于“基本满足”状态耕地面积减少 4 764.34hm^2，处于“不满足”状态耕地面积减少20 117.15hm^2，统计结果见表 2-162。

表 2-162　灌溉能力马铃薯一作区八级地行政区划分布（hm^2）

县市	满足		基本满足		不满足	
	2009 年	2018 年	2009 年	2018 年	2009 年	2018 年
承德县	—	—	—	—	1 198.03	1 039.59
丰宁满族自治县	—	—	—	—	23 778.22	—
隆化县	—	—	—	—	279.85	—
平泉县	—	—	—	—	1 937.50	2.74
围场满族蒙古族自治县	—	—	—	—	1 513.72	354.88
赤城县	—	—	—	—	41.95	1 449.77
崇礼区	—	—	107.66	—	4 123.04	264.81
沽源县	—	—	—	—	14 206.51	—
怀安县	—	—	1 005.74	—	3 677.38	—
怀来县	1 439.03	—	1 178.08	—	2 043.39	—
康保县	—	—	—	6 113.57	7 295.50	48 112.42

（续）

县市	满足		基本满足		不满足	
	2009年	2018年	2009年	2018年	2009年	2018年
尚义县	—	—	—	—	5 714.96	2 493.06
万全区	20.61	—	—	—	—	—
蔚　县	—	—	8 285.90	—	4 515.57	2 320.87
宣化区	—	—	—	—	208.31	—
阳原县	—	—	300.53	—	9 902.59	122.42
张北县	—	—	—	—	6 512.21	10 839.55
涿鹿县	—	—	—	—	304.84	136.31
合计	1 459.64	—	10 877.91	6 113.57	87 253.57	67 136.42

（3）*有效土层厚度*　利用耕地质量等级图对有效土层厚度栅格数据进行区域统计，马铃薯一作区八级地有效土层厚度处于“<30cm”、“30～60cm”和“≥60cm”状态。用行政区划图与耕地质量等级图叠加联合形成行政区划耕地质量等级综合图，对有效土层厚度栅格数据进行区域统计，八级地中，2018年处于“<30cm”状态耕地面积较2009年减少20.61hm²，处于“30～60cm”状态耕地面积减少40 667.75hm²，处于“≥60cm”状态耕地面积增加14 347.22hm²，统计结果见表2-163。

表2-163　有效土层厚度马铃薯一作区八级地行政区划分布（hm²）

县市	<30cm		30～60cm		≥60cm	
	2009年	2018年	2009年	2018年	2009年	2018年
承德县	—	—	1 198.03	1 039.59	—	—
丰宁满族自治区	—	—	23 778.22	—	—	—
隆化县	—	—	171.22	—	108.63	—
平泉县	—	—	—	2.74	1 937.50	—
围场满族蒙古族自治县	—	—	—	354.88	1 513.72	—
赤城县	—	—	41.95	1 404.54	—	45.23
崇礼区	—	—	4 132.78	—	97.93	264.81
沽源县	—	—	14 206.51	—	—	—
怀安县	—	—	4 523.15	—	159.97	—
怀来县	—	—	1 685.60	—	2 974.90	—
康保县	—	—	7 295.50	15 990.78	—	38 235.21
尚义县	—	—	—	1 054.51	5 714.96	1 438.55
万全区	20.61	—	—	—	—	—
蔚　县	—	—	6 122.36	925.98	6 679.11	1 394.90
宣化区	—	—	—	—	208.31	—
阳原县	—	—	—	—	10 203.13	122.42

（续）

县市	<30cm		30～60cm		≥60cm	
	2009 年	2018 年	2009 年	2018 年	2009 年	2018 年
张北县	—	—	—	1 714.55	6 512.21	9 125.00
涿鹿县	—	—	—	—	304.84	136.31
合计	20.61	—	63 155.32	22 487.57	36 415.21	50 762.43

（4）*障碍因素* 利用耕地质量等级图对障碍因素栅格数据进行区域统计，马铃薯一作区八级地大部分基本无明显障碍，部分耕地存在障碍层次、盐渍化和瘠薄等障碍因素。用行政区划图与耕地质量等级图叠加联合形成行政区划耕地质量等级综合图，对障碍因素栅格数据进行区域统计，八级地中，2018 年无明显障碍耕地面积较 2009 年增加29 017.27hm^2，存在障碍层次的耕地面积减少 49 735.63hm^2，存在盐渍化的耕地面积减少5 625.53hm^2，存在瘠薄的耕地面积增加 2.74hm^2，统计结果见表 2-164。

表 2-164 障碍因素马铃薯一作区八级地行政区划分布（hm^2）

县市	无障碍层		障碍层次		盐渍化		瘠薄	
	2009 年	2018 年	2009 年	2018 年	2009 年	2018 年	2009 年	2018 年
承德县	1 166.19	178.28	31.85	861.31	—	—	—	—
丰宁满族自治县	1 668.48	—	22 109.75	—	—	—	—	—
隆化县	216.84	—	63.01	—	—	—	—	—
平泉县	1 488.69	—	448.81	—	—	—	—	2.74
围场满族蒙古族自治县	753.49	354.88	760.23	—	—	—	—	—
赤城县	41.95	1 404.54	—	45.23	—	—	—	—
崇礼区	—	264.81	4 230.70	—	—	—	—	—
沽源县	7 886.99	—	6 319.52	—	—	—	—	—
怀安县	4 683.12	—	—	—	—	—	—	—
怀来县	3 705.30	—	955.19	—	—	—	—	—
康保县	5 460.31	54 225.99	1 835.19	—	—	—	—	—
尚义县	529.16	2 493.06	5 185.80	—	—	—	—	—
万全区	—	—	20.61	—	—	—	—	—
蔚　县	6 897.96	733.72	277.98	1 587.15	5 625.53	—	—	—
宣化区	208.31	—	—	—	—	—	—	—
阳原县	348.75	122.42	9 854.37	—	—	—	—	—
张北县	6 512.21	10 839.55	—	—	—	—	—	—
涿鹿县	168.54	136.31	136.31	—	—	—	—	—
合计	41 736.29	70 753.56	52 229.32	2 493.69	5 625.53	—	—	2.74

（5）*耕层质地* 利用耕地质量等级图对耕层质地栅格数据进行区域统计，马铃薯一作区八级地耕层质地处为轻壤、砂壤、砂土、中壤和重壤。用行政区划图与耕地质量等级图叠加联合形成行政区划耕地质量等级综合图，对耕层质地栅格数据进行区域统计，八级地中，

2018 年轻壤面积较 2009 年减少 27 750.59hm^2，砂壤面积增加 3 154.05hm^2，砂土面积增加 57.53hm^2，中壤面积减少 885.04hm^2，重壤面积减少 917.09hm^2，统计结果见表 2-165。

表 2-165　耕层质地马铃薯一作区八级地行政区划分布（hm^2）

县市	轻壤		砂壤		砂土		中壤		重壤	
	2009 年	2018 年	2009 年	2018 年	2009 年	2018 年	2009 年	2018 年	2009 年	2018 年
承德县	1 198.03	727.23	—	170.68	—	—	—	141.67	—	—
丰宁满族自治县	21 727.92	—	1 326.10	—	—	—	724.20	—	—	—
隆化县	279.85	—	—	—	—	—	—	—	—	—
平泉县	1 058.45	2.74	879.05	—	—	—	—	—	—	—
围场满族蒙古族自治县	742.51	—	473.87	—	297.35	354.88	—	—	—	—
赤城县	41.95	1 449.77	—	—	—	—	—	—	—	—
崇礼区	4 106.73	264.81	123.97	—	—	—	—	—	—	—
沽源县	9 433.72	—	4 772.79	—	—	—	—	—	—	—
怀安县	1 575.79	—	—	—	—	—	3 107.33	—	—	—
怀来县	3 986.17	—	674.32	—	—	—	—	—	—	—
康保县	6 257.86	41 093.14	1 037.64	11 613.86	—	—	—	1 518.99	—	—
尚义县	5 444.51	1 207.23	270.45	—	—	—	—	1 285.83	—	—
万全区	—	—	—	—	—	—	—	—	20.61	—
蔚　县	11 369.31	2 320.87	535.68	—	—	—	—	—	896.48	—
宣化区	208.31	—	—	—	—	—	—	—	—	—
阳原县	9 209.62	122.42	993.50	—	—	—	—	—	—	—
张北县	6 025.43	7 895.89	486.78	2 943.66	—	—	—	—	—	—
涿鹿县	304.84	136.31	—	—	—	—	—	—	—	—
合计	82 971.00	55 220.41	11 574.15	14 728.20	297.35	354.88	3 831.53	2 946.49	917.09	—

（6）地形部位　利用耕地质量等级图对地形部位栅格数据进行区域统计，马铃薯一作区八级地地形部位为宽谷盆地、平原高阶、平原中阶、平原低阶、丘陵下部、丘陵中部、丘陵上部、山间盆地、山地坡上、山地坡中和山地坡下状态。用行政区划图与耕地质量等级图叠加联合形成行政区划耕地质量等级综合图，对地形部位栅格数据进行区域统计，八级地中，2018 年地形部位为宽谷盆地的耕地面积较 2009 年减少 4 220.31hm^2，地形部位为平原高阶的耕地面积减少 1 036.36hm^2，地形部位为平原中阶的耕地面积减少7 096.93hm^2，地形部位为平原低阶的耕地面积减少 12 354.36hm^2，地形部位为丘陵下部的耕地面积减少 30 338.30hm^2，地形部位为丘陵中部的耕地面积减少 1 459.64hm^2，地形部位为丘陵上部的耕地面积增加 23 169.56hm^2，地形部位为山间盆地的耕地面积减少1 568.63hm^2，地形部位为山地坡上的耕地面积减少 448.86hm^2，地形部位为山地坡中的耕地面积减少 415.47hm^2，地形部位为山地坡下的耕地面积增加 9 428.14hm^2，统计结果见表 2-166。

表 2-166 地形部位马铃薯一作区八级地行政区划分布（hm^2）

县市	宽谷盆地		平原高阶		平原中阶		平原低阶		丘陵下部		丘陵中部		丘陵上部		山间盆地		山地坡上		山地坡中		山地坡下	
	2009年	2018年	2009年	2018年	2009年	2018年	2009年	2018年	2009年	2018年	2009年	2018年	2009年	2018年	2009年	2018年	2009年	2018年	2009年	2018年	2009年	2018年
承德县	—	861.3	—	—	—	—	31.85	—	84.66	178.28	—	—	—	—	—	—	—	—	—	—	1 081.53	—
丰宁满族自治县	—	—	—	—	—	—	—	—	23 778.22	—	—	—	—	—	—	—	—	—	—	—	—	—
隆化县	61.57	—	—	—	—	—	—	—	—	—	—	—	—	—	171.22	—	—	—	—	—	47.07	—
平泉县	—	—	—	—	—	—	—	—	—	2.74	—	—	—	—	880.12	—	—	—	—	—	1 057.38	—
围场满族蒙古族自治区	442.28	—	—	—	—	—	—	—	—	354.88	—	—	—	—	—	—	—	—	—	—	1 071.44	—
赤城县	41.95	1 449.77	—	—	—	—	—	—	—	—	—	—	—	—	—	—	—	—	—	—	—	—
崇礼区	—	—	—	—	—	—	4 230.69	—	—	—	—	—	—	—	—	—	—	—	—	264.81	—	—
沽源县	—	—	—	—	7 886.99	—	—	—	6 319.52	—	—	—	—	—	—	—	—	—	—	—	—	—
怀安县	—	—	1 036.36	—	—	—	—	—	3 646.76	—	—	—	—	—	—	—	—	—	—	—	—	—
怀来县	1 758.94	—	—	—	—	—	—	—	1 462.53	—	1 439.03	—	—	—	—	—	—	—	—	—	—	—
康保县	—	—	—	—	—	—	2 643.61	—	4 651.89	9 239.54	—	—	—	21 942.71	—	—	—	—	—	—	—	23 043.74
尚义县	—	—	—	—	—	—	—	—	3 196.35	1 054.51	—	—	—	1 438.55	—	—	1 838.33	—	680.28	—	—	—
万全区	—	—	—	—	—	—	—	—	—	—	20.61	—	—	—	—	—	—	—	—	—	—	—
蔚　县	—	—	—	—	—	—	—	—	—	—	—	—	—	—	—	—	—	—	—	—	12 801.47	2 320.87
宣化区	—	—	—	—	—	—	208.31	—	—	—	—	—	—	—	—	—	—	—	—	—	—	—
阳原县	4 226.65	—	—	—	—	—	5 239.90	—	387.83	—	—	—	—	—	348.75	—	—	—	—	—	—	122.42
张北县	—	—	—	—	—	790.06	—	—	50.61	2 410.12	—	—	3 343.85	3 132.15	—	—	3 117.75	4 507.22	—	—	—	—
涿鹿县	—	—	—	—	—	—	—	—	—	—	—	—	—	—	168.54	—	—	—	—	—	136.30	136.30
合计	6 531.39	2 311.08	1 036.36	—	7 886.99	790.06	12 354.36	—	43 578.37	13 240.07	1 459.64	—	3 343.85	26 513.41	1 568.63	—	4 956.08	4 507.22	680.28	264.81	16 195.19	25 623.33

（7）质地构型 利用耕地质量等级图对质地构型栅格数据进行区域统计，马铃薯一作区八级地质地构型为薄层型、海绵型、紧实型、夹层型、上紧下松型、上松下紧型和松散型。用行政区划图与耕地质量等级图叠加联合形成行政区划耕地质量等级综合图，对质地构型栅格数据进行区域统计，八级地中，2018 年薄层型面积较 2009 年增加 2.74hm²，海绵型面积减少 3 326.23hm²，紧实型面积减少 8 616.52hm²，夹层型积减少 38 910.45hm²，上紧下松型面积减少 7 395.8hm²，上松下紧型面积增加 1 264.06hm²，松散型面积增加30 641.07hm²，统计结果见表 2-167。

表 2-167 质地构型马铃薯一作区八级地行政区划分布（hm²）

县市	薄层型		海绵型		紧实型		夹层型		上紧下松型		上松下紧型		松散型	
	2009年	2018年	2009年	2018年	2009年	2018年	2009年	2018年	2009年	2018年	2009年	2018年	2009年	2018年
承德县	—	—	—	—	—	—	1 198.03	—	—	—	—	—	—	1 039.59
丰宁满族自治县	—	—	—	—	—	—	23 778.22	—	—	—	—	—	—	—
隆化县	—	—	—	—	—	—	279.85	—	—	—	—	—	—	—
平泉县	—	2.74	—	—	—	—	1 937.50	—	—	—	—	—	—	—
围场满族蒙古族自治县	—	—	—	—	—	—	1 513.72	—	—	—	—	—	—	354.88
赤城县	—	—	41.95	189.80	—	—	—	—	—	1 259.97	—	—	—	—
崇礼区	—	—	—	—	—	—	—	—	4 230.70	—	—	264.80	—	—
沽源县	—	—	—	—	—	—	—	—	—	—	—	—	14 206.51	—
怀安县	—	—	258.04	—	—	—	—	—	4 425.07	—	—	—	—	—
怀来县	—	—	—	—	2 901.56	—	—	—	—	—	—	—	1 758.94	—
康保县	—	—	—	7 260.95	—	—	—	—	—	—	—	999.26	7 295.49	45 965.79
尚义县	—	—	—	1 054.51	5 714.96	—	—	—	—	—	—	—	—	1 438.54
万全区	—	—	20.61	—	—	—	—	—	—	—	—	—	—	—
蔚　县	—	—	12 801.47	—	—	—	—	—	—	—	—	—	—	2 320.87
宣化区	—	—	208.31	—	—	—	—	—	—	—	—	—	—	—
阳原县	—	—	—	—	—	—	10 203.13	—	—	—	—	—	—	122.42
张北县	—	—	6 512.21	8 179.63	—	—	—	—	—	—	—	—	—	2 659.92
涿鹿县	—	—	304.84	136.31	—	—	—	—	—	—	—	—	—	—
合计	—	2.74	20 147.43	16 821.20	8 616.52	—	38 910.45	—	8 655.77	1 259.97	—	1 264.06	23 260.94	53 902.01

（8）生物多样性 利用耕地质量等级图对生物多样性栅格数据进行区域统计，马铃薯一作区八级地生物多样性处于“丰富”、“一般”和“不丰富”状态。用行政区划图与耕地质量等级图叠加联合形成行政区划耕地质量等级综合图，对生物多样性栅格数据进行区域统计，八级地中，2018 年处于“丰富”状态耕地面积较 2009 年减少 116.87hm²，处于“一般”状态耕地面积减少 1 956.19hm²，处于“不丰富”状态耕地面积减少 6 657.08hm²，统计结果见表 2-168。

表 2-168　生物多样性马铃薯一作区八级地行政区划分布（hm^2）

县市	丰富		一般		不丰富	
	2009 年	2018 年	2009 年	2018 年	2009 年	2018 年
承德县	—	—	—	1 039.59	1 198.03	—
丰宁满族自治县	—	—	22 109.75	—	1 668.48	—
隆化县	—	—	279.85	—	—	—
平泉县	—	—	1 937.50	2.74	—	—
围场满族蒙古族自治县	—	—	1 513.72	354.88	—	—
赤城县	—	—	—	—	41.95	1 449.77
崇礼区	—	—	792.07	—	3 438.63	264.81
沽源县	—	—	14 206.51	—	—	—
怀安县	116.87	—	4 566.25	—	—	—
怀来县	—	—	4 660.49	—	—	—
康保县	—	—	7 295.50	54 225.99	—	—
尚义县	—	—	5 714.96	2 493.06	—	—
万全区	—	—	20.61	—	—	—
蔚　县	—	—	10 239.68	1 783.66	2 561.77	537.21
宣化区	—	—	208.31	—	—	—
阳原县	—	—	10 203.13	122.42	—	—
张北县	—	—	6 512.21	10 839.55	—	—
涿鹿县	—	—	304.84	136.32	—	—
合计	116.87	—	90 565.38	70 998.19	8 908.87	2 251.79

（9）坡度　利用耕地质量等级图对坡度栅格数据进行区域统计，马铃薯一作区八级地坡度为≤2°、2°～6°、6°～10°、10°～15°和>15°。用行政区划图与耕地质量等级图叠加联合形成行政区划耕地质量等级综合图，对坡度栅格数据进行区域统计，八级地中，2018 年坡度≤2°的耕地面积较 2009 年减少 32 941.25hm^2，2°～6°的耕地面积增加 38 362.76hm^2，6°～10°的耕地面积减少 4 769.45hm^2，10°～15°耕地面积减少 17 547.35hm^2，>15°的耕地面积减少 9 445.87hm^2，统计结果见表 2-169。

表 2-169　坡度马铃薯一作区八级地行政区划分布（hm^2）

县市	≤2°		2°～6°		6°～10°		10°～15°		>15°	
	2009 年	2018 年	2009 年	2018 年	2009 年	2018 年	2009 年	2018 年	2009 年	2018 年
承德县	116.50	178.28	—	—	—	—	—	—	1 081.53	861.31
丰宁满族自治县	260.38	—	8 274.18	—	305.56	—	14 938.10	—	—	—
隆化县	61.57	—	—	—	218.28	—	—	—	—	—
平泉县	845.09	—	79.30	2.74	96.29	—	761.86	—	154.96	—
围场满族蒙古族自治区	442.28	—	311.21	354.88	760.23	—	—	—	—	—

（续）

县市	≤2°		2°～6°		6°～10°		10°～15°		>15°	
	2009 年	2018 年	2009 年	2018 年	2009 年	2018 年	2009 年	2018 年	2009 年	2018 年
赤城县	41.95	1 449.77	—	—	—	—	—	—	—	—
崇礼区	1 552.22	264.81	104.80	—	2 573.68	—	—	—	—	—
沽源县	7 886.99	—	—	—	—	—	—	—	6 319.52	—
怀安县	1 110.11	—	3 573.01	—	—	—	—	—	—	—
怀来县	3 856.75	—	803.75	—	—	—	—	—	—	—
康保县	—	—	5 978.22	54 225.99	1 317.28	—	—	—	—	—
尚义县	4 612.78	—	798.02	2 493.06	304.16	—	—	—	—	—
万全区	20.61	—	—	—	—	—	—	—	—	—
蔚　县	12 801.47	733.72	—	537.21	—	1 049.94	—	—	—	—
宣化区	—	—	—	—	—	—	—	—	208.30	—
阳原县	6 616.15	—	2 513.87	122.42	94.68	—	891.14	—	87.30	—
张北县	503.94	5 297.28	208.85	3 154.67	—	—	3 343.85	2 387.60	2 455.57	—
涿鹿县	136.30	—	19.31	136.31	149.21	—	—	—	—	—
合计	40 865.11	7 923.86	22 664.52	61 027.28	5 819.39	1 049.94	19 934.95	2 387.60	10 307.18	861.31

（10）农田林网化　利用耕地质量等级图对农田林网化栅格数据进行区域统计，马铃薯一作区八级地农田林网化处于“高”、“中”和“低”状态。用行政区划图与耕地质量等级图叠加联合形成行政区划耕地质量等级综合图，对农田林网化栅格数据进行区域统计，八级地中，2018 年处于“高”状态耕地面积较 2009 年减少 277.98hm^2，处于“中”状态耕地面积减少 59 625.48hm^2，处于“低”状态耕地面积增加 33 562.36hm^2，统计结果见表 2-170。

表 2-170　农田林网化马铃薯一作区八级地行政区划分布（hm^2）

县市	高		中		低	
	2009 年	2018 年	2009 年	2018 年	2009 年	2018 年
承德县	—	—	—	1 039.59	1 198.03	—
丰宁满族自治县	—	—	22 419.61	—	1 358.61	—
隆化县	—	—	108.63	—	171.22	—
平泉县	—	—	251.25	2.74	1 686.25	—
围场满族蒙古族自治县	—	—	1 202.51	354.88	311.21	—
赤城县	—	—	41.95	1 449.77	—	—
崇礼区	—	—	1 596.46	264.81	2 634.24	—
沽源县	—	—	6 319.52	—	7 886.99	—
怀安县	—	—	3 340.83	—	1 342.29	—
怀来县	—	—	4 660.49	—	—	—
康保县	—	—	5 460.31	—	1 835.19	54 225.99

（续）

县市	高		中		低	
	2009 年	2018 年	2009 年	2018 年	2009 年	2018 年
尚义县	—	—	5 284.56	—	430.40	2 493.06
万全区	—	—	20.61	—	—	—
蔚　县	277.98	—	5 759.94	1 438.71	6 763.55	882.17
宣化区	—	—	—	—	208.31	—
阳原县	—	—	—	—	470.01	122.42
张北县	—	—	6 512.21	8 536.00	—	2 303.55
涿鹿县	—	—	—	—	304.84	136.31
合计	277.98	—	72 711.98	13 086.50	26 601.14	60 163.50

（11）清洁程度　利用耕地质量等级图对清洁程度栅格数据进行区域统计，马铃薯一作区八级地清洁程度处于“清洁”状态。用行政区划图与耕地质量等级图叠加联合形成行政区划耕地质量等级综合图，对清洁程度栅格数据进行区域统计，八级地中，2018 年处于“清洁”状态耕地面积较 2009 年减少 26 341.13hm^2，统计结果见表 2-171。

表 2-171　清洁程度马铃薯一作区八级地行政区划分布（hm^2）

县市	清洁	
	2009 年	2018 年
承德县	1 198.03	1 039.59
丰宁满族自治县	23 778.22	—
隆化县	279.85	—
平泉县	1 937.50	2.74
围场满族蒙古族自治县	1 513.72	354.88
赤城县	41.95	1 449.77
崇礼区	4 230.70	264.81
沽源县	14 206.51	—
怀安县	4 683.12	—
怀来县	4 660.49	—
康保县	7 295.50	54 225.99
尚义县	5 714.96	2 493.06
万全区	20.61	—
蔚　县	12 801.47	2 320.87
宣化区	208.31	—
阳原县	10 203.13	122.42
张北县	6 512.21	10 839.55
涿鹿县	304.84	136.31
合计	99 591.12	73 249.99

（12）土壤有机质含量　利用耕地质量等级图对土壤有机质含量栅格数据进行区域统计，一作区八级地 2009 年土壤有机质含量为 17.24g/kg，2018 年为 15.44g/kg。用行政区划图

与耕地质量等级图叠加联合形成行政区划耕地质量等级综合图，对土壤有机质含量栅格数据进行区域统计，八级地中，2009 年，土壤有机质含量变化幅度在 1.20～33.10g/kg 之间，2018 年在 1.44～12.5g/kg 之间，2009—2018 年土壤有机质含量平均值减少 1.80g/kg，统计结果见表 2-172。

表 2-172　土壤有机质含量马铃薯一作区八级地行政区划分布（g/kg）

县市	最大值		最小值		平均值	
	2009 年	2018 年	2009 年	2018 年	2009 年	2018 年
承德县	18.60	14.90	14.10	1.31	15.64	17.07
丰宁满族自治县	23.50	—	14.00	1.57	17.67	—
隆化县	26.30	—	12.00	1.3	15.81	—
平泉县	21.60	21.60	14.80	1.41	18.10	21.60
围场满族蒙古族自治县	22.00	15.50	17.10	1.41	18.74	15.50
赤城县	13.30	12.80	13.30	1.41	13.30	13.53
崇礼区	25.30	12.50	8.00	1.18	21.16	12.98
沽源县	33.10	—	19.90	0.82	25.43	—
怀安县	14.80	—	8.70	—	12.91	—
怀来县	17.00	—	8.10	1.24	11.97	—
康保县	24.10	12.70	16.70	1.89	21.77	15.21
尚义县	20.90	13.10	1.30	—	15.91	13.80
万全区	1.20	—	1.20	—	1.20	—
蔚　县	32.20	14.60	10.80	1.39	17.58	19.94
宣化区	11.60	—	10.80	—	11.20	—
阳原县	18.00	15.50	9.40	1.31	13.25	15.50
张北县	21.00	12.90	1.30	1.23	8.82	15.25
涿鹿	14.80	17.90	8.80	1.28	11.20	17.90
总计	33.10	12.50	1.20	1.44	17.24	15.44

（13）*土壤有效磷含量*　利用耕地质量等级图对土壤有效磷含量栅格数据进行区域统计，一作区八级地 2009 年土壤有效磷含量为 13.21mg/kg，2018 年为 13.85mg/kg。用行政区划图与耕地质量等级图叠加联合形成行政区划耕地质量等级综合图，对土壤有效磷含量栅格数据进行区域统计，八级地中，2009 年土壤有效磷含量变化幅度在 2.50～34.80mg/kg 之间，2018 年在 5.10～44.20mg/kg 之间，2009—2018 年土壤有效磷含量平均值增加 0.64mg/kg，统计结果见表 2-173。

表 2-173　土壤有效磷含量马铃薯一作区八级地行政区划分布（mg/kg）

县市	最大值		最小值		平均值	
	2009 年	2018 年	2009 年	2018 年	2009 年	2018 年
承德县	16.90	44.20	9.60	34.60	12.31	36.85

（续）

县市	最大值		最小值		平均值	
	2009年	2018年	2009年	2018年	2009年	2018年
丰宁满族自治县	18.10	—	10.80	—	14.24	—
隆化县	25.80	—	9.40	—	16.80	—
平泉县	30.20	37.50	11.40	37.50	18.73	37.50
围场满族蒙古族自治县	23.50	37.30	12.20	36.60	16.69	36.95
赤城县	14.60	12.20	14.60	8.20	14.60	10.90
崇礼区	34.00	12.70	8.10	11.50	13.27	12.16
沽源县	22.30	—	7.40	—	13.98	—
怀安县	27.20	—	9.40	—	16.41	—
怀来县	14.60	—	8.10	—	11.20	—
康保县	15.00	19.20	2.50	5.10	10.27	12.92
尚义县	34.70	13.10	9.70	10.80	14.65	12.23
万全区	34.80	—	34.80	—	34.80	—
蔚　县	15.60	26.40	5.70	10.50	10.21	15.75
宣化区	8.20	—	6.30	—	7.25	—
阳原县	13.80	11.90	4.20	11.90	7.08	11.90
张北县	33.80	15.30	9.30	10.40	18.99	12.38
涿鹿	18.30	11.80	13.90	11.80	15.40	11.80
总计	34.80	44.20	2.50	5.10	13.21	13.85

（14）土壤速效钾含量　利用耕地质量等级图对土壤速效钾含量栅格数据进行区域统计，一作区八级地2009年土壤速效钾含量为143.42mg/kg，2018年为122.58mg/kg。用行政区划图与耕地质量等级图叠加联合形成行政区划耕地质量等级综合图，对土壤速效钾含量栅格数据进行区域统计，八级地中，2009年土壤速效钾含量变化幅度在65～243mg/kg之间，2018年在98～202mg/kg之间，2009—2018年土壤速效钾含量平均值减小20.84mg/kg，统计结果见表2-174。

表2-174　土壤速效钾含量马铃薯一作区八级地行政区划分布（mg/kg）

县市	最大值		最小值		平均值	
	2009年	2018年	2009年	2018年	2009年	2018年
承德县	130	191	110	151	120.43	165.18
丰宁满族自治县	216	—	125	—	164.68	—
隆化县	169	—	112	—	157.63	—
平泉县	125	197	95	197	112.38	197.00
围场满族蒙古族自治县	189	202	74	160	113.30	181.00
赤城县	153	129	153	116	153.00	120.17

（续）

县市	最大值		最小值		平均值	
	2009 年	2018 年	2009 年	2018 年	2009 年	2018 年
崇礼区	243	120	111	116	152.75	117.80
沽源县	202	—	115	—	161.27	—
怀安县	180	—	82	—	139.27	—
怀来县	138	—	72	—	104.63	—
康保县	147	142	106	98	128.17	119.49
尚义县	194	114	115	101	161.82	104.11
万全区	193	—	193	—	193.00	—
蔚　县	148	133	91	113	127.61	120.32
宣化区	135	—	133	—	134.00	—
阳原县	166	115	89	115	120.77	115.00
张北县	195	178	99	100	174.03	127.97
涿鹿	108	118	65	118	84.00	118.00
总计	243	202	65	98	143.42	122.58

（15）土壤 pH　利用耕地质量等级图对土壤 pH 栅格数据进行区域统计，一作区八级地 2009 年土壤 pH 为 7.93，2018 年为 7.80。用行政区划图与耕地质量等级图叠加联合形成行政区划耕地质量等级综合图，对土壤 pH 栅格数据进行区域统计，八级地中，2009 年土壤 pH 变化幅度在 5.4～8.9 之间，2018 年在 5.4～8.7 之间，2009—2018 年土壤 pH 平均值减少 0.13，统计结果见表 2-175。

表 2-175　土壤 pH 马铃薯一作区八级地行政区划分布

县市	最大值		最小值		平均值	
	2009 年	2018 年	2009 年	2018 年	2009 年	2018 年
承德县	8.0	7.1	5.4	6.0	7.06	6.60
丰宁满族自治县	8.1	—	6.5	—	7.02	—
隆化县	8.3	—	6.2	—	7.86	—
平泉县	8.5	5.4	5.5	5.4	6.52	5.40
围场满族蒙古族自治县	6.4	6.6	5.5	6.4	5.92	6.50
赤城县	8.3	8.1	8.3	7.9	8.30	8.00
崇礼区	8.7	8.0	7.8	8.0	8.18	8.00
沽源县	8.6	—	7.0	—	7.82	—
怀安县	8.8	—	7.8	—	8.35	—
怀来县	8.6	—	8.2	—	8.43	—
康保县	8.3	8.3	7.9	7.0	8.08	7.80
尚义县	8.4	8.0	7.9	7.3	8.11	7.70

（续）

县市	最大值		最小值		平均值	
	2009 年	2018 年	2009 年	2018 年	2009 年	2018 年
万全区	8.3	—	8.3	—	8.30	—
蔚　县	8.6	8.7	8.2	8.0	8.39	8.30
宣化区	8.9	—	8.7	—	8.80	—
阳原县	8.7	8.1	8.2	8.1	8.55	8.10
张北县	8.7	8.2	8.0	7.4	8.37	7.80
涿鹿县	8.8	7.9	8.6	7.9	8.70	7.90
总计	8.9	8.7	5.4	5.4	7.93	7.80

（16）土壤容重　利用耕地质量等级图对土壤容重栅格数据进行区域统计，一作区八级地 2009 年土壤容重为 1.33g/cm³，2018 年为 1.58g/cm³。用行政区划图与耕地质量等级图叠加联合形成行政区划耕地质量等级综合图，对土壤容重栅格数据进行区域统计，八级地中，2009 年土壤容重变化幅度在 1.11～1.57g/cm³ 之间，2018 年在 0.81～2.43g/cm³ 之间，2009—2018 年土壤容重平均值增加 0.25g/cm³，统计结果见表 2-176。

表 2-176　土壤容重马铃薯一作区八级地行政区划分布（g/cm³）

县市	最大值		最小值		平均值	
	2009 年	2018 年	2009 年	2018 年	2009 年	2018 年
承德县	1.20	1.33	1.20	1.28	1.20	1.31
丰宁满族自治县	1.42	—	1.31	—	1.34	—
隆化县	1.43	—	1.19	—	1.34	—
平泉县	1.47	1.45	1.20	1.45	1.29	1.45
围场满族蒙古族自治县	1.36	1.42	1.29	1.29	1.33	1.36
赤城县	1.41	1.44	1.41	1.39	1.41	1.41
崇礼区	1.47	1.48	1.20	1.43	1.35	1.46
沽源县	1.44	—	1.22	—	1.32	—
怀安县	1.45	—	1.29	—	1.36	—
怀来县	1.46	—	1.24	—	1.35	—
康保县	1.50	2.43	1.11	1.18	1.33	1.71
尚义县	1.57	1.56	1.16	1.42	1.35	1.49
万全区	1.41	—	1.41	—	1.41	—
蔚　县	1.49	1.44	1.26	1.34	1.35	1.40
宣化区	1.41	—	1.33	—	1.37	—
阳原县	1.49	1.62	1.21	1.62	1.34	1.62
张北县	1.41	1.46	1.19	0.81	1.30	1.30

（续）

县市	最大值		最小值		平均值	
	2009 年	2018 年	2009 年	2018 年	2009 年	2018 年
涿鹿县	1.35	1.36	1.32	1.36	1.34	1.36
总计	1.57	2.43	1.11	0.81	1.33	1.58

（九）九级地耕地质量特征

1. 空间分布　2009 年九级地在马铃薯一作区面积 53 076.49hm²，占耕地总面积的 4.21%，2018 年面积为 31 223.56hm²，占耕地总面积的 2.47%，九级地面积逐渐减少。九级地在马铃薯一作区各县市的具体分布见表 2-177，2009—2018 年，丰宁满族自治县、平泉县、围场满族蒙古族自治县、崇礼区、沽源县、怀来县、蔚县和阳原县九级地面积逐渐减少到 0；尚义县面积减少了 117.33hm²；康保县、张北县面积逐渐增加，其中康保县面积增加最多，面积增加了29 268.36hm²，其次是张北县，面积增加了 527.55hm²。

表 2-177　九级地在马铃薯一作区各县市的面积与分布

地区	2009 年		2018 年	
	面积（hm²）	占九级地面积（%）	面积（hm²）	占九级地面积（%）
丰宁满族自治县	12 591.04	23.72	—	—
平泉县	354.62	0.67	—	—
围场满族蒙古族自治县	648.92	1.22	—	—
崇礼区	911.78	1.72	—	—
沽源县	22 322.86	42.06	—	—
怀来县	37.80	0.07	—	—
康保县	—	—	29 268.36	93.74
尚义县	1 457.04	2.75	1 339.71	4.29
蔚　县	5 573.38	10.49	—	—
阳原县	9 091.11	17.13	—	—
张北县	87.94	0.17	615.49	1.97
合计	53 076.49	100.00	31 223.56	100.00

2. 属性特征

（1）排水能力　利用耕地质量等级图对排水能力栅格数据进行区域统计，马铃薯一作区九级地排水能力处于“充分满足”、“满足”、“基本满足”和“不满足”状态。用行政区划图与耕地质量等级图叠加联合形成行政区划耕地质量等级综合图，对排水能力栅格数据进行区域统计，九级地中，2018 年处于“充分满足”状态耕地面积较 2009 年增加 3 688.95hm²，处于“满足”状态的耕地面积增加 6 613.56hm²，处于“基本满足”状态耕地面积减少 6 726.01hm²，处于“不满足”状态耕地面积减少 25 429.44hm²，统计结果见表2-178。

表 2-178　排水能力马铃薯一作区九级地行政区划分布（hm^2）

县市	充分满足		满足		基本满足		不满足	
	2009 年	2018 年	2009 年	2018 年	2009 年	2018 年	2009 年	2018 年
丰宁满族自治县	—	—	—	—	12 414.49	—	176.55	—
平泉县	—	—	—	—	354.62	—	—	—
围场满族蒙古族自治县	—	—	—	—	—	—	648.92	—
崇礼区	—	—	—	—	592.99	—	318.79	—
沽源县	—	—	—	—	—	—	22 322.86	—
怀来县	—	—	—	—	37.80	—	—	—
康保县	—	3 688.95	—	7 654.36	—	17 925.05	—	—
尚义县	—	—	—	—	1 457.04	1 339.71	—	—
蔚　县	—	—	—	—	5 066.44	—	506.95	—
阳原县	—	—	1 040.80	—	6 682.87	—	1 367.43	—
张北县	—	—	—	—	—	615.49	87.94	—
合计	—	3 688.95	1 040.80	7 654.36	26 606.25	19 880.24	25 429.44	—

（2）*灌溉能力*　利用耕地质量等级图对灌溉能力栅格数据进行区域统计，马铃薯一作区九级地灌溉能力处于“基本满足”和“不满足”状态。用行政区划图与耕地质量等级图叠加联合形成行政区划耕地质量等级综合图，对灌溉能力栅格数据进行区域统计，九级地中，2018 年处于“基本满足”状态耕地面积增加 283.53hm^2，处于“不满足”状态耕地面积减少 22 136.45hm^2，统计结果见表 2-179。

表 2-179　灌溉能力马铃薯一作区九级地行政区划分布（hm^2）

县市	基本满足		不满足	
	2009 年	2018 年	2009 年	2018 年
丰宁满族自治县	—	—	12 591.04	—
平泉县	—	—	354.62	—
围场满族蒙古族自治县	—	—	648.92	—
崇礼区	44.61	—	867.17	—
沽源县	—	—	22 322.86	—
怀来县	—	—	37.80	—
康保县	—	835.08	—	28 433.28
尚义县	—	—	1 457.04	1 339.71
蔚　县	506.95	—	5 066.44	—
阳原县	—	—	9 091.10	—
张北县	—	—	87.94	615.49
合计	551.55	835.08	52 524.93	30 388.48

（3）*有效土层厚度*　利用耕地质量等级图对有效土层厚度栅格数据进行区域统计，马铃薯一作区九级地有效土层厚度处于“30～60cm”和“≥60cm”状态。用行政区划图与耕地

质量等级图叠加联合形成行政区划耕地质量等级综合图，对有效土层厚度栅格数据进行区域统计，九级地中，2018 年处于“30～60cm”状态耕地面积较 2009 年减少27 908.26hm^2，处于“≥60cm”状态耕地面积增加 6 055.32hm^2，统计结果见表 2-180。

表 2-180　有效土层厚度马铃薯一作区九级地行政区划分布（hm^2）

县市	30～60cm		≥60cm	
	2009 年	2018 年	2009 年	2018 年
丰宁满族自治区	12 591.04	—	—	—
平泉县	—	—	354.62	—
围场满族蒙古族自治县	—	—	648.92	—
崇礼区	911.78	—	—	—
沽源县	22 322.86	—	—	—
怀来县	37.81	—	—	—
康保县	—	12 603.31	—	16 665.04
尚义县	—	—	1 457.04	1 339.71
蔚　县	4 648.08	—	925.30	—
阳原县	—	—	9 091.10	—
张北县	—	—	87.94	615.49
合计	40 511.57	12 603.31	12 564.92	18 620.24

（4）障碍因素　利用耕地质量等级图对障碍因素栅格数据进行区域统计，马铃薯一作区九级地大部分耕地基本无明显障碍，部分耕地存在障碍层次和盐渍化等障碍因素。用行政区划图与耕地质量等级图叠加联合形成行政区划耕地质量等级综合图，对障碍因素栅格数据进行区域统计，九级地中，2018 年无明显障碍耕地面积较 2009 年增加30 466.17hm^2，存在障碍层次的耕地面积减少 51 812.15hm^2，存在盐渍化的耕地面积减少 506.95hm^2，统计结果见表 2-181。

表 2-181　障碍因素马铃薯一作区九级地行政区划分布（hm^2）

县市	无障碍		障碍层次		盐渍化	
	2009 年	2018 年	2009 年	2018 年	2009 年	2018 年
丰宁满族自治县	—	—	12 591.04	—	—	—
平泉县	—	—	354.62	—	—	—
围场满族蒙古族自治县	—	—	648.92	—	—	—
崇礼区	—	—	911.78	—	—	—
沽源县	—	—	22 322.86	—	—	—
怀来县	37.80	—	—	—	—	—
康保县	—	29 268.36	—	—	—	—
尚义县	105.43	1 339.71	1 351.61	—	—	—
蔚　县	526.22	—	4 540.22	—	506.95	—

（续）

县市	无障碍		障碍层次		盐渍化	
	2009年	2018年	2009年	2018年	2009年	2018年
阳原县	—	—	9 091.10	—	—	—
张北县	87.94	615.49	—	—	—	—
合计	757.39	31 223.56	51 812.15	—	506.95	—

（5）*耕层质地*　利用耕地质量等级图对耕层质地栅格数据进行区域统计得知，马铃薯一作区九级地耕层质地为轻壤、砂壤和中壤。用行政区划图与耕地质量等级图叠加联合形成行政区划耕地质量等级综合图，对耕层质地栅格数据进行区域统计得知，九级地中，2018 年轻壤面积较 2009 年减少 12 302.46hm^2，砂壤面积减少 11 647.48hm^2，中壤面积增加 2 097.01hm^2，统计结果见表 2-182。

表 2-182　耕层质地马铃薯一作区九级地行政区划分布（hm^2）

县市	轻壤		砂壤		中壤	
	2009年	2018年	2009年	2018年	2009年	2018年
丰宁满族自治县	12 591.04	—	—	—	—	—
平泉县	215.90	—	138.72	—	—	—
围场满族蒙古族自治县	648.92	—	—	—	—	—
崇礼区	472.35	—	439.43	—	—	—
沽源县	7 374.35	—	14 948.51	—	—	—
怀来县	37.80	—	—	—	—	—
康保县	—	23 208.05	—	3 963.30	—	2 097.01
尚义县	1 457.04	1 339.71	—	—	—	—
蔚　县	5 066.44	—	506.95	—	—	—
阳原县	9 091.10	—	—	—	—	—
张北县	87.94	192.66	—	422.83	—	—
合计	37 042.88	24 740.42	16 033.61	4 386.13	—	2 097.01

（6）*地形部位*　利用耕地质量等级图对地形部位栅格数据进行区域统计，马铃薯一作区九级地地形部位为宽谷盆地、平原低阶、丘陵下部、丘陵上部、山间盆地、山地坡上和山地坡下。用行政区划图与耕地质量等级图叠加联合形成行政区划耕地质量等级综合图，对地形部位栅格数据进行区域统计，九级地中，2018 年地形部位为宽谷盆地的耕地面积较 2009 年减少 1 371.18hm^2，地形部位为平原低阶的耕地面积减少 4 254.72hm^2，地形部位为丘陵下部的耕地面积减少 34 000.28hm^2，地形部位为丘陵上部的耕地面积增加2 007.13hm^2，地形部位为山间盆地的耕地面积减少 2 534.87hm^2，地形部位为山地坡上的耕地面积减少 1 192.07hm^2，地形部位为山地坡下的耕地面积增加 1 423.05hm^2，统计结果见表2-183。

表 2-183　地形部位马铃薯一作区九级地行政区划分布（hm^2）

县市	宽谷盆地		平原低阶		丘陵下部		丘陵上部		山间盆地		山地坡上		山地坡下	
	2009 年	2018 年	2009 年	2018 年	2009 年	2018 年	2009 年	2018 年	2009 年	2018 年	2009 年	2018 年	2009 年	2018 年
丰宁满族自治县	—	—	—	—	12 591.04	—	—	—	—	—	—	—	—	—
平泉县	—	—	—	—	—	—	—	—	—	—	—	—	354.63	—
围场满族蒙古族自治区	—	—	—	—	—	—	—	—	—	—	—	—	648.92	—
崇礼区	—	—	911.78	—	—	—	—	—	—	—	—	—	—	—
沽源县	—	—	—	—	22 322.86	—	—	—	—	—	—	—	—	—
怀来县	37.81	—	—	—	—	—	—	—	—	—	—	—	—	—
康保县	—	—	—	—	—	3 146.44	—	18 121.94	—	—	—	—	—	7 999.98
尚义县	—	—	—	—	1 244.33	—	—	1 339.70	—	—	212.72	—	—	—
蔚　县	—	—	—	—	—	—	—	—	—	—	—	—	5 573.38	—
阳原县	1 333.37	—	3 342.94	—	910.49	—	—	—	2 534.87	—	969.42	—	—	—
张北县	—	—	—	—	78.00	—	—	615.49	—	—	9.93	—	—	—
合计	1 371.18	—	4 254.72	—	37 146.72	3 146.44	—	20 077.13	2 534.87	—	1 192.07	—	6 576.93	7 999.98

（7）质地构型　利用耕地质量等级图对质地构型栅格数据进行区域统计，马铃薯一作区九级地质地构型为海绵型、紧实型、夹层型、上紧下松型和松散型状态。用行政区划图与耕地质量等级图叠加联合形成行政区划耕地质量等级综合图，对质地构型栅格数据进行区域统计，九级地中，2018 年海绵型面积较 2009 年减少 4 578.33hm²，紧实型面积减少 1 457.04hm²，夹层型面积减少 9 091.10hm²，上紧下松型面积减少 911.78hm²，松散型面积增加 7 779.91hm²，统计结果见表 2-184。

表 2-184　质地构型马铃薯一作区九级地行政区划分布（hm²）

县市	海绵型		紧实型		夹层型		上紧下松型		松散型	
	2009 年	2018 年	2009 年	2018 年	2009 年	2018 年	2009 年	2018 年	2009 年	2018 年
丰宁满族自治县	—	—	—	—	13 594.58	12 591.04	—	—	—	—
平泉县	—	—	—	—	—	354.62	—	—	—	—
围场满族蒙古族自治县	—	—	—	—	—	648.92	—	—	—	—
崇礼区	—	—	—	—	—	—	911.78	—	—	—
沽源县	—	—	—	—	—	—	—	—	22 322.86	—
怀来县	—	—	—	—	—	—	—	—	37.80	—
康保县	—	1 082.99	—	—	—	—	—	—	—	28 185.37
尚义县	—	—	1 457.04	—	—	—	—	—	—	1 339.71
蔚　县	5 573.38	—	—	—	—	—	—	—	—	—
阳原县	—	—	—	—	9 091.10	—	—	—	—	—
张北县	87.94	—	—	—	—	—	—	—	—	615.49
合计	5 661.32	1 082.99	1 457.04	—	22 685.68	13 594.58	911.78	—	22 360.66	30 140.57

（8）生物多样性　利用耕地质量等级图对生物多样性栅格数据进行区域统计，马铃薯一作区九级地生物多样性处于“一般”和“不丰富”状态。用行政区划图与耕地质量等级图叠加联合形成行政区划耕地质量等级综合图，对生物多样性栅格数据进行区域统计，九级地中，2018 年处于“一般”状态耕地面积较 2009 年减少 18 431.52hm²，处于“不丰富”状态耕地面积减少 3 421.41hm²，统计结果见表 2-185。

表 2-185　生物多样性马铃薯一作区九级地行政区划分布（hm²）

县市	一般		不丰富	
	2009 年	2018 年	2009 年	2018 年
丰宁满族自治县	12 591.04	—	—	—
平泉县	354.62	—	—	—
围场满族蒙古族自治县	648.92	—	—	—
崇礼区	171.27	—	740.51	—
沽源县	22 322.86	—	—	—
怀来县	37.80	—	—	—

（续）

县市	一般		不丰富	
	2009 年	2018 年	2009 年	2018 年
康保县	—	29 268.36	—	—
尚义县	1 457.04	1 339.71	—	—
蔚　县	2 892.48	—	2 680.90	—
阳原县	9 091.11	—	—	—
张北县	87.94	615.49	—	—
合计	49 655.08	31 223.56	3 421.41	—

（9）坡度　利用耕地质量等级图对坡度栅格数据进行区域统计，马铃薯一作区九级地坡度为≤2°、2°～－6°、6°～10°、10°～15°和＞15°。用行政区划图与耕地质量等级图叠加联合形成行政区划耕地质量等级综合图，对坡度栅格数据进行区域统计，九级地中，2018 年坡度≤2°的耕地面积较 2009 年减少 8 810.32hm^2，2°～6°的耕地面积增加26 151.88hm^2，6°～10°的耕地面积减少 11 620.31hm^2，10°～15°的耕地面积减少 4 301.34hm^2，＞15°的耕地面积减少 23 272.83hm^2，统计结果见表 2-186。

表 2-186　坡度马铃薯一作区九级地行政区划分布（hm^2）

县市	≤2°		2°～6°		6°～10°		10°～15°		＞15°	
	2009 年	2018 年	2009 年	2018 年	2009 年	2018 年	2009 年	2018 年	2009 年	2018 年
丰宁满族自治县	—	—	176.55	—	8 454.32	—	3 960.16	—	—	—
平泉县	—	—	182.27	—	—	—	—	—	172.35	—
围场满族蒙古族自治区	—	—	—	—	648.92	—	—	—	—	—
崇礼区	318.79	—	153.56	—	439.43	—	—	—	—	—
沽源县	—	—	—	—	—	—	—	—	22 322.86	—
怀来县	—	—	37.81	—	—	—	—	—	—	—
康保县	—	—	—	29 268.36	—	—	—	—	—	—
尚义县	1 351.62	—	105.43	1 339.70	—	—	—	—	—	—
蔚　县	1 487.20	—	2 008.54	—	2 077.64	—	—	—	—	—
阳原县	5 642.78	—	2 407.52	—	—	—	263.18	—	777.62	—
张北县	9.93	—	—	615.49	—	—	78.00	—	—	—
合计	8 810.32	—	5 071.68	31 223.56	11 620.31	—	4 301.34	—	23 272.83	—

（10）农田林网化　利用耕地质量等级图对农田林网化栅格数据进行区域统计，马铃薯一作区九级地农田林网化处于“高”、“中”和“低”状态。用行政区划图与耕地质量等级图叠加联合形成行政区划耕地质量等级综合图，对农田林网化栅格数据进行区域统计，九级地中，2018 年处于“高”状态耕地面积较 2009 年减少 200.03hm^2，处于“中”状态耕地面积减少 37 921.83hm^2，处于“低”状态耕地面积增加 16 268.93hm^2，统计结果见表 2-187。

表 2-187　农田林网化马铃薯一作区九级地行政区划分布（hm^2）

县市	高		中		低	
	2009 年	2018 年	2009 年	2018 年	2009 年	2018 年
丰宁满族自治县	—	—	4 136.72	—	8 454.32	—
平泉县	—	—	172.35	—	182.27	—
围场满族蒙古族自治县	—	—	648.92	—	—	—
崇礼区	—	—	439.93	—	471.85	—
沽源县	—	—	22 322.86	—	—	—
怀来县	—	—	37.80	—	—	—
康保县	—	—	—	—	—	29 268.36
尚义县	—	—	207.73	—	1 249.30	1 339.71
蔚　县	200.03	—	2 584.59	—	2 788.77	—
阳原县	—	—	7 282.99	—	1 808.12	—
张北县	—	—	87.94	—	—	615.49
合计	200.03	—	37 921.83	—	14 954.63	31 223.56

（11）*清洁程度*　利用耕地质量等级图对清洁程度栅格数据进行区域统计，马铃薯一作区九级地清洁程度处于“清洁”状态。用行政区划图与耕地质量等级图叠加联合形成行政区划耕地质量等级综合图，对清洁程度栅格数据进行区域统计，九级地中，2018 年处于“清洁”状态耕地面积较 2009 年减少 21 852.93hm^2，统计结果见表 2-188。

表 2-188　清洁程度马铃薯一作区九级地行政区划分布（hm^2）

县市	清洁	
	2009 年	2018 年
丰宁满族自治县	12 591.04	—
平泉县	354.62	—
围场满族蒙古族自治县	648.92	—
崇礼区	911.78	—
沽源县	22 322.86	—
怀来县	37.81	—
康保县	—	29 268.36
尚义县	1 457.04	1 339.71
蔚　县	5 573.38	—
阳原县	9 091.10	—
张北县	87.94	615.49
合计	53 076.49	31 223.56

（12）*土壤有机质含量*　利用耕地质量等级图对土壤有机质含量栅格数据进行区域统计，一作区九级地 2009 年土壤有机质含量为 17.38g/kg，2018 年为 14.45g/kg。用行政区划图

与耕地质量等级图叠加联合形成行政区划耕地质量等级综合图，对土壤有机质含量栅格数据进行区域统计得知，九级地中，2009 年土壤有机质含量变化幅度在 1.30～33.20g/kg 之间，2018 年在 12.60～17.10g/kg 之间，2009—2018 年土壤有机质含量（平均值）减少 2.93g/kg，统计结果见表 2-189。

表 2-189 土壤有机质含量马铃薯一作区九级地行政区划分布（g/kg）

县市	最大值		最小值		平均值	
	2009 年	2018 年	2009 年	2018 年	2009 年	2018 年
丰宁满族自治县	16.20	—	12.10	—	13.26	—
平泉县	20.70	—	15.90	—	18.35	—
围场满族蒙古族自治县	21.70	—	19.50	—	20.28	—
崇礼区	20.70	—	10.20	—	14.91	—
沽源县	32.00	—	19.30	—	26.79	—
怀来县	9.80	—	9.80	—	9.80	—
康保县	—	17.10	—	12.60	—	14.54
尚义县	15.60	14.00	1.60	13.20	11.60	13.48
蔚 县	18.70	—	13.00	—	16.87	—
阳原县	33.20	—	8.80	—	16.32	—
张北县	4.00	13.90	1.30	13.10	2.65	13.40
总计	33.20	17.10	1.30	12.60	17.38	14.45

（13）土壤有效磷含量 利用耕地质量等级图对土壤有效磷含量栅格数据进行区域统计，一作区九级地 2009 年土壤有效磷含量为 11.34mg/kg，2018 年为 10.75mg/kg。用行政区划图与耕地质量等级图叠加联合形成行政区划耕地质量等级综合图，对土壤有效磷含量栅格数据进行区域统计，九级地中，2009 年土壤有效磷含量变化幅度在 4.20～39.40mg/kg 之间，2018 年在 5.10～14.45mg/kg 之间，2009—2018 年土壤有效磷含量平均值减小 0.59mg/kg，统计结果见表 2-190。

表 2-190 土壤有效磷含量马铃薯一作区九级地行政区划分布（mg/kg）

县市	最大值		最小值		平均值	
	2009 年	2018 年	2009 年	2018 年	2009 年	2018 年
丰宁满族自治县	15.60	—	10.80	—	11.35	—
平泉县	23.20	—	14.00	—	18.10	—
围场满族蒙古族自治县	18.40	—	15.60	—	17.55	—
崇礼区	17.20	—	6.60	—	11.33	—
沽源县	160	—	6.20	—	12.93	—
怀来县	10.90	—	10.90	—	10.90	—

（续）

县市	最大值		最小值		平均值	
	2009年	2018年	2009年	2018年	2009年	2018年
康保县	—	14.54	—	5.10	—	10.62
尚义县	39.40	13.48	10.50	11.20	18.23	12.73
蔚　县	13.20	—	6.10	—	9.83	—
阳原县	9.10	—	4.20	—	6.28	—
张北县	33.30	13.40	16.10	10.90	24.70	11.75
总计	39.40	14.45	4.20	5.10	11.34	10.75

（14）土壤速效钾含量　利用耕地质量等级图对土壤速效钾含量栅格数据进行区域统计，一作区九级地2009年土壤速效钾含量为140.30mg/kg，2018年为117.94mg/kg。用行政区划图与耕地质量等级图叠加联合形成行政区划耕地质量等级综合图，对土壤速效钾含量栅格数据进行区域统计，九级地中，2009年土壤速效钾含量变化幅度在54～194mg/kg之间，2018年在98～135mg/kg之间，2009—2018年土壤速效钾含量平均值减小22.36mg/kg，统计结果见表2-191。

表2-191　土壤速效钾含量马铃薯一作区九级地行政区划分布（mg/kg）

县市	最大值		最小值		平均值	
	2009年	2018年	2009年	2018年	2009年	2018年
丰宁满族自治县	183	—	142	—	152.92	—
平泉县	144	—	94	—	108.50	—
围场满族蒙古族自治县	158	—	116	—	133.50	—
崇礼区	194	—	54	—	128.50	—
沽源县	185	—	118	—	146.55	—
怀来县	130	—	130	—	130.00	—
康保县	—	135	—	98	—	119.16
尚义县	191	104	113	102	148.13	103.00
蔚　县	156	—	115	—	138.95	—
阳原县	159	—	95	—	119.28	—
张北县	186	106	185	102	185.50	104.00
总计	194	135	54	98	140.30	117.94

（15）土壤pH　利用耕地质量等级图对土壤pH栅格数据进行区域统计，一作区九级地2009年土壤pH为7.71，2018年为7.90。用行政区划图与耕地质量等级图叠加联合形成行政区划耕地质量等级综合图，对土壤pH栅格数据进行区域统计，九级地中，2009年土壤pH变化幅度在5.6～8.9之间，2018年在6.7～8.4之间，2009—2018年土壤pH平均值增加0.19，统计结果见表2-192。

表 2- 192　土壤 pH 马铃薯一作区九级地行政区划分布

县市	最大值		最小值		平均值	
	2009 年	2018 年	2009 年	2018 年	2009 年	2018 年
丰宁满族自治县	7.0	—	6.6	—	6.79	—
平泉县	6.2	—	5.6	—	5.87	—
围场满族蒙古族自治县	6.0	—	5.7	—	5.88	—
崇礼区	8.6	—	8.2	—	8.44	—
沽源县	8.3	—	7.3	—	7.73	—
怀来县	8.6	—	8.6	—	8.60	—
康保县	—	8.4	—	6.7	—	7.90
尚义县	8.4	8.0	8.0	7.5	8.19	7.80
蔚　县	8.5	—	8.2	—	8.27	—
阳原县	8.9	—	8.3	—	8.66	—
张北县	8.4	7.9	8.3	7.4	8.35	7.60
总计	8.9	8.4	5.6	6.7	7.71	7.90

（16）土壤容重　利用耕地质量等级图对土壤容重栅格数据进行区域统计，一作区九级地 2009 年土壤容重为 1.33g/cm³，2018 年为 1.69g/cm³。用行政区划图与耕地质量等级图叠加联合形成行政区划耕地质量等级综合图，对土壤容重栅格数据进行区域统计，九级地中，2009 年土壤容重变化幅度在 1.19～1.51g/cm³ 之间，2018 年在 1.18～2.32g/cm³ 之间，2009—2018 年土壤容重平均值增加 0.36g/cm³，统计结果见表 2-193。

表 2-193　土壤容重马铃薯一作区九级地行政区划分布（g/cm³）

县市	最大值		最小值		平均值	
	2009 年	2018 年	2009 年	2018 年	2009 年	2018 年
丰宁满族自治县	1.42	—	1.30	—	1.33	—
平泉县	1.47	—	1.31	—	1.37	—
围场满族蒙古族自治县	1.38	—	1.27	—	1.35	—
崇礼区	1.37	—	1.29	—	1.32	—
沽源县	1.44	—	1.20	—	1.29	—
怀来县	1.43	—	1.43	—	1.43	—
康保县	—	2.32	—	1.18	—	1.70
尚义县	1.46	1.52	1.19	1.43	1.34	1.50
蔚　县	1.40	—	1.28	—	1.35	—
阳原县	1.51	—	1.21	—	1.37	—
张北县	1.35	1.47	1.21	1.39	1.28	1.43
总计	1.51	2.32	1.19	1.18	1.33	1.69

四、河北省马铃薯二作区耕地质量等级时空变化特征

（一）二级地耕地质量特征

1. 空间分布 2009 年二级地在马铃薯二作区面积 7 632.48hm²，占耕地总面积的 1.00%，2018 年面积为 19 992.27hm²，占耕地总面积的 2.58%，二级地面积逐渐增加。二级地在马铃薯二作区各县市的具体分布见表 2-194，2009—2018 年，昌黎县、乐亭县二级地面积逐渐减少到 0；曲阳县、涿州市、新乐市面积逐渐增加，其中涿州市县面积增加最多为 18 563.80hm²，其次是新乐市增加 1 307.87hm²。

表 2-194 二级地在马铃薯二作区各县市的面积与分布

地区	2009 年		2018 年	
	面积（hm²）	占二级地面积（%）	面积（hm²）	占二级地面积（%）
曲阳县	—	—	120.60	0.60
涿州市	—	—	18 563.80	92.85
昌黎县	7 340.21	96.17	—	—
新乐市	—	—	1 307.87	6.55
乐亭县	292.27	3.83	—	—
总计	7 632.48	100.00	19 992.27	100.00

2. 属性特征

（1）排水能力 利用耕地质量等级图对排水能力栅格数据进行区域统计，马铃薯二作区二级地排水能力处于“充分满足”和“满足”状态。用行政区划图与耕地质量等级图叠加联合形成行政区划耕地质量等级综合图，对排水能力栅格数据进行区域统计，二级地中，2018 年处于“充分满足”状态耕地面积较 2009 年减少 1 130.65hm²，处于“满足”状态的耕地面积增加 13 490.43hm²，统计结果见表 2-195。

表 2-195 排水能力马铃薯二作区二级地行政区划分布（hm²）

县市	充分满足		满足	
	2009 年	2018 年	2009 年	2018 年
曲阳县	—	120.60	—	—
涿州市	—	—	—	18 563.80
昌黎县	2 266.85	—	5 073.37	—
新乐市	—	1 307.87	—	—
乐亭县	292.27	—	—	—
总计	2 559.12	1 428.47	5 073.37	18 563.80

（2）灌溉能力 利用耕地质量等级图对灌溉能力栅格数据进行区域统计，马铃薯二作区二级地灌溉能力处于“充分满足”和“满足”状态。用行政区划图与耕地质量等级图叠加联合形成行政区划耕地质量等级综合图，对灌溉能力栅格数据进行区域统计，二级地中，2018 年处于“充分满足”状态耕地面积较 2009 年增加 12 688.47hm²，处于“满足”状态的耕地

面积减少 328.69hm²，统计结果见表 2-196。

表 2-196　灌溉能力马铃薯二作区二级地行政区划分布（hm²）

县市	充分满足		满足	
	2009 年	2018 年	2009 年	2018 年
曲阳县	—	120.60	—	—
涿州市	—	18 563.80	—	—
昌黎县	7 011.53	—	328.69	
新乐市	—	1 307.87	—	—
乐亭县	292.27	—	—	—
总计	7 303.80	19 992.27	328.69	—

(3) 有效土层厚度　利用耕地质量等级图对有效土层厚度栅格数据进行区域统计，马铃薯二作区二级地有效土层厚度处于“60～100cm”和“＞100cm”状态。用行政区划图与耕地质量等级图叠加联合形成行政区划耕地质量等级综合图，对有效土层厚度栅格数据进行区域统计，二级地中，2018 年处于“＞100cm”状态耕地面积较 2009 年减少 6 204.01hm²，处于“60～100cm”状态耕地面积减少增加 18 563.8hm²，统计结果见表 2-197。

表 2-197　有效土层厚度马铃薯二作区二级地行政区划分布（hm²）

县市	≥100cm		60～100cm	
	2009 年	2018 年	2009 年	2018 年
曲阳县	—	120.60	—	—
涿州市	—	—	—	18 563.80
昌黎县	7 340.21	—	—	—
新乐市	—	1 307.87	—	—
乐亭县	292.27	—	—	—
总计	7 632.48	1 428.47	—	18 563.80

(4) 障碍因素　利用耕地质量等级图对障碍因素栅格数据进行区域统计，马铃薯二作区二级地基本无明显障碍，部分耕地存在障碍层次。用行政区划图与耕地质量等级图叠加联合形成行政区划耕地质量等级综合图，对障碍因素栅格数据进行区域统计，二级地中，2018 年无明显障碍耕地面积较 2009 年增加 12 847.98hm²，存在障碍层次的耕地面积减少 488.19hm²，统计结果见表 2-198。

表 2-198　障碍因素马铃薯二作区二级地行政区划分布（hm²）

县市	无		障碍层次	
	2009 年	2018 年	2009 年	2018 年
曲阳县	—	120.60	—	—
涿州市	—	18 563.80	—	—
昌黎县	7 144.29	—	195.93	—
新乐市	—	1 307.87	—	—

（续）

县市	无		障碍层次	
	2009年	2018年	2009年	2018年
乐亭县	—	—	292.27	—
总计	7 144.29	19 992.27	488.19	—

（5）耕层质地　利用耕地质量等级图对耕层质地栅格数据进行区域统计得知，马铃薯二作区二级地耕层质地为轻壤。用行政区划图与耕地质量等级图叠加联合形成行政区划耕地质量等级综合图，对耕层质地栅格数据进行区域统计得知，二级地中，2018年轻壤面积较2009年增加12 359.79hm^2，统计结果见表2-199。

表2-199　耕层质地马铃薯二作区二级地行政区划分布（hm^2）

县市	轻壤	
	2009年	2018年
曲阳县	—	120.60
涿州市	—	18 563.80
昌黎县	7 340.21	—
新乐市	—	1 307.87
乐亭县	292.27	—
总计	7 632.48	19 992.27

（6）地形部位　利用耕地质量等级图对地形部位栅格数据进行区域统计，马铃薯二作区二级地地形部位为平原高阶和平原中阶。用行政区划图与耕地质量等级图叠加联合形成行政区划耕地质量等级综合图，对地形部位栅格数据进行区域统计，二级地中，2018年地形部位为平原高阶的耕地面积较2009年增加10 931.32hm^2，地形部位为平原中阶的耕地面积增加1 428.48hm^2，统计结果见表2-200。

表2-200　地形部位马铃薯二作区二级地行政区划分布（hm^2）

县市	平原高阶		平原中阶	
	2009年	2018年	2009年	2018年
曲阳县	—	—	—	120.61
涿州市	—	18 563.80	—	—
昌黎县	7 340.21	—	—	
新乐市	—	—	—	1 307.87
乐亭县	292.27	—	—	—
总计	7 632.48	18 563.80	—	1 428.48

（7）质地构型　利用耕地质量等级图对质地构型栅格数据进行区域统计，马铃薯二作区二级地质地构型为紧实型、夹层型和上松下紧型状态。用行政区划图与耕地质量等级图叠加联合形成行政区划耕地质量等级综合图，对质地构型栅格数据进行区域统计，二级地中，2018年紧实型面积较2009年增加1 428.47hm^2，夹层型面积减少292.27hm^2，上松下紧型面积增加11 223.58hm^2，统计结果见表2-201。

表 2-201　质地构型马铃薯二作区二级地行政区划分布（hm^2）

县市	紧实型		夹层型		上松下紧型	
	2009 年	2018 年	2009 年	2018 年	2009 年	2018 年
曲阳县	—	120.60	—	—	—	—
涿州市	—	—	—	—	—	18 563.80
昌黎县	—	—	—	—	7 340.22	—
新乐市	—	1 307.87	—	—	—	—
乐亭县	—	—	292.27	—	—	—
总计	—	1 428.47	292.27	—	7 340.22	18 563.80

（8）生物多样性　利用耕地质量等级图对生物多样性栅格数据进行区域统计，马铃薯二作区二级地生物多样性处于“一般”和“不丰富”状态。用行政区划图与耕地质量等级图叠加联合形成行政区划耕地质量等级综合图，对生物多样性栅格数据进行区域统计，二级地中，2018 年处于“一般”状态耕地面积较 2009 年增加 13 029.53hm^2，处于“不丰富”状态耕地面积减少 669.75hm^2，统计结果见表 2-202。

表 2-202　生物多样性马铃薯二作区二级地行政区划分布（hm^2）

县市	一般		不丰富	
	2009 年	2018 年	2009 年	2018 年
曲阳县	—	120.60	—	—
涿州市	—	18 563.80	—	—
昌黎县	6 962.74	—	377.48	—
新乐市	—	1 307.87	—	—
乐亭县	—	—	292.27	—
总计	6 962.74	19 992.27	669.75	—

（9）农田林网化　利用耕地质量等级图对农田林网化栅格数据进行区域统计，马铃薯二作区二级地农田林网化处于“中”和“低”状态。用行政区划图与耕地质量等级图叠加联合形成行政区划耕地质量等级综合图，对农田林网化栅格数据进行区域统计，二级地中，2018 年处于“中”状态耕地面积较 2009 年增加 17 906.97hm^2，处于“低”状态耕地面积减少 5 547.19hm^2，统计结果见表 2-203。

表 2-203　农田林网化马铃薯二作区二级地行政区划分布（hm^2）

县市	中		低	
	2009 年	2018 年	2009 年	2018 年
曲阳县	—	120.60	—	—
涿州市	—	18 563.80	—	—
昌黎县	2 085.30	—	5 254.92	—
新乐市	—	1 307.87	—	—
乐亭县	—	—	292.27	—
总计	2 085.30	19 992.27	5 547.19	—

(10) 清洁程度　利用耕地质量等级图对清洁程度栅格数据进行区域统计，马铃薯二作区二级地清洁程度处于“清洁”状态。用行政区划图与耕地质量等级图叠加联合形成行政区划耕地质量等级综合图，对清洁程度栅格数据进行区域统计，二级地中，2018 年处于“清洁”状态耕地面积较 2009 年增加 12 359.78hm²，统计结果见表 2-204。

表 2-204　清洁程度马铃薯二作区二级地行政区划分布（hm²）

县市	清洁	
	2009 年	2018 年
曲阳县	—	120.60
涿州市	—	18 563.80
昌黎县	7 340.22	—
新乐市	—	1 307.87
乐亭县	292.27	
总计	7 632.49	19 992.27

(11) 盐渍化程度　利用耕地质量等级图对盐渍化程度栅格数据进行区域统计，马铃薯二作区二级地盐渍化程度为无。用行政区划图与耕地质量等级图叠加联合形成行政区划耕地质量等级综合图，对盐渍化程度栅格数据进行区域统计，二级地中，2018 年无盐渍化耕地面积较 2009 年增加 12 359.78hm²，统计结果见表 2-205。

表 2-205　盐渍化程度马铃薯二作区二级地行政区划分布（hm²）

县市	无盐渍化	
	2009 年	2018 年
曲阳县	—	120.60
涿州市	—	18 563.80
昌黎县	7 340.22	—
新乐市	—	1 307.87
乐亭县	292.27	—
总计	7 632.49	19 992.27

(12) 地下水埋深　利用耕地质量等级图对地下水埋深栅格数据进行区域统计，马铃薯二作区级地地下水埋深处于“≥300cm”和“200～300cm”状态。用行政区划图与耕地质量等级图叠加联合形成行政区划耕地质量等级综合图，对地下水埋深栅格数据进行区域统计，二级地中，2018 年处于“≥300cm”状态耕地面积较 2009 年增加12 541.34hm²，处于“200～300cm”状态耕地面积减少 181.55hm²，统计结果见表 2-206。

表 2-206　地下水埋深马铃薯二作区二级地行政区划分布（hm²）

县市	≥300cm		200～300cm	
	2009 年	2018 年	2009 年	2018 年
曲阳县	—	120.60	—	—
涿州市	—	18 563.80	—	—

（续）

县市	≥300cm		200～300cm	
	2009 年	2018 年	2009 年	2018 年
昌黎县	7 158.66	—	181.55	—
新乐市	—	1 307.87	—	—
乐亭县	292.27	—	—	—
总计	7 450.93	19 992.27	181.55	—

（13）*耕层厚度*　利用耕地质量等级图对耕层厚度栅格数据进行区域统计，马铃薯二作区二级地耕层厚度处于“≥20cm”、“15～20cm”和“<15cm”状态。用行政区划图与耕地质量等级图叠加联合形成行政区划耕地质量等级综合图，对耕层厚度栅格数据进行区域统计，二级地中，2018 年耕层厚度≥20cm 的耕地面积较 2009 年增加 10 931.31hm^2，耕层厚度 15～20cm 的耕地面积增加 1 291.92hm^2，耕层厚度<15cm 的耕地面积增加 136.56hm^2，统计结果见表 2-207。

表 2-207　耕层厚度马铃薯二作区二级地行政区划分布（hm^2）

县市	≥20cm		15～20cm		<15cm	
	2009 年	2018 年	2009 年	2018 年	2009 年	2018 年
曲阳县	—	—	—	—	—	120.61
涿州市	—	18 563.80	—	—	—	—
昌黎县	7 340.22	—	—	—	—	—
新乐市	—	—	—	1 291.92	—	15.95
乐亭县	292.27	—	—	—	—	
总计	7 632.49	18 563.80	—	1 291.92	—	136.56

（14）*土壤有机质含量*　利用耕地质量等级图对土壤有机质含量栅格数据进行区域统计，二作区二级地 2009 年土壤有机质含量为 15.46g/kg，2018 年为 20.99g/kg。用行政区划图与耕地质量等级图叠加联合形成行政区划耕地质量等级综合图，对土壤有机质含量栅格数据进行区域统计，二级地中，2009 年土壤有机质含量变化幅度在 13.0～22.5g/kg 之间，2018 年在 13.7～23.7g/kg 之间，2009—2018 年土壤有机质含量平均值增加 5.53g/kg，统计结果见表 2-208。

表 2-208　土壤有机质含量马铃薯二作区二级地行政区划分布（g/kg）

县市	最大值		最小值		平均值	
	2009 年	2018 年	2009 年	2018 年	2009 年	2018 年
曲阳县	—	20.71	—	20.7	—	20.70
涿州市	—	23.7	—	13.7	—	20.99
昌黎县	18.9	—	13.0	—	15.17	—
新乐市	—	22.9	—	17.6	—	21.07
乐亭县	22.5	—	22.5	—	22.50	—
总计	22.5	23.7	13.0	13.7	15.46	20.99

（15）土壤有效磷含量　利用耕地质量等级图对土壤有效磷含量栅格数据进行区域统计，二作区二级地 2009 年土壤有效磷含量为 53.02mg/kg，2018 年为 40.46mg/kg。用行政区划图与耕地质量等级图叠加联合形成行政区划耕地质量等级综合图，对土壤有效磷含量栅格数据进行区域统计，二级地中，2009 年土壤有效磷含量变幅在 24.8～62.7mg/kg 之间，2018 年在 22.1～48.7mg/kg 之间，2009—2018 年土壤有效磷含量平均值减小 12.56mg/kg，统计结果见表 2-209。

表 2-209　土壤有效磷含量马铃薯二作区二级地行政区划分布（mg/kg）

县市	最大值		最小值		平均值	
	2009 年	2018 年	2009 年	2018 年	2009 年	2018 年
曲阳县	—	48.7	—	48.7	—	48.70
涿州市	—	46.6	—	22.1	—	40.90
昌黎县	62.7	—	24.8	—	53.96	—
新乐市	—	39.7	—	29.2	—	34.69
乐亭县	30.4	—	30.4	—	30.40	—
总计	62.7	48.7	24.8	22.1	53.02	40.46

（16）土壤速效钾含量　利用耕地质量等级图对土壤速效钾含量栅格数据进行区域统计，二作区二级地 2009 年土壤速效钾含量为 103.40mg/kg，2018 年为 89.40mg/kg。用行政区划图与耕地质量等级图叠加联合形成行政区划耕地质量等级综合图，对土壤速效钾含量栅格数据进行区域统计，二级地中，2009 年土壤速效钾含量变化幅度在 82～157mg/kg 之间，2018 年在 69～170mg/kg 之间，2009—2018 年土壤速效钾含量平均值减小 14.0mg/kg，统计结果见表 2-210。

表 2-210　土壤速效钾含量马铃薯二作区二级地行政区划分布（mg/kg）

县市	最大值		最小值		平均值	
	2009 年	2018 年	2009 年	2018 年	2009 年	2018 年
曲阳县	—	132.0	—	132.0	—	132.00
涿州市	—	170.0	—	69.0	—	87.05
昌黎县	149.0	—	82.0	—	101.17	—
新乐市	—	116.0	—	89.0	—	107.71
乐亭县	157.0	—	157.0	—	157.00	—
总计	157.0	170.0	82.0	69.0	103.40	89.40

（17）土壤 pH　利用耕地质量等级图对土壤 pH 栅格数据进行区域统计，二作区二级地 2009 年土壤 pH 为 6.42，2018 年为 7.78。用行政区划图与耕地质量等级图叠加联合形成行政区划耕地质量等级综合图，对土壤 pH 栅格数据进行区域统计得知，二级地中，2009 年土壤 pH 变化幅度在 5.0～7.3 之间，2018 年在 6.8～8.4 之间，2009—2018 年土壤 pH 平均值增加 1.36，统计结果见表 2-211。

表 2-211　土壤 pH 马铃薯二作区二级地行政区划分布

县市	最大值		最小值		平均值	
	2009 年	2018 年	2009 年	2018 年	2009 年	2018 年
曲阳县	—	7.7	—	7.7	—	7.70
涿州市	—	8.4	—	6.8	—	7.79
昌黎县	7.3	—	5.0	—	6.39	—
新乐市	—	7.7	—	7.5	—	7.66
乐亭县	7.1	—	7.1	—	7.10	—
总计	7.3	8.4	5.0	6.8	6.42	7.78

（18）土壤容重　利用耕地质量等级图对土壤容重栅格数据进行区域统计，二作区二级地 2009 年土壤容重为 1.50g/cm^3，2018 年为 1.47g/cm^3。用行政区划图与耕地质量等级图叠加联合形成行政区划耕地质量等级综合图，对土壤容重栅格数据进行区域统计，二级地中，2009 年土壤容重变化幅度在 1.42～1.54g/cm^3 之间，2018 年在 1.37～1.55g/cm^3 之间，2009—2018 年土壤容重平均值减小 0.03，统计结果见表 2-212。

表 2-212　土壤容重马铃薯二作区二级地行政区划分布（g/cm^3）

县市	最大值		最小值		平均值	
	2009 年	2018 年	2009 年	2018 年	2009 年	2018 年
曲阳县	—	1.55	—	1.55	—	1.55
涿州市	—	1.51	—	1.41	—	1.47
昌黎县	1.54	—	1.42	—	1.50	—
新乐市	—	1.42	—	1.37	—	1.40
乐亭县	1.50	—	1.50	—	1.50	—
总计	1.54	1.55	1.42	1.37	1.50	1.47

（二）三级地耕地质量特征

1. 空间分布　2009 年三级地在马铃薯二作区面积 99 729.06hm^2，占耕地总面积的 12.87%，2018 年面积为 126 513.48hm^2，占耕地总面积的 16.33%，三级地面积逐渐增加。三级地在马铃薯二作区各县市的具体分布见表 2-213，2009—2018 年，抚宁县、玉田县三级地面积逐渐减少到 0；定兴县、阜平县、涞水县、蠡县、清苑县、涿州市、饶阳县、灵寿县、新乐市面积逐渐增加，其中新乐市面积增加最多为 30 456.90hm^2。

表 2-213　三级地在马铃薯二作区各县市的面积与分布

地区	2009 年		2018 年	
	面积（hm^2）	占三级地面积（%）	面积（hm^2）	占三级地面积（%）
定兴县	—	—	13 007.32	10.28
阜平县	—	—	625.33	0.50
涞水县	—	—	8 706.54	6.88

（续）

地区	2009 年		2018 年	
	面积（hm^2）	占三级地面积（%）	面积（hm^2）	占三级地面积（%）
蠡　县	—	—	11 103.42	8.78
清苑县	—	—	170.29	0.13
涿州市	—	—	25 191.05	19.91
饶阳县	—	—	13 756.40	10.87
昌黎县	24 407.03	24.47	405.67	0.32
抚宁县	320.83	0.33	—	—
灵寿县	—	—	11 386.73	9.01
新乐市	—	—	30 456.90	24.07
乐亭县	55 262.53	55.41	11 703.83	9.25
玉田县	19 738.67	19.79	—	—
合计	99 729.06	100.00	126 513.48	100.00

2. 属性特征

（1）排水能力　利用耕地质量等级图对排水能力栅格数据进行区域统计，马铃薯二作区三级地排水能力处于“充分满足”、“满足”和“基本满足”状态。用行政区划图与耕地质量等级图叠加联合形成行政区划耕地质量等级综合图，对排水能力栅格数据进行区域统计，三级地中，2018 年处于“充分满足”状态耕地面积较 2009 年减少 17 351hm^2，处于“满足”状态的耕地面积增加 56 938.71hm^2，处于“基本满足”状态耕地面积减少12 498.14hm^2，统计结果见表 2-214。

表 2-214　排水能力马铃薯二作区三级地行政区划分布（hm^2）

县市	充分满足		满足		基本满足	
	2009 年	2018 年	2009 年	2018 年	2009 年	2018 年
定兴县	—	—	—	11 686.69	—	1 320.62
阜平县	—	625.33	—	—	—	—
涞水县	—	—	—	1 642.63	—	7 063.91
蠡　县	—	—	—	11 103.42	—	—
清苑县	—	—	—	170.29	—	—
涿州市	—	—	—	25 191.05	—	—
饶阳县	—	—	—	13 756.40	—	—
昌黎县	16 013.44	—	870.46	405.67	7 523.13	—
抚宁县	—	—	—	—	320.83	—
灵寿县	—	—	—	11 386.73	—	—
新乐市	—	30 456.90	—	—	—	—
乐亭县	32 419.79	—	8 876.56	—	13 966.18	11 703.83
玉田县	—	—	8 657.15	—	10 776.36	
合计	48 433.23	31 082.23	18 404.17	75 342.88	32 586.50	20 088.36

(2) *灌溉能力*　利用耕地质量等级图对灌溉能力栅格数据进行区域统计，马铃薯二作区三级地灌溉能力处于“充分满足”、“满足”和“基本满足”状态。用行政区划图与耕地质量等级图叠加联合形成行政区划耕地质量等级综合图，对灌溉能力栅格数据进行区域统计，三级地中，2018 年处于“充分满足”状态耕地面积较 2009 年增加 9 266.03hm^2，处于“满足”状态的耕地面积增加 7 394.64hm^2，处于“基本满足”状态耕地面积增加10 123.77hm^2，统计结果见表 2-215。

表 2-215　灌溉能力马铃薯二作区三级地行政区划分布（hm^2）

县市	充分满足		满足		基本满足	
	2009 年	2018 年	2009 年	2018 年	2009 年	2018 年
定兴县	—	1 320.62	—	11 686.69	—	—
阜平县	—	608.45	—	16.88	—	—
涞水县	—	8 706.54	—	—	—	—
蠡　县	—	—	—	11 103.42	—	—
清苑县	—	—	—	170.29	—	—
涿州市	—	25 191.05	—	—	—	—
饶阳县	—	12 852.22	—	904.18	—	—
昌黎县	23 995.23	—	411.79	405.67	—	—
抚宁县	320.83	—	—	—	—	—
灵寿县	—	—	—	11 386.73	—	—
新乐市	—	30 456.90	—	—	—	—
乐亭县	45 553.69	—	9 708.84	1 510.46	—	10 193.39
玉田县	—	—	19 669.05	—	69.62	—
合计	69 869.75	79 135.78	29 789.68	37 184.32	69.62	10 193.39

(3) *有效土层厚度*　利用耕地质量等级图对有效土层厚度栅格数据进行区域统计，马铃薯二作区三级地有效土层厚度处于“60～100cm”和“＞100cm”状态。用行政区划图与耕地质量等级图叠加联合形成行政区划耕地质量等级综合图，对有效土层厚度栅格数据进行区域统计，三级地中，2018 年处于“60～100cm”状态耕地面积较 2009 年增加36 947.27hm^2，处于“＞100cm”状态耕地面积减少 10 162.82hm^2，统计结果见表 2-216。

表 2-216　有效土层厚度马铃薯二作区三级地行政区划分布（hm^2）

县市	60～100cm		＞100cm	
	2009 年	2018 年	2009 年	2018 年
定兴县	—	11 686.69	—	1 320.62
阜平县	—	—	—	625.33
涞水县	—	69.53	—	8 637.01
蠡　县	—	—	—	11 103.42
清苑县	—	—	—	170.29
涿州市	—	25 191.05	—	—

（续）

县市	60～100cm		>100cm	
	2009 年	2018 年	2009 年	2018 年
饶阳县	—	—	—	13 756.40
昌黎县	—	—	24 407.02	405.67
抚宁县	—	—	320.83	—
灵寿县	—	—	—	11 386.73
新乐市	—	—	—	30 456.90
乐亭县	—	—	55 262.53	11 703.83
玉田县	—	—	19 738.67	—
总计	—	36 947.27	99 729.05	89 566.23

（4）*障碍因素*　利用耕地质量等级图对障碍因素栅格数据进行区域统计，马铃薯二作区三级地基本无明显障碍，部分耕地存在障碍层次。用行政区划图与耕地质量等级图叠加联合形成行政区划耕地质量等级综合图，对障碍因素栅格数据进行区域统计，三级地中，2018年无明显障碍耕地面积较 2009 年增加 102 681.06hm^2，存在障碍层次的耕地面积减少 75 896.65hm^2，统计结果见表 2-217。

表 2-217　障碍因素马铃薯二作区三级地行政区划分布（hm^2）

县市	无		障碍层次	
	2009 年	2018 年	2009 年	2018 年
定兴县	—	13 007.32	—	—
阜平县	—	625.33	—	—
涞水县	—	8 706.54	—	—
蠡　县	—	11 103.42	—	—
清苑县	—	170.29	—	—
涿州市	—	25 191.05	—	—
饶阳县	—	13 756.40	—	—
昌黎县	8 325.12	405.67	16 081.90	—
抚宁县	—	—	320.83	—
灵寿县	—	11 386.73	—	—
新乐市	—	30 456.90	—	—
乐亭县	2 657.58	11 703.83	52 604.96	—
玉田县	12 849.72	—	6 888.96	—
合计	23 832.42	126 513.48	75 896.65	—

（5）*耕层质地*　利用耕地质量等级图对耕层质地栅格数据进行区域统计，马铃薯二作区三级地耕层质地为轻壤、砂壤、中壤和重壤。用行政区划图与耕地质量等级图叠加联合形成行政区划耕地质量等级综合图，对耕层质地栅格数据进行区域统计，三级地中，2018 年轻壤面积较 2009 年增加 14 720.16hm^2，砂壤面积增加 14 046.27hm^2，中壤面积减少

1 662.79hm²，重壤面积减少 319.22hm²，统计结果见表 2-218。

表 2-218　耕层质地马铃薯二作区三级地行政区划分布（hm²）

县市	轻壤		砂壤		中壤		重壤	
	2009 年	2018 年	2009 年	2018 年	2009 年	2018 年	2009 年	2018 年
定兴县	—	12 913.85	—	—	—	93.46	—	—
阜平县	—	625.33	—	—	—	—	—	—
涞水县	—	6 605.13	—	—	—	—	—	2 101.41
蠡　县	—	11 103.42	—	—	—	—	—	
清苑县	—	—	—	—	—	—	—	170.29
涿州市	—	19 575.18	—	5 615.87	—	—	—	—
饶阳县	—	109.47	—	—	—	13 646.94	—	—
昌黎县	24 407.02	405.67	—	—	—	—	—	—
抚宁县	320.83	—	—	—	—	—	—	—
灵寿县	—	11 386.73	—	—	—	—	—	—
新乐市	—	22 026.50	—	8 430.40	—	—	—	—
乐亭县	55 262.53	11 703.83	—	—	—	—	—	—
玉田县	1 744.57	—	—	—	15 403.19	—	2 590.92	—
合计	81 734.95	96 455.11	—	14 046.27	15 403.19	13 740.40	2 590.92	2 271.70

（6）地形部位　利用耕地质量等级图对地形部位栅格数据进行区域统计，马铃薯二作区三级地地形部位为宽谷盆地、平原高阶、平原中阶、平原低阶和山地平原。用行政区划图与耕地质量等级图叠加联合形成行政区划耕地质量等级综合图，对地形部位栅格数据进行区域统计，三级地中，2018 地形部位为宽谷盆地的耕地面积较 2009 年减少73 749.97hm²，地形部位为平原高阶的耕地面积减少 62 428.50hm²，地形部位为平原中阶的耕地面积增加 65 301.26hm²，地形部位为平原低阶的耕地面积增加 11 273.71hm²，地形部位为山地平原的耕地面积减少 63 614.47hm²，统计结果见表 2-219。

表 2-219　地形部位马铃薯二作区三级地行政区划分布（hm²）

县市	宽谷盆地		平原低阶		平原高阶		平原中阶		山地平原	
	2009 年	2018 年	2009 年	2018 年	2009 年	2018 年	2009 年	2018 年	2009 年	2018 年
定兴县	—	—	—	—	—	—	—	13 007.32	—	—
阜平县	—	625.33	—	—	—	—	—	—	—	—
涞水县	—	625.90	—	—	—	—	—	8 080.64	—	—
蠡　县	—	—	—	11 103.42	—	—	—	—	—	—
清苑县	—	—	—	170.29	—	—	—	—	—	—
涿州市	—	—	—	—	—	25 191.05	—	—	—	—
饶阳县	—	—	—	—	—	—	—	13 756.40	—	—
昌黎县	—	—	—	—	24 407.02	405.67	—	—	—	—
抚宁县	—	—	—	—	320.83	—	—	—	—	—

（续）

县市	宽谷盆地		平原低阶		平原高阶		平原中阶		山地平原	
	2009 年	2018 年	2009 年	2018 年	2009 年	2018 年	2009 年	2018 年	2009 年	2018 年
灵寿县	—	—	—	—	—	—	—	—	—	11 386.73
新乐市	—	—	—	—	—	—	—	30 456.90	—	—
乐亭县	55 262.53	—	—	—	55 262.53	11 703.83	—	—	55 262.53	—
玉田县	19 738.67	—	—	—	19 738.67	—	—	—	19 738.67	—
合计	75 001.2	1 251.23	—	11 273.71	99 729.05	37 300.55	—	65 301.26	75 001.2	11 386.73

（7）质地构型　利用耕地质量等级图对质地构型栅格数据进行区域统计，马铃薯二作区三级地质地构型为海绵型、紧实型、夹层型、上松下紧型和松散型。用行政区划图与耕地质量等级图叠加联合形成行政区划耕地质量等级综合图，对质地构型栅格数据进行区域统计，三级地中，2018 年海绵型面积较 2009 年增加 20 735.35hm^2，紧实型面积增加30 487.82 hm^2，夹层型面积减少 8 343.32hm^2，上松下紧型面积减少 30 522.84hm^2，松散型面积增加 14 427.38hm^2，统计结果见表 2-220。

表 2-220　质地构型马铃薯二作区三级地行政区划分布（hm^2）

县市	海绵型		夹层型		紧实型		上松下紧型		松散型	
	2009 年	2018 年	2009 年	2018 年	2009 年	2018 年	2009 年	2018 年	2009 年	2018 年
定兴县	—	1 320.62	—	—	—	93.46	—	11 593.23	—	—
阜平县	—	16.88	—	—	—	—	—	—	—	608.45
涞水县	—	8 011.12	—	695.42	—	—	—	—	—	—
蠡　县	—	—	—	—	—	—	—	11 103.42	—	—
清苑县	—	—	—	—	—	—	—	170.29	—	—
涿州市	—	—	—	—	—	—	—	25 191.05	—	—
饶阳县	—	—	—	—	—	904.18	—	—	—	12 852.22
昌黎县	—	—	4 113.11	—	—	—	20 293.91	405.67	—	—
抚宁县	—	—	—	—	—	—	320.83	—	—	—
灵寿县	—	11 386.73	—	—	—	—	—	—	—	—
新乐市	—	—	—	—	—	29 490.18	—	—	—	966.71
乐亭县	—	—	3 217.36	—	—	—	52 045.18	11 703.83	—	—
玉田县	—	—	1 708.27	—	—	—	18 030.41	—	—	—
合计	—	20 735.35	9 038.74	695.42	—	30 487.82	90 690.33	60 167.49	—	14 427.38

（8）生物多样性　利用耕地质量等级图对生物多样性栅格数据进行区域统计，马铃薯二作区三级地生物多样性处于“一般”和“不丰富”状态。用行政区划图与耕地质量等级图叠加联合形成行政区划耕地质量等级综合图，对生物多样性栅格数据进行区域统计，三级地中，2018 年处于“一般”状态耕地面积较 2009 年增加 69 778.39hm^2，处于“不丰富”状态耕地面积减少 42 993.98hm^2，统计结果见表 2-221。

表 2-221　生物多样性马铃薯二作区三级地行政区划分布（hm^2）

县市	一般		不丰富	
	2009 年	2018 年	2009 年	2018 年
定兴县	—	13 007.32	—	—
阜平县	—	625.33	—	—
涞水县	—	8 706.54	—	—
蠡　县	—	11 103.42	—	—
清苑县	—	170.29	—	—
涿州市	—	25 191.05	—	—
饶阳县	—	13 756.40	—	—
昌黎县	8 132.03	405.67	16 274.99	—
抚宁县	320.83	—	—	—
灵寿县	—	11 386.73	—	—
新乐市	—	30 456.90	—	—
乐亭县	47 402.78	11 703.83	7 859.76	—
玉田县	879.45	—	18 859.23	—
合计	56 735.09	126 513.48	42 993.98	—

（9）农田林网化　利用耕地质量等级图对农田林网化栅格数据进行区域统计，马铃薯二作区三级地农田林网化处于“高”、“中”和“低”状态。用行政区划图与耕地质量等级图叠加联合形成行政区划耕地质量等级综合图，对农田林网化栅格数据进行区域统计，三级地中，2018 年处于“高”状态耕地面积较 2009 年增加 4 840.25hm^2，处于“中”状态耕地面积增加 93 460.88hm^2，处于“低”状态耕地面积减少 71 516.71hm^2，统计结果见表 2-222。

表 2-222　农田林网化马铃薯二作区三级地行政区划分布（hm^2）

县市	高		中		低	
	2009 年	2018 年	2009 年	2018 年	2009 年	2018 年
定兴县	—	—	—	13 007.32	—	—
阜平县	—	—	—	—	—	625.33
涞水县	—	—	—	8 706.54	—	—
蠡　县	—	—	—	11 103.42	—	—
清苑县	—	—	—	170.29	—	—
涿州市	—	—	—	25 191.05	—	—
饶阳县	—	—	—	—	—	13 756.40
昌黎县	—	—	3 186.52	405.67	21 220.50	—
抚宁县	—	—	320.83	—	—	—
灵寿县	—	—	—	11 386.73	—	—
新乐市	—	—	—	30 456.90	—	—
乐亭县	—	4 840.25	9 466.81	6 312.29	45 795.72	551.29

（续）

县市	高		中		低	
	2009 年	2018 年	2009 年	2018 年	2009 年	2018 年
玉田县	—	—	305.17	—	19 433.51	—
合计	—	4 840.25	13 279.33	106 740.21	86 449.73	14 933.02

（10）清洁程度　利用耕地质量等级图对清洁程度栅格数据进行区域统计，马铃薯二作区三级地清洁程度处于“清洁”状态。用行政区划图与耕地质量等级图叠加联合形成行政区划耕地质量等级综合图，对清洁程度栅格数据进行区域统计，三级地中，2018 年处于“清洁”状态耕地面积较 2009 年增加 26 784.43hm^2，统计结果见表 2-223。

表 2-223　清洁程度马铃薯二作区三级地行政区划分布（hm^2）

县市	清洁	
	2009 年	2018 年
定兴县	—	13 007.32
阜平县	—	625.33
涞水县	—	8 706.54
蠡　县	—	11 103.42
清苑县	—	170.29
涿州市	—	25 191.05
饶阳县	—	13 756.40
昌黎县	24 407.02	405.67
抚宁县	320.83	—
灵寿县	—	11 386.73
新乐市	—	30 456.90
乐亭县	55 262.53	11 703.83
玉田县	19 738.67	—
合计	99 729.05	126 513.48

（11）盐渍化程度　利用耕地质量等级图对盐渍化程度栅格数据进行区域统计，马铃薯二作区三级地盐渍化程度为无、轻度和中度。用行政区划图与耕地质量等级图叠加联合形成行政区划耕地质量等级综合图，对盐渍化程度栅格数据进行区域统计，三级地中，2018 年无盐渍化耕地面积较 2009 年增加 81 570.06hm^2，轻度盐渍化耕地面积减少24 699.26hm^{2}中度盐渍化耕地面积减少 30 086.38hm^2，统计结果见表 2-224。

表 2-224　盐渍化程度马铃薯二作区三级地行政区划分布（hm^2）

县市	无		轻度		中度	
	2009 年	2018 年	2009 年	2018 年	2009 年	2018 年
定兴县	—	13 007.32	—	—	—	—
阜平县	—	625.33	—	—	—	—

（续）

县市	无		轻度		中度	
	2009年	2018年	2009年	2018年	2009年	2018年
涞水县	—	8 706.54	—	—	—	—
蠡 县	—	11 103.42	—	—	—	—
清苑县	—	170.29	—	—	—	—
涿州市	—	25 191.05	—	—	—	—
饶阳县	—	13 756.40	—	—	—	—
昌黎县	10 666.01	405.67	13 490.86	—	250.15	—
抚宁县	—	—	320.83	—	—	—
灵寿县	—	11 386.73	—	—	—	—
新乐市	—	30 456.90	—	—	—	—
乐亭县	14 538.74	11 703.83	10 887.57	—	29 836.23	—
玉田县	19 738.67	—	—	—	—	—
合计	44 943.42	126 513.48	24 699.26	—	30 086.38	—

（12）地下水埋深 利用耕地质量等级图对地下水埋深栅格数据进行区域统计，马铃薯二作区三级地地下水埋深处于“≥300cm”和“200～300cm”状态。用行政区划图与耕地质量等级图叠加联合形成行政区划耕地质量等级综合图，对地下水埋深栅格数据进行区域统计，三级地中，2018年处于“≥300cm”状态耕地面积较2009年增加55 493.28hm^2，处于“200～300cm”状态耕地面积减少28 708.87hm^2，统计结果见表2-225。

表2-225 地下水埋深马铃薯二作区三级地行政区划分布（hm^2）

县市	≥300cm		200～300cm	
	2009年	2018年	2009年	2018年
定兴县	—	13 007.32	—	—
阜平县	—	625.33	—	—
涞水县	—	8 706.54	—	—
蠡 县	—	11 103.42	—	—
清苑县	—	170.29	—	—
涿州市	—	25 191.05	—	—
饶阳县	—	13 756.40	—	—
昌黎县	12 049.64	405.67	12 357.38	—
抚宁县	320.83	—	—	—
灵寿县	—	11 386.73	—	—
新乐市	—	30 456.90	—	—
乐亭县	47 590.25	11 703.83	7 672.29	—
玉田县	11 059.48	—	8 679.20	—
合计	71 020.20	126 513.48	28 708.87	—

（13）耕层厚度　利用耕地质量等级图对耕层厚度栅格数据进行区域统计，马铃薯二作区三级地耕层厚度为≥20cm、15～20cm 和＜15cm。用行政区划图与耕地质量等级图叠加联合形成行政区划耕地质量等级综合图，对耕层厚度栅格数据进行区域统计，三级地中，2018 年耕层厚度≥20cm 的耕地面积较 2009 年增加 53 741.05hm^2，耕层厚度为 15～20cm 的耕地面积减少 56 488.54hm^2，耕层厚度＜15cm 的耕地面积增加 29 531.91hm^2，统计结果见表 2-226。

表 2-226　耕层厚度马铃薯二作区三级地行政区划分布（hm^2）

县市	≥20cm		15～20cm		＜15cm	
	2009 年	2018 年	2009 年	2018 年	2009 年	2018 年
定兴县	—	13 007.32	—	—	—	—
阜平县	—	625.33	—	—	—	—
涞水县	—	8 706.54	—	—	—	—
蠡　县	—	11 103.42	—	—	—	—
清苑县	—	170.29	—	—	—	—
涿州市	—	25 191.05	—	—	—	—
饶阳县	—	13 756.40	—	—	—	—
昌黎县	7 583.36	323.08	16 823.66	82.60	—	—
抚宁县	320.83	—	—	—	—	—
灵寿县	—	11 386.73	—	—	—	—
新乐市	—	—	—	317.32	—	30 139.58
乐亭县	4 594.51	—	50 060.36	11 703.83	607.67	—
玉田县	18 030.41	—	1 708.27	—	—	—
合计	30 529.11	84 270.16	68 592.29	12 103.75	607.67	30 139.58

（14）土壤有机质含量　利用耕地质量等级图对土壤有机质含量栅格数据进行区域统计，二作区三级地 2009 年土壤有机质含量为 19.38g/kg，2018 年为 19.13g/kg。用行政区划图与耕地质量等级图叠加联合形成行政区划耕地质量等级综合图，对土壤有机质含量栅格数据进行区域统计，三级地中，2009 年土壤有机质含量变化幅度在 12.7～22.5g/kg 之间，2018 年在 11.8～25.2g/kg 之间，2009—2018 年土壤有机质含量平均值减少 0.25g/kg，统计结果见表 2-227。

表 2-227　土壤有机质含量马铃薯二作区三级地行政区划分布（g/kg）

县市	最大值		最小值		平均值	
	2009 年	2018 年	2009 年	2018 年	2009 年	2018 年
定兴县	—	22.4	—	15.3	—	19.90
阜平县	—	19.8	—	16.5	—	18.34
涞水县	—	25.2	—	18.0	—	19.33
蠡　县	—	19.0	—	15.0	—	16.91

（续）

县市	最大值		最小值		平均值	
	2009 年	2018 年	2009 年	2018 年	2009 年	2018 年
清苑县	—	18.0	—	18.0	—	18.00
涿州市	—	23.3	—	11.8	—	21.13
饶阳县	—	17.9	—	15.9	—	16.73
昌黎县	20.1	12.5	12.7	12.2	17.32	12.35
抚宁县	14.9	—	14.3	—	14.60	—
灵寿县	—	20.0	—	16.7	—	18.71
新乐市	—	22.9	—	15.8	—	19.58
乐亭县	22.5	20.3	13.9	16.4	21.18	18.71
玉田县	20.2	—	17.1	—	18.58	—
合计	22.5	25.2	12.7	11.8	19.38	19.13

（15）土壤有效磷含量　利用耕地质量等级图对土壤有效磷含量栅格数据进行区域统计，二作区三级地 2009 年土壤有效磷含量为 34.28mg/kg，2018 年为 36.34mg/kg。用行政区划图与耕地质量等级图叠加联合形成行政区划耕地质量等级综合图，对土壤有效磷含量栅格数据进行区域统计，三级地中，2009 年土壤有效磷含量变化幅度在 16.1～61.3mg/kg 之间，2018 年在 15.9～72.8mg/kg 之间，2009—2018 年土壤有效磷含量平均值增加 2.06mg/kg，统计结果见表 2-228。

表 2-228　土壤有效磷含量马铃薯二作区三级地行政区划分布（mg/kg）

县市	最大值		最小值		平均值	
	2009 年	2018 年	2009 年	2018 年	2009 年	2018 年
定兴县	—	39.7	—	26.0	—	31.98
阜平县	—	46.3	—	20.4	—	38.40
涞水县	—	41.6	—	18.7	—	29.62
蠡　县	—	33.8	—	17.2	—	26.16
清苑县	—	27.1	—	27.1	—	27.10
涿州市	—	45.0	—	21.9	—	31.36
饶阳县	—	31.7	—	18.2	—	25.60
昌黎县	61.3	45.4	26.8	42.2	41.41	43.80
抚宁县	38.1	—	35.3	—	36.70	—
灵寿县	—	37.6	—	27.8	—	31.29
新乐市	—	38.5	—	15.9	—	34.28
乐亭县	39.0	72.8	16.1	53.5	30.14	62.47
玉田县	44.8	—	18.6	—	32.75	—
合计	61.3	72.8	16.1	15.9	34.28	36.34

(16) 土壤速效钾含量　利用耕地质量等级图对土壤速效钾含量栅格数据进行区域统计，二作区三级地 2009 年土壤速效钾含量为 140.77mg/kg，2018 年为 126.14mg/kg。用行政区划图与耕地质量等级图叠加联合形成行政区划耕地质量等级综合图，对土壤速效钾含量栅格数据进行区域统计，三级地中，2009 年土壤速效钾含量变化幅度在 71～169mg/kg 之间，2018 年在 64～206mg/kg 之间，自 2018 年到 2009 年土壤速效钾含量平均值减少 14.63mg/kg，统计结果见表 2-229。

表 2-229　土壤速效钾含量马铃薯二作区三级地行政区划分布（mg/kg）

县市	最大值		最小值		平均值	
	2009 年	2018 年	2009 年	2018 年	2009 年	2018 年
定兴县	—	184	—	101	—	141.25
阜平县	—	136	—	74	—	92.22
涞水县	—	138	—	96	—	109.76
蠡　县	—	179	—	131	—	157.59
清苑县	—	166	—	166	—	166.00
涿州市	—	90	—	64	—	77.65
饶阳县	—	154	—	121	—	138.25
昌黎县	154	93	82	89	129.66	91.00
抚宁县	75	—	71	—	73.00	—
灵寿县	—	142	—	118	—	135.33
新乐市	—	135	—	80	—	101.28
乐亭县	169	206	108	158	150.49	178.67
玉田县	162	—	117	—	139.88	—
合计	169	206	71	64	140.77	126.14

(17) 土壤 pH　利用耕地质量等级图对土壤 pH 栅格数据进行区域统计，二作区三级地 2009 年土壤 pH 为 7.0，2018 年为 7.6。用行政区划图与耕地质量等级图叠加联合形成行政区划耕地质量等级综合图，对土壤 pH 栅格数据进行区域统计，三级地中，2009 年土壤 pH 变化幅度在 4.9～8.0 之间，2018 年在 5.5～8.3 之间，2009—2018 年土壤 pH 平均值增加 0.6，统计结果见表 2-230。

表 2-230　土壤 pH 马铃薯二作区三级地行政区划分布

县市	最大值		最小值		平均值	
	2009 年	2018 年	2009 年	2018 年	2009 年	2018 年
定兴县	—	8.0	—	6.8	—	7.6
阜平县	—	7.9	—	7.7	—	7.7
涞水县	—	8.0	—	7.7	—	7.9
蠡　县	—	8.1	—	7.9	—	8.0
清苑县	—	7.9	—	7.9	—	7.9

（续）

县市	最大值		最小值		平均值	
	2009年	2018年	2009年	2018年	2009年	2018年
涿州市	—	8.1	—	6.8	—	7.9
饶阳县	—	8.3	—	8.2	—	8.3
昌黎县	7.1	6.2	4.9	5.5	6.5	5.9
抚宁县	6.5	—	6.3	—	6.4	—
灵寿县	—	7.4	—	6.9	—	7.3
新乐市	—	7.8	—	7.0	—	7.5
乐亭县	8.0	7.6	6.5	6.2	7.2	7.0
玉田县	7.8	—	6.4	—	7.3	
合计	8.0	8.3	4.9	5.5	7.0	7.6

（18）土壤容重　利用耕地质量等级图对土壤容重栅格数据进行区域统计，二作区三级地2009年土壤容重为1.50g/cm³，2018年为1.46g/cm³。用行政区划图与耕地质量等级图叠加联合形成行政区划耕地质量等级综合图，对土壤容重栅格数据进行区域统计，三级地中，2009年土壤容重变化幅度在1.17～1.55g/cm³之间，2018年在1.28～1.59g/cm³之间，2009—2018年土壤容重平均值减小0.04g/cm³，统计结果见表2-231。

表2-231　土壤容重马铃薯二作区三级地行政区划分布（g/cm³）

县市	最大值		最小值		平均值	
	2009年	2018年	2009年	2018年	2009年	2018年
定兴县	—	1.56	—	1.46	—	1.51
阜平县	—	1.50	—	1.36	—	1.42
涞水县	—	1.49	—	1.28	—	1.42
蠡　县	—	1.44	—	1.36	—	1.42
清苑县	—	1.47	—	1.47	—	1.47
涿州市	—	1.59	—	1.39	—	1.52
饶阳县	—	1.45	—	1.41	—	1.43
昌黎县	1.54	1.45	1.42	1.37	1.49	1.41
抚宁县	1.54	—	1.53	—	1.54	—
灵寿县	—	1.59	—	1.52	—	1.56
新乐市	—	1.56	—	1.36	—	1.42
乐亭县	1.55	1.51	1.17	1.41	1.50	1.44
玉田县	1.55	—	1.48	—	1.51	—
合计	1.55	1.59	1.17	1.28	1.50	1.46

（三）四级地耕地质量特征

1. 空间分布 2009 年四级地在马铃薯二作区面积 64 867.56hm^2，占耕地总面积的 8.37%，2018 年面积为 178 096.62hm^2，占耕地总面积的 22.99%，四级地面积逐渐增加。四级地在马铃薯二作区各县市的具体分布见表 2-232，2009—2018 年，涿州市、新乐市、内丘县、邢台县四级地面积逐渐减少到 0；定兴县、阜平县、涞水县、蠡县、曲阳县、饶阳县、昌黎县、灵寿县、乐亭县四级地面积逐渐增加，其中蠡县面积增加最多为 34 906.10hm^2。

表 2-232 四级地在马铃薯二作区各县市的面积与分布

地区	2009 年		2018 年	
	面积（hm^2）	占四级地面积（%）	面积（hm^2）	占四级地面积（%）
定兴县	—	—	34 785.66	19.53
阜平县	—	—	5 604.20	3.15
涞水县	—	—	2 923.92	1.64
蠡　县	210.09	0.32	35 116.19	19.72
清苑县	418.87	0.65	109.09	0.06
曲阳县	—	—	13 275.66	7.45
涿州市	1 670.66	2.58	—	—
武安市	—	—	4 676.23	2.63
饶阳县	—	—	11 381.29	6.39
昌黎县	9 005.16	13.88	17 588.15	9.88
抚宁县	549.65	0.85	52.40	0.03
灵寿县	—	—	2 230.68	1.25
新乐市	384.41	0.59	—	—
乐亭县	11 717.19	18.06	46 420.55	26.06
玉田县	38 975.19	60.08	3 932.60	2.21
内丘县	542.12	0.84	—	—
邢台县	1 394.22	2.15	—	—
总计	64 867.56	100.00	178 096.62	100.00

2. 属性特征

（1）排水能力　利用耕地质量等级图对排水能力栅格数据进行区域统计，马铃薯二作区四级地排水能力处于“充分满足”、“满足”、“基本满足”和“不满足”状态。用行政区划图与耕地质量等级图叠加联合形成行政区划耕地质量等级综合图，对排水能力栅格数据进行区域统计，四级地中，2018 年处于“充分满足”状态耕地面积较 2009 年增加 7 025.12hm^2，处于“满足”状态的耕地面积增加 75 292.80hm^2，处于“基本满足”状态耕地面积增加 39 132.43hm^2，处于“不满足”状态耕地面积减少 8 221.30hm^2，统计结果见表 2-233。

表 2-233　排水能力马铃薯二作区四级地行政区划分布（hm^2）

县市	充分满足		满足		基本满足		不满足	
	2009 年	2018 年	2009 年	2018 年	2009 年	2018 年	2009 年	2018 年
定兴县	—	—	—	34 785.66	—	—	—	—
阜平县	—	5 604.20	—	—	—	—	—	—
涞水县	—	—	—	1 649.64	—	1 274.27	—	—
蠡　县	—	—	—	35 116.19	210.09	—	—	—
清苑县	—	—	—	109.09	418.87	—	—	—
曲阳县	—	5 488.96	—	—	—	7 786.70	—	—
涿州市	—	—	1 670.66	—	—	—	—	—
武安市	—	—	—	4 151.68	—	524.55	—	—
饶阳县	—	—	—	11 381.29	—	—	—	—
昌黎县	1 068.16	—	1 747.02	4 446.95	6 189.98	12 303.27	—	837.93
抚宁县	—	—	549.65	—	—	52.40	—	—
灵寿县	—	—	—	2 230.68	—	—	—	—
新乐市	193.22	—	191.19	—	—	—	—	—
乐亭县	—	—	5 141.36	—	—	43 346.91	6 575.83	3 073.64
玉田县	2 264.55	—	8 229.91	—	22 923.69	3 932.59	5 557.04	—
内丘县	542.11	—	—	—	—	—	—	—
邢台县	—	—	1 048.59	—	345.63	—	—	—
总计	4 068.04	11 093.16	18 578.38	93 871.18	30 088.26	69 220.69	12 132.87	3 911.57

（2）灌溉能力　利用耕地质量等级图对灌溉能力栅格数据进行区域统计，马铃薯二作区四级地灌溉能力处于“充分满足”、“满足”、“基本满足”和“不满足”状态。用行政区划图与耕地质量等级图叠加联合形成行政区划耕地质量等级综合图，对灌溉能力栅格数据进行区域统计，四级地中，2018 年处于“充分满足”状态耕地面积较 2009 年减少 715.43hm^2，处于“满足”状态的耕地面积增加 57 804.87hm^2，处于“基本满足”状态耕地面积增加 56 251.45hm^2，处于“不满足”状态耕地面积减少 111.85hm^2，统计结果见表2-234。

表 2-234　灌溉能力马铃薯二作区四级地行政区划分布（hm^2）

县市	充分满足		满足		基本满足		不满足	
	2009 年	2018 年	2009 年	2018 年	2009 年	2018 年	2009 年	2018 年
定兴县	—	—	—	34 785.66	—	—	—	—
阜平县	—	1 512.01	—	4 092.18	—	—	—	—
涞水县	—	2 322.64	—	—	—	601.28	—	—
蠡　县	—	—	210.09	35 116.19	—	—	—	—
清苑县	—	—	—	109.09	418.87	—	—	—

（续）

县市	充分满足		满足		基本满足		不满足	
	2009 年	2018 年	2009 年	2018 年	2009 年	2018 年	2009 年	2018 年
曲阳县	—	—	—	13 275.66	—	—	—	—
涿州市	—	—	773.31	—	897.35	—	—	—
武安市	—	—	—	3 066.23	—	1 610.00	—	—
饶阳县	—	1 302.39	—	10 078.89	—	—	—	—
昌黎县	2 076.49	—	6 276.54	6 168.90	652.12	11 419.26	—	—
抚宁县	—	—	549.65	52.40	—	—	—	—
灵寿县	—	—	—	1 432.12	—	798.56	—	—
新乐市	—	—	381.35	—	3.07	—	—	—
乐亭县	3 233.87	—	8 483.32	—	—	46 420.55	—	—
玉田县	—	—	32 303.97	—	6 559.38	3 932.59	111.85	—
内丘县	542.11	—	—	—	—	—	—	—
邢台县	—	—	1 394.22	—	—	—	—	—
总计	5 852.47	5 137.04	50 372.45	108 177.32	8 530.79	64 782.24	111.85	—

（3）*有效土层厚度* 利用耕地质量等级图对有效土层厚度栅格数据进行区域统计，马铃薯二作区四级地有效土层厚度处于“<30cm”、“30～60cm”、“60～100cm”和“≥100cm”状态。用行政区划图与耕地质量等级图叠加联合形成行政区划耕地质量等级综合图，对有效土层厚度栅格数据进行区域统计，四级地中，2018 年处于“<30cm”状态耕地面积较 2009 年减少 4 168.01hm^2，处于“30～60cm”状态耕地面积增加 1 319.29hm^2，处于“60～100cm”状态耕地面积增加 48 072.35hm^2，处于“≥100cm”状态耕地面积增加 68 005.40hm^2，统计结果见表 2-235。

表 2-235 有效土层厚度马铃薯二作区四级地行政区划分布（hm^2）

县市	<30cm		30～60cm		60～100cm		≥100cm	
	2009 年	2018 年	2009 年	2018 年	2009 年	2018 年	2009 年	2018 年
定兴县	—	—	—	—	—	34 785.66	—	—
阜平县	—	—	—	1 861.40	—	952.76	—	2 790.03
涞水县	—	—	—	—	—	—	—	2 923.92
蠡　县	—	—	—	—	—	—	210.09	35 116.19
清苑县	—	—	—	—	—	—	418.87	109.09
曲阳县	—	—	—	—	—	13 275.66	—	—
涿州市	—	—	—	—	897.35	—	773.31	—
武安市	—	—	—	—	—	—	—	4 676.23
饶阳县	—	—	—	—	—	—	—	11 381.29
昌黎县	2 773.79	—	—	—	—	—	6 231.37	17 588.15
抚宁县	—	—	—	—	—	—	549.66	52.40

（续）

县市	<30cm		30～60cm		60～100cm		≥100cm	
	2009 年	2018 年	2009 年	2018 年	2009 年	2018 年	2009 年	2018 年
灵寿县	—	—	—	—	—	—	—	2 230.68
新乐市	—	—	—	—	44.38	—	340.04	—
乐亭县	—	—	—	—	—	—	11 717.19	46 420.55
玉田县	—	—	—	—	—	—	38 975.19	3 932.59
内丘县	—	—	542.11	—	—	—	—	—
邢台县	1 394.22	—	—	—	—	—	—	—
总计	4 168.01	—	542.11	1 861.40	941.73	49 014.08	59 215.72	127 221.12

（4）障碍因素　利用耕地质量等级图对障碍因素栅格数据进行区域统计，马铃薯二作区四级地基本无明显障碍，部分耕地存在障碍层次和砂姜层。用行政区划图与耕地质量等级图叠加联合形成行政区划耕地质量等级综合图，对障碍因素栅格数据进行区域统计，四级地中，2018 年无明显障碍耕地面积较 2009 年增加 135 597.71hm^2，存在障碍层次的耕地面积减少 27 599.75hm^2，存在砂姜层的耕地面积增加 5 231.12hm^2，统计结果见表2-236。

表 2-236　障碍因素马铃薯二作区四级地行政区划分布（hm^2）

县市	无		障碍层次		砂姜层	
	2009 年	2018 年	2009 年	2018 年	2009 年	2018 年
定兴县	—	34 785.66	—	—	—	—
阜平县	—	4 371.56	—	—	—	1 232.63
涞水县	—	1 896.14	—	—	—	1 027.78
蠡　县	210.09	35 116.19	—	—	—	—
清苑县	418.87	109.09	—	—	—	—
曲阳县	—	13 275.66	—	—	—	—
涿州市	—	—	1 670.66	—	—	—
武安市	—	4 396.67	—	—	—	279.56
饶阳县	—	11 381.29	—	—	—	—
昌黎县	6 606.02	17 588.15	2 399.14	—	—	—
抚宁县	—	52.40	549.65	—	—	—
灵寿县	—	2 230.68	—	—	—	—
新乐市	152.94	—	231.47	—	—	—
乐亭县	3 341.95	43 738.95	8 375.24	—	—	2 681.61
玉田县	25 143.70	3 923.06	13 831.48	—	—	9.54
内丘县	—	—	542.11	—	—	—
邢台县	1 394.22	—	—	—	—	—
总计	37 267.79	172 865.50	27 599.75	—	—	5 231.12

(5) 耕层质地　利用耕地质量等级图对耕层质地栅格数据进行区域统计，马铃薯二作区四级地耕层质地为轻壤、砂壤、中壤和重壤状态。用行政区划图与耕地质量等级图叠加联合形成行政区划耕地质量等级综合图，对耕层质地栅格数据进行区域统计，四级地中，2018年轻壤面积较2009年增加106 452.98hm^2，砂壤面积增加14 435.84hm^2，中壤面积增加5 165.99hm^2，重壤面积减少12 825.74hm^2，统计结果见表2-237。

表2-237　耕层质地马铃薯二作区四级地行政区划分布（hm^2）

县市	轻壤		砂壤		中壤		重壤	
	2009年	2018年	2009年	2018年	2009年	2018年	2009年	2018年
定兴县	—	34 301.73	—	483.93	—	—	—	—
阜平县	—	5 241.23	—	362.96	—	—	—	—
涞水县	—	1 027.78	—	1 896.14	—	—	—	—
蠡　县	210.09	23 579.53	—	11 536.67	—	—	—	—
清苑县	418.87	109.09	—	—	—	—	—	—
曲阳县	—	13 275.66	—	—	—	—	—	—
涿州市	1 670.66	—	—	—	—	—	—	—
武安市	—	4 676.23	—	—	—	—	—	—
饶阳县	—	2 812.47	—	290.07	—	8 278.75	—	—
昌黎县	9 005.16	17 588.15	—	—	—	—	—	—
抚宁县	549.65	52.40	—	—	—	—	—	—
灵寿县	—	2 230.68	—	—	—	—	—	—
新乐市	250.48	—	133.93	—	—	—	—	—
乐亭县	11 717.19	46 420.55	—	—	—	—	—	—
玉田县	21 062.27	1 518.51	—	—	5 526.85	2 414.09	12 386.06	—
内丘县	102.44	—	—	—	—	—	439.68	—
邢台县	1 394.22	—	—	—	—	—	—	—
总计	46 381.03	152 834.01	133.93	14 569.77	5 526.85	10 692.84	12 825.74	—

(6) 地形部位　利用耕地质量等级图对地形部位栅格数据进行区域统计，马铃薯二作区四级地地形部位为低平原、平原高阶、平原中阶、平原低阶、山前平原、河谷阶地、宽谷盆地和丘陵中部。用行政区划图与耕地质量等级图叠加联合形成行政区划耕地质量等级综合图，对地形部位栅格数据进行区域统计，四级地中，2018年地形部位为低平原的耕地面积较2009年减少210.09hm^2，地形部位为平原高阶的耕地面积增加10 520.5hm^2，地形部位为平原中阶的耕地面积增加51 251.06hm^2，地形部位为平原低阶的耕地面积增加47 106.72hm^2，地形部位为山前平原的耕地面积减少1 841.51hm^2，地形部位为河谷阶地的耕地面积增加371.88hm^2，地形部位为宽谷盆地的耕地面积增加5 604.2hm^2，地形部位为丘陵中部的耕地面积增加426.49hm^2，统计结果见表2-238。

表 2-238 地形部位马铃薯二作区四级地行政区划分布（hm^2）

县市	低平原		平原高阶		平原中阶		平原低阶		山前平原		河谷阶地		宽谷盆地		丘陵中部	
	2009 年	2018 年	2009 年	2018 年	2009 年	2018 年	2009 年	2018 年	2009 年	2018 年	2009 年	2018 年	2009 年	2018 年	2009 年	2018 年
定兴县	—	—	—	—	—	34 785.66	—	—	—	—	—	—	—	—	—	—
阜平县	—	—	—	—	—	—	—	—	—	—	—	—	—	5 604.2	—	—
涞水县	—	—	—	—	—	2 497.42	—	—	—	—	—	—	—	—	—	426.49
蠡　县	210.09	—	—	—	—	—	—	35 116.19	—	—	—	—	—	—	—	—
清苑县	—	—	—	—	418.87	—	—	109.09	—	—	—	—	—	—	—	—
曲阳县	—	—	—	—	—	—	—	13 275.66	—	—	—	—	—	—	—	—
涿州市	—	—	—	—	1 670.66	—	—	—	—	—	—	—	—	—	—	—
武安市	—	—	—	—	—	4 676.23	—	—	—	—	—	—	—	—	—	—
饶阳县	—	—	—	—	—	11 381.29	—	—	—	—	—	—	—	—	—	—
昌黎县	—	—	6 231.37	17 588.15	—	—	—	—	2 773.79	—	—	—	—	—	—	—
抚宁县	—	—	549.65	52.40	—	—	—	—	—	—	—	—	—	—	—	—
灵寿县	—	—	—	—	—	—	—	—	—	1 858.80	—	371.88	—	—	—	—
新乐市	—	—	—	—	—	—	—	—	384.41	—	—	—	—	—	—	—
乐亭县	—	—	11 717.19	46 420.55	—	—	—	—	—	—	—	—	—	—	—	—
玉田县	—	—	38 975.19	3 932.59	—	—	—	—	—	—	—	—	—	—	—	—
内丘县	—	—	—	—	—	—	—	—	542.11	—	—	—	—	—	—	—
邢台县	—	—	—	—	—	—	1 394.22	—	—	—	—	—	—	—	—	—
总计	210.09	—	57 473.40	67 993.9	2 089.53	53 340.6	1 394.22	48 500.94	3 700.31	1 858.80	—	371.88	—	5 604.2	—	426.49

(7) 质地构型　利用耕地质量等级图对质地构型栅格数据进行区域统计，马铃薯二作区四级地质地构型为海绵型、紧实型、夹层型、上紧下松型、上松下紧型、松散型和通体壤。用行政区划图与耕地质量等级图叠加联合形成行政区划耕地质量等级综合图，对质地构型栅格数据进行区域统计，四级地中，2018 年海绵型面积较 2009 年增加14 416.21hm²，紧实型面积增加 31 002.46hm²，夹层型面积减少 7 268.27hm²，上紧下松型面积增加 2 036.33hm²，上松下紧型面积增加 61 110.66hm²，松散型面积增加 14 021.18hm²，通体壤面积减少 2 089.53hm²，统计结果见表 2-239。

表 2-239　质地构型马铃薯二作区四级地行政区划分布（hm²）

县市	海绵型		紧实型		夹层型		上紧下松型		上松下紧型		松散型		通体壤	
	2009 年	2018 年	2009 年	2018 年	2009 年	2018 年	2009 年	2018 年	2009 年	2018 年	2009 年	2018 年	2009 年	2018 年
定兴县	—	—	—	25 354.88	—	—	—	—	—	9 430.78	—	—	—	—
阜平县	—	1 945.41	—	—	—	—	—	—	—	—	—	3 658.79	—	—
涞水县	—	1 274.27	—	601.28	—	1 048.36	—	—	—	—	—	—	—	—
蠡　县	—	—	210.09	—	—	—	—	—	—	35 116.19	—	—	—	—
清苑县	—	—	—	—	—	—	—	—	—	109.09	—	—	418.87	—
曲阳县	—	7 807.05	—	4 120.09	—	—	—	1 348.52	—	—	—	—	—	—
涿州市	—	—	—	—	—	—	—	—	—	—	—	—	1 670.66	—
武安市	—	—	—	—	—	—	—	—	—	4 676.23	—	—	—	—
饶阳县	—	—	—	476.79	—	—	—	—	—	—	—	10 904.50	—	—
昌黎县	2 773.79	—	—	853.76	323.08	429.18	—	—	5 908.30	16 305.21	—	—	—	—
抚宁县	—	—	—	—	—	52.40	—	—	549.65	—	—	—	—	—
灵寿县	—	2 230.68	—	—	—	—	—	—	—	—	—	—	—	—
新乐市	—	—	194.25	—	—	—	190.16	—	—	—	—	—	—	—
乐亭县	—	—	—	—	4 744.32	—	—	877.97	6 972.87	45 542.58	—	—	—	—
玉田县	—	3 932.59	—	—	3 730.81	—	—	—	35 244.38	—	—	—	—	—
内丘县	—	—	—	—	—	—	—	—	—	—	542.11	—	—	—
邢台县	—	—	—	—	—	—	—	—	1 394.22	—	—	—	—	—
总计	2 773.79	17 190.00	404.34	31 406.80	8 798.21	1 529.94	190.16	2 226.49	50 069.42	111 180.08	542.11	14 563.29	2 089.53	—

(8) 生物多样性　利用耕地质量等级图对生物多样性栅格数据进行区域统计，马铃薯二作区四级地生物多样性处于“一般”和“不丰富”状态。用行政区划图与耕地质量等级图叠加联合形成行政区划耕地质量等级综合图，对生物多样性栅格数据进行区域统计，四级地中，2018 年处于“一般”状态耕地面积较 2009 年增加 147 387.48hm²，处于“一般”状态耕地面积减少 34 158.42hm²，统计结果见表 2-240。

表 2-240　生物多样性马铃薯二作区四级地行政区划分布（hm²）

县市	一般		不丰富	
	2009 年	2018 年	2009 年	2018 年
定兴县	—	34 785.66	—	—
阜平县	—	5 604.20	—	—

（续）

县市	一般		不丰富	
	2009 年	2018 年	2009 年	2018 年
涞水县	—	2 923.92	—	—
蠡　县	210.09	35 116.19	—	—
清苑县	—	109.09	418.88	—
曲阳县	—	13 275.66	—	—
涿州市	1 670.67	—	—	—
武安市	—	4 676.23	—	—
饶阳县	—	11 381.29	—	—
昌黎县	5 595.36	17 588.15	3 409.80	—
抚宁县	549.65	52.40	—	—
灵寿县	—	2 230.68	—	—
新乐市	340.04	—	44.38	—
乐亭县	1 510.45	46 420.55	10 206.74	—
玉田县	20 290.78	3 932.59	18 684.41	—
内丘县	542.11	—	—	—
邢台县	—	—	1 394.22	—
总计	30 709.13	178 096.61	34 158.42	—

(9) 农田林网化　利用耕地质量等级图对农田林网化栅格数据进行区域统计，马铃薯二作区四级地农田林网化处于“高”、“中”和“低”状态。用行政区划图与耕地质量等级图叠加联合形成行政区划耕地质量等级综合图，对农田林网化栅格数据进行区域统计，四级地中，2018 年处于“高”状态耕地面积较 2009 年增加 41 316.36hm^2，处于“中”状态耕地面积增加 108 515.19hm^2，处于“低”状态耕地面积减少 36 602.50hm^2，统计结果见表 2-241。

表 2-241　农田林网化马铃薯二作区四级地行政区划分布（hm^2）

县市	高		中		低	
	2009 年	2018 年	2009 年	2018 年	2009 年	2018 年
定兴县	—	—	—	34 785.66	—	—
阜平县	—	—	—	—	—	5 604.20
涞水县	—	—	—	2 923.92	—	—
蠡　县	—	—	—	35 116.19	210.09	—
清苑县	—	—	418.87	109.09	—	—
曲阳县	—	—	—	13 275.66	—	—
涿州市	—	—	1 670.66	—	—	—
武安市	—	—	—	4 676.23	—	—
饶阳县	—	—	—	—	—	11 381.29

（续）

县市	高		中		低	
	2009 年	2018 年	2009 年	2018 年	2009 年	2018 年
昌黎县	—	—	4 568.59	17 588.15	4 436.56	—
抚宁县	—	—	549.65	—	—	52.39
灵寿县	—	—	—	2 230.68	—	—
新乐市	—	—	149.88	—	234.54	—
乐亭县	—	41 316.36	156.17	4 799.32	11 561.02	304.87
玉田县	—	—	3 408.48	3 932.59	35 566.71	—
内丘县	—	—	—	—	542.11	—
邢台县	—	—	—	—	1 394.22	—
总计	—	41 316.36	10 922.30	119 437.49	53 945.25	17 342.75

（10）清洁程度　利用耕地质量等级图对清洁程度栅格数据进行区域统计，马铃薯二作区四级地清洁程度处于“清洁”状态。用行政区划图与耕地质量等级图叠加联合形成行政区划耕地质量等级综合图，对清洁程度栅格数据进行区域统计，四级地中，2018 年处于“清洁”状态耕地面积较 2009 年增加 113 229.07hm^2，统计结果见表 2-242。

表 2-242　清洁程度马铃薯二作区四级地行政区划分布（hm^2）

县市	清洁	
	2009 年	2018 年
定兴县	—	34 785.66
阜平县	—	5 604.20
涞水县	—	2 923.92
蠡　县	210.09	35 116.19
清苑县	418.87	109.09
曲阳县	—	13 275.66
涿州市	1 670.66	—
武安市	—	4 676.23
饶阳县	—	11 381.29
昌黎县	9 005.16	17 588.15
抚宁县	549.65	52.40
灵寿县	—	2 230.68
新乐市	384.41	—
乐亭县	11 717.19	46 420.55
玉田县	38 975.19	3 932.60
内丘县	542.11	—
邢台县	1 394.22	—
总计	64 867.55	178 096.62

(11) 盐渍化程度　利用耕地质量等级图对盐渍化程度栅格数据进行区域统计，马铃薯二作区四级地盐渍化程度为无、轻度和中度。用行政区划图与耕地质量等级图叠加联合形成行政区划耕地质量等级综合图，对盐渍化程度栅格数据进行区域统计，四级地中，2018 年无盐渍化耕地面积较 2009 年增加 141 722.45hm^2，轻度盐渍化耕地面积减少11 362.63hm^2，中度盐渍化耕地面积减少 17 130.76hm^2，统计结果见表 2-243。

表 2-243　盐渍化程度马铃薯二作区四级地行政区划分布（hm^2）

县市	无		轻度		中度	
	2009 年	2018 年	2009 年	2018 年	2009 年	2018 年
定兴县	—	34 785.66	—	—	—	—
阜平县	—	5 604.20	—	—	—	—
涞水县	—	2 923.92	—	—	—	—
蠡　县	210.09	35 116.19	—	—	—	—
清苑县	418.87	109.09	—	—	—	—
曲阳县	—	13 275.66	—	—	—	—
涿州市	1 670.66	—	—	—	—	—
武安市	—	4 676.23	—	—	—	—
饶阳县	—	11 381.29	—	—	—	—
昌黎县	3 425.91	17 588.15	2 757.67	—	2 821.58	—
抚宁县	—	52.40	549.65	—	—	—
灵寿县	—	2 230.68	—	—	—	—
新乐市	193.23	—	191.19	—	—	—
乐亭县	4 901.67	46 420.55	6 815.52	—	—	—
玉田县	24 666.00	3 932.60	—	—	14 309.18	—
内丘县	542.11	—	—	—	—	—
邢台县	345.63	—	1 048.60	—	—	—
总计	36 374.17	178 096.62	11 362.63	—	17 130.76	—

(12) 地下水埋深　利用耕地质量等级图对地下水埋深栅格数据进行区域统计，马铃薯二作区四级地地下水埋深处于“≥300cm”、“200～300cm”和“<200cm”状态。用行政区划图与耕地质量等级图叠加联合形成行政区划耕地质量等级综合图，对地下水埋深栅格数据进行区域统计，四级地中，2018 年处于于“≥300cm”状态耕地面积较 2009 年增加 139 682.00hm^2，处于“200～300cm”状态耕地面积减少 26 242.85hm^2，处于“<200cm”状态耕地面积减少 210.09hm^2，统计结果见表 2-244。

表 2-244　地下水埋深马铃薯二作区四级地行政区划分布（hm^2）

县市	≥300cm		200～300cm		<200cm	
	2009 年	2018 年	2009 年	2018 年	2009 年	2018 年
定兴县	—	34 785.66	—	—	—	—
阜平县	—	5 474.50	—	129.70	—	—
涞水县	—	2 923.92	—	—	—	—

（续）

县市	≥300cm		200～300cm		<200cm	
	2009 年	2018 年	2009 年	2018 年	2009 年	2018 年
蠡　县	—	35 116.19	—	—	210.09	—
清苑县	418.87	109.09	—	—	—	—
曲阳县	—	13 275.66	—	—	—	—
涿州市	1 670.66	—	—	—	—	—
武安市	—	4 676.23	—	—	—	—
饶阳县	—	11 381.29	—	—	—	—
昌黎县	8 317.58	17 588.15	687.58	—	—	—
抚宁县	—	52.40	549.65	—	—	—
灵寿县	—	2 230.68	—	—	—	—
新乐市	384.41	—	—	—	—	—
乐亭县	6 864.79	46 420.55	4 852.40	—	—	—
玉田县	18 692.27	3 932.59	20 282.92	—	—	—
内丘县	542.11	—	—	—	—	—
邢台县	1 394.22	—	—	—	—	—
总计	38 284.91	177 966.91	26 372.55	129.70	210.09	—

（13）*耕层厚度*　利用耕地质量等级图对耕层厚度栅格数据进行区域统计，马铃薯二作区四级地耕层厚度为≥20cm、15～20cm 和<15cm。用行政区划图与耕地质量等级图叠加联合形成行政区划耕地质量等级综合图，对耕层厚度栅格数据进行区域统计，四级地中，2018 年耕层厚度≥20cm 的耕地面积较 2009 年增加 70 654.43hm^2，耕层厚度为 15～20cm 的耕地面积增加 41 646.49hm^2，耕层厚度<15cm 的耕地面积增加 928.14hm^2，统计结果见表 2-245。

表 2-245　耕层厚度马铃薯二作区四级地行政区划分布（hm^2）

县市	≥20cm		15～20cm		<15cm	
	2009 年	2018 年	2009 年	2018 年	2009 年	2018 年
定兴县	—	34 785.66	—	—	—	—
阜平县	—	5 604.20	—	—	—	—
涞水县	—	2 923.92	—	—	—	—
蠡　县	210.09	35 116.19	—	—	—	—
清苑县	418.87	109.09	—	—	—	—
曲阳县	—	13 275.66	—	—	—	—
涿州市	—	—	1 670.66	—	—	
武安市	—	1 330.44	—	3 295.62	—	50.17
饶阳县	—	11 381.29	—	—	—	—
昌黎县	5 912.04	2 083.24	3 093.12	15 504.91	—	—
抚宁县	—	—	549.65	52.40	—	—

（续）

县市	≥20cm		15～20cm		<15cm	
	2009 年	2018 年	2009 年	2018 年	2009 年	2018 年
灵寿县	—	2 230.68	—	—	—	—
新乐市	381.35	—	3.07	—	—	—
乐亭县	1 715.89	—	10 001.30	45 542.58	—	877.97
玉田县	28 499.11	—	10 476.07	3 932.59	—	—
内丘县	—	—	542.11	—	—	—
邢台县	1 048.59	—	345.63	—	—	—
总计	38 185.94	108 840.37	26 681.61	68 328.10	—	928.14

（14）土壤有机质含量　利用耕地质量等级图对土壤有机质含量栅格数据进行区域统计，二作区四级地 2009 年土壤有机质含量为 18.42g/kg，2018 年为 17.61g/kg。用行政区划图与耕地质量等级图叠加联合形成行政区划耕地质量等级综合图，对土壤有机质含量栅格数据进行区域统计，四级地中，2009 年土壤有机质含量变化幅度在 10.8～24.0g/kg 之间，2018 年在 11.0～23.1g/kg 之间，2009—2018 年土壤有机质含量平均值减少 0.81g/kg，统计结果见表 2-246。

表 2-246　土壤有机质含量马铃薯二作区四级地行政区划分布（g/kg）

县市	最大值		最小值		平均值	
	2009 年	2018 年	2009 年	2018 年	2009 年	2018 年
定兴县	—	23.0	—	18.9	—	20.34
阜平县	—	20.3	—	14.1	—	16.57
涞水县	—	19.0	—	18.6	—	18.80
蠡　县	15.8	19.0	15.6	13.8	15.70	15.68
清苑县	17.0	16.6	17.0	16.6	17.00	16.60
曲阳县	—	21.6	—	15.3	—	20.28
涿州市	17.1	—	16.8	—	16.95	—
武安市	—	23.1	—	18.1	—	19.52
饶阳县	—	18.9	—	15.4	—	16.98
昌黎县	18.2	15.2	13.7	11.0	15.26	12.64
抚宁县	15.8	14.0	14.7	13.8	15.38	13.90
灵寿县	—	21.7	—	13.8	—	18.61
新乐市	17.0	—	15.5	—	16.50	—
乐亭县	22.5	20.3	10.8	13.9	20.95	18.53
玉田县	21.0	21.9	15.4	16.2	18.76	18.29
内丘县	16.6	—	15.3	—	15.88	—
邢台县	24.0	—	16.3	—	19.48	—
总计	24.0	23.1	10.8	11.0	18.42	17.61

(15) 土壤有效磷含量　利用耕地质量等级图对土壤有效磷含量栅格数据进行区域统计，二作区四级地2009年土壤有效磷含量为30.67mg/kg，2018年为35.23mg/kg。用行政区划图与耕地质量等级图叠加联合形成行政区划耕地质量等级综合图，对土壤有效磷含量栅格数据进行区域统计得知，四级地中，2009年土壤有效磷含量变化幅度在12.7～66.1mg/kg之间，2018年在12.4～76.6mg/kg之间，2009—2018年土壤有效磷含量平均值增加4.56mg/kg，统计结果见表2-247。

表2-247　土壤有效磷含量马铃薯二作区四级地行政区划分布（mg/kg）

县市	最大值		最小值		平均值	
	2009年	2018年	2009年	2018年	2009年	2018年
定兴县	—	33.4	—	18.5	—	23.61
阜平县	—	46.5	—	17.4	—	35.96
涞水县	—	31.2	—	23.6	—	27.14
蠡　县	23.9	34.6	18.4	12.4	21.15	21.36
清苑县	35.2	30.8	21.8	30.8	28.50	30.80
曲阳县	—	51.5	—	30.0	—	39.96
涿州市	36.8	—	29.4	—	33.10	—
武安市	—	35.7	—	14.4	—	17.36
饶阳县	—	32.1	—	15.0	—	20.78
昌黎县	66.1	52.5	29.3	33.3	49.62	39.11
抚宁县	21.8	41.5	12.8	40.6	18.78	41.05
灵寿县	—	35.4	—	22.9	—	28.36
新乐市	33.2	—	29.1	—	30.97	—
乐亭县	35.8	66.8	25.1	27.4	30.09	54.69
玉田县	42.0	76.6	12.7	39.3	28.57	57.98
内丘县	24.1	—	13.0	—	17.80	—
邢台县	26.5	—	20.4	—	24.01	—
总计	66.1	76.6	12.7	12.4	30.67	35.23

(16) 土壤速效钾含量　利用耕地质量等级图对土壤速效钾含量栅格数据进行区域统计，二作区四级地2009年土壤速效钾含量为129.99mg/kg，2018年为133.80mg/kg。用行政区划图与耕地质量等级图叠加联合形成行政区划耕地质量等级综合图，对土壤速效钾含量栅格数据进行区域统计，四级地中，2009年土壤速效钾含量变化幅度在56～171mg/kg之间，2018年在65～202mg/kg之间，2009—2018年土壤速效钾含量平均值增加3.81mg/kg，统计结果见表2-248。

表2-248　土壤速效钾含量马铃薯二作区四级地行政区划分布（mg/kg）

县市	最大值		最小值		平均值	
	2009年	2018年	2009年	2018年	2009年	2018年
定兴县	—	196	—	111	—	130.03
阜平县	—	115	—	65	—	79.11

（续）

县市	最大值		最小值		平均值	
	2009年	2018年	2009年	2018年	2009年	2018年
涞水县	—	114	—	99	—	107.00
蠡 县	105	198	100	119	102.50	146.77
清苑县	138	141	106	141	122.00	141.00
曲阳县	—	193	—	94	—	169.88
涿州市	130	—	115	—	122.50	—
武安市	—	143	—	115	—	133.35
饶阳县	—	171	—	115	—	135.40
昌黎县	141	143	82	79	103.76	93.19
抚宁县	113	110	85	108	102.25	109.00
灵寿县	—	137	—	81	—	101.31
新乐市	91	—	83	—	87.00	—
乐亭县	171	197	129	110	148.51	173.76
玉田县	171	202	72	175	141.39	187.10
内丘县	105	—	56	—	80.80	—
邢台县	145	—	117	—	128.58	—
总计	171	202	56	65	129.99	133.80

（17）土壤pH　利用耕地质量等级图对土壤pH栅格数据进行区域统计得知，二作区四级地2009年土壤pH为7.30，2018年为7.61。用行政区划图与耕地质量等级图叠加联合形成行政区划耕地质量等级综合图，对土壤pH栅格数据进行区域统计得知，四级地中，2009年土壤pH变化幅度在5.9～8.4之间，2018年在5.2～8.5之间，自2018年到2009年土壤pH平均值增加0.31，统计结果见表2-249。

表2-249　土壤pH马铃薯二作区四级地行政区划分布

县市	最大值		最小值		平均值	
	2009年	2018年	2009年	2018年	2009年	2018年
定兴县	—	8.2	—	7.5	—	7.98
阜平县	—	8.1	—	7.6	—	7.85
涞水县	—	8.0	—	7.7	—	7.86
蠡 县	8.2	8.2	8.1	7.5	8.15	8.03
清苑县	8.4	8.0	8.3	8.0	8.35	8.00
曲阳县	—	8.2	—	6.9	—	7.80
涿州市	7.0	—	7.0	—	7.00	—
武安市	—	8.5	—	7.4	—	8.35
饶阳县	—	8.4	—	8.2	—	8.33
昌黎县	7.5	7.5	5.9	5.2	6.74	6.44
抚宁县	7.3	6.8	6.8	6.6	7.10	6.70
灵寿县	—	7.7	—	6.5	—	7.09

（续）

县市	最大值		最小值		平均值	
	2009 年	2018 年	2009 年	2018 年	2009 年	2018 年
新乐市	7.9	—	7.5	—	7.75	—
乐亭县	8.0	7.9	6.6	6.1	7.33	7.03
玉田县	8.1	7.9	6.5	6.7	7.43	7.32
内丘县	8.4	—	8.0	—	8.28	—
邢台县	7.3	—	6.8	—	7.00	—
总计	8.4	8.5	5.9	5.2	7.30	7.61

（18）土壤容重　利用耕地质量等级图对土壤容重栅格数据进行区域统计，二作区四级地 2009 年土壤容重为 1.49g/cm³，2018 年为 1.46g/cm³。用行政区划图与耕地质量等级图叠加联合形成行政区划耕地质量等级综合图，对土壤容重栅格数据进行区域统计，四级地中，2009 年土壤容重变化幅度在 1.11～1.58g/cm³ 之间，2018 年在 1.34～1.63g/cm³ 之间，2009—2018 年土壤容重平均值减少 0.03g/cm³，统计结果见表 2-250。

表 2-250　土壤容重马铃薯二作区四级地行政区划分布（g/cm³）

县市	最大值		最小值		平均值	
	2009 年	2018 年	2009 年	2018 年	2009 年	2018 年
定兴县	—	1.51	—	1.44	—	1.47
阜平县	—	1.47	—	1.34	—	1.40
涞水县	—	1.47	—	1.40	—	1.42
蠡　县	1.22	1.50	1.20	1.39	1.21	1.43
清苑县	1.43	1.48	1.40	1.48	1.42	1.48
曲阳县	—	1.63	—	1.52	—	1.57
涿州市	1.53	—	1.53	—	1.53	—
武安市	—	1.51	—	1.48	—	1.49
饶阳县	—	1.46	—	1.39	—	1.43
昌黎县	1.54	1.46	1.43	1.37	1.51	1.40
抚宁县	1.55	1.54	1.54	1.53	1.55	1.54
灵寿县	—	1.60	—	1.44	—	1.49
新乐市	1.54	—	1.51	—	1.52	—
乐亭县	1.56	1.51	1.11	1.36	1.51	1.46
玉田县	1.55	1.53	1.37	1.47	1.52	1.51
内丘县	1.58	—	1.56	—	1.57	—
邢台县	1.37	—	1.22	—	1.28	—
总计	1.58	1.63	1.11	1.34	1.49	1.46

（四）五级地耕地质量特征

1. 空间分布　2009 年五级地在马铃薯二作区面积 114 905.12hm²，占耕地总面积的 14.83%，2018 年面积为 225 454.71hm²，占耕地总面积的 29.11%，五级地面积逐渐增加。

五级地在马铃薯二作区各县市的具体分布见表 2-251，2009—2018 年，定兴县、青龙满族自治县、新乐市五级地面积逐渐减少到 0；阜平县、涞水县、清苑县、曲阳县、武安市、饶阳县、昌黎县、抚宁县、灵寿县、乐亭县、玉田县、内丘县、邢台县面积逐渐增加，其中玉田县面积增加最多为 36 264.46hm²。

表 2-251　五级地在马铃薯二作区各县市的面积与分布

地区	2009 年		2018 年	
	面积（hm²）	占五级地面积（%）	面积（hm²）	占五级地面积（%）
定兴县	27 357.42	23.81	—	—
阜平县	3 027.79	2.64	3 652.17	1.62
涞水县	690.83	0.61	4 234.93	1.88
蠡　县	9 059.49	7.88	267.90	0.11
清苑县	15 359.72	13.37	19 684.33	8.73
曲阳县	5 056.40	4.40	15 231.94	6.76
涿州市	16 724.40	14.55	199.42	0.08
武安市	734.35	0.64	9 596.54	4.26
饶阳县	423.46	0.37	12 258.10	5.44
昌黎县	4 542.09	3.95	31 688.11	14.06
抚宁县	108.48	0.09	7 214.81	3.19
青龙满族自治县	1 853.42	1.61	—	—
灵寿县	1 221.02	1.06	13 674.04	6.07
新乐市	12 038.66	10.48	—	—
乐亭县	—	—	9 147.60	4.06
玉田县	9 365.51	8.15	45 629.97	20.24
内丘县	1 794.86	1.56	26 516.59	11.76
邢台县	5 547.22	4.83	26 458.26	11.74
总计	114 905.12	100.00	225 454.71	100.00

2. 属性特征

（1）排水能力　利用耕地质量等级图对排水能力栅格数据进行区域统计，马铃薯二作区五级地排水能力处于“充分满足”、“满足”、“基本满足”和“不满足”状态。用行政区划图与耕地质量等级图叠加联合形成行政区划耕地质量等级综合图，对排水能力栅格数据进行区域统计，五级地中，2018 年处于“充分满足”状态耕地面积较 2009 年增加 721.80hm²，处于“满足”状态的耕地面积增加 26 838.31hm²，处于“基本满足”状态耕地面积增加109 602.17hm²，处于“不满足”状态耕地面积减少 26 612.70hm²，统计结果见表 2-252。

表 2-252　排水能力马铃薯二作区五级地行政区划分布（hm²）

县市	充分满足		满足		基本满足		不满足	
	2009 年	2018 年	2009 年	2018 年	2009 年	2018 年	2009 年	2018 年
定兴县	—	—	712.44	—	2 596.95	—	24 048.03	—
阜平县	—	3 535.76	—	—	794.33	116.41	2 233.45	—

（续）

县市	充分满足		满足		基本满足		不满足	
	2009年	2018年	2009年	2018年	2009年	2018年	2009年	2018年
涞水县	—	623.61	—	1 210.22	542.60	2 401.11	148.23	—
蠡　县	—	—	4 429.42	—	616.50	267.90	4 013.57	—
清苑县	—	—	—	—	11 429.20	19 684.33	3 930.53	—
曲阳县	2 274.53	2 539.15	—	672.63	2 781.87	10 758.13	—	1 262.03
涿州市	—	—	5 521.68	199.42	10 637.79	—	564.93	—
武安市	—	—	—	—	346.66	7 680.86	387.69	1 915.68
饶阳县	—	—	328.71	12 258.10	—	—	94.75	
昌黎县	—	—	1 901.92	—	2 640.18	29 947.06	—	1 741.04
抚宁县	—	—	—	583.96	108.48	6 630.85	—	—
青龙满族自治县	—	—	—	—	—	—	1 853.42	—
灵寿县	—	222.02	—	13 044.59	199.42	407.42	1 021.60	—
新乐市	430.98	—	9 888.22	—	1 719.45	—	—	—
乐亭县	—	—	—	—	—	9 147.60	—	—
玉田县	1 178.89	—	1 913.78	—	791.15	32 468.30	5 481.69	13 161.67
内丘县	1 794.86	—	—	26 516.59	—	—	—	—
邢台县	519.48	—	3 984.63	1 033.60	127.88	25 424.66	915.23	—
总计	6 198.74	6 920.54	28 680.80	55 519.11	35 332.46	144 934.63	44 693.12	18 080.42

（2）*灌溉能力*　利用耕地质量等级图对灌溉能力栅格数据进行区域统计，马铃薯二作区五级地灌溉能力处于“满足”、“基本满足”和“不满足”状态。用行政区划图与耕地质量等级图叠加联合形成行政区划耕地质量等级综合图，对灌溉能力栅格数据进行区域统计，五级地中，2018年处于“充分满足”状态耕地面积较2009年减少121.45hm^2，处于“满足”状态的耕地面积减少21 152.21hm^2，处于“基本满足”状态耕地面积增加89 372.60hm^2，处于“不满足”状态耕地面积增加42 450.64hm^2，统计结果见表2-253。

表2-253　灌溉能力马铃薯二作区五级地行政区划分布（hm^2）

县市	充分满足		满足		基本满足		不满足	
	2009年	2018年	2009年	2018年	2009年	2018年	2009年	2018年
定兴县	—	—	26 644.98	—	712.44	—	—	—
阜平县	—	—	3 027.79	3 223.30	—	428.87	—	—
涞水县	—	183.78	—	484.69	690.83	2 582.83	—	983.63
蠡　县	—	—	3 635.75	—	5 423.74	267.90	—	—
清苑县	—	—	1 251.52	—	14 108.21	19 684.33	—	—
曲阳县	—	—	—	15 231.94	5 056.40	—	—	—
涿州市	—	—	13 319.57	—	3 404.82	199.42	—	—
武安市	—	—	510.05	391.09	224.30	9 205.45	—	—
饶阳县	—	—	423.46	12 258.10	—	—	—	—

（续）

县市	充分满足		满足		基本满足		不满足	
	2009年	2018年	2009年	2018年	2009年	2018年	2009年	2018年
昌黎县	—	—	3 593.41	731.93	948.69	30 956.17	—	—
抚宁县	—	—	108.48	633.93	—	6 580.88	—	—
青龙满族自治县	—	—	—	—	1 853.42	—	—	—
灵寿县	—	—	138.58	7 600.51	1 082.44	6 073.54	—	—
新乐市	—	—	7 680.80	—	3 392.43	—	965.43	—
乐亭县	—	—	—	—	—	9 147.60	—	—
玉田县	—	—	860.02	—	7 121.71	1 813.75	1 383.78	43 816.22
内丘县	305.23	—	—	—	1 489.63	26 516.59	—	—
邢台县	—	—	513.29	—	5 033.93	26 458.26	—	—
总计	305.23	183.78	61 707.70	40 555.49	50 542.99	139 915.59	2 349.21	44 799.85

（3）*有效土层厚度*　利用耕地质量等级图对有效土层厚度栅格数据进行区域统计得知，马铃薯二作区五级地有效土层厚度处于“＜30cm”、“30～60cm”、“60～100cm”和“≥100cm”状态。用行政区划图与耕地质量等级图叠加联合形成行政区划耕地质量等级综合图，对有效土层厚度栅格数据进行区域统计得知，五级地中，2018年处于“＜30cm”状态耕地面积较2009年增加17 224.65hm^2，处于“30～60cm”状态耕地面积减少34 893.48 hm^2，处于“60～100cm”状态耕地面积增加11 072.58hm^2，处于“≥100cm”状态耕地面积增加117 145.84hm^2，统计结果见表2-254。

表2-254　有效土层厚度马铃薯二作区五级地行政区划分布（hm^2）

县市	＜30cm		30～60cm		60～100cm		≥100cm	
	2009年	2018年	2009年	2018年	2009年	2018年	2009年	2018年
定兴县	—	—	27 357.42	—	—	—	—	—
阜平县	—	—	3 027.79	1 015.22	—	1 455.15	—	1 181.80
涞水县	—	—	117.94	1 106.23	572.90	983.63	—	2 145.07
蠡　县	—	—	—	—	—	267.90	9 059.49	—
清苑县	—	—	—	9 277.30	10 002.65	10 407.04	5 357.07	—
曲阳县	—	—	2 153.92	—	2 902.48	15 231.94	—	—
涿州市	—	—	9 632.77	—	2 261.80	—	4 829.82	199.42
武安市	—	—	22.09	—	548.88	1 604.76	163.39	7 991.78
饶阳县	—	—	—	—	—	—	423.46	12 258.10
昌黎县	3 172.27	—	—	—	—	—	1 369.83	31 688.11
抚宁县	—	—	108.48	633.93	—	—	—	6 580.88
青龙满族自治县	—	—	1 853.42	—	—	—	—	—
灵寿县	—	—	337.99	—	883.02	—	—	13 674.04
新乐市	—	—	—	—	1 706.11	—	10 332.55	—
乐亭县	—	—	—	—	—	—	—	9 147.60
玉田县	—	—	—	—	—	—	9 365.51	45 629.97

（续）

县市	<30cm		30～60cm		60～100cm		≥100cm	
	2009 年	2018 年	2009 年	2018 年	2009 年	2018 年	2009 年	2018 年
内丘县	—	—	1 794.86	—	—	—	—	26 516.59
邢台县	5 027.74	25 424.66	519.48	—	—	—	—	1 033.60
总计	8 200.01	25 424.66	46 926.16	12 032.68	18 877.84	29 950.42	40 901.12	158 046.96

（4）*障碍因素*　利用耕地质量等级图对障碍因素栅格数据进行区域统计，马铃薯二作区五级地基本无明显障碍，部分耕地存在障碍层次和砂姜层。用行政区划图与耕地质量等级图叠加联合形成行政区划耕地质量等级综合图，对障碍因素栅格数据进行区域统计，五级地中，2018 年无明显障碍耕地面积较 2009 年增加 107 676.38hm^2，存在障碍层次的耕地面积减少 20 854.70hm^2，存在砂姜层的耕地面积增加 23 727.92hm^2，统计结果见表 2-255。

表 2-255　障碍因素马铃薯二作区五级地行政区划分布（hm^2）

县市	无障碍		障碍层次		砂姜层	
	2009 年	2018 年	2009 年	2018 年	2009 年	2018 年
定兴县	26 791.20	—	566.22	—	—	—
阜平县	1 126.55	2 689.55	1 901.23	—	—	962.63
涞水县	690.83	1 220.86	—	—	—	3 014.07
蠡　县	6 887.00	267.90	2 172.49	—	—	—
清苑县	15 337.96	19 684.33	21.76	—	—	—
曲阳县	4 935.79	15 231.94	120.61	—	—	—
涿州市	12 719.46	—	4 004.94	—	—	199.42
武安市	487.96	7 921.28	246.39	—	—	1 675.26
饶阳县	94.75	12 258.10	328.71	—	—	—
昌黎县	3 089.68	28 392.60	1 452.42	—	—	3 295.50
抚宁县	—	7 214.81	108.48	—	—	—
青龙满族自治县	1 853.42	—	—	—	—	—
灵寿县	—	13 674.04	1 221.02	—	—	—
新乐市	9 578.53	—	2 460.13	—	—	—
乐亭县	—	—	—	—	—	9 147.60
玉田县	3 548.32	40 196.53	5 817.19	—	—	5 433.44
内丘县	1 489.63	26 516.59	305.23	—	—	—
邢台县	5 419.33	26 458.26	127.88	—	—	—
总计	94 050.41	201 726.79	20 854.70	—	—	23 727.92

（5）*耕层质地*　利用耕地质量等级图对耕层质地栅格数据进行区域统计，马铃薯二作区五级地耕层质地为轻壤、砂壤、中壤和重壤。用行政区划图与耕地质量等级图叠加联合形成行政区划耕地质量等级综合图，对耕层质地栅格数据进行区域统计，五级地中，2018 年轻壤面积较 2009 年增加 61 586.82hm^2，砂壤面积增加 6 573.58hm^2，中壤面积增加 23 130.51hm^2，重壤面积增加 19 258.69hm^2，统计结果见表 2-256。

表 2-256 耕层质地马铃薯二作区五级地行政区划分布（hm^2）

县市	轻壤		砂壤		中壤		重壤	
	2009 年	2018 年	2009 年	2018 年	2009 年	2018 年	2009 年	2018 年
定兴县	27 357.42	—	—	—	—	—	—	—
阜平县	3 027.79	3 154.32	—	497.86	—	—	—	—
涞水县	690.83	3 280.45	—	594.46	—	360.03	—	—
蠡　县	7 397.47	267.90	1 662.02	—	—	—	—	—
清苑县	6 609.28	11 159.47	—	—	—	6 292.77	8 750.45	2 232.09
曲阳县	5 056.39	15 231.94	—	—	—	—	—	—
涿州市	15 045.58	199.42	1 678.82	—	—	—	—	—
武安市	734.35	7 026.62	—	2 178.83	—	391.09	—	—
饶阳县	423.46	1 486.81	—	9 610.38	—	—	—	1 160.91
昌黎县	4 447.21	31 593.22	94.89	94.89	—	—	—	—
抚宁县	108.48	1 682.36	—	4 709.22	—	—	—	823.22
青龙满族自治县	1 853.42	—	—	—	—	—	—	—
灵寿县	1 221.02	13 674.04	—	—	—	—	—	—
新乐市	4 667.55	—	7 371.10	—	—	—	—	—
乐亭县	—	9 147.60	—	—	—	—	—	—
玉田县	3 522.92	19 601.57	—	—	817.71	16 904.33	5 024.88	9 124.07
内丘县	90.75	5 423.98	305.23	—	—	—	1 398.88	21 092.61
邢台县	5 547.22	26 458.26	—	—	—	—	—	—
总计	87 801.14	149 387.96	11 112.06	17 685.64	817.71	23 948.22	15 174.21	34 432.90

（6）地形部位　利用耕地质量等级图对地形部位栅格数据进行区域统计，马铃薯二作区五级地地形部位为宽谷盆地、平原高阶、平原中阶、平原低阶、丘陵下部、丘陵中部、山间盆地、山地坡中、山地坡下、山前平原、低平原和河谷阶地。用行政区划图与耕地质量等级图叠加联合形成行政区划耕地质量等级综合图，对地形部位栅格数据进行区域统计，五级地中，2018 年地形部位为宽谷盆地的耕地面积较 2009 年增加 2 670.36hm^2，地形部位为平原高阶的耕地面积增加 88 070.68hm^2，地形部位为平原中阶的耕地面积增加42 786.61hm^2，地形部位为平原低阶的耕地面积增加 1 508.71hm^2，地形部位为丘陵下部的耕地面积增加 1 573.23hm^2，地形部位为丘陵中部的耕地面积增加 574.87hm^2，地形部位为山间盆地的耕地面积减少 690.83hm^2，地形部位为山地坡中的耕地面积增加 6 077.08hm^2，地形部位为山地坡下的耕地面积增加 9 211.95hm^2，地形部位为山前平原的耕地面积减少23 203.25hm^2，地形部位为低平原的耕地面积减少 36 416.9hm^2，地形部位为河谷阶地的耕地面积增加 5 698.15hm^2，统计结果见表 2-257。

（7）质地构型　利用耕地质量等级图对质地构型栅格数据进行区域统计，马铃薯二作区五级地质地构型为通体壤、海绵型、紧实型、夹层型、上紧下松型、上松下紧型、松散型和薄层型。用行政区划图与耕地质量等级图叠加联合形成行政区划耕地质量等级综合图，对质地构型栅格数据进行区域统计，五级地中，2018 年通体壤面积较 2009 年减少13 279.26hm^2，海绵型面积增加 24 094.77hm^2，紧实型面积增加 15 153.60hm^2，夹层型面积增加2 078.54hm^2，上紧下松型面积增加 1 857.09hm^2，上松下紧型面积增加 43 747.28hm^2，松散型面积增加 36 847.24hm^2，薄层型面积增加 50.33hm^2，统计结果见表 2-258。

表 2-257　地形部位马铃薯二作区五级地行政区划分布（hm^2）

县市	宽谷盆地		平原高阶		平原中阶		平原低阶		丘陵下部		丘陵中部		山间盆地		山地坡中		山地坡下		山前平原		低平原		河谷阶地	
	2009 年	2018 年	2009 年	2018 年	2009 年	2018 年	2009 年	2018 年	2009 年	2018 年	2009 年	2018 年	2009 年	2018 年	2009 年	2018 年	2009 年	2018 年	2009 年	2018 年	2009 年	2018 年	2009 年	2018 年
定兴县	—	—	—	—	—	—	—	—	—	—	—	—	—	—	—	—	—	—	—	—	27 357.41	—	—	—
阜平县	3 027.79	32.03	—	—	—	—	—	84.38	—	—	—	—	—	—	—	—	—	1 611.45	—	—	—	—	—	32.03
涞水县	—	—	—	—	—	1 988.37	—	—	—	—	—	183.78	690.83	—	—	—	—	—	—	—	—	—	—	—
蠡　县	—	—	—	—	—	267.9	—	—	—	—	—	—	—	—	—	—	—	—	—	—	9 059.49	—	—	—
清苑县	—	—	—	—	15 359.72	19 684.33	—	—	—	—	—	—	—	—	—	—	—	—	—	—	—	—	—	—
曲阳县	—	—	—	—	—	—	2 153.92	9 154.87	—	—	—	—	—	—	—	6 077.08	—	—	2 902.48	—	—	—	—	—
涿州市	—	—	—	—	16 724.4	199.42	—	—	—	—	—	—	—	—	—	—	—	—	—	—	—	—	—	—
武安市	—	—	—	—	—	9 205.45	548.88	—	185.47	—	—	391.09	—	—	—	—	—	—	—	—	—	—	—	—
饶阳县	—	—	—	—	423.46	12 258.1	—	—	—	—	—	—	—	—	—	—	—	—	—	—	—	—	—	—
昌黎县	—	—	1 369.83	30 956.17	—	731.93	—	—	—	—	—	—	—	—	—	—	—	—	3 172.27	—	—	—	—	—
抚宁县	—	—	—	6 580.88	—	—	—	—	—	633.93	—	—	—	—	—	—	—	—	108.48	—	—	—	—	—
青龙满族自治县	—	—	—	—	—	—	—	—	—	—	—	—	—	—	—	—	—	—	1 853.42	—	—	—	—	—
灵寿县	—	5 666.12	—	—	—	—	—	—	—	—	—	—	—	—	—	—	—	7 600.50	1 221.02	407.42	—	—	—	5 666.12
新乐市	—	—	—	—	—	—	—	—	—	—	—	—	—	—	—	—	—	—	12 038.66	—	—	—	—	—
乐亭县	—	—	—	1 503.73	—	7 643.88	—	—	—	—	—	—	—	—	—	—	—	—	—	—	—	—	—	—
玉田县	—	—	9 365.51	32 320.83	—	13 309.14	—	—	—	—	—	—	—	—	—	—	—	—	—	—	—	—	—	—
内丘县	—	—	—	26 516.59	—	—	—	—	—	—	—	—	—	—	—	—	—	—	1 794.86	—	—	—	—	—
邢台县	—	—	—	927.82	—	10 005.67	5 027.74	—	—	15 524.77	—	—	—	—	—	—	—	—	519.48	—	—	—	—	—
总计	3 027.79	5 698.15	10 735.34	98 806.02	32 507.58	75 294.19	7 730.54	9 239.25	185.47	16 158.7	—	574.87	690.83	—	—	6 077.08	—	9 211.95	23 610.67	407.42	36 416.9	—	—	5 698.15

表 2-258 质地构型马铃薯二作区五级地行政区划分布（hm^2）

县市	通体壤		海绵型		紧实型		夹层型		上紧下松型		上松下紧型		松散型		薄层型	
	2009年	2018年	2009年	2018年	2009年	2018年	2009年	2018年	2009年	2018年	2009年	2018年	2009年	2018年	2009年	2018年
定兴县	—	—	27 357.42	—	—	—	—	—	—	—	—	—	—	—	—	—
阜平县	—	—	—	670.14	—	702.42	—	—	—	—	—	—	3 027.79	2 229.29	—	50.33
涞水县	—	—	—	810.18	—	879.34	—	1 466.26	—	—	—	—	690.83	1 079.14	—	—
蠡　县	—	—	—	267.90	8 487.26	—	—	—	572.23	—	—	—	—	—	—	—
清苑县	12 659.64	—	2 700.08	19 684.33	—	—	—	—	—	—	—	—	—	—	—	—
曲阳县	—	—	2 153.92	8 268.33	2 902.48	6 774.98	—	—	—	188.63	—	—	—	—	—	—
涿州市	619.62	—	16 104.77	—	—	199.42	—	—	—	—	—	—	—	—	—	—
武安市	—	—	—	—	712.27	391.09	—	—	22.09	—	—	9 205.45	—	—	—	—
饶阳县	—	—	—	—	—	—	—	—	—	—	—	—	423.46	12 258.10	—	—
昌黎县	—	—	2 405.83	3 021.77	—	7 467.19	1 567.92	4 015.65	—	2 771.18	568.34	14 225.38	—	186.94	—	—
抚宁县	—	—	—	—	—	—	108.48	5 995.08	—	—	—	1 219.73	—	—	—	—
青龙满族自治县	—	—	—	—	—	—	1 853.42	—	—	—	—	—	—	—	—	—
灵寿县	—	—	—	10 252.74	1 221.02	3 421.30	—	—	—	—	—	—	—	—	—	—
新乐市	—	—	—	—	10 487.22	—	—	—	1 551.42	—	—	—	—	—	—	—
乐亭县	—	—	—	—	—	5 339.53	—	279.86	—	1 043.02	—	2 485.18	—	—	—	—
玉田县	—	—	—	31 841.40	—	13 788.56	2 549.27	—	—	—	6 816.24	—	—	—	—	—
内丘县	—	—	—	—	—	—	—	—	—	—	—	—	1 794.86	26 516.59	—	—
邢台县	—	—	—	—	—	—	3 599.22	—	—	—	1 428.52	25 424.66	519.48	1 033.60	—	—
总计	13 279.26	—	50 722.02	74 816.79	23 810.25	38 963.85	9 678.31	11 756.85	2 145.74	4 002.83	8 813.12	52 560.40	6 456.42	43 303.66	—	50.33

（8）生物多样性　利用耕地质量等级图对生物多样性栅格数据进行区域统计，马铃薯二作区五级地生物多样性处于“一般”和“不丰富”状态。用行政区划图与耕地质量等级图叠加联合形成行政区划耕地质量等级综合图，对生物多样性栅格数据进行区域统计，五级地中，2018 年处于“一般”状态耕地面积较 2009 年增加 145 851.49hm^2，处于“不丰富”状态耕地面积减少 35 301.88hm^2。统计结果见表 2-259。

表 2-259　生物多样性马铃薯二作区五级地行政区划分布（hm^2）

县市	一般		不丰富	
	2009 年	2018 年	2009 年	2018 年
定兴县	16 349.13	—	11 008.28	—
阜平县	—	3 652.17	3 027.79	—
涞水县	266.16	3 251.30	424.67	983.64
蠡　县	6 488.08	—	2 571.40	267.90
清苑县	12 702.74	—	2 656.99	19 684.33
曲阳县	2 274.53	15 231.94	2 781.87	—
涿州市	1 797.83	199.42	14 926.57	—
武安市	185.47	9 596.54	548.88	—
饶阳县	328.71	12 258.10	94.75	—
昌黎县	4 542.10	31 688.11	—	—
抚宁县	—	7 214.81	108.48	—
青龙满族自治县	1 853.42	—	—	—
灵寿县	883.02	13 674.04	337.99	—
新乐市	2 606.85	—	9 431.81	—
乐亭县	—	9 147.60	—	—
玉田县	5 159.76	45 629.97	4 205.75	—
内丘县	1 794.86	26 516.59	—	—
邢台县	1 434.70	26 458.26	4 112.52	—
总计	58 667.36	204 518.85	56 237.75	20 935.87

（9）农田林网化　利用耕地质量等级图对农田林网化栅格数据进行区域统计，马铃薯二作区五级地农田林网化处于“高”、“中”和“低”状态。用行政区划图与耕地质量等级图叠加联合形成行政区划耕地质量等级综合图，对农田林网化栅格数据进行区域统计，五级地中，2018 年处于“高”状态耕地面积较 2009 年增加 10 064.12hm^2，处于“中”状态耕地面积增加106 106.16hm^2，处于“低”状态耕地面积减少 5 620.71hm^2，统计结果见表 2-260。

表 2-260　农田林网化马铃薯二作区五级地行政区划分布（hm^2）

县市	高		中		低	
	2009 年	2018 年	2009 年	2018 年	2009 年	2018 年
定兴县	—	—	—	—	27 357.42	—
阜平县	—	—	—	116.41	3 027.79	3 535.76

（续）

县市	高		中		低	
	2009 年	2018 年	2009 年	2018 年	2009 年	2018 年
涞水县	—	—	—	4 234.93	690.83	—
蠡　县	—	—	1 171.03	—	7 888.46	267.90
清苑县	—	—	5 336.00	—	10 023.73	19 684.33
曲阳县	—	—	2 274.53	15 231.94	2 781.87	—
涿州市	—	—	3 568.31	199.42	13 156.09	—
武安市	—	—	387.69	9 596.54	346.66	—
饶阳县	—	—	—	—	423.46	12 258.10
昌黎县	—	—	1 118.42	30 956.17	3 423.68	731.93
抚宁县	—	—	—	1 219.73	108.48	5 995.08
青龙满族自治县	—	—	—	—	1 853.42	—
灵寿县	—	—	883.02	13 674.04	337.99	—
新乐市	—	—	9 013.82	—	3 024.84	—
乐亭县	—	—	—	1 322.88	—	7 824.72
玉田县	—	10 064.12	4 759.25	35 565.84	4 606.26	—
内丘县	—	—	1 489.63	—	305.23	26 516.59
邢台县	—	—	1 434.70	25 424.66	4 112.51	1 033.60
总计	—	10 064.12	31 436.40	137 542.56	83 468.72	77 848.01

（10）清洁程度　利用耕地质量等级图对清洁程度栅格数据进行区域统计，马铃薯二作区五级地清洁程度处于“清洁”状态。用行政区划图与耕地质量等级图叠加联合形成行政区划耕地质量等级综合图，对清洁程度栅格数据进行区域统计，五级地中，2018 年处于“清洁”状态耕地面积较 2009 年增加 110 549.59hm^2，统计结果见表 2-261。

表 2-261　清洁程度马铃薯二作区五级地行政区划分布（hm^2）

县市	清洁	
	2009 年	2018 年
定兴县	27 357.42	—
阜平县	3 027.79	3 652.17
涞水县	690.83	4 234.93
蠡　县	9 059.49	267.90
清苑县	15 359.72	19 684.33
曲阳县	5 056.40	15 231.94
涿州市	16 724.40	199.42
武安市	734.35	9 596.54
饶阳县	423.46	12 258.10
昌黎县	4 542.10	31 688.11

（续）

县市	清洁	
	2009 年	2018 年
抚宁县	108.48	7 214.81
青龙满族自治县	1 853.42	—
灵寿县	1 221.01	13 674.04
新乐市	12 038.66	—
乐亭县	—	9 147.60
玉田县	9 365.51	45 629.97
内丘县	1 794.86	26 516.59
邢台县	5 547.22	26 458.26
总计	114 905.12	225 454.71

（11）盐渍化程度　利用耕地质量等级图对盐渍化程度栅格数据进行区域统计，马铃薯二作区五级地盐渍化程度为无、轻度和中度。用行政区划图与耕地质量等级图叠加联合形成行政区划耕地质量等级综合图，对盐渍化程度栅格数据进行区域统计，五级地中，2018 年无盐渍化耕地面积较 2009 年增加 192 496.63hm²，轻度盐渍化耕地面积减少 78 906.39hm²，中度盐渍化耕地面积减少 3 040.63hm²，统计结果见表 2-262。

表 2-262　盐渍化程度马铃薯二作区五级地行政区划分布（hm²）

县市	无		轻度		中度	
	2009 年	2018 年	2009 年	2018 年	2009 年	2018 年
定兴县	—	—	27 357.42	—	—	—
阜平县	—	3 652.17	3 027.79	—	—	—
涞水县	—	4 234.93	690.83	—	—	—
蠡　县	—	267.90	9 059.49	—	—	—
清苑县	—	19 684.33	15 359.72	—	—	—
曲阳县	120.61	15 231.94	4 935.79	—	—	—
涿州市	11 576.44	199.42	5 147.96	—	—	—
武安市	324.58	9 596.54	409.77	—	—	—
饶阳县	328.71	11 424.86	94.75	833.24	—	—
昌黎县	1 776.09	31 640.48	1 730.18	47.64	1 035.82	—
抚宁县	—	7 214.81	—	—	108.48	—
青龙满族自治县	—	—	1 853.42	—	—	—
灵寿县	138.58	13 674.04	1 082.44	—	—	—
新乐市	9 322.22	—	2 716.44	—	—	—
乐亭县	—	1 043.02	—	8 104.58	—	—
玉田县	—	45 629.97	7 469.19	—	1 896.33	—

（续）

县市	无		轻度		中度	
	2009 年	2018 年	2009 年	2018 年	2009 年	2018 年
内丘县	—	26 516.59	1 794.86	—	—	—
邢台县	385.40	26 458.26	5 161.80	—	—	—
总计	23 972.63	216 469.26	87 891.85	8 985.46	3 040.63	—

（12）*地下水埋深*　利用耕地质量等级图对地下水埋深栅格数据进行区域统计，马铃薯二作区五级地地下水埋深处于"≥300cm"、"200～300cm"和"＜200cm"状态。用行政区划图与耕地质量等级图叠加联合形成行政区划耕地质量等级综合图，对地下水埋深栅格数据进行区域统计，五级地中，2018 年处于于"≥300cm"状态耕地面积较 2009 年增加 123 459.66hm^2，处于"200～300cm"状态耕地面积减少 6 881.02hm^2，处于"＜200cm"状态耕地面积减少6 029.04hm^2，统计结果见表 2-263。

表 2-263　地下水埋深马铃薯二作区五级地行政区划分布（hm^2）

县市	≥300cm		200～300cm		＜200cm	
	2009 年	2018 年	2009 年	2018 年	2009 年	2018 年
定兴县	27 357.42	—	—	—	—	—
阜平县	3 027.79	2 125.23	—	258.85	—	1 268.10
涞水县	690.83	4 234.93	—	—	—	—
蠡　县	—	267.90	—	—	9 059.49	—
清苑县	15 359.72	19 684.33	—	—	—	—
曲阳县	5 056.40	15 231.94	—	—	—	—
涿州市	16 724.40	199.42	—	—	—	—
武安市	734.35	9 596.54	—	—	—	—
饶阳县	423.46	12 258.10	—	—	—	—
昌黎县	3 000.35	31 688.11	1 541.74	—	—	—
抚宁县	108.48	7 214.81	—	—	—	—
青龙满族自治县	1 853.42	—	—	—	—	—
灵寿县	1 221.01	13 674.04	—	—	—	—
新乐市	12 038.66	—	—	—	—	—
乐亭县	—	9 147.60	—	—	—	—
玉田县	3 767.39	45 372.34	5 598.13	—	—	257.62
内丘县	1 794.86	25 420.21	—	—	—	1 096.39
邢台县	5 547.22	26 049.92	—	—	—	408.34
总计	98 705.76	222 165.42	7 139.87	258.85	9 059.49	3 030.45

（13）*耕层厚度*　利用耕地质量等级图对耕层厚度栅格数据进行区域统计，马铃薯二作区五级地耕层厚度为≥20cm、15～20cm 和＜15cm。用行政区划图与耕地质量等级图叠加联合形成行政区划耕地质量等级综合图，对耕层厚度栅格数据进行区域统计，五级地中，2018 年耕

层厚度≥20cm 的耕地面积较 2009 年增加 60 001.80hm²，耕层厚度为 15～20cm 的耕地面积增加 36 911.51hm²，耕层厚度<15cm 的耕地面积增加 13 636.29hm²，统计结果见表 2-264。

表 2-264　耕层厚度马铃薯二作区五级地行政区划分布（hm²）

县市	≥20cm		15～20cm		<15cm	
	2009 年	2018 年	2009 年	2018 年	2009 年	2018 年
定兴县	9 708.92	—	17 648.50	—	—	—
阜平县	—	3 652.17	3 027.79	—	—	—
涞水县	690.83	4 234.93	—	—	—	—
蠡　县	6 124.66	267.90	2 934.83	—	—	—
清苑县	5 357.07	10 407.04	10 002.65	9 277.30	—	—
曲阳县	120.61	15 231.94	2 781.87	—	2 153.92	—
涿州市	4 053.66	199.42	12 670.74	—	—	—
武安市	—	391.09	510.05	9 205.45	224.30	—
饶阳县	94.75	12 258.10	328.71	—	—	—
昌黎县	3 089.68	—	1 452.42	24 879.39	—	6 808.73
抚宁县	108.48	—	—	6 695.90	—	518.90
青龙满族自治县	1 853.42	—	—	—	—	—
灵寿县	883.02	13 674.04	337.99	—	—	—
新乐市	9 322.22	—	2 716.44	—	—	—
乐亭县	—	—	—	460.72	—	8 686.88
玉田县	9 359.96	—	5.55	45 629.97	—	—
内丘县	1 489.63	26 516.59	305.23	—	—	—
邢台县	1 032.77	26 458.26	4 514.45	—	—	—
总计	53 289.68	113 291.48	59 237.22	96 148.73	2 378.22	16 014.51

（14）土壤有机质含量　利用耕地质量等级图对土壤有机质含量栅格数据进行区域统计，二作区五级地 2009 年土壤有机质含量为 17.10g/kg，2018 年为 16.97g/kg。用行政区划图与耕地质量等级图叠加联合形成行政区划耕地质量等级综合图，对土壤有机质含量栅格数据进行区域统计，五级地中，2009 年土壤有机质含量变化幅度在 10.2～24.8g/kg 之间，2018 年在9.9～26.7g/kg 之间，2009—2018 年土壤有机质含量平均值减少 0.13g/kg，统计结果见表2-265。

表 2-265　土壤有机质含量马铃薯二作区五级地行政区划分布（g/kg）

县市	最大值		最小值		平均值	
	2009 年	2018 年	2009 年	2018 年	2009 年	2018 年
定兴县	18.1	—	15.8	—	16.90	—
阜平县	24.8	22.7	18.8	14.7	22.99	17.04
涞水县	23.3	26.7	15.8	18.2	19.22	20.21
蠡　县	16.9	17.3	10.2	17.3	13.95	17.30

（续）

县市	最大值		最小值		平均值	
	2009 年	2018 年	2009 年	2018 年	2009 年	2018 年
清苑县	18.2	22.0	13.4	14.4	15.47	17.90
曲阳县	16.7	22.0	13.0	15.0	15.23	19.18
涿州市	18.9	12.0	13.2	12.0	15.09	12.00
武安市	21.0	22.9	17.1	17.3	18.98	19.54
饶阳县	16.7	19.0	15.0	14.9	15.96	16.70
昌黎县	18.5	20.2	12.7	9.9	16.48	12.07
抚宁县	15.4	15.6	15.2	13.0	15.30	14.22
青龙满族自治县	16.0	—	15.2	—	15.38	—
灵寿县	17.7	22.6	16.8	13.2	17.28	16.55
新乐市	21.0	—	15.3	—	16.44	—
乐亭县	—	20.4	—	15.8	—	18.32
玉田县	20.9	22.2	13.2	16.2	18.45	18.81
内丘县	16.6	20.4	14.6	13.9	15.67	15.64
邢台县	24.6	23.4	13.5	15.8	16.27	19.24
总计	24.8	26.7	10.2	9.9	17.10	16.97

（15）土壤有效磷含量　利用耕地质量等级图对土壤有效磷含量栅格数据进行区域统计，二作区五级地 2009 年土壤有效磷含量为 27.04mg/kg，2018 年为 30.87mg/kg。用行政区划图与耕地质量等级图叠加联合形成行政区划耕地质量等级综合图，对土壤有效磷含量栅格数据进行区域统计，五级地中，2009 年土壤有效磷含量变化幅度在 11.2～62.8mg/kg 之间，2018 年在 10.8～76.6mg/kg 之间，2009—2018 年土壤有效磷含量平均值增加 3.83mg/kg，统计结果见表 2-266。

表 2-266　土壤有效磷含量马铃薯二作区五级地行政区划分布（mg/kg）

县市	最大值		最小值		平均值	
	2009 年	2018 年	2009 年	2018 年	2009 年	2018 年
定兴县	35.9	—	15.0	—	23.65	—
阜平县	44.2	48.2	16.0	20.8	34.13	32.51
涞水县	62.2	53.0	57.2	13.4	60.70	25.65
蠡　县	42.5	23.5	17.4	23.5	27.79	23.50
清苑县	36.9	39.9	18.0	22.7	23.58	29.41
曲阳县	25.0	50.4	12.6	21.9	16.92	36.03
涿州市	49.5	34.7	15.5	34.7	21.46	34.70
武安市	26.2	18.8	19.1	14.9	21.58	16.58
饶阳县	28.5	32.1	23.2	15.1	25.48	20.06
昌黎县	62.8	47.2	16.3	21.1	43.13	37.98

（续）

县市	最大值		最小值		平均值	
	2009 年	2018 年	2009 年	2018 年	2009 年	2018 年
抚宁县	38.8	47.7	38.6	15.1	38.70	40.60
青龙满族自治县	23.5	—	18.8	—	21.72	—
灵寿县	49.9	38.2	39.1	21.6	43.32	28.45
新乐市	33.8	—	23.2	—	28.50	—
乐亭县	—	66.9	—	33.0	—	54.40
玉田县	40.9	76.6	12.0	36.6	27.31	53.78
内丘县	24.0	36.7	13.0	10.8	17.83	17.81
邢台县	25.5	39.3	11.2	11.4	19.88	16.13
总计	62.8	76.6	11.2	10.8	27.04	30.87

（16）土壤速效钾含量　利用耕地质量等级图对土壤速效钾含量栅格数据进行区域统计，二作区五级地 2009 年土壤速效钾含量为 101.00mg/kg，2018 年为 133.12mg/kg。用行政区划图与耕地质量等级图叠加联合形成行政区划耕地质量等级综合图，对土壤速效钾含量栅格数据进行区域统计，五级地中，2009 年土壤速效钾含量变化幅度在 55～170mg/kg 之间，2018 年在 65～207mg/kg 之间，2009—2018 年土壤速效钾含量平均值增加 32.12mg/kg，统计结果见表2-267。

表 2-267　土壤速效钾含量马铃薯二作区五级地行政区划分布（mg/kg）

县市	最大值		最小值		平均值	
	2009 年	2018 年	2009 年	2018 年	2009 年	2018 年
定兴县	148	—	68	—	81.97	—
阜平县	95	114	62	65	76.42	78.25
涞水县	146	197	91	93	116.17	116.19
蠡　县	151	154	94	154	116.46	154.00
清苑县	131	188	110	129	124.75	164.26
曲阳县	107	194	82	93	87.45	164.60
涿州市	139	90	68	90	77.48	90.00
武安市	155	141	132	129	141.75	135.32
饶阳县	109	153	101	125	106.00	136.25
昌黎县	151	133	76	75	117.26	91.06
抚宁县	80	111	79	78	79.50	103.42
青龙满族自治县	106	—	93	—	102.00	—
灵寿县	102	143	88	83	96.00	114.61
新乐市	129	—	76	—	86.75	—
乐亭县	—	206	—	143	—	174.50
玉田县	170	207	69	160	133.40	187.63

（续）

县市	最大值		最小值		平均值	
	2009年	2018年	2009年	2018年	2009年	2018年
内丘县	74	186	55	75	65.00	141.51
邢台县	144	193	77	122	122.00	149.84
总计	170	207	55	65	101.00	133.12

（17）土壤pH　利用耕地质量等级图对土壤pH栅格数据进行区域统计，二作区五级地2009年土壤pH为7.58，2018年为7.44。用行政区划图与耕地质量等级图叠加联合形成行政区划耕地质量等级综合图，对土壤pH栅格数据进行区域统计，二级地中，2009年土壤pH变化幅度在4.6～8.6之间，2018年在5.2～8.5之间，2009—2018年土壤pH平均值减少0.14，统计结果见表2-268。

表2-268　土壤pH马铃薯二作区五级地行政区划分布

县市	最大值		最小值		平均值	
	2009年	2018年	2009年	2018年	2009年	2018年
定兴县	8.2	—	7.3	—	8.03	—
阜平县	7.5	8.1	6.8	7.3	7.17	7.83
涞水县	7.7	8.1	7.5	7.5	7.62	7.94
蠡　县	8.2	7.9	7.7	7.9	8.02	7.90
清苑县	8.6	8.2	8.3	7.5	8.46	8.04
曲阳县	8.1	8.3	7.4	7.1	7.91	7.75
涿州市	8.5	6.8	6.5	6.8	8.01	6.80
武安市	7.5	8.5	7.3	8.0	7.43	8.38
饶阳县	7.9	8.4	7.9	8.1	7.90	8.31
昌黎县	8.2	8.0	4.6	5.2	6.09	6.28
抚宁县	6.9	7.9	6.8	6.2	6.85	6.60
青龙满族自治县	6.9	—	6.5	—	6.64	—
灵寿县	8.3	7.5	8.0	6.4	8.12	7.28
新乐市	7.9	—	7.2	—	7.61	—
乐亭县	—	8.0	—	6.1	—	7.11
玉田县	8.1	7.9	6.7	6.80	7.48	7.54
内丘县	8.2	8.3	8.0	5.6	8.13	7.94
邢台县	8.0	8.1	6.9	6.8	7.30	7.29
总计	8.6	8.5	4.6	5.2	7.58	7.44

（18）土壤容重　利用耕地质量等级图对土壤容重栅格数据进行区域统计，二作区五级地2009年土壤容重平均为1.42g/cm^3，2018年平均为1.47g/cm^3。用行政区划图与耕地质量等级图叠加联合形成行政区划耕地质量等级综合图，对土壤容重栅格数据进行区域统计，二级地中，2009年土壤容重变化幅度在1.16～1.57g/cm^{3}之间，2018年在1.22～1.63g/

cm^3 之间，2009—2018 年土壤容重平均值增加 0.05g/cm^3，统计结果见表 2-269。

表 2-269　土壤容重马铃薯二作区五级地行政区划分布（g/cm^3）

县市	最大值		最小值		平均值	
	2009 年	2018 年	2009 年	2018 年	2009 年	2018 年
定兴县	1.56	—	1.31	—	1.42	—
阜平县	1.44	1.50	1.22	1.36	1.37	1.42
涞水县	1.39	1.50	1.20	1.27	1.35	1.39
蠡　县	1.35	1.38	1.16	1.38	1.22	1.38
清苑县	1.41	1.60	1.34	1.44	1.37	1.48
曲阳县	1.55	1.63	1.43	1.43	1.48	1.58
涿州市	1.53	1.39	1.32	1.39	1.41	1.39
武安市	1.45	1.50	1.34	1.47	1.40	1.49
饶阳县	1.51	1.46	1.46	1.42	1.49	1.44
昌黎县	1.53	1.48	1.42	1.37	1.47	1.40
抚宁县	1.50	1.57	1.50	1.43	1.50	1.53
青龙满族自治县	1.53	—	1.53	—	1.53	—
灵寿县	1.56	1.61	1.52	1.45	1.54	1.51
新乐市	1.53	—	1.45	—	1.51	—
乐亭县	—	1.52	—	1.42	—	1.47
玉田县	1.55	1.54	1.41	1.45	1.52	1.50
内丘县	1.57	1.62	1.53	1.45	1.55	1.57
邢台县	1.49	1.61	1.23	1.22	1.37	1.35
总计	1.57	1.63	1.16	1.22	1.42	1.47

（五）六级地耕地质量特征

1. 空间分布　2009 年六级地在马铃薯二作区面积 220 547.33hm^2，占耕地总面积的 28.47%，2018 年面积为 143 655.38hm^2，占耕地总面积的 18.55%，六级地面积逐渐减少。六级地在马铃薯二作区各县市的具体分布见表 2-270，2009—2018 年，定兴县、涿州市、饶阳县、青龙满族自治县、新乐市六级地面积逐渐减少到 0；清苑县、武安市、玉田县面积逐渐增加，其中清苑县面积增加最多为 23 970.65hm^2。

表 2-270　六级地在马铃薯二作区各县市的面积与分布

地区	2009 年		2018 年	
	面积（hm^2）	占六级地面积（%）	面积（hm^2）	占六级地面积（%）
定兴县	13 563.25	6.15	—	—
阜平县	6 507.40	2.95	1 433.27	1.00
涞水县	4 079.55	1.85	2 927.68	2.04
蠡　县	29 286.86	13.28	26.23	0.00

（续）

地区	2009 年		2018 年	
	面积（hm^2）	占六级地面积（%）	面积（hm^2）	占六级地面积（%）
清苑县	15 387.40	6.98	39 358.05	27.40
曲阳县	10 955.32	4.97	9 482.21	6.60
涿州市	15 608.84	7.08	—	—
武安市	23 585.51	10.69	30 713.59	21.38
饶阳县	9 233.65	4.19	—	0.00
昌黎县	13 993.29	6.34	13 392.26	9.32
抚宁县	20 489.69	9.29	11 659.10	8.12
青龙满族自治县	1 582.13	0.72	—	—
灵寿县	10 235.42	4.64	3 708.68	2.58
新乐市	18 214.37	8.26	—	—
玉田县	3 067.36	1.39	20 122.22	14.01
内丘县	14 224.06	6.45	2 464.01	1.72
邢台县	10 533.23	4.77	8 368.08	5.83
总计	220 547.33	100.00	143 655.38	100.00

2. 属性特征

（1）排水能力　利用耕地质量等级图对排水能力栅格数据进行区域统计，马铃薯二作区六级地排水能力处于“充分满足”、“满足”、“基本满足”和“不满足”状态。用行政区划图与耕地质量等级图叠加联合形成行政区划耕地质量等级综合图，对排水能力栅格数据进行区域统计，六级地中，2018 年处于“充分满足”状态耕地面积较 2009 年减少 3 131.54hm^2，处于“满足”状态的耕地面积减少 15 911.59hm^2，处于“基本满足”状态耕地面积增加 24 939.67hm^2，处于“不满足”状态耕地面积减少 82 788.48hm^2，统计结果见表 2-271。

表 2-271　排水能力马铃薯二作区六级地行政区划分布（hm^2）

县市	充分满足		满足		基本满足		不满足	
	2009 年	2018 年	2009 年	2018 年	2009 年	2018 年	2009 年	2018 年
定兴县	—	—	483.93	—	822.49	—	12 256.84	—
阜平县	—	1 172.16	632.10	—	2 056.89	261.12	3 818.41	—
涞水县	—	1 602.66	—	130.19	2 334.56	1 194.83	1 744.99	—
蠡　县	3 316.28	—	1 736.41	—	4 208.22	26.23	20 025.95	—
清苑县	—	—	—	—	7 242.06	30 157.76	8 145.33	9 200.29
曲阳县	660.78	—	8 975.25	7 677.69	441.48	1 804.52	877.81	—
涿州市	—	—	—	—	4 893.36	—	10 715.48	—
武安市	1 013.41	—	6 270.27	18 604.65	10 793.20	11 239.44	5 508.63	869.50
饶阳县	—	—	—	—	3.24	—	9 230.41	—
昌黎县	—	—	496.27	—	1 647.21	13 392.26	11 849.81	—

（续）

县市	充分满足		满足		基本满足		不满足	
	2009 年	2018 年	2009 年	2018 年	2009 年	2018 年	2009 年	2018 年
抚宁县	—	—	869.34	1 073.24	7 634.62	10 585.86	11 985.73	—
青龙满族自治县	—	—	360.55	—	103.08	—	1 118.51	—
灵寿县	677.07	—	—	3 699.60	6 044.98	9.08	3 513.36	—
新乐市	—	—	16 588.51	—	1 625.86	—	—	—
玉田县	—	—	—	—	1 859.35	2 238.30	1 208.01	17 883.92
内丘县	36.26	—	13 881.71	2 464.02	—	—	306.07	—
邢台县	202.55	—	290.96	1 024.32	1 602.89	7 343.76	8 436.84	—
总计	5 906.35	2 774.81	50 585.30	34 673.71	53 313.49	78 253.16	110 742.19	27 953.71

（2）*灌溉能力*　利用耕地质量等级图对灌溉能力栅格数据进行区域统计，马铃薯二作区六级地灌溉能力处于“充分满足”、“满足”、“基本满足”和“不满足”状态。用行政区划图与耕地质量等级图叠加联合形成行政区划耕地质量等级综合图，对灌溉能力栅格数据进行区域统计，六级地中，2018 年处于“充分满足”状态耕地面积较 2009 年减少 206.48hm^2，处于“满足”状态的耕地面积减少 28 150.21hm^2，处于“基本满足”状态耕地面积减少 37 309.50hm^2，处于“不满足”状态耕地面积减少 11 225.76hm^2，统计结果见表 2-272。

表 2-272　灌溉能力马铃薯二作区六级地行政区划分布（hm^2）

县市	充分满足		满足		基本满足		不满足	
	2009 年	2018 年	2009 年	2018 年	2009 年	2018 年	2009 年	2018 年
定兴县	—	—	31.97	—	13 531.28	—	—	—
阜平县	—	—	2 213.81	1 354.19	3 661.50	—	632.10	79.08
涞水县	—	—	—	—	3 724.11	1 194.83	355.44	1 732.85
蠡　县	—	—	154.67	—	22 617.56	26.23	6 514.62	—
清苑县	—	—	—	—	14 997.80	39 358.05	389.59	—
曲阳县	—	—	9 347.98	9 482.21	1 607.34	—	—	—
涿州市	—	—	9 809.29	—	4 708.06	—	1 091.48	—
武安市	—	—	2 524.78	513.52	6 548.56	30 200.07	14 512.17	—
饶阳县	—	—	1 195.92	—	8 034.49	—	3.24	—
昌黎县	—	—	—	—	13 497.02	13 392.26	496.27	—
抚宁县	—	—	16 929.41	1 506.77	689.46	10 042.07	2 870.81	110.26
青龙满族自治县	—	—	—	—	1 221.58	—	360.55	—
灵寿县	—	—	259.63	1 460.56	6 023.69	2 239.04	3 952.13	9.08
新乐市	—	—	—	—	18 035.75	—	178.63	—
玉田县	—	—	—	—	2 123.28	—	944.08	20 122.22
内丘县	206.48	—	—	—	13 637.56	2 464.01	380.01	0.00

（续）

县市	充分满足		满足		基本满足		不满足	
	2009 年	2018 年	2009 年	2018 年	2009 年	2018 年	2009 年	2018 年
邢台县	—	—	—	—	9 473.40	7 906.38	1 059.83	461.70
总计	206.48	—	42 467.46	14 317.25	144 132.44	106 822.94	33 740.95	22 515.19

（3）*有效土层厚度*　利用耕地质量等级图对有效土层厚度栅格数据进行区域统计，马铃薯二作区六级地有效土层厚度处于“<30cm”、“30～60cm”、“60～100cm”和“≥100cm”状态。用行政区划图与耕地质量等级图叠加联合形成行政区划耕地质量等级综合图，对有效土层厚度栅格数据进行区域统计，六级地中，2018 年处于“<30cm”状态耕地面积较 2009 年减少 18 378.05hm^2，处于“30～60cm”状态耕地面积减少33 290.38hm^2，处于“60～100cm”状态耕地面积减少 3 600.01hm^2，处于“≥100cm”状态耕地面积减少 21 623.51hm^2，统计结果见表 2-273。

表 2-273　有效土层厚度马铃薯二作区六级地行政区划分布（hm^2）

县市	≥100cm		60～100cm		30～60cm		<30cm	
	2009 年	2018 年	2009 年	2018 年	2009 年	2018 年	2009 年	2018 年
定兴县	—	—	—	—	13 563.25	—	—	—
阜平县	—	552.69	—	763.37	6 507.40	117.21	—	—
涞水县	—	—	1 659.54	1 909.07	2 420.01	1 018.61	—	—
蠡　县	29 286.86	—	—	—	—	26.23	—	—
清苑县	8 386.67	—	6 693.27	17 952.91	307.45	21 405.14	—	—
曲阳县	—	—	327.64	9 482.21	10 627.69	—	—	—
涿州市	9 202.76	—	2 057.64	—	4 348.44	—	—	—
武安市	6 401.33	4 660.41	16 751.14	20 406.23	433.04	5 646.95	—	—
饶阳县	9 233.65	—	—	—	—	—	—	—
昌黎县	—	13 392.26	11.91	—	—	—	13 981.38	
抚宁县	—	2 124.91	2 870.81	—	17 618.87	9 534.19	—	
青龙满族自治县	—	—	—	—	1 582.13	—	—	—
灵寿县	3 656.59	3 708.68	6 287.11	—	291.72	—	—	—
新乐市	21.92	—	18 146.65	—	45.81	—	—	—
玉田县	3 067.36	20 122.22	—	—	—	—	—	—
内丘县	—	2 247.10	—	216.93	13 917.97	—	306.08	—
邢台县	198.96	1 024.32	—	474.98	205.13	830.20	10 129.16	6 038.57
总计	69 456.10	47 832.59	54 805.71	51 205.70	71 868.91	38 578.53	24 416.62	6 038.57

（4）*障碍因素*　利用耕地质量等级图对障碍因素栅格数据进行区域统计，马铃薯二作区六级地大部分耕地无明显障碍，部分耕地存在障碍层次和砂姜层。用行政区划图与耕地质量等级图叠加联合形成行政区划耕地质量等级综合图，对障碍因素栅格数据进行区域统计，六

级地中，2018 年无明显障碍的耕地面积较 2009 年增加 15 050.70hm²，存在障碍层次的耕地面积减少 114 789.03hm²，存在砂姜层的耕地面积增加 22 846.38hm²，统计结果见表 2-274。

表 2-274　障碍因素马铃薯二作区六级地行政区划分布（hm²）

县市	无障碍		障碍层次		砂姜层	
	2009 年	2018 年	2009 年	2018 年	2009 年	2018 年
定兴县	2 520.32	—	11 042.93	—	—	—
阜平县	2 567.14	1 433.27	3 940.27	—	—	—
涞水县	1 605.26	—	2 474.30	—	—	2 927.68
蠡　县	25 154.94	26.23	4 131.91	—	—	—
清苑县	14 452.50	39 358.05	934.90	—	—	—
曲阳县	1 247.31	9 482.21	9 708.01	—	—	—
涿州市	9 153.16	—	6 455.67	—	—	—
武安市	10 610.82	25 728.28	12 974.70	—	—	4 985.31
饶阳县	—	—	9 233.65	—	—	—
昌黎县	2 928.04	12 220.49	11 065.25	—	—	1 171.77
抚宁县	689.46	11 659.10	19 800.22	—	—	—
青龙满族自治县	1 582.13	—	—	—	—	—
灵寿县	8 714.79	3 708.68	1 520.62	—	—	—
新乐市	168.19	—	18 046.19	—	—	—
玉田县	1 628.36	7 590.81	1 439.01	—	—	12 531.41
内丘县	14 099.87	2 464.01	124.18	—	—	—
邢台县	8 636.01	7 137.87	1 897.22	—	—	1 230.21
总计	105 758.30	120 809.00	114 789.03	—	—	22 846.38

（5）*耕层质地*　利用耕地质量等级图对耕层质地栅格数据进行区域统计，马铃薯二作区六级地耕层质地为轻壤、砂壤、中壤和重壤。用行政区划图与耕地质量等级图叠加联合形成行政区划耕地质量等级综合图，对耕层质地栅格数据进行区域统计，六级地中，2018 年轻壤面积较 2009 年减少 64 558.83hm²，砂壤面积减少 11 184.96hm²，中壤面积减少 4 626.49hm²，重壤面积增加 3 478.33hm²，统计结果见表 2-275。

表 2-275　耕层质地马铃薯二作区六级地行政区划分布（hm²）

县市	轻壤		砂壤		中壤		重壤	
	2009 年	2018 年	2009 年	2018 年	2009 年	2018 年	2009 年	2018 年
定兴县	12 985.86	—	483.93	—	93.46	—	—	—
阜平县	6 207.79	1 248.58	299.61	184.70	—	—	—	—
涞水县	2 673.78	2 927.68	205.63	—	360.02	—	840.12	—
蠡　县	22 457.05	26.23	6 829.80	—	—	—	—	—

（续）

县市	轻壤		砂壤		中壤		重壤	
	2009 年	2018 年	2009 年	2018 年	2009 年	2018 年	2009 年	2018 年
清苑县	8 132.78	15 642.34	6 339.03	14 965.26	—	—	915.58	8 750.45
曲阳县	10 955.32	9 482.21	—	—	—	—	—	—
涿州市	14 643.94	—	964.90	—	—	—	—	—
武安市	23 585.51	28 994.29	—	—	—	1 719.29	—	—
饶阳县	1 048.97	—	—	—	8 184.68	—	—	—
昌黎县	13 993.29	13 392.26	—	—	—	—	—	—
抚宁县	5 553.18	8 137.68	14 113.29	3 521.41	—	—	823.22	—
青龙满族自治县	1 445.20	—	—	—	136.94	—	—	—
灵寿县	10 235.42	3 708.68	—	—	—	—	—	—
新乐市	17 289.01	—	925.37	—	—	—	—	—
玉田县	1 871.86	6 672.53	—	—	144.17	2 573.49	1 051.35	10 876.20
内丘县	992.81	1 445.61	—	305.23	—	—	13 231.23	713.18
邢台县	10 533.23	8 368.08	—	—	—	—	—	—
总计	164 605.00	100 046.17	30 161.56	18 976.60	8 919.27	4 292.78	16 861.50	20 339.83

（6）地形部位　利用耕地质量等级图对地形部位栅格数据进行区域统计，马铃薯二作区六级地地形部位为宽谷盆地、平原高阶、平原中阶、平原低阶、丘陵下部、丘陵中部、丘陵上部、山间盆地、山地坡中、山地坡下、山前平原和河谷阶地。用行政区划图与耕地质量等级图叠加联合形成行政区划耕地质量等级综合图，对地形部位栅格数据进行区域统计，六级地中，2018 年地形部位为宽谷盆地的耕地面积较 2009 年减少4 760.86hm^2，地形部位为平原高阶的耕地面积增加 17 442.10hm^2，地形部位为平原中阶的耕地面积增加15 121.43hm^2，地形部位为平原低阶的耕地面积减少 37 462.28hm^2，地形部位为丘陵下部的耕地面积增加 12 106.80hm^2，地形部位为丘陵中部的耕地面积增加32 996.81hm^2，地形部位为丘陵上部的耕地面积增加3 197.02hm^2，地形部位为山间盆地的耕地面积减少4 278.97hm^2，地形部位为山地坡中的耕地面积增加 9 664.25hm^2，地形部位为山地坡下的耕地面积增加 493.24hm^2，地形部位为山前平原的耕地面积减少 77 853.45hm^2，地形部位为低平原的耕地面积减少 43 182.57hm^2，地形部位为河谷阶地的耕地面积减少 375.48hm^2，统计结果见表 2-276。

（7）质地构型　利用耕地质量等级图对质地构型栅格数据进行区域统计，马铃薯二作区六级地质地构型为通体壤、海绵型、紧实型、夹层型、上紧下松型、上松下紧型、松散型和薄层型状态。用行政区划图与耕地质量等级图叠加联合形成行政区划耕地质量等级综合图，对质地构型栅格数据进行区域统计，六级地中，2018 年通体壤面积较 2009 年减少 8 736.75hm^2，海绵型面积减少 6 175.63hm^2，紧实型面积减少6 909.70hm^2，夹层型面积减少 13 556.50hm^2，上紧下松型面积减少 29 461.69hm^2，上松下紧型面积减少 4 504.06hm^2，松散型面积减少 7 664.83hm^2，薄层型面积增加 117.21hm^2，统计结果见表 2-277。

表 2-276 地形部位马铃薯二作区六级地行政区划分布（hm^2）

县市	宽谷盆地		平原高阶		平原中阶		平原低阶		丘陵下部		丘陵中部		丘陵上部		山间盆地		山地坡中		山地坡下		山前平原		低平原		河谷阶地	
	2009年	2018年	2009年	2018年	2009年	2018年	2009年	2018年	2009年	2018年	2009年	2018年	2009年	2018年	2009年	2018年	2009年	2018年	2009年	2018年	2009年	2018年	2009年	2018年	2009年	2018年
定兴县	—	—	—	—	—	—	—	—	—	—	—	—	—	—	—	—	—	—	—	—	—	—	13 563.25	—	—	—
阜平县	6 507.4	117.21	—	—	—	—	—	—	—	—	—	—	—	—	—	—	—	182.04	—	1 054.94	—	—	—	—	—	79.08
涞水县	—	1 743.17	—	—	—	—	—	—	—	—	—	1 184.51	—	—	4 079.55	—	—	—	—	—	—	—	—	—	—	—
蠡 县	—	—	—	—	26.23	26.23	—	—	—	—	—	—	—	—	—	—	—	—	—	—	—	—	29 260.63	—	—	—
清苑县	—	—	—	—	15 028.71	39 358.05	—	—	—	—	—	—	—	—	—	—	—	—	—	—	—	—	358.69	—	—	—
曲阳县	113.84	—	—	—	0	—	10 513.85	—	—	—	—	—	—	—	—	—	—	9 482.21	—	—	327.64	—	—	—	—	—
涿州市	—	—	—	—	15 409.42	—	—	—	—	—	—	—	—	—	199.42	—	—	—	—	—	—	—	—	—	—	—
武安市	—	—	—	—	—	—	16 253.57	—	2 866.01	—	—	30 713.59	—	—	—	—	—	—	4 465.94	—	—	—	—	—	—	—
饶阳县	—	—	—	—	9 233.65	—	—	—	—	—	—	—	—	—	—	—	—	—	—	—	—	—	—	—	—	—
昌黎县	—	—	—	13 392.26	—	—	—	—	—	—	—	—	—	—	—	—	—	—	—	—	13 993.29	—	—	—	—	—
抚宁县	—	—	—	2 014.65	—	110.26	—	—	—	9 534.18	—	—	—	—	—	—	—	—	—	—	20 489.69	—	—	—	—	—
青龙满族自治县	—	—	—	—	—	—	—	—	—	—	—	—	—	—	—	—	—	—	—	—	1 118.5	—	—	—	463.63	—
灵寿县	—	—	—	—	—	—	259.63	—	—	—	—	—	—	—	—	—	—	—	182.45	3 699.6	9 793.34	—	—	—	—	9.07
新乐市	—	—	—	—	—	—	—	—	—	—	—	—	—	—	—	—	—	—	—	—	18 214.37	—	—	—	—	—
玉田县	—	—	3 067.36	4 797.32	—	15 324.9	—	—	—	—	—	—	—	—	—	—	—	—	—	—	—	—	—	—	—	—
内丘县	—	—	—	305.23	—	—	306.07	—	—	1 572.76	206.48	—	—	—	—	—	—	—	—	586.03	13 711.49	—	—	—	—	—
邢台县	—	—	—	—	—	—	10 129.16	—	—	3 865.87	—	1 305.19	—	3 197.02	—	—	—	—	198.94	—	205.13	—	—	—	—	—
总计	6 621.24	1 860.38	3 067.36	20 509.46	39 698.01	54 819.44	37 462.28	—	2 866.01	14 972.81	206.48	33 203.29	—	3 197.02	4 278.97	—	—	9 664.25	4 847.33	5 340.57	77 853.45	—	43 182.57	—	463.63	88.15

表 2-277　质地构型马铃薯二作区六级地行政区划分布（hm^2）

县市	通体壤		海绵型		紧实型		夹层型		上紧下松型		上松下紧型		松散型		薄层型	
	2009 年	2018 年	2009 年	2018 年	2009 年	2018 年	2009 年	2018 年	2009 年	2018 年	2009 年	2018 年	2009 年	2018 年	2009 年	2018 年
定兴县	—	—	13 563.25	—	—	—	—	—	—	—	—	—	—	—	—	—
阜平县	—	—	—	79.08	—	182.04	—	—	—	—	—	—	6 507.40	1 054.94	—	117.21
涞水县	—	—	—	—	—	—	—	1 654.62	—	—	—	—	4 079.55	1 273.07	—	—
蠡　县	—	—	26.23	26.23	27 420.94	—	—	—	1 839.69	—	—	—	—	—	—	—
清苑县	6 412.76	—	8 615.94	39 358.05	358.69	—	—	—	—	—	—	—	—	—	—	—
曲阳县	—	—	10 513.84	—	327.64	311.56	—	—	—	—	—	—	113.84	9 170.66	—	—
涿州市	2 323.99	—	13 085.43	—	—	—	—	—	—	—	—	—	199.42	—	—	—
武安市	—	—	—	—	16 819.96	30 713.59	—	—	6 765.56	—	—	—	—	—	—	—
饶阳县	—	—	—	—	—	—	—	—	—	—	—	—	9 233.65	—	—	—
昌黎县	—	—	8 732.37	151.72	1 982.91	—	1 759.73	975.96	—	195.80	1 518.29	—	—	12 068.77	—	—
抚宁县	—	—	—	—	—	—	20 489.69	11 659.10	—	—	—	—	—	—	—	—
青龙满族自治县	—	—	—	—	—	—	1 118.50	—	—	—	—	—	463.64	—	—	—
灵寿县	—	—	259.63	3 708.68	4 453.86	—	—	—	5 521.92	—	—	—	—	—	—	—
新乐市	—	—	—	—	2 684.06	—	—	—	15 530.32	—	—	—	—	—	—	—
玉田县	—	—	—	5 297.3	—	14 824.91	2 773.76	—	—	—	293.61	—	—	—	—	—
内丘县	—	—	—	—	—	—	216.92	—	—	—	89.15	—	13 917.97	2 464.01	—	—
邢台县	—	—	—	—	198.93	1 305.19	1 487.58	—	—	—	8 641.58	6 038.57	205.13	1 024.32	—	—
总计	8 736.75	—	54 796.69	48 621.06	54 246.99	47 337.29	27 846.18	14 289.68	29 657.49	195.80	10 542.63	6 038.57	34 720.60	27 055.77	—	117.21

(8) 生物多样性 利用耕地质量等级图对生物多样性栅格数据进行区域统计，马铃薯二作区六级地生物多样性处于“丰富”、“一般”和“不丰富”状态。用行政区划图与耕地质量等级图叠加联合形成行政区划耕地质量等级综合图，对生物多样性栅格数据进行区域统计，六级地中，2018 年处于“丰富”状态耕地面积较 2009 年增加 586.03hm^2，处于“一般”状态耕地面积增加 12 143.45hm^2，处于“不丰富”状态耕地面积减少 89 621.42hm^2，统计结果见表 2-278。

表 2-278 生物多样性马铃薯二作区六级地行政区划分布（hm^2）

县市	丰富		一般		不丰富	
	2009 年	2018 年	2009 年	2018 年	2009 年	2018 年
定兴县	—	—	—	—	13 563.25	—
阜平县	—	—	276.96	1 433.27	6 230.44	—
涞水县	—	—	3 339.45	1 194.83	740.10	1 732.85
蠡　县	—	—	7 017.30	—	22 269.55	26.23
清苑县	—	—	14 830.35	—	557.05	39 358.05
曲阳县	—	—	9 276.31	9 482.21	1 679.01	—
涿州市	—	—	2 827.45	—	12 781.39	—
武安市	—	—	1 937.32	30 713.59	21 648.19	—
饶阳县	—	—	833.24	—	8 400.41	—
昌黎县	—	—	7 004.09	13 392.26	6 989.20	—
抚宁县	—	—	11 985.73	11 659.10	8 503.96	—
青龙满族自治县	—	—	1 342.12	—	240.02	—
灵寿县	—	—	3 552.56	3 708.68	6 682.86	—
新乐市	—	—	1 104.16	—	17 110.21	—
玉田县	—	—	1 439.00	20 122.22	1 628.36	—
内丘县	—	586.03	13 835.55	1 877.99	388.51	—
邢台县	—	—	9 207.19	8 368.08	1 326.04	—
总计	—	586.03	89 808.78	101 952.23	130 738.55	41 117.13

(9) 农田林网化 利用耕地质量等级图对农田林网化栅格数据进行区域统计，马铃薯二作区六级地农田林网化处于“高”、“中”和“低”状态。用行政区划图与耕地质量等级图叠加联合形成行政区划耕地质量等级综合图，对农田林网化栅格数据进行区域统计，六级地中，2018 年处于“高”状态耕地面积较 2009 年增加 680.16hm^2，处于“中”状态耕地面积增加9 060.01hm^2，处于“低”状态耕地面积减少 86 632.11hm^2，统计结果见表 2-279。

表 2-279 农田林网化马铃薯二作区六级地行政区划分布（hm^2）

县市	高		中		低	
	2009 年	2018 年	2009 年	2018 年	2009 年	2018 年
定兴县	—	—	—	—	13 563.25	—
阜平县	—	—	766.68	261.12	5 740.72	1 172.15
涞水县	—	—	1 129.78	2 927.68	2 949.77	—
蠡　县	—	—	6 098.61	—	23 188.25	26.23

（续）

县市	高		中		低	
	2009 年	2018 年	2009 年	2018 年	2009 年	2018 年
清苑县	—	—	7 759.69	—	7 627.71	39 358.05
曲阳县	—	—	9 276.31	9 482.21	1 679.01	—
涿州市	—	—	1 925.00	—	13 683.84	—
武安市	—	—	11 789.91	30 713.59	11 795.61	—
饶阳县	—	—	836.49	—	8 397.17	—
昌黎县	—	—	8 272.91	13 392.26	5 720.38	—
抚宁县	—	—	11 296.27	—	9 193.42	11 659.10
青龙满族自治县	—	—	223.61	—	1 358.52	—
灵寿县	—	—	3 489.57	3 708.68	6 745.85	—
新乐市	—	—	959.85	—	17 254.52	—
玉田县	—	463.24	494.93	11 851.38	2 572.43	7 807.60
内丘县	—	216.92	587.74	369.11	13 636.31	1 877.99
邢台县	—	0.00	6 082.43	7 343.76	4 450.79	1 024.32
总计	—	680.16	70 989.78	80 049.79	149 557.55	62 925.44

（10）清洁程度 利用耕地质量等级图对清洁程度栅格数据进行区域统计，马铃薯二作区六级地清洁程度处于“清洁”状态。用行政区划图与耕地质量等级图叠加联合形成行政区划耕地质量等级综合图，对清洁程度栅格数据进行区域统计，六级地中，2018 年处于“清洁”状态耕地面积较 2009 年减少 76 891.95hm^2，统计结果见表 2-280。

表 2-280 清洁程度马铃薯二作区六级地行政区划分布（hm^2）

县市	清洁	
	2009 年	2018 年
定兴县	13 563.25	—
阜平县	6 507.40	1 433.27
涞水县	4 079.55	2 927.68
蠡　县	29 286.86	26.23
清苑县	15 387.40	39 358.05
曲阳县	10 955.32	9 482.21
涿州市	15 608.84	—
武安市	23 585.51	30 713.59
饶阳县	9 233.65	—
昌黎县	13 993.29	13 392.26
抚宁县	20 489.69	11 659.10
青龙满族自治县	1 582.13	—
灵寿县	10 235.42	3 708.68
新乐市	18 214.37	—

（续）

县市	清洁	
	2009 年	2018 年
玉田县	3 067.36	20 122.22
内丘县	14 224.06	2 464.01
邢台县	10 533.23	8 368.08
总计	220 547.33	143 655.38

（11）盐渍化程度　利用耕地质量等级图对盐渍化程度栅格数据进行区域统计，马铃薯二作区六级地盐渍化程度为无、轻度和中度。用行政区划图与耕地质量等级图叠加联合形成行政区划耕地质量等级综合图，对盐渍化程度栅格数据进行区域统计，六级地中，2018 年无盐渍化耕地面积较 2009 年增加 20 383.63hm²，轻度盐渍化耕地面积减少 82 605.69hm²，中度盐渍化耕地面积减少 14 669.89hm²，统计结果见表 2-281。

表 2-281　盐渍化程度马铃薯二作区六级地行政区划分布（hm²）

县市	无		轻度		中度	
	2009 年	2018 年	2009 年	2018 年	2009 年	2018 年
定兴县	13 563.25	—	—	—	—	—
阜平县	5 834.80	1 433.27	—	—	672.63	—
涞水县	3 719.53	2 927.68	—	—	360.02	—
蠡　县	29 253.62	26.23	—	—	33.23	—
清苑县	14 839.87	39 358.05	—	—	547.52	—
曲阳县	1 980.07	9 482.21	8 975.25	—	—	—
涿州市	3 822.71	—	11 177.20	—	608.93	—
武安市	9 467.12	30 713.59	13 792.79	—	325.61	—
饶阳县	8 037.74	—	833.24	—	362.67	—
昌黎县	484.36	12 416.29	13 508.93	975.96	—	—
抚宁县	2 690.94	11 659.11	12 165.61	—	5 633.14	—
青龙满族自治县	1 582.13	—	—	—	—	—
灵寿县	3 194.06	3 708.68	6 718.75	—	322.61	—
新乐市	190.11	—	16 409.88	—	1 614.38	—
玉田县	944.08	20 122.22	—	—	2 123.28	—
内丘县	14 017.56	2 464.01	—	—	206.48	—
邢台县	8 673.84	8 368.08	—	—	1 859.39	—
总计	122 295.79	142 679.42	83 581.65	975.96	14 669.89	—

（12）地下水埋深　利用耕地质量等级图对地下水埋深栅格数据进行区域统计，马铃薯二作区六级地地下水埋深处于“≥300cm”、“200～300cm”和“<200cm”状态。用行政区划图与耕地质量等级图叠加联合形成行政区划耕地质量等级综合图，对地下水埋深栅格数据进行区域统计，六级地中，2018 年处于“≥300cm”状态耕地面积较 2009 年减少 46 972.57hm²，处于“200～300cm”状态耕地面积减少 9 653.56hm²，处于“<200cm”状态耕地面积减少20 265.82hm²，统计结果见表 2-282。

表 2-282　地下水埋深马铃薯二作区六级地行政区划分布（hm^2）

县市	≥300cm		200～300cm		<200cm	
	2009 年	2018 年	2009 年	2018 年	2009 年	2018 年
定兴县	13 563.25	—	—	—	—	—
阜平县	6 507.40	1 433.27	—	—	—	—
涞水县	4 079.55	2 927.68	—	—	—	—
蠡　县	26.23	26.23	—	—	29 260.62	—
清苑县	15 028.71	39 358.05	—	—	358.69	—
曲阳县	10 955.32	9 482.21	—	—	—	—
涿州市	15 608.84	—	—	—	—	—
武安市	23 585.51	30 713.59	—	—	—	—
饶阳县	9 233.65	—	—	—	—	—
昌黎县	5 874.21	13 392.26	8 119.08	—	—	—
抚宁县	20 489.69	11 659.10	—	—	—	—
青龙满族自治县	1 582.13	—	—	—	—	—
灵寿县	10 235.42	3 708.68	—	—	—	—
新乐市	18 214.37	—	—	—	—	—
玉田县	1 439.03	10 768.72	1 628.36	—	—	9 353.49
内丘县	14 017.56	2 163.66	206.48	300.36	—	—
邢台县	10 533.23	8 368.08	—	—	—	—
总计	180 974.10	134 001.53	9 953.92	300.36	29 619.31	9 353.49

（13）*耕层厚度*　利用耕地质量等级图对耕层厚度栅格数据进行区域统计，马铃薯二作区六级地耕层厚度为≥20cm、15～20cm 和<15cm。用行政区划图与耕地质量等级图叠加联合形成行政区划耕地质量等级综合图，对耕层厚度栅格数据进行区域统计，六级地中，2018 年耕层厚度≥20cm 的耕地面积较 2009 年减少 40 697.52hm^2，耕层厚度为 15～20cm 的耕地面积减少 43 841.61hm^2，耕层厚度<15cm 的耕地面积增加 7 647.19hm^2，统计结果见表 2-283。

表 2-283　耕层厚度马铃薯二作区六级地行政区划分布（hm^2）

县市	≥20cm		15～20cm		<15cm	
	2009 年	2018 年	2009 年	2018 年	2009 年	2018 年
定兴县	2 421.12	—	11 142.14	—	—	—
阜平县	1 274.37	1 433.27	5 233.03	—	—	—
涞水县	3 985.29	2 927.68	94.26	—	—	—
蠡　县	24 680.99	—	4 527.19	26.23	78.67	—
清苑县	8 137.08	17 952.91	7 000.72	21 405.14	249.60	—
曲阳县	—	9 482.21	441.48	—	10 513.84	—
涿州市	1 326.10	—	14 282.74	—	—	—
武安市	1 907.13	678.69	20 695.81	10 823.90	982.57	19 211.01
饶阳县	8 037.74	—	1 195.92	—	—	
昌黎县	4 458.25	—	9 535.05	13 044.73	—	347.52

（续）

县市	≥20cm		15～20cm		<15cm	
	2009 年	2018 年	2009 年	2018 年	2009 年	2018 年
抚宁县	20 489.69	—	—	11 659.10	—	—
青龙满族自治县	1 479.06	—	—	—	103.08	—
灵寿县	2 979.52	3 708.68	6 996.28	—	259.63	—
新乐市	—	—	18 214.37	—	—	—
玉田县	3 067.36	—	—	20 122.22	—	—
内丘县	794.32	2 464.02	13 429.71	—	—	—
邢台县	1 369.85	7 062.89	8 964.44	830.21	198.93	474.98
总计	86 407.87	45 710.35	121 753.14	77 911.53	12 386.32	20 033.51

（14）土壤有机质含量　利用耕地质量等级图对土壤有机质含量栅格数据进行区域统计，二作区六级地 2009 年土壤有机质含量为 16.88g/kg，2018 年为 18.09g/kg。用行政区划图与耕地质量等级图叠加联合形成行政区划耕地质量等级综合图，对土壤有机质含量栅格数据进行区域统计，六级地中，2009 年土壤有机质含量变化幅度在 10.0～24.7g/kg 之间，2018 年在10.3～26.5g/kg 之间，2009—2018 年土壤有机质含量平均值增加 1.21g/kg，统计结果见表 2-284。

表 2-284　土壤有机质含量马铃薯二作区六级地行政区划分布（g/kg）

县市	最大值		最小值		平均值	
	2009 年	2018 年	2009 年	2018 年	2009 年	2018 年
定兴县	18.0	—	15.4	—	16.84	—
阜平县	24.7	22.7	13.0	14.2	21.69	16.58
涞水县	20.9	26.5	12.9	18.4	17.14	23.45
蠡　县	17.1	14.2	10.0	14.2	13.30	14.20
清苑县	18.2	21.5	13.1	14.3	15.43	18.07
曲阳县	19.5	22.3	13.0	17.5	15.33	20.22
涿州市	17.1	—	12.9	—	15.49	—
武安市	24.2	23.1	12.2	17.9	18.41	19.80
饶阳县	17.4	—	14.4	—	16.00	—
昌黎县	18.8	12.2	13.0	10.3	15.89	11.29
抚宁县	18.4	15.7	13.2	12.9	14.47	14.28
青龙满族自治县	16.1	—	11.3	—	14.56	—
灵寿县	20.0	22.6	16.8	13.3	17.94	14.39
新乐市	17.9	—	14.4	—	15.94	—
玉田县	20.9	22.3	13.9	16.8	18.15	20.02
内丘县	18.5	20.1	11.5	14.0	15.83	16.07
邢台县	23.0	22.9	13.9	15.8	16.32	18.61
总计	24.7	26.5	10.0	10.3	16.88	18.09

(15) 土壤有效磷含量 利用耕地质量等级图对土壤有效磷含量栅格数据进行区域统计，二作区六级地2009年土壤有效磷含量为26.31mg/kg，2018年为26.42mg/kg。用行政区划图与耕地质量等级图叠加联合形成行政区划耕地质量等级综合图，对土壤有效磷含量栅格数据进行区域统计，六级地中，2009年土壤有效磷含量变化幅度在11.2～63.8mg/kg之间，2018年在11.0～69.8mg/kg之间，2009—2018年土壤有效磷含量平均值增加0.11mg/kg，统计结果见表2-285。

表2-285 土壤有效磷含量马铃薯二作区六级地行政区划分布（mg/kg）

县市	最大值		最小值		平均值	
	2009年	2018年	2009年	2018年	2009年	2018年
定兴县	28.8	—	15.1	—	19.17	—
阜平县	44.8	46.2	12.8	18.6	30.04	26.47
涞水县	63.8	41.1	14.3	16.1	48.53	21.48
蠡县	42.9	25.6	16.4	25.6	29.04	25.60
清苑县	39.5	31.7	17.7	25.7	27.55	28.95
曲阳县	20.4	41.8	13.1	30.6	15.97	37.67
涿州市	29.4	—	13.0	—	19.88	—
武安市	34.0	19.0	11.9	13.7	20.74	16.22
饶阳县	30.7	—	23.5	—	25.81	—
昌黎县	63.5	42.9	27.2	34.0	49.11	38.27
抚宁县	37.8	48.3	11.9	15.0	21.05	37.18
青龙满族自治县	26.4	—	16.7	—	21.33	—
灵寿县	49.9	33.5	22.0	13.6	40.08	27.00
新乐市	39.0	—	21.4	—	30.24	—
玉田县	33.5	69.8	12.9	29.1	22.34	42.68
内丘县	24.6	35.0	15.3	11.0	21.15	18.45
邢台县	27.4	36.9	11.2	11.8	20.55	17.95
总计	63.8	69.8	11.2	11.0	26.31	26.42

(16) 土壤速效钾含量 利用耕地质量等级图对土壤速效钾含量栅格数据进行区域统计，二作区六级地2009年土壤速效钾含量为100.61mg/kg，2018年为136.42mg/kg。用行政区划图与耕地质量等级图叠加联合形成行政区划耕地质量等级综合图，对土壤速效钾含量栅格数据进行区域统计，六级地中，2009年土壤速效钾含量变化幅度在59～169mg/kg之间，2018年在66～202mg/kg之间，2009—2018年土壤速效钾含量平均值增加35.81mg/kg，统计结果见表2-286。

表2-286 土壤速效钾含量马铃薯二作区六级地行政区划分布（mg/kg）

县市	最大值		最小值		平均值	
	2009年	2018年	2009年	2018年	2009年	2018年
定兴县	91	—	69	—	83.28	—
阜平县	97	114	59	66	77.33	78.64

（续）

县市	最大值		最小值		平均值	
	2009 年	2018 年	2009 年	2018 年	2009 年	2018 年
涞水县	150	151	68	103	107.12	129.40
蠡　县	152	117	94	117	123.28	117.00
清苑县	141	200	99	126	121.93	161.91
曲阳县	93	193	69	143	83.10	174.60
涿州市	130	—	69	—	77.60	—
武安市	168	152	88	125	135.48	136.01
饶阳县	150	—	88	—	114.38	—
昌黎县	144	102	83	78	110.00	87.80
抚宁县	94	118	66	79	77.42	107.86
青龙满族自治县	127	—	88	—	109.14	—
灵寿县	119	133	82	95	96.20	121.52
新乐市	103	—	72	—	84.58	—
玉田县	169	202	71	74	131.85	179.65
内丘县	120	173	66	119	100.07	132.76
邢台县	147	175	80	117	117.65	145.33
总计	169	202	59	66	100.61	136.42

（17）土壤 pH　利用耕地质量等级图对土壤 pH 栅格数据进行区域统计，二作区六级地 2009 年土壤 pH 为 7.41，2018 年为 7.65。用行政区划图与耕地质量等级图叠加联合形成行政区划耕地质量等级综合图，对土壤 pH 栅格数据进行区域统计，六级地中，2009 年土壤 pH 变化幅度在 5.2～8.6 之间，2018 年在 5.2～8.5 之间，2009—2018 年土壤 pH 平均值增加 0.24，统计结果见表 2-287。

表 2-287　土壤 pH 马铃薯二作区六级地行政区划分布

县市	最大值		最小值		平均值	
	2009 年	2018 年	2009 年	2018 年	2009 年	2018 年
定兴县	8.2	—	7.8	—	8.12	—
阜平县	7.5	8.0	6.8	7.3	7.18	7.82
涞水县	7.8	8.1	7.6	7.8	7.71	7.92
蠡　县	8.2	7.5	7.7	7.5	7.94	7.50
清苑县	8.6	8.2	8.2	8.0	8.39	8.08
曲阳县	8.2	8.1	7.1	7.3	7.89	7.81
涿州市	8.2	—	7.0	—	8.01	—
武安市	7.9	8.5	7.3	7.0	7.45	8.34
饶阳县	8.0	—	7.9	—	7.91	—
昌黎县	7.4	6.7	5.2	5.2	6.31	5.88
抚宁县	7.4	7.9	5.5	5.7	6.09	6.46
青龙满族自治县	7.2	—	6.4	—	6.73	—

（续）

县市	最大值		最小值		平均值	
	2009 年	2018 年	2009 年	2018 年	2009 年	2018 年
灵寿县	8.3	8.2	7.1	7.1	7.92	7.52
新乐市	8.0	—	7.5	—	7.78	—
玉田县	8.1	8.1	7.4	7.1	7.72	7.73
内丘县	8.1	8.3	6.7	7.6	7.73	8.07
邢台县	8.0	8.1	6.7	6.8	7.36	7.45
总计	8.6	8.5	5.2	5.2	7.41	7.65

（18）**土壤容重**　利用耕地质量等级图对土壤容重栅格数据进行区域统计，二作区六级地 2009 年土壤容重平均为 1.42g/cm^3，2018 年平均为 1.49g/cm^3。用行政区划图与耕地质量等级图叠加联合形成行政区划耕地质量等级综合图，对土壤容重栅格数据进行区域统计，六级地中，2009 年土壤容重变化幅度在 1.11～1.58g/cm^3 之间，2018 年在 1.25～1.63g/cm^3 之间，2009—2018 年土壤容重平均值增加 0.07g/cm^3，统计结果见表 2-288。

表 2-288　土壤容重马铃薯二作区六级地行政区划分布（g/cm^3）

县市	最大值		最小值		平均值	
	2009 年	2018 年	2009 年	2018 年	2009 年	2018 年
定兴县	1.49	—	1.38	—	1.43	—
阜平县	1.57	1.48	1.20	1.39	1.38	1.43
涞水县	1.41	1.48	1.18	1.27	1.31	1.32
蠡　县	1.50	1.50	1.11	1.50	1.22	1.50
清苑县	1.46	1.49	1.22	1.41	1.38	1.46
曲阳县	1.56	1.60	1.44	1.52	1.50	1.56
涿州市	1.53	—	1.37	—	1.42	—
武安市	1.50	1.50	1.33	1.41	1.41	1.49
饶阳县	1.51	—	1.39	—	1.46	—
昌黎县	1.54	1.43	1.42	1.37	1.47	1.39
抚宁县	1.57	1.57	1.39	1.43	1.54	1.55
青龙满族自治县	1.56	—	1.50	—	1.53	—
灵寿县	1.56	1.58	1.39	1.48	1.49	1.51
新乐市	1.54	—	1.50	—	1.52	—
玉田县	1.54	1.56	1.42	1.45	1.50	1.50
内丘县	1.58	1.63	1.35	1.56	1.48	1.60
邢台县	1.55	1.62	1.23	1.25	1.33	1.48
总计	1.58	1.63	1.11	1.25	1.42	1.49

（六）七级地耕地质量特征

1. 空间分布　2009 年七级地在马铃薯二作区面积 177 578.75hm^2，占耕地总面积的 22.93%，2018 年，面积为 37 793.58hm^2，占耕地总面积的 4.88%，七级地面积逐渐减少。

七级地在马铃薯二作区各县市的具体分布见表 2-289，2009—2018 年，定兴县、蠡县、清苑县、曲阳县、涿州市、饶阳县、昌黎县、灵寿县、新乐市七级地面积逐渐减少到 0；玉田县县面积逐渐增加，为 1 461.95hm^2。

表 2-289　七级地在马铃薯二作区各县市的面积与分布

地区	2009 年		2018 年	
	面积（hm^2）	占七级地面积（%）	面积（hm^2）	占七级地面积（%）
定兴县	6 872.30	3.87	—	—
阜平县	4 009.64	2.26	2 624.44	6.94
涞水县	6 122.10	3.45	1 536.42	4.07
蠡　县	7 957.32	4.48	—	—
清苑县	24 818.41	13.98	—	—
曲阳县	6 663.03	3.75	—	—
涿州市	6 234.42	3.51	—	—
武安市	12 804.83	7.21	10 432.56	27.60
饶阳县	22 383.04	12.60	—	—
昌黎县	2 975.95	1.68	—	—
抚宁县	13 118.10	7.39	6 884.27	18.22
青龙满族自治县	15 641.46	8.81	7 666.97	20.29
灵寿县	12 230.70	6.89	—	—
新乐市	1 127.32	0.63	—	—
玉田县	—	—	1 461.95	3.87
内丘县	12 234.72	6.89	1 474.88	3.90
邢台县	22 385.41	12.60	5 712.09	15.11
总计	177 578.75	100.00	37 793.58	100.00

2. 属性特征

（1）排水能力　利用耕地质量等级图对排水能力栅格数据进行区域统计，马铃薯二作区七级地排水能力处于“充分满足”、“满足”、“基本满足”和“不满足”状态。用行政区划图与耕地质量等级图叠加联合形成行政区划耕地质量等级综合图，对排水能力栅格数据进行区域统计，七级地中，2018 年处于“充分满足”状态耕地面积较 2009 年减少 4 333.22hm^2，处于“满足”状态的耕地面积减少 24 228.07hm^2，处于“基本满足”状态耕地面积减少 22 475.15hm^2，处于“不满足”状态耕地面积减少 88 748.73hm^2，统计结果见表 2-290。

表 2-290　排水能力马铃薯二作区七级地行政区划分布（hm^2）

县市	充分满足		满足		基本满足		不满足	
	2009 年	2018 年	2009 年	2018 年	2009 年	2018 年	2009 年	2018 年
定兴县	—	—	—	—	3 799.04	—	3 073.27	—
阜平县	—	2 624.44	562.20	—	1 484.19	—	1 963.24	—
涞水县	—	1 215.79	—	—	3 308.62	320.63	2 813.48	—

（续）

县市	充分满足		满足		基本满足		不满足	
	2009 年	2018 年	2009 年	2018 年	2009 年	2018 年	2009 年	2018 年
蠡　县	—	—	822.31	—	1 678.34	—	5 456.66	—
清苑县	—	—	—	—	2 839.93	—	21 978.48	—
曲阳县	94.38	—	—	—	—	—	6 568.65	—
涿州市	—	—	997.24	—	1 666.13	—	3 571.05	—
武安市	—	—	4 451.21	—	1 816.28	464.90	6 537.35	9 967.66
饶阳县	—	—	—	—	2 005.55	—	20 377.49	—
昌黎县	—	—	—	—	—	—	2 975.95	—
抚宁县	—	—	1 660.68	158.43	7 125.84	6 725.83	4 331.58	—
青龙满族自治县	—	211.23	10 353.12	1 651.37	4 612.51	5 804.38	675.83	—
灵寿县	—	—	981.70	—	4 164.08	—	7 084.92	—
新乐市	—	—	—	—	617.42	—	509.91	—
玉田县	—	—	—	—	—	—	—	1 461.95
内丘县	3 760.66	—	4 788.34	1 474.88	3 531.99	—	153.72	—
邢台县	4 529.64	—	2 895.95	—	2 853.06	5 712.09	12 106.72	—
总计	8 384.68	4 051.46	27 512.75	3 284.68	41 502.98	19 027.83	100 178.34	11 429.61

（2）灌溉能力　利用耕地质量等级图对灌溉能力栅格数据进行区域统计，马铃薯二作区七级地灌溉能力处于“满足”、“基本满足”和“不满足”状态。用行政区划图与耕地质量等级图叠加联合形成行政区划耕地质量等级综合图，对灌溉能力栅格数据进行区域统计，七级地中，2018 年处于“满足”状态耕地面积较 2009 年减少 2 062.20hm^2，处于“基本满足”状态耕地面积减少 44 884.85hm^2，处于“不满足”状态耕地面积减少92 838.12hm^2，统计结果见表 2-291。

表 2-291　灌溉能力马铃薯二作区七级地行政区划分布（hm^2）

县市	满足		基本满足		不满足	
	2009 年	2018 年	2009 年	2018 年	2009 年	2018 年
定兴县	—	—	6 872.30	—	—	—
阜平县	92.54	394.23	1 093.13	—	2 823.97	2 230.21
涞水县	—	—	2 465.39	320.63	3 656.71	1 215.79
蠡　县	—	—	4 132.06	—	3 825.26	—
清苑县	—	—	2 304.24	—	22 514.17	—
曲阳县	738.45	—	4 806.71	—	1 117.87	—
涿州市	166.59	—	1 580.80	—	4 487.03	—
武安市	149.48	—	6 189.84	10 432.56	6 465.52	—
饶阳县	10.57	—	6 725.64	—	15 646.84	—
昌黎县	—	—	1 071.33	—	1 904.63	—

（续）

县市	满足		基本满足		不满足	
	2009年	2018年	2009年	2018年	2009年	2018年
抚宁县	—	—	7 258.13	2 333.17	5 859.97	4 551.10
青龙满族自治县	1 298.80	—	675.83	—	13 666.81	7 666.97
灵寿县	—	—	7 742.75	—	4 487.95	—
新乐市	—	—	—	—	1 127.31	—
玉田县	—	—	—	—	—	1 461.95
内丘县	—	—	3 248.72	1 474.87	8 986.00	—
邢台县	—	—	3 279.21	—	19 106.20	5 712.10
总计	2 456.43	394.23	59 446.08	14 561.23	115 676.24	22 838.12

（3）*有效土层厚度*　利用耕地质量等级图对有效土层厚度栅格数据进行区域统计，马铃薯二作区七级地有效土层厚度处于“＜30cm”、“30～60cm”、“60～100cm”和“≥100cm”状态。用行政区划图与耕地质量等级图叠加联合形成行政区划耕地质量等级综合图，对有效土层厚度栅格数据进行区域统计，七级地中，2018年处于“＜30cm”状态耕地面积较2009年减少13 951.40hm²，处于“30～60cm”状态耕地面积减少50 136.69hm²，处于“60～100cm”状态耕地面积减少22 768.27hm²，处于“≥100cm”状态耕地面积减少52 928.80hm²，统计结果见表2-292。

表2-292　有效土层厚度马铃薯二作区七级地行政区划分布（hm²）

县市	＜30cm		30～60cm		60～100cm		≥100cm	
	2009年	2018年	2009年	2018年	2009年	2018年	2009年	2018年
定兴县	—	—	6 872.3	—	—	—	—	—
阜平县	—	—	4 009.64	1 087.04	—	1 537.41	—	—
涞水县	—	—	5 617.64	722.81	504.47	813.62	—	—
蠡　县	—	—	—	—	267.9	—	7 689.41	—
清苑县	—	—	—	—	6 673.44	—	18 144.97	—
曲阳县	—	—	6 663.03	—	—	—	—	—
涿州市	—	—	1 424.15	—	901.09	—	3 909.18	—
武安市	—	—	3 127.96	6 869.02	8 692.46	2 882.78	984.42	680.75
饶阳县	—	—	—	—	—	—	22 383.04	—
昌黎县	2 975.95	—	—	—	—	—	—	—
抚宁县	—	—	7 285.8	6 884.27	5 832.3	—	—	—
青龙满族自治县	—	—	15 641.46	5 175.37	—	1 528.85	—	962.76
灵寿县	—	—	2 547.02	—	6 896.67	—	2 787.02	—
新乐市	—	—	—	—	—	—	1 127.32	—
玉田县	—	—	—	—	—	—	—	1 461.95

（续）

县市	<30cm		30～60cm		60～100cm		≥100cm	
	2009 年	2018 年	2009 年	2018 年	2009 年	2018 年	2009 年	2018 年
内丘县	153.72	—	12 081	246.37	—	237.40	—	991.10
邢台县	16 533.82	5 712.09	5 851.56	—	—	—	—	—
总计	19 663.49	5 712.09	71 121.57	20 984.88	29 768.33	7 000.06	57 025.36	4 096.56

（4）障碍因素　利用耕地质量等级图对障碍因素栅格数据进行区域统计，马铃薯二作区七级地部分耕地无明显障碍，部分耕地存在障碍层次砂姜层。用行政区划图与耕地质量等级图叠加联合形成行政区划耕地质量等级综合图，对障碍因素栅格数据进行区域统计，七级地中，2018 年无明显障碍耕地面积较 2009 年减少 45 073.65hm^2，存在障碍层次的耕地面积减少 102 231.14hm^2，存在砂姜层的耕地面积增加 7 519.63hm^2，统计结果见表 2-293。

表 2-293　障碍因素马铃薯二作区七级地行政区划分布（hm^2）

县市	无障碍		障碍层次		砂姜层	
	2009 年	2018 年	2009 年	2018 年	2009 年	2018 年
定兴县	4 492.10	—	2 380.21	—	—	—
阜平县	476.15	1 537.41	3 533.48	—	—	1 087.04
涞水县	2 799.87	—	3 322.24	—	—	1 536.42
蠡　县	4 502.15	—	3 455.17	—	—	—
清苑县	6 441.43	—	18 376.99	—	—	—
曲阳县	1 140.63	—	5 522.40	—	—	—
涿州市	583.57	—	5 650.85	—	—	—
武安市	2 510.81	9 489.95	10 294.03	—	—	942.61
饶阳县	13 024.41	—	9 358.64	—	—	—
昌黎县	880.70	—	2 095.26	—	—	—
抚宁县	—	6 884.27	13 118.10	—	—	—
青龙满族自治县	13 796.27	5 175.37	1 845.20	—	—	2 491.61
灵寿县	3 254.75	—	8 975.95	—	—	—
新乐市	617.40	—	509.91	—	—	—
玉田县	—	—	—	—	—	1 461.95
内丘县	8 333.64	1 474.88	3 901.09	—	—	—
邢台县	12 493.75	5 712.09	9 891.65	—	—	—
总计	75 347.61	30 273.96	102 231.14	—	—	7 519.63

（5）耕层质地　利用耕地质量等级图对耕层质地栅格数据进行区域统计，马铃薯二作区七级地耕层质地为轻壤、砂壤、中壤和重壤。用行政区划图与耕地质量等级图叠加联合形成行政区划耕地质量等级综合图，对耕层质地栅格数据进行区域统计，七级地中，2018 年轻壤面积较 2009 年减少 91 552.09hm^2，砂壤面积减少 18 809.87hm^2，中壤面积减少 22 423.41hm^2，重壤地面积减少 6 999.80hm^2，统计结果见表 2-294。

表 2-294 耕层质地马铃薯二作区七级地行政区划分布（hm^2）

县市	轻壤		砂壤		中壤		重壤	
	2009 年	2018 年	2009 年	2018 年	2009 年	2018 年	2009 年	2018 年
定兴县	6 872.30	—	—	—	—	—	—	—
阜平县	2 898.00	2 230.21	1 111.64	394.23	—	—	—	—
涞水县	4 794.85	1 040.63	1 140.59	495.79	186.66	—	—	—
蠡　县	4 912.47	—	3 044.85	—	—	—	—	—
清苑县	11 199.89	—	5 838.95	—	6 292.77	—	1 486.80	—
曲阳县	6 663.03	—	—	—	—	—	—	—
涿州市	6 234.42	—	—	—	—	—	—	—
武安市	10 801.19	10 432.56	—	—	2 003.65	—	—	—
饶阳县	2 319.88	—	6 322.16	—	13 741.00	—	—	—
昌黎县	2 975.95	—	—	—	—	—	—	—
抚宁县	8 062.83	4 070.71	5 055.26	2 813.56	—	—	—	—
青龙满族自治县	15 442.14	7 666.97	—	—	199.33	—	—	—
灵寿县	12 230.70	—	—	—	—	—	—	—
新乐市	1 127.32	—	—	—	—	—	—	—
玉田县	—	409.01	—	—	—	—	—	1 052.94
内丘县	5 407.40	1 213.50	—	—	—	—	6 827.32	261.38
邢台县	22 385.40	5 712.09	—	—	—	—	—	—
总计	124 327.77	32 775.68	22 513.45	3 703.58	22 423.41	—	8 314.12	1 314.32

（6）地形部位　利用耕地质量等级图对地形部位栅格数据进行区域统计，马铃薯二作区七级地地形部位为宽谷盆地、平原中阶、平原低阶、丘陵下部、丘陵中部、丘陵上部、山间盆地、山地坡中、山地坡下、山前平原、低平原和河谷阶地。用行政区划图与耕地质量等级图叠加联合形成行政区划耕地质量等级综合图，对地形部位栅格数据进行区域统计，七级地中，2018 年地形部位为宽谷盆地的耕地面积较 2009 年减少 1 050.25hm^2，地形部位为平原中阶的耕地面积减少 51 814.92hm^2，地形部位为平原低阶的耕地面积减少22 606.8hm^2，地形部位为丘陵下部的耕地面积减少 455.78hm^2，地形部位为丘陵中部的耕地面积增加 12 836.85hm^2，地形部位为丘陵上部的耕地面积增加 5 275.86hm^2，地形部位为山间盆地的耕地面积减少 7 869.64hm^2，地形部位为山地坡中的耕地面积增加 528.33hm^2，地形部位为山地坡下的耕地面积减少 13 669.99hm^2，地形部位为山前平原的耕地面积减少 30 050.93hm^2，地形部位为低平原的耕地面积减少 13 241.09hm^2，地形部位为河谷阶地的耕地面积减少 13 666.81hm^2，统计结果见表 2-295。

（7）质地构型　利用耕地质量等级图对质地构型栅格数据进行区域统计，马铃薯二作区七级地质地构型为通体壤、海绵型、紧实型、夹层型、上紧下松型、上松下紧型、松散型和薄层型。用行政区划图与耕地质量等级图叠加联合形成行政区划耕地质量等级综合图，对质地构型栅格数据进行区域统计，七级地中，2018 年通体壤面积较 2009 年减少6 618.20hm^2，海绵型面积减少 34 960.18hm^2，紧实型面积减少 12 219.14hm^2，夹层型面积减少7 789.45hm^2，上紧下松型面积减少 10 013.00hm^2，上松下紧型面积减少 8 146.12hm^2，松散型面积减少 60 835.49hm^2，薄层型面积增加 796.41hm^2，统计结果见表 2-296。

表 2-295　地形部位马铃薯二作区七级地行政区划分布（hm^2）

县市	宽谷盆地		平原中阶		平原低阶		丘陵下部		丘陵中部		丘陵上部		山间盆地		山地坡中		山地坡下		山前平原		低平原		河谷阶地	
	2009 年	2018 年	2009 年	2018 年	2009 年	2018 年	2009 年	2018 年	2009 年	2018 年	2009 年	2018 年	2009 年	2018 年	2009 年	2018 年	2009 年	2018 年	2009 年	2018 年	2009 年	2018 年	2009 年	2018 年
定兴县	—	—	—	—	—	—	—	—	—	—	—	—	1 320.62	—	—	—	—	—	—	—	5 551.68	—	—	—
阜平县	4 009.64	—	—	—	—	—	—	—	—	—	—	—	—	—	—	—	—	2 624.44	—	—	—	—	—	—
涞水县	—	607.82	—	—	—	—	—	—	—	320.63	—	—	6 122.11	—	—	607.98	—	—	—	—	—	—	—	—
蠡　县	—	—	267.91	—	—	—	—	—	—	—	—	—	—	—	—	—	—	—	—	—	7 689.41	—	—	—
清苑县	—	—	24 818.41	—	—	—	—	—	—	—	—	—	—	—	—	—	—	—	—	—	—	—	—	—
曲阳县	2 771	—	—	—	3 892.03	—	—	—	—	—	—	—	—	—	—	—	—	—	—	—	—	—	—	—
涿州市	—	—	5 807.51	—	—	—	—	—	—	—	—	—	426.91	—	—	—	—	—	—	—	—	—	—	—
武安市	—	—	—	—	1 369.41	—	4 605.05	—	—	10 432.56	—	—	—	—	—	—	6 830.37	—	—	—	—	—	—	—
饶阳县	—	—	22 383.04	—	—	—	—	—	—	—	—	—	—	—	—	—	—	—	—	—	—	—	—	—
昌黎县	—	—	—	—	—	—	—	—	—	—	—	—	—	—	—	—	—	—	2 975.95	—	—	—	—	—
抚宁县	—	158.43	—	—	—	—	6 825.12	6 690.21	—	35.62	—	—	—	—	—	—	460.68	—	5 832.3	—	—	—	—	—
青龙满族自治县	—	4 964.14	—	—	—	—	—	211.22	—	2 491.61	—	—	—	—	—	—	1 974.65	—	—	—	—	—	13 666.81	—
灵寿县	—	—	—	—	657.83	—	—	—	—	—	—	—	—	—	—	—	8 066.63	—	3 506.25	—	—	—	—	—
新乐市	—	—	—	—	—	—	—	—	—	—	—	—	—	—	—	—	—	—	1 127.32	—	—	—	—	—
玉田县	—	—	—	1 461.95	—	—	—	—	—	—	—	—	—	—	—	—	—	—	—	—	—	—	—	—
内丘县	—	—	—	—	153.71	—	—	72.96	443.57	—	436.23	—	—	—	—	—	—	1 401.92	11 201.2	—	—	—	—	—
邢台县	—	—	—	—	16 533.82	—	—	—	—	—	—	5 712.09	—	—	79.65	—	364.02	—	5 407.91	—	—	—	—	—
总计	6 780.64	5 730.39	53 276.87	1 461.95	22 606.8	—	11 430.17	6 974.39	443.57	13 280.42	436.23	5 712.09	7 869.64	—	79.65	607.98	17 696.35	4 026.36	30 050.93	—	13 241.09	—	13 666.81	—

表 2-296　质地构型马铃薯二作区七级地行政区划分布（hm^2）

县市	通体壤		海绵型		紧实型		夹层型		上紧下松型		上松下紧型		松散型		薄层型	
	2009 年	2018 年	2009 年	2018 年	2009 年	2018 年	2009 年	2018 年	2009 年	2018 年	2009 年	2018 年	2009 年	2018 年	2009 年	2018 年
定兴县	—	—	5 551.68	—	—	—	—	—	—	—	—	—	1 320.62	—	—	—
阜平县	—	—	—	—	—	512.50	—	—	—	—	—	—	4 009.64	1 717.71	—	394.23
涞水县	—	—	—	—	—	607.98	—	320.63	—	—	—	—	6 122.09	205.63	—	402.18
蠡　县	267.90	—	—	—	3 757.75	—	—	—	3 931.66	—	—	—	—	—	—	—
清苑县	5 418.67	—	19 399.75	—	—	—	—	—	—	—	—	—	—	—	—	—
曲阳县	—	—	3 892.03	—	—	—	—	—	—	—	—	—	2 771.00	—	—	—
涿州市	931.63	—	4 875.88	—	—	—	—	—	—	—	—	—	426.91	—	—	—
武安市	—	—	—	—	9 130.22	10 432.56	—	—	3 674.62	—	—	—	—	—	—	—
饶阳县	—	—	—	—	—	—	—	—	—	—	—	—	22 383.04	—	—	—
昌黎县	—	—	2 044.97	—	880.70	—	50.29	—	—	—	—	—	—	—	—	—
抚宁县	—	—	—	—	—	—	13 118.10	6 725.83	—	—	—	—	—	158.43	—	—
青龙满族自治县	—	—	—	—	—	653.95	675.83	—	—	—	—	1 837.64	14 965.63	5 175.37	—	—
灵寿县	—	—	657.82	—	9 166.15	—	—	—	2 406.72	—	—	—	—	—	—	—
新乐市	—	—	—	—	1 127.32	—	—	—	—	—	—	—	—	—	—	—
玉田县	—	—	—	1 461.95	—	—	—	—	—	—	—	—	—	—	—	—
内丘县	—	—	—	—	—	—	153.72	—	—	—	—	—	12 081.00	1 474.88	—	—
邢台县	—	—	—	—	364.01	—	837.97	—	—	—	15 695.85	5 712.09	5 487.56	—	—	—
总计	6 618.20	—	36 422.13	1 461.95	24 426.15	12 207.01	14 835.91	7 046.46	10 013.00	—	15 695.85	7 549.73	69 567.51	8 732.02	—	796.41

（8）*生物多样性*　利用耕地质量等级图对生物多样性栅格数据进行区域统计，马铃薯二作区七级地生物多样性处于“丰富”、“一般”和“不丰富”状态。用行政区划图与耕地质量等级图叠加联合形成行政区划耕地质量等级综合图，对生物多样性栅格数据进行区域统计，七级地中，2018 年处于“丰富”状态耕地面积较 2009 年增加 602.71hm^2，处于“一般”状态耕地面积减少 46 471.76hm^2，处于“不丰富”状态耕地面积减少 93 916.13hm^2，统计结果见表 2-297。

表 2-297　生物多样性马铃薯二作区七级地行政区划分布（hm^2）

县市	丰富		一般		不丰富	
	2009 年	2018 年	2009 年	2018 年	2009 年	2018 年
定兴县	—	—	1 320.62	—	5 551.68	—
阜平县	—	—	338.60	2 624.44	3 671.04	—
涞水县	—	—	3 752.37	320.63	2 369.73	1 215.79
蠡　县	—	—	6 074.79	—	1 882.52	—
清苑县	—	—	8 643.34	—	16 175.07	—
曲阳县	—	—	2 812.27	—	3 850.76	—
涿州市	—	—	4 398.68	—	1 835.73	—
武安市	—	—	6 467.22	10 432.56	6 337.61	—
饶阳县	—	—	508.62	—	21 874.43	—
昌黎县	—	—	1 139.14	—	1 836.81	—
抚宁县	—	—	6 797.45	6 725.83	6 320.65	158.44
青龙满族自治县	—	—	8 922.05	—	6 719.42	7 666.97
灵寿县	—	—	3 635.05	—	8 595.65	—
新乐市	—	—	1 127.32	—	—	—
玉田县	—	—	—	1 461.95	—	—
内丘县	—	602.71	6 547.82	872.16	5 686.92	—
邢台县	—	—	12 136.09	5 712.10	10 249.31	—
总计	—	602.71	74 621.43	28 149.67	102 957.33	9 041.20

（9）*农田林网化*　利用耕地质量等级图对农田林网化栅格数据进行区域统计，马铃薯二作区七级地农田林网化处于“高”、“中”和“低”状态。用行政区划图与耕地质量等级图叠加联合形成行政区划耕地质量等级综合图，对农田林网化栅格数据进行区域统计，七级地中，2018 年处于“高”状态耕地面积较 2009 年增加 390.30hm^2，处于“中”状态耕地面积减少25 168.86hm^2，处于“低”状态耕地面积减少 115 006.61hm^2，统计结果见表 2-298。

表 2-298　农田林网化马铃薯二作区七级地行政区划分布（hm^2）

县市	高		中		低	
	2009 年	2018 年	2009 年	2018 年	2009 年	2018 年
定兴县	—	—	—	—	6 872.30	—
阜平县	—	—	1 693.75	—	2 315.89	2 624.44
涞水县	—	—	3 044.69	1 536.42	3 077.41	—
蠡　县	—	—	1 838.70	—	6 118.62	—

（续）

县市	高		中		低	
	2009 年	2018 年	2009 年	2018 年	2009 年	2018 年
清苑县	—	—	3 592.07	—	21 226.35	—
曲阳县	—	—	2 717.89	—	3 945.13	—
涿州市	—	—	1 067.31	—	5 167.11	—
武安市	—	—	3 151.73	10 432.56	9 653.12	—
饶阳县	—	—	1 253.25	—	21 129.79	—
昌黎县	—	—	1 836.81	—	1 139.14	—
抚宁县	—	—	6 797.45	—	6 320.65	6 884.27
青龙满族自治县	—	—	6 076.41	3 453.12	9 565.05	4 213.85
灵寿县	—	—	2 845.39	—	9 385.31	—
新乐市	—	—	617.40	—	—	—
玉田县	—	—	—	1 461.95	—	—
内丘县	—	390.30	4 647.92	212.41	7 586.81	872.17
邢台县	—	—	6 796.64	5 712.09	15 588.76	—
总计	—	390.30	47 977.41	22 808.55	129 601.34	14 594.73

（10）清洁程度　利用耕地质量等级图对清洁程度栅格数据进行区域统计，马铃薯二作区七级地清洁程度处于“清洁”状态。用行政区划图与耕地质量等级图叠加联合形成行政区划耕地质量等级综合图，对清洁程度栅格数据进行区域统计，七级地中，2018 年处于“清洁”状态耕地面积较 2009 年减少 139 785.17hm^2，统计结果见表 2-299。

表 2-299　清洁程度马铃薯二作区七级地行政区划分布（hm^2）

县市	清洁	
	2009 年	2018 年
定兴县	6 872.30	—
阜平县	4 009.64	2 624.44
涞水县	6 122.10	1 536.42
蠡　县	7 957.32	—
清苑县	24 818.41	—
曲阳县	6 663.03	—
涿州市	6 234.42	—
武安市	12 804.83	10 432.56
饶阳县	22 383.04	—
昌黎县	2 975.95	—
抚宁县	13 118.10	6 884.27
青龙满族自治县	15 641.46	7 666.97
灵寿县	12 230.70	—
新乐市	1 127.32	—
玉田县	—	1 461.95

（续）

县市	清洁	
	2009年	2018年
内丘县	12 234.72	1 474.88
邢台县	22 385.41	5 712.09
总计	177 578.75	37 793.58

（11）盐渍化程度　利用耕地质量等级图对盐渍化程度栅格数据进行区域统计，马铃薯二作区七级地盐渍化程度为无、轻度和中度。用行政区划图与耕地质量等级图叠加联合形成行政区划耕地质量等级综合图，对盐渍化程度栅格数据进行区域统计，七级地中，2018年无盐渍化耕地面积较2009年减少60 354.59hm^2，轻度盐渍化耕地面积减少55 361.89hm^2，中度盐渍化耕地面积减少24 068.69hm^2，统计结果见表2-300。

表2-300　盐渍化程度马铃薯二作区七级地行政区划分布（hm^2）

县市	无		轻度		中度	
	2009年	2018年	2009年	2018年	2009年	2018年
定兴县	3 073.27	—	—	—	3 799.04	—
阜平县	3 843.10	2 624.44	—	—	166.53	—
涞水县	6 094.72	1 536.42	—	—	27.38	—
蠡　县	3 665.82	—	—	—	4 291.49	—
清苑县	8 143.91	—	14 959.33	—	1 715.17	—
曲阳县	5 924.58	—	—	—	738.45	—
涿州市	2 509.14	—	2 561.45	—	1 163.83	—
武安市	4 349.22	10 432.56	8 455.61	—	—	—
饶阳县	7 866.80	—	14 505.67	—	10.57	—
昌黎县	815.77	—	2 160.18	—	—	—
抚宁县	4 659.97	6 884.27	8 458.13	—	—	—
青龙满族自治县	15 641.46	7 666.97	—	—	—	—
灵寿县	6 896.67	—	4 261.52	—	1 072.52	—
新乐市	—	—	—	—	1 127.32	—
玉田县	—	1 461.95	—	—	—	—
内丘县	8 610.13	1 474.88	—	—	3 624.59	—
邢台县	16 053.59	5 712.09	—	—	6 331.80	—
总计	98 148.17	37 793.58	55 361.89	—	24 068.69	—

（12）地下水埋深　利用耕地质量等级图对地下水埋深栅格数据进行区域统计，马铃薯二作区七级地地下水埋深处于"≥300cm"、"200～300cm"和"<200cm"状态。用行政区划图与耕地质量等级图叠加联合形成行政区划耕地质量等级综合图，对地下水埋深栅格数据进行区域统计，七级地中，2018年处于"≥300cm"状态耕地面积较2009年减少124 293.92hm^2，处于"200～300cm"状态耕地面积减少160 475.49hm^2，处于"<200cm"状态耕地面积减少6 077.40hm^2，统计结果见表2-301。

表 2-301 地下水埋深马铃薯二作区七级地行政区划分布（hm^2）

县市	≥300cm		200～300cm		<200cm	
	2009 年	2018 年	2009 年	2018 年	2009 年	2018 年
定兴县	6 872.30	—	6 872.30	—	—	—
阜平县	4 009.64	2 624.44	4 009.64	—	—	—
涞水县	6 122.10	1 536.42	6 122.10	—	—	—
蠡　县	267.90	—	267.90	—	7 689.41	—
清苑县	24 818.41	—	24 818.41	—	—	—
曲阳县	6 663.03	—	6 663.03	—	—	—
涿州市	6 234.42	—	6 234.42	—	—	—
武安市	12 804.83	10 432.56	12 804.83	—	—	—
饶阳县	16 995.19	—	16 995.19	—	—	—
昌黎县	930.99	—	930.99	—	—	—
抚宁县	13 118.10	6 884.27	13 118.10	—	—	—
青龙满族自治县	15 641.46	7 666.97	15 641.46	—	—	—
灵寿县	12 230.70	—	12 230.70	—	—	—
新乐市	1 127.32	—	1 127.32	—	—	—
玉田县	—	—	—	—	—	1 461.95
内丘县	10 253.69	1 324.82	10 253.69	—	—	150.06
邢台县	22 385.41	5 712.09	22 385.41	—	—	—
总计	160 475.49	36 181.57	160 475.49	—	7 689.41	1 612.01

（13）*耕层厚度*　利用耕地质量等级图对耕层厚度栅格数据进行区域统计，马铃薯二作区七级地耕层厚度为≥20cm、15～20cm 和<15cm。用行政区划图与耕地质量等级图叠加联合形成行政区划耕地质量等级综合图，对耕层厚度栅格数据进行区域统计，七级地中，2018 年耕层厚度≥20cm 的耕地面积较 2009 年减少 54 769.82hm^2，耕层厚度为 15～20cm 的耕地面积减少 65 278.98hm^2，耕层厚度<15cm 耕地面积减少 19 736.78hm^2，统计结果见表 2-302。

表 2-302 耕层厚度马铃薯二作区七级地行政区划分布（hm^2）

县市	≥20cm		15～20cm		<15cm	
	2009 年	2018 年	2009 年	2018 年	2009 年	2018 年
定兴县	5 119.66	—	1 752.64	—	—	—
阜平县	634.93	2 624.44	3 374.71	—	—	—
涞水县	5 599.03	1 353.77	523.07	182.65	—	—
蠡　县	3 808.95	—	4 148.36	—	—	—
清苑县	—	—	24 818.41	—	—	—
曲阳县	—	—	2 771.00	—	3 892.03	—
涿州市	1 998.93	—	4 235.49	—	—	—
武安市	—	—	4 766.43	6 869.02	8 038.40	3 563.54
饶阳县	16 406.43	—	5 976.61	—	—	—
昌黎县	880.70	—	2 095.26	—	—	—

（续）

县市	≥20cm		15～20cm		<15cm	
	2009 年	2018 年	2009 年	2018 年	2009 年	2018 年
抚宁县	13 118.10	158.43	—	6 690.21	—	35.62
青龙满族自治县	5 935.94	4 351.99	—	3 314.98	9 705.53	—
灵寿县	981.70	—	10 591.17	—	657.83	—
新乐市	—	—	1 127.32	—	—	—
玉田县	—	—	—	1 461.95	—	—
内丘县	6 176.97	1 474.88	5 380.03	—	677.74	—
邢台县	9 784.09	5 712.08	12 237.29	—	364.01	—
总计	70 445.43	15 675.61	83 797.79	18 518.81	23 335.54	3 599.16

（14）土壤有机质含量　利用耕地质量等级图对土壤有机质含量栅格数据进行区域统计，二作区七级地 2009 年土壤有机质含量为 15.91g/kg，2018 年为 16.69g/kg。用行政区划图与耕地质量等级图叠加联合形成行政区划耕地质量等级综合图，对土壤有机质含量栅格数据进行区域统计，七级地中，2009 年土壤有机质含量变化幅度在 9.6～24.7g/kg 之间，2018 年在 10.7～26.3g/kg 之间，2009—2018 年土壤有机质含量平均值增加 0.78g/kg，统计结果见表 2-303。

表 2-303　土壤有机质含量马铃薯二作区七级地行政区划分布（g/kg）

县市	最大值		最小值		平均值	
	2009 年	2018 年	2009 年	2018 年	2009 年	2018 年
定兴县	18.2	—	13.8	—	16.24	—
阜平县	24.7	21.6	18.2	16.0	22.05	19.17
涞水县	23.7	26.3	12.8	18.7	15.39	24.00
蠡　县	17.2	—	9.6	—	12.53	—
清苑县	16.4	—	13.0	—	14.83	—
曲阳县	19.5	—	13.1	—	16.10	—
涿州市	16.7	—	13.5	—	15.19	—
武安市	24.0	23.1	12.2	18.0	18.81	19.41
饶阳县	17.4	—	13.0	—	15.40	—
昌黎县	20.6	—	13.2	—	14.95	—
抚宁县	15.7	15.3	13.3	13.0	14.59	14.12
青龙满族自治县	16.0	14.5	11.1	10.8	13.59	12.89
灵寿县	20.0	—	14.9	—	17.31	—
新乐市	15.7	—	14.5	—	15.10	—
玉田县	—	23.0	—	19.4	—	21.20
内丘县	17.0	19.5	11.6	10.7	15.31	15.53
邢台县	23.2	21.7	13.7	15.9	15.55	19.59
总计	24.7	26.3	9.6	10.7	15.91	16.69

（15）土壤有效磷含量　利用耕地质量等级图对土壤有效磷含量栅格数据进行区域统计，二作区七级地 2009 年土壤有效磷含量为 24.71mg/kg，2018 年为 30.05mg/kg。用行政区划

图与耕地质量等级图叠加联合形成行政区划耕地质量等级综合图，对土壤有效磷含量栅格数据进行区域统计得知，七级地中，2009 年土壤有效磷含量变化幅度在 10.90～63.7mg/kg 之间，2018 年在 9.3～46.8mg/kg 之间，2009—2018 年土壤有效磷含量平均值增加 5.34mg/kg，统计结果见表 2-304。

表 2-304　土壤有效磷含量马铃薯二作区七级地行政区划分布（mg/kg）

县市	最大值		最小值		平均值	
	2009 年	2018 年	2009 年	2018 年	2009 年	2018 年
定兴县	22.2	—	14.0	—	16.40	—
阜平县	45.4	46.8	12.9	23.3	29.35	41.47
涞水县	62.6	27.8	15.5	9.3	36.31	20.99
蠡　县	39.4	—	15.6	—	32.23	—
清苑县	40.5	—	18.0	—	26.86	—
曲阳县	21.6	—	13.0	—	15.28	—
涿州市	26.7	—	13.1	—	19.86	—
武安市	29.7	17.2	11.9	13.5	21.49	15.78
饶阳县	34.5	—	21.0	—	24.85	—
昌黎县	63.7	—	28.2	—	53.16	—
抚宁县	37.7	42.4	11.6	34.5	19.17	38.74
青龙满族自治县	26.7	39.5	17.4	24.3	22.66	30.55
灵寿县	46.8	—	19.1	—	39.78	—
新乐市	31.0	—	28.8	—	29.90	—
玉田县	—	40.6	—	39.3	—	39.95
内丘县	24.6	33.7	13.0	10.8	18.88	19.19
邢台县	26.5	45.2	10.9	12.0	17.64	23.41
总计	63.7	46.8	10.9	9.3	24.71	30.05

（16）土壤速效钾含量　利用耕地质量等级图对土壤速效钾含量栅格数据进行区域统计，二作区七级地 2009 年土壤速效钾含量为 100.25mg/kg，2018 年为 106.04mg/kg。用行政区划图与耕地质量等级图叠加联合形成行政区划耕地质量等级综合图，对土壤速效钾含量栅格数据进行区域统计，七级地中，2009 年土壤速效钾含量变化幅度在 53～173mg/kg 之间，2018 年在 66～196mg/kg 之间，2009—2018 年土壤速效钾含量平均值增加 5.79mg/kg，统计结果见表 2-305。

表 2-305　土壤速效钾含量马铃薯二作区七级地行政区划分布（mg/kg）

县市	最大值		最小值		平均值	
	2009 年	2018 年	2009 年	2018 年	2009 年	2018 年
定兴县	87	—	67	—	76.60	—
阜平县	95	111	59	66	74.50	86.58
涞水县	160	151	66	97	91.48	133.00
蠡　县	145	—	93	—	124.04	—

（续）

县市	最大值		最小值		平均值	
	2009 年	2018 年	2009 年	2018 年	2009 年	2018 年
清苑县	141	—	88	—	119.16	—
曲阳县	91	—	68	—	83.36	—
涿州市	124	—	69	—	75.82	—
武安市	173	140	112	129	143.85	135.58
饶阳县	173	—	89	—	120.30	—
昌黎县	157	—	81	—	109.00	—
抚宁县	109	115	70	76	84.70	104.67
青龙满族自治县	124	94	76	68	101.98	75.31
灵寿县	118	—	80	—	99.05	—
新乐市	78	—	72	—	75.00	—
玉田县	—	193	—	69	—	131.00
内丘县	107	163	53	66	79.49	127.53
邢台县	152	196	78	116	107.69	130.57
总计	173	196	53	66	100.25	106.04

（17）土壤 pH　利用耕地质量等级图对土壤 pH 栅格数据进行区域统计，二作区七级地 2009 年土壤 pH 为 7.42，2018 年为 7.03。用行政区划图与耕地质量等级图叠加联合形成行政区划耕地质量等级综合图，对土壤 pH 栅格数据进行区域统计，七级地中，2009 年土壤 pH 变化幅度在 5.0～8.6 之间，2018 年在 5.4～8.5 之间，自 2018 年到 2009 年土壤 pH 平均值减少 0.39，统计结果见表 2-306。

表 2-306　土壤 pH 马铃薯二作区七级地行政区划分布

县市	最大值		最小值		平均值	
	2009 年	2018 年	2009 年	2018 年	2009 年	2018 年
定兴县	8.2	—	5.7	—	7.54	—
阜平县	7.9	8.0	6.9	7.4	7.20	7.75
涞水县	8.0	8.1	6.8	7.9	7.73	7.95
蠡　县	8.3	—	7.7	—	7.93	—
清苑县	8.5	—	7.9	—	8.37	—
曲阳县	8.1	—	7	—	7.66	—
涿州市	8.6	—	8	—	8.08	—
武安市	7.8	8.5	7.3	8.3	7.47	8.44
饶阳县	8.0	—	7.8	—	7.96	—
昌黎县	7.2	—	5	—	5.95	—
抚宁县	7.3	6.9	5.6	5.7	6.38	6.32
青龙满族自治县	7.9	6.7	6	5.4	6.78	6.04
灵寿县	8.4	—	7.2	—	7.93	—
新乐市	7.7	—	7.4	—	7.55	—

（续）

县市	最大值		最小值		平均值	
	2009 年	2018 年	2009 年	2018 年	2009 年	2018 年
玉田县	—	7.9	—	7.7	—	7.80
内丘县	8.4	8.3	6.7	5.7	8.07	7.89
邢台县	7.9	8.1	6.7	6.8	7.40	7.44
总计	8.6	8.5	5.0	5.4	7.42	7.03

（18）土壤容重　利用耕地质量等级图对土壤容重栅格数据进行区域统计，二作区七级地 2009 年土壤容重为 1.46g/cm³，2018 年为 1.48g/cm³。用行政区划图与耕地质量等级图叠加联合形成行政区划耕地质量等级综合图，对土壤容重栅格数据进行区域统计，七级地中，2009 年土壤容重变化幅度在 1.15～1.63g/cm³ 之间，2018 年在 1.25～1.61g/cm³ 之间，2009—2018 年土壤容重平均值增加 0.02g/cm³，统计结果见表 2-307。

表 2-307　土壤容重马铃薯二作区七级地行政区划分布（g/cm³）

县市	最大值		最小值		平均值	
	2009 年	2018 年	2009 年	2018 年	2009 年	2018 年
定兴县	1.57	—	1.40	—	1.46	—
阜平县	1.51	1.49	1.22	1.36	1.39	1.41
涞水县	1.54	1.39	1.19	1.27	1.30	1.29
蠡　县	1.50	—	1.15	—	1.23	—
清苑县	1.45	—	1.19	—	1.37	—
曲阳县	1.57	—	1.41	—	1.51	—
涿州市	1.52	—	1.27	—	1.40	—
武安市	1.49	1.50	1.24	1.47	1.41	1.49
饶阳县	1.54	—	1.22	—	1.46	—
昌黎县	1.52	—	1.41	—	1.45	—
抚宁县	1.57	1.56	1.51	1.52	1.56	1.54
青龙满族自治县	1.56	1.60	1.48	1.44	1.53	1.51
灵寿县	1.58	—	1.41	—	1.51	—
新乐市	1.53	—	1.52	—	1.53	—
玉田县	—	1.51	—	1.48	—	1.50
内丘县	1.58	1.61	1.49	1.52	1.54	1.58
邢台县	1.63	1.61	1.20	1.25	1.40	1.46
总计	1.63	1.61	1.15	1.25	1.46	1.48

（七）八级地耕地质量特征

1. 空间分布　2009 年八级地在马铃薯二作区面积 76 567.70hm²，占耕地总面积的 9.88%，2018 年，面积为 32 064.76hm²，占耕地总面积的 4.41%，八级地面积逐渐减少。八级地在马铃薯二作区各县市的具体分布见表 2-308，2009—2018 年，阜平县、涞水县、清苑县、曲阳县、涿州市、武安市、饶阳县、昌黎县、灵寿县、内丘县、邢台县八级地面积逐渐减少到 0；抚宁县、青龙满族自治县面积逐渐增加，其中抚宁县面积增加最多为 11 597.26hm^2，其次是青龙满族自治县增加 5 261.12hm^2。

表 2-308　八级地在马铃薯二作区各县市的面积与分布

地区	2009 年		2018 年	
	面积（hm^2）	占八级地面积（%）	面积（hm^2）	占八级地面积（%）
阜平县	1 231.07	1.61	984.37	3.07
涞水县	12 008.87	15.68	1 372.54	4.28
清苑县	3 337.36	4.36	—	—
曲阳县	14 958.68	19.54	—	—
涿州市	3 715.95	4.85	—	—
武安市	16 713.27	21.83	—	—
饶阳县	4 656.86	6.08	—	—
昌黎县	810.45	1.06	—	—
抚宁县	5 377.49	7.02	16 974.75	52.94
青龙满族自治县	7 471.98	9.76	12 733.10	39.71
灵寿县	4 513.98	5.90	—	—
内丘县	1 093.38	1.43	—	—
邢台县	678.36	0.88	—	—
总计	76 567.70	100.00	32 064.76	100.00

2. 属性特征

（1）排水能力　利用耕地质量等级图对排水能力栅格数据进行区域统计，马铃薯二作区八级地排水能力处于“充分满足”、“满足”、“基本满足”和“不满足”状态。用行政区划图与耕地质量等级图叠加联合形成行政区划耕地质量等级综合图，对排水能力栅格数据进行区域统计，八级地中，2018 年处于“充分满足”状态耕地面积较 2009 年增加 1 881.93hm^2，处于“满足”状态的耕地面积减少 8 445.59hm^2，处于“基本满足”状态耕地面积增加 14 190.43hm^2，处于“不满足”状态耕地面积减少 52 129.70hm^2，统计结果见表 2-309。

表 2-309　排水能力马铃薯二作区八级地行政区划分布（hm^2）

县市	充分满足		满足		基本满足		不满足	
	2009 年	2018 年	2009 年	2018 年	2009 年	2018 年	2009 年	2018 年
阜平县	—	984.37	317.02	—	97.57	—	816.47	—
涞水县	—	1 372.54	—	—	1 177.79	—	10 831.07	—
清苑县	—	—	—	—	—	—	3 337.36	—
曲阳县	—	—	—	—	—	—	14 958.68	—
涿州市	—	—	—	—	1 996.05	—	1 719.90	—
武安市	—	—	1 956.08	—	7 362.81	—	7 394.37	—
饶阳县	—	—	—	—	—	—	4 656.86	—
昌黎县	—	—	—	—	535.30	—	275.15	—

（续）

县市	充分满足		满足		基本满足		不满足	
	2009 年	2018 年	2009 年	2018 年	2009 年	2018 年	2009 年	2018 年
抚宁县	—	—	259.77	175.02	141.50	16 799.72	4 976.22	—
青龙满族自治县	—	—	2 649.70	—	1 765.15	12 097.41	3 057.13	635.69
灵寿县	—	—	3 164.19	—	705.21	—	644.59	—
内丘县	—	—	168.06	—	925.32	—	—	—
邢台县	474.98	—	105.79	—	—	—	97.59	—
总计	474.98	2 356.91	8 620.61	175.02	14 706.70	28 897.13	52 765.39	635.69

（2）*灌溉能力* 利用耕地质量等级图对灌溉能力栅格数据进行区域统计，马铃薯二作区八级地灌溉能力处于“基本满足”和“不满足”状态。用行政区划图与耕地质量等级图叠加联合形成行政区划耕地质量等级综合图，对灌溉能力栅格数据进行区域统计，八级地中，2018 年处于“基本满足”状态耕地面积较 2009 年减少 5 258.50hm^2，处于“不满足”状态耕地面积减少 39 244.44hm^2，统计结果见表 2-310。

表 2-310 灌溉能力马铃薯二作区八级地行政区划分布（hm^2）

县市	基本满足		不满足	
	2009 年	2018 年	2009 年	2018 年
阜平县	—	—	1 231.07	984.37
涞水县	242.06	—	11 766.81	1 372.54
清苑县	—	—	3 337.36	—
曲阳县	—	—	14 958.68	—
涿州市	—	—	3 715.95	—
武安市	3 085.42	—	13 627.85	—
饶阳县	—	—	4 656.86	—
昌黎县	—	—	810.45	—
抚宁县	815.22	—	4 562.27	16 974.75
青龙满族自治县	190.48	—	7 281.50	12 733.10
灵寿县	—	—	4 513.98	—
内丘县	925.32	—	168.06	—
邢台县	—	—	678.36	—
总计	5 258.50	—	71 309.20	32 064.76

（3）*有效土层厚度* 利用耕地质量等级图对有效土层厚度栅格数据进行区域统计，马铃薯二作区八级地有效土层厚度处于“<30cm”、“30～60cm”、“60～100cm”和“≥100cm”状态。用行政区划图与耕地质量等级图叠加联合形成行政区划耕地质量等级综合图，对有效土层厚度栅格数据进行区域统计，八级地中，2018 年处于“<30cm”状态耕地面积较 2009 年减少 908.05hm^2，处于“30～60cm”状态耕地面积减少 17 317.33hm^2，处于“60～100cm”状态耕地面积减少 20 143.43hm^2，处于“≥100cm”状态耕地面积减少

6 134.13hm²，统计结果见表 2-311。

表 2-311　有效土层厚度马铃薯二作区八级地行政区划分布（hm²）

县市	<30cm		30～60cm		60～100cm		≥100cm	
	2009 年	2018 年	2009 年	2018 年	2009 年	2018 年	2009 年	2018 年
阜平县	—	—	1 231.07	475.83	—	508.54	—	—
涞水县	—	—	4 708.16	1 372.54	7 300.7	—	—	—
清苑县	—	—	—	—	—	—	3 337.36	—
曲阳县	—	—	14 958.68	—	—	—	—	—
涿州市	—	—	22.17	—	1 996.05	—	1 697.73	—
武安市	—	—	3 988.74	—	11 745.38	—	979.14	—
饶阳县	—	—	—	—	—	—	4 656.86	—
昌黎县	810.46	—	—	—	—	—	—	—
抚宁县	—	—	5 377.49	14 695.34	—	—	—	2 279.41
青龙满族自治县	—	—	7 471.98	7 945.32	—	2 530.23	—	2 257.55
灵寿县	—	—	2 373.91	—	2 140.07	—	—	—
内丘县	—	—	1 093.38	—	—	—	—	—
邢台县	97.59	—	580.78	—	—	—	—	—
总计	908.05	—	41 806.36	24 489.03	23 182.20	3 038.77	10 671.09	4 536.96

（4）*障碍因素*　利用耕地质量等级图对障碍因素栅格数据进行区域统计，马铃薯二作区八级地部分耕地无明显障碍，部分耕地存在障碍层次和砂姜层。用行政区划图与耕地质量等级图叠加联合形成行政区划耕地质量等级综合图，对障碍因素栅格数据进行区域统计，八级地中，2018 年无明显障碍耕地面积较 2009 年增加 295.83hm²，存在障碍层次的耕地面积减少 56 472.91hm²，存在砂姜层的耕地面积增加 11 674.12hm²，统计结果见表 2-312。

表 2-312　障碍因素马铃薯二作区八级地行政区划分布（hm²）

县市	无障碍层		障碍层次		砂姜层	
	2009 年	2018 年	2009 年	2018 年	2009 年	2018 年
阜平县	605.20	508.54	625.87	—	—	475.83
涞水县	5 272.88	—	6 735.99	—	—	1 372.54
清苑县	2 787.28	—	550.08	—	—	—
曲阳县	—	—	14 958.68	—	—	—
涿州市	1 027.61	—	2 688.34	—	—	—
武安市	1 182.10	—	15 531.17	—	—	—
饶阳县	293.30	—	4 363.57	—	—	—
昌黎县	—	—	810.45	—	—	—
抚宁县	—	14 695.34	5 377.49	—	—	2 279.41
青龙满族自治县	5 851.29	5 186.76	1 620.69	—	—	7 546.34
灵寿县	2 149.83	—	2 364.15	—	—	—
内丘县	925.32	—	168.06	—	—	—

（续）

县市	无障碍层		障碍层次		砂姜层	
	2009 年	2018 年	2009 年	2018 年	2009 年	2018 年
邢台县	—	—	678.36	—	—	—
总计	20 094.81	20 390.64	56 472.90	—	—	11 674.12

（5）*耕层质地* 利用耕地质量等级图对耕层质地栅格数据进行区域统计，马铃薯二作区八级地耕层质地为轻壤、砂壤、中壤和重壤态。用行政区划图与耕地质量等级图叠加联合形成行政区划耕地质量等级综合图，对耕层质地栅格数据进行区域统计，八级地中，2018 年轻壤面积较 2009 年减少 39 257.90hm^2，砂壤面积减少 3 185.09hm^2，中壤面积增加 448.40hm^2，重壤面积减少 2 508.35hm^2，统计结果见表 2-313。

表 2-313 耕层质地马铃薯二作区八级地行政区划分布（hm^2）

县市	轻壤		砂壤		中壤		重壤	
	2009 年	2018 年	2009 年	2018 年	2009 年	2018 年	2009 年	2018 年
阜平县	922.22	556.12	308.85	428.25	—	—	—	—
涞水县	8 424.56	1 235.82	2 323.02	136.72	—	—	1 261.29	—
清苑县	550.08	—	2 787.28	—	—	—	—	—
曲阳县	14 958.68	—	—	—	—	—	—	—
涿州市	743.80	—	2 972.15	—	—	—	—	—
武安市	14 534.43	—	2 178.83	—	—	—	—	—
饶阳县	616.43	—	2 879.53	—	—	—	1 160.91	—
昌黎县	810.45	—	—	—	—	—	—	—
抚宁县	1 912.74	3 245.42	3 464.75	13 729.32	—	—	—	—
青龙满族自治县	6 907.01	12 284.71	564.97	—	—	448.40	—	—
灵寿县	4 513.98	—	—	—	—	—	—	—
内丘县	1 007.23	—	—	—	—	—	86.15	—
邢台县	678.36	—	—	—	—	—	—	—
总计	56 579.97	17 322.07	17 479.38	14 294.29	—	448.40	2 508.35	—

（6）*地形部位* 利用耕地质量等级图对地形部位栅格数据进行区域统计，马铃薯二作区八级地地形部位为宽谷盆地、平原中阶、平原低阶、丘陵下部、丘陵中部、丘陵上部、山间盆地、山地坡中、山地坡下、山前平原和河谷阶地。用行政区划图与耕地质量等级图叠加联合形成行政区划耕地质量等级综合图，对地形部位栅格数据进行区域统计，八级地中，2018 年地形部位为宽谷盆地的耕地面积较 2009 年减少 14 482.99hm^2，地形部位为平原中阶的耕地面积减少 2 508.35hm^2，地形部位为平原低阶的耕地面积减少 17 479.38hm^2，地形部位为丘陵下部的耕地面积减少 2 179.42hm^2，地形部位为丘陵中部的耕地面积增加 10 173.94hm^2，地形部位为丘陵上部的耕地面积减少 54 812.59hm^2，地形部位为山间盆地的耕地面积减少 17 479.38hm^2，地形部位为山地坡中的耕地面积减少 56 579.97m^2，地形部位为山地坡下的耕地面积减少 681.26hm^2，地形部位为山前平原的耕地面积减少2 508.35hm^2，地形部位为河谷阶地的耕地面积减少 56 579.97hm^2，统计结果见表 2-314。

表 2-314　地形部位马铃薯二作区八级地行政区划分布（hm²）

县市	宽谷盆地		平原中阶		平原低阶		丘陵下部		丘陵中部		丘陵上部		山间盆地		山地坡中		山地坡下		山前平原		河谷阶地	
	2009 年	2018 年	2009 年	2018 年	2009 年	2018 年	2009 年	2018 年	2009 年	2018 年	2009 年	2018 年	2009 年	2018 年	2009 年	2018 年	2009 年	2018 年	2009 年	2018 年	2009 年	2018 年
阜平县	308.85	—	—	—	308.85	—	308.85	—	—	—	922.22	—	308.85	—	922.22	—	—	984.37	—	—	922.22	—
涞水县	2 323.02	136.72	1 261.29	—	2 323.02	—	2 323.02	—	—	1 235.82	8 424.56	—	2 323.02	—	8 424.56	—	1 261.29	0	1 261.29	—	8 424.56	—
清苑县	2 787.28	—	—	—	2 787.28	—	2 787.28	—	—	—	550.08	—	2 787.28	—	550.08	—	—	—	—	—	550.08	—
曲阳县	—	—	—	—	—	—	—	—	—	—	14 958.68	—	—	—	14 958.68	—	—	—	—	—	14 958.68	—
涿州市	2 972.15	—	—	—	2 972.15	—	2 972.15	—	—	—	743.8	—	2 972.15	—	743.8	—	—	—	—	—	743.8	—
武安市	2 178.83	—	—	—	2 178.83	—	2 178.83	—	—	—	14 534.43	—	2 178.83	—	14 534.43	—	—	—	—	—	14 534.43	—
饶阳县	2 879.53	—	1 160.91	—	2 879.53	—	2 879.53	—	—	—	616.43	—	2 879.53	—	616.43	—	1 160.91	—	1 160.91	—	616.43	—
昌黎县	—	—	—	—	—	—	—	—	—	—	810.45	—	—	—	810.45	—	—	—	—	—	810.45	—
抚宁县	3 464.75	175.02	—	—	3 464.75	—	3 464.75	12 998.01	—	3 801.72	1 912.74	—	3 464.75	—	1 912.74	—	—	—	—	—	1 912.74	—
青龙满族自治县	564.97	2 684.65	—	—	564.97	—	564.97	2 301.95	—	5 136.4	6 907.01	1 767.38	564.97	—	6 907.01	—	—	842.72	—	—	6 907.01	—
灵寿县	—	—	—	—	—	—	—	—	—	—	4 513.98	—	—	—	4 513.98	—	—	—	—	—	4 513.98	—
内丘县	—	—	86.15	—	—	—	—	—	—	—	1 007.23	—	—	—	1 007.23	—	86.15	—	86.15	—	1 007.23	—
邢台县	—	—	—	—	—	—	—	—	—	—	678.36	—	—	—	678.36	—	—	—	—	—	678.36	—
总计	17 479.38	2 996.39	2 508.35	—	17 479.38	—	17 479.38	15 299.96	—	10 173.94	56 579.97	1 767.38	17 479.38	—	56 579.97	—	2 508.35	1 827.09	2 508.35	—	56 579.97	—

(7) 质地构型　利用耕地质量等级图对质地构型栅格数据进行区域统计，马铃薯二作区八级地质地构型为海绵型、紧实型、夹层型、上紧下松型、上松下紧型、松散型和薄层型。用行政区划图与耕地质量等级图叠加联合形成行政区划耕地质量等级综合图，对质地构型栅格数据进行区域统计，八级地中，2018 年海绵型面积较 2009 年减少22 800.27hm^2，紧实型面积减少 14 324.32hm^2，夹层型面积增加 9 507.56hm^2，上紧下松型面积增加 1 039.25hm^2，上松下紧型面积增加 434.27hm^2，松散型面积减少 20 315.01hm^2，薄层型面积增加 1 955.58hm^2，统计结果见表 2-315。

表 2-315　质地构型马铃薯二作区八级地行政区划分布（hm^2）

县市	海绵型		紧实型		夹层型		上紧下松型		上松下紧型		松散型		薄层型	
	2009 年	2018 年	2009 年	2018 年	2009 年	2018 年	2009 年	2018 年	2009 年	2018 年	2009 年	2018 年	2009 年	2018 年
阜平县	—	—	—	169.61	—	—	—	—	—	—	1 231.07	814.76	—	—
涞水县	—	—	—	—	—	—	—	—	—	—	12 008.87	—	—	1 372.54
清苑县	3 337.36	—	—	—	—	—	—	—	—	—	—	—	—	—
曲阳县	14 958.68	—	—	—	—	—	—	—	—	—	—	—	—	—
涿州市	3 693.78	—	—	—	—	—	—	—	—	—	22.17	—	—	—
武安市	—	—	12 988.59	—	—	—	3 724.68	—	—	—	—	—	—	—
饶阳县	—	—	—	—	—	—	—	—	—	—	4 656.86	—	—	—
昌黎县	810.45	—	—	—	—	—	—	—	—	—	—	—	—	—
抚宁县	—	—	—	—	5 377.49	14 520.32	—	2 279.41	—	—	—	175.02	—	—
青龙满族自治县	—	—	—	1 807.47	—	462.32	—	3 563.16	—	434.27	7 471.98	5 882.84	—	583.04
灵寿县	—	—	2 837.83	—	—	—	1 078.64	—	—	—	597.51	—	—	—
内丘县	—	—	—	—	—	—	—	—	—	—	1 093.38	—	—	—
邢台县	—	—	474.98	—	97.59	—	—	—	—	—	105.79	—	—	—
总计	22 800.27	—	16 301.40	1 977.08	5 475.08	14 982.64	4 803.32	5 842.57	—	434.27	27 187.63	6 872.62	—	1 955.58

(8) 生物多样性　利用耕地质量等级图对生物多样性栅格数据进行区域统计，马铃薯二作区八级地生物多样性处于"一般"和"不丰富"状态。用行政区划图与耕地质量等级图叠加联合形成行政区划耕地质量等级综合图，对生物多样性栅格数据进行区域统计，八级地中，2018 年处于"一般"状态耕地面积较 2009 年减少 28 265.27hm^2，处于"不丰富"状态耕地面积减少 16 237.67hm^2，统计结果见表 2-316。

表 2-316　生物多样性马铃薯二作区八级地行政区划分布（hm^2）

县市	一般		不丰富	
	2009 年	2018 年	2009 年	2018 年
阜平县	147.93	984.37	1 083.14	—
涞水县	8 591.04	—	3 417.82	1 372.54
清苑县	—	—	3 337.36	—
曲阳县	11 087.59	—	3 871.09	—
涿州市	3 442.40	—	273.55	—

（续）

县市	一般		不丰富	
	2009 年	2018 年	2009 年	2018 年
武安市	4 960.49	—	11 752.77	—
饶阳县	4 364.52	—	292.34	—
昌黎县	275.15	—	535.30	—
抚宁县	4 976.22	14 520.32	401.27	2 454.43
青龙满族自治县	4 426.71	—	3 045.27	12 733.10
灵寿县	—	—	4 513.98	—
内丘县	925.33	—	168.06	—
邢台县	572.58	—	105.79	—
总计	43 769.96	15 504.69	32 797.74	16 560.07

（9）农田林网化　利用耕地质量等级图对农田林网化栅格数据进行区域统计，马铃薯二作区八级地农田林网化处于“中”和“低”状态。用行政区划图与耕地质量等级图叠加联合形成行政区划耕地质量等级综合图，对农田林网化栅格数据进行区域统计，八级地中，2018 年处于“中”状态耕地面积较 2009 年减少 28 316.74hm^2，处于“低”状态耕地面积减少 16 186.23hm^2，统计结果见表 2-317。

表 2-317　农田林网化马铃薯二作区八级地行政区划分布（hm^2）

县市	中		低	
	2009 年	2018 年	2009 年	2018 年
阜平县	259.04	—	972.03	984.37
涞水县	984.06	1 372.54	11 024.81	—
清苑县	—	—	3 337.36	—
曲阳县	12 474.27	—	2 484.42	—
涿州市	418.74	—	3 297.21	—
武安市	3 229.57	—	13 483.70	—
饶阳县	4 364.52	—	292.34	—
昌黎县	—	—	810.45	—
抚宁县	4 976.22	—	401.27	16 974.75
青龙满族自治县	2 027.11	1 369.89	5 444.87	11 363.21
灵寿县	1 302.72	—	3 211.27	—
内丘县	925.32	—	168.06	—
邢台县	97.60	—	580.77	—
总计	31 059.17	2 742.43	45 508.56	29 322.33

（10）清洁程度　利用耕地质量等级图对清洁程度栅格数据进行区域统计，马铃薯二作区八级地清洁程度处于“清洁”状态。用行政区划图与耕地质量等级图叠加联合形成行政区划耕地质量等级综合图，对清洁程度栅格数据进行区域统计，八级地中，2018 年处于“清洁”状态耕地面积较 2009 年减少 44 502.94hm^2，统计结果见表 2-318。

表 2-318 清洁程度马铃薯二作区八级地行政区划分布（hm²）

县市	清洁	
	2009 年	2018 年
阜平县	1 231.07	984.37
涞水县	12 008.87	1 372.54
清苑县	3 337.36	—
曲阳县	14 958.68	—
涿州市	3 715.95	—
武安市	16 713.27	—
饶阳县	4 656.86	—
昌黎县	810.45	—
抚宁县	5 377.49	16 974.75
青龙满族自治县	7 471.98	12 733.10
灵寿县	4 513.98	—
内丘县	1 093.38	—
邢台县	678.36	—
总计	76 567.70	32 064.76

（11）盐渍化程度 利用耕地质量等级图对盐渍化程度栅格数据进行区域统计，马铃薯二作区八级地盐渍化程度为无、轻度和中度态。用行政区划图与耕地质量等级图叠加联合形成行政区划耕地质量等级综合图，对盐渍化程度栅格数据进行区域统计，八级地中，2018 年无盐渍化耕地面积较 2009 年减少 7 917.38hm²，轻度盐渍化耕地面积减少23 139.36hm²，中度盐渍化耕地面积减少 13 446.20hm²，统计结果见表 2-319。

表 2-319 盐渍化程度马铃薯二作区八级地行政区划分布（hm²）

县市	无		轻度		中度	
	2009 年	2018 年	2009 年	2018 年	2009 年	2018 年
阜平县	308.85	984.37	—	—	922.22	—
涞水县	11 461.73	1 372.54	—	—	547.14	—
清苑县	—	—	3 337.36	—	—	—
曲阳县	14 433.94	—	524.74	—	—	—
涿州市	22.17	—	2 666.18	—	1 027.61	—
武安市	2 609.35	—	7 122.41	—	6 981.51	—
饶阳县	—	—	4 363.57	—	293.30	—
昌黎县	—	—	275.15	—	535.30	—
抚宁县	4 443.99	16 974.75	933.50	—	—	—
青龙满族自治县	6 246.99	12 733.10	—	—	1 224.99	—
灵寿县	—	—	3 916.45	—	597.52	—
内丘县	251.74	—	—	—	841.63	—
邢台县	203.38	—	—	—	474.98	—
总计	39 982.14	32 064.76	23 139.36	—	13 446.20	—

(12) *地下水埋深* 利用耕地质量等级图对地下水埋深栅格数据进行区域统计，马铃薯二作区八级地地下水埋深处于“≥300cm”和“200～300cm”状态。用行政区划图与耕地质量等级图叠加联合形成行政区划耕地质量等级综合图，对地下水埋深栅格数据进行区域统计，八级地中，2018 年处于“≥300cm”状态耕地面积较 2009 年减少43 692.49hm^2，处于“200～300cm”状态耕地面积减少 810.45hm^2，统计结果见表 2-320。

表 2-320 地下水埋深马铃薯二作区八级地行政区划分布（hm^2）

县市	≥300cm		200～300cm		<200cm	
	2009 年	2018 年	2009 年	2018 年	2009 年	2018 年
阜平县	1 231.07	984.37	—	—	—	—
涞水县	12 008.87	1 372.54	—	—	—	—
清苑县	3 337.36	—	—	—	—	—
曲阳县	14 958.68	—	—	—	—	—
涿州市	3 715.95	—	—	—	—	—
武安市	16 713.27	—	—	—	—	—
饶阳县	4 656.86	—	—	—	—	—
昌黎县	—	—	810.45	—	—	—
抚宁县	5 377.49	16 974.75	—	—	—	—
青龙满族自治县	7 471.98	12 733.10	—	—	—	—
灵寿县	4 513.98	—	—	—	—	—
内丘县	1 093.38	—	—	—	—	—
邢台县	678.36	—	—	—	—	—
总计	75 757.25	32 064.76	810.45	—	—	—

(13) *耕层厚度* 利用耕地质量等级图对耕层厚度栅格数据进行区域统计，马铃薯二作区八级地耕层厚度为≥20cm、15～20cm 和<15cm。用行政区划图与耕地质量等级图叠加联合形成行政区划耕地质量等级综合图，对耕层厚度栅格数据进行区域统计，八级地中，2018 年耕层厚度≥20cm 的耕地面积较 2009 年减少 9 192.81hm^2，耕层厚度为 15～20cm 的耕地面积减少 5 881.30hm^2，耕层厚度<15cm 的耕地面积减少 29 428.85hm^2，统计结果见表 2-321。

表 2-321 耕层厚度马铃薯二作区八级地行政区划分布（hm^2）

县市	≥20cm		15～20cm		<15cm	
	2009 年	2018 年	2009 年	2018 年	2009 年	2018 年
阜平县	63.35	984.37	1 167.72	—	—	—
涞水县	6 171.62	476.30	1 220.66	896.24	4 616.59	—
清苑县	—	—	3 337.36	—	—	—
曲阳县	—	—	—	—	14 958.68	—
涿州市	440.90	—	3 275.05	—	—	—
武安市	—	—	10 417.69	—	6 295.57	—

（续）

县市	≥20cm		15～20cm		<15cm	
	2009 年	2018 年	2009 年	2018 年	2009 年	2018 年
饶阳县	—	—	4 656.86	—	—	—
昌黎县	—	—	810.45	—	—	—
抚宁县	5 377.49	2 454.43	—	12 998.01	—	1 522.31
青龙满族自治县	2 866.65	6 048.98	—	6 684.11	4 605.34	—
灵寿县	2 940.12	—	1 573.87	—	—	—
内丘县	1 093.38	—	—	—	—	—
邢台县	203.38	—	—	—	474.98	—
总计	19 156.89	9 964.08	26 459.66	20 578.36	30 951.16	1 522.31

（14）土壤有机质含量　利用耕地质量等级图对土壤有机质含量栅格数据进行区域统计，二作区八级地 2009 年土壤有机质含量为 16.20g/kg，2018 年为 13.64g/kg。用行政区划图与耕地质量等级图叠加联合形成行政区划耕地质量等级综合图，对土壤有机质含量栅格数据进行区域统计，八级地中，2009 年土壤有机质含量变化幅度在 10.5～24.9g/kg 之间，2018 年在 10.6～20.5g/kg 之间，2009—2018 年土壤有机质含量平均值减少 2.56g/kg，统计结果见表 2-322。

表 2-322　土壤有机质含量马铃薯二作区八级地行政区划分布（g/kg）

县市	最大值		最小值		平均值	
	2009 年	2018 年	2009 年	2018 年	2009 年	2018 年
阜平县	24.9	19.5	17.9	14.8	21.76	17.66
涞水县	19.7	19.3	12.8	18.7	14.21	18.93
清苑县	14.0	—	13.3	—	13.60	—
曲阳县	18.1	—	14.2	—	15.99	—
涿州市	16.2	—	13.3	—	14.85	—
武安市	24.2	—	12.2	—	18.74	—
饶阳县	17.3	—	15.1	—	16.00	—
昌黎县	17.0	—	12.3	—	14.18	—
抚宁县	15.9	14.7	13.2	12.5	15.21	13.58
青龙满族自治县	16.1	20.5	10.5	10.6	13.55	12.88
灵寿县	21.4	—	16.9	—	18.94	—
内丘县	17.9	—	14.8	—	15.81	—
邢台县	24.5	—	14.5	—	20.14	—
总计	24.9	20.5	10.5	10.6	16.20	13.64

（15）土壤有效磷含量　利用耕地质量等级图对土壤有效磷含量栅格数据进行区域统计，二作区八级地 2009 年土壤有效磷含量平均为 22.85mg/kg，2018 年平均为 32.98mg/kg。用行政区划图与耕地质量等级图叠加联合形成行政区划耕地质量等级综合图，对土壤有效磷含量

栅格数据进行区域统计，八级地中，2009 年土壤有效磷含量变化幅度在 10.6～65.7mg/kg 之间，2018 年在 16.9～62.2mg/kg 之间，2009—2018 年土壤有效磷含量平均值增加 10.13mg/kg，统计结果见表 2-323。

表 2-323　土壤有效磷含量马铃薯二作区八级地行政区划分布（mg/kg）

县市	最大值		最小值		平均值	
	2009 年	2018 年	2009 年	2018 年	2009 年	2018 年
阜平县	45.7	46.3	13.1	27.4	29.28	38.23
涞水县	65.7	62.2	13.8	16.9	25.83	28.99
清苑县	18.4	—	18.0	—	18.20	—
曲阳县	19.5	—	10.6	—	14.43	—
涿州市	26.4	—	17.6	—	21.50	—
武安市	28.4	—	11.9	—	20.73	—
饶阳县	35.5	—	21.7	—	29.10	—
昌黎县	61.7	—	53.6	—	57.20	—
抚宁县	20.9	42.1	11.5	34.1	13.70	38.26
青龙满族自治县	27.7	41.4	17.7	23.8	22.68	31.27
灵寿县	45.1	—	30.8	—	36.43	—
内丘县	23.0	—	13.0	—	18.01	—
邢台县	26.5	—	11.0	—	21.50	—
总计	65.7	62.2	10.6	16.9	22.85	32.98

（16）土壤速效钾含量　利用耕地质量等级图对土壤速效钾含量栅格数据进行区域统计，二作区八级地 2009 年土壤速效钾含量为 98.42mg/kg，2018 年为 83.48mg/kg。用行政区划图与耕地质量等级图叠加联合形成行政区划耕地质量等级综合图，对土壤速效钾含量栅格数据进行区域统计，八级地中，2009 年土壤速效钾含量变化幅度在 56～173mg/kg 之间，2018 年在 64～175mg/kg 之间，2009—2018 年土壤速效钾含量平均值减小 4.94mg/kg，统计结果见表 2-324。

表 2-324　土壤速效钾含量马铃薯二作区八级地行政区划分布（mg/kg）

县市	最大值		最小值		平均值	
	2009 年	2018 年	2009 年	2018 年	2009 年	2018 年
阜平县	85	114	61	66	71.31	83.71
涞水县	138	175	67	96	79.55	111.75
清苑县	121	—	119	—	120.25	—
曲阳县	95	—	73	—	84.46	—
涿州市	80	—	71	—	74.00	—
武安市	173	—	113	—	135.55	—
饶阳县	155	—	104	—	125.00	—

（续）

县市	最大值		最小值		平均值	
	2009 年	2018 年	2009 年	2018 年	2009 年	2018 年
昌黎县	135	—	73	—	100.33	—
抚宁县	88	114	70	76	77.97	96.43
青龙满族自治县	147	169	75	64	105.07	76.14
灵寿县	116	—	78	—	90.73	—
内丘县	122	—	56	—	83.71	—
邢台县	127	—	98	—	117.14	—
总计	173	175	56	64	98.42	83.48

（17）土壤 pH　利用耕地质量等级图对土壤 pH 栅格数据进行区域统计，二作区八级地 2009 年土壤 pH 为 7.27，2018 年为 6.25。用行政区划图与耕地质量等级图叠加联合形成行政区划耕地质量等级综合图，对土壤 pH 栅格数据进行区域统计，八级地中，2009 年土壤 pH 变化幅度在 4.6～8.5 之间，2018 年在 5.4～8.1 之间，2009—2018 年土壤 pH 平均值减少 1.02，统计结果见表 2-325。

表 2-325　土壤 pH 马铃薯二作区八级地行政区划分布

县市	最大值		最小值		平均值	
	2009 年	2018 年	2009 年	2018 年	2009 年	2018 年
阜平县	7.9	8.0	6.9	7.7	7.23	7.9
涞水县	7.9	8.1	7.5	6.7	7.79	7.83
清苑县	8.5	—	8.4	—	8.45	—
曲阳县	8.2	—	7.4	—	7.81	—
涿州市	8.1	—	8.0	—	8.09	—
武安市	7.5	—	7.3	—	7.46	—
饶阳县	8.0	—	7.8	—	7.9	—
昌黎县	6.1	—	4.6	—	5.25	—
抚宁县	6.7	6.9	6.1	5.5	6.44	6.07
青龙满族自治县	8.5	8.1	6.0	5.4	6.71	6.06
灵寿县	8.3	—	6.7	—	7.47	—
内丘县	8.4	—	7.9	—	8.27	—
邢台县	7.4	—	7.1	—	7.27	—
总计	8.5	8.1	4.6	5.4	7.27	6.25

（18）土壤容重　利用耕地质量等级图对土壤容重栅格数据进行区域统计，二作区八级地 2009 年土壤容重为 1.46g/cm^3，2018 年为 1.50g/cm^3。用行政区划图与耕地质量等级图叠加联合形成行政区划耕地质量等级综合图，对土壤容重栅格数据进行区域统计，八级地中，2009 年土壤容重变化幅度在 1.20～1.58g/cm^3 之间，2018 年在 1.37～1.6g/cm^3 之间，

2009—2018 年土壤容重平均值增加 0.04g/cm³，统计结果见表 2-326。

表 2-326　土壤容重马铃薯二作区八级地行政区划分布（g/cm³）

县市	最大值		最小值		平均值	
	2009 年	2018 年	2009 年	2018 年	2009 年	2018 年
阜平县	1.45	1.48	1.31	1.37	1.37	1.42
涞水县	1.41	1.47	1.20	1.38	1.30	1.42
清苑县	1.39	—	1.33	—	1.36	—
曲阳县	1.55	—	1.39	—	1.48	—
涿州市	1.50	—	1.41	—	1.44	—
武安市	1.50	—	1.34	—	1.43	—
饶阳县	1.52	—	1.44	—	1.50	—
昌黎县	1.48	—	1.42	—	1.44	—
抚宁县	1.57	1.56	1.53	1.51	1.54	1.53
青龙满族自治县	1.57	1.60	1.47	1.44	1.53	1.51
灵寿县	1.55	—	1.44	—	1.50	—
内丘县	1.58	—	1.55	—	1.56	—
邢台县	1.47	—	1.27	—	1.36	—
总计	1.58	1.60	1.20	1.37	1.46	1.50

（八）九级地耕地质量特征

1. 空间分布　2009 年九级地在马铃薯二作区面积 11 901.42hm²，占耕地总面积的 1.54%，2018 年，面积为 9 295.33hm²，占耕地总面积的 1.20%，九级地面积逐渐减少。九级地在马铃薯二作区各县市的具体分布见表 2-327，2009—2018 年，阜平县、曲阳县、武安市、饶阳县、抚宁县、灵寿县、内丘县九级地面积逐渐减少到 0；涞水县、青龙满族自治县面积逐渐增加，其中涞水县面积增加最多为 1 199.33hm²，其次是青龙满族自治县增加 5 285.63hm²。

表 2-327　九级地在马铃薯二作区各县市的面积与分布

地区	2009 年		2018 年	
	面积（hm²）	占九级地面积（%）	面积（hm²）	占九级地面积（%）
阜平县	147.89	1.24	—	—
涞水县	722.20	6.07	1 921.53	20.67
曲阳县	476.99	4.01	—	—
武安市	1 580.95	13.28	—	—
饶阳县	698.77	5.87	—	—
抚宁县	2 821.08	23.70	—	—
青龙满族自治县	2 088.17	17.55	7 373.80	79.33
灵寿县	2 799.00	23.52	—	—

（续）

地区	2009年		2018年	
	面积（hm^2）	占九级地面积（%）	面积（hm^2）	占九级地面积（%）
内丘县	566.37	4.76	—	—
总计	11 901.42	100.00	9 295.33	100.00

2. 属性特征

（1）排水能力　利用耕地质量等级图对排水能力栅格数据进行区域统计，马铃薯二作区九级地排水能力处于“充分满足”、“满足”、“基本满足”和“不满足”状态。用行政区划图与耕地质量等级图叠加联合形成行政区划耕地质量等级综合图，对排水能力栅格数据进行区域统计，九级地中，2018年处于“充分满足”状态耕地面积较2009年增加1 921.53hm^2，处于“满足”状态的耕地面积增加1 519.03hm^2，青龙满族自治县处于“基本满足”状态耕地面积增加1 654.44hm^2，处于“不满足”状态耕地面积减少7 701.18hm^2，统计结果见表2-328。

表2-328　排水能力马铃薯二作区九级地行政区划分布（hm^2）

县市	充分满足		满足		基本满足		不满足	
	2009年	2018年	2009年	2018年	2009年	2018年	2009年	2018年
阜平县	—	—	—	—	—	—	147.89	—
涞水县	—	1 921.53	—	—	—	—	722.20	—
曲阳县	—	—	—	—	—	—	476.99	—
武安市	—	—	—	—	697.29	—	883.67	—
饶阳县	—	—	—	—	—	—	698.77	—
抚宁县	—	—	480.39	—	—	—	2 340.69	—
青龙满族自治县	—	—	672.31	3 085.19	1 197.79	3 702.41	218.07	586.20
灵寿县	—	—	—	—	—	—	2 799.00	—
内丘县	—	—	413.46	—	152.89	—	—	—
总计	—	1 921.53	1 566.16	3 085.19	2 047.97	3 702.41	8 287.28	586.20

（2）灌溉能力　利用耕地质量等级图对灌溉能力栅格数据进行区域统计，马铃薯二作区九级地灌溉能力处于“不满足”状态。用行政区划图与耕地质量等级图叠加联合形成行政区划耕地质量等级综合图，对灌溉能力栅格数据进行区域统计，九级地中，2018年处于“不满足”状态耕地面积较2009年减少2 606.09hm^2，统计结果见表2-329。

表2-329　灌溉能力马铃薯二作区九级地行政区划分布（hm^2）

县市	不满足	
	2009年	2018年
阜平县	147.89	—
涞水县	722.20	1 921.53
曲阳县	476.99	—
武安市	1 580.95	—

（续）

县市	不满足	
	2009年	2018年
饶阳县	698.77	—
抚宁县	2 821.08	—
青龙满族自治县	2 088.17	7 373.80
灵寿县	2 799.01	—
内丘县	566.36	—
总计	11 901.42	9 295.33

（3）*有效土层厚度*　利用耕地质量等级图对有效土层厚度栅格数据进行区域统计，马铃薯二作区九级地有效土层厚度处于“30～60cm”、“60～100cm”和“≥100cm”状态。用行政区划图与耕地质量等级图叠加联合形成行政区划耕地质量等级综合图，对有效土层厚度栅格数据进行区域统计，九级地中，2018年处于“30～60cm”状态耕地面积较2009年增加9.40hm²，处于“60～100cm”状态耕地面积增加540.52hm²，处于“≥100cm”状态耕地面积减少3 156.01hm²，统计结果见表2-330。

表2-330　有效土层厚度马铃薯二作区九级地行政区划分布（hm²）

县市	30～60cm		60～100cm		≥100cm	
	2009年	2018年	2009年	2018年	2009年	2018年
阜平县	147.89	—	—	—	—	—
涞水县	—	1 921.52	722.2	—	—	—
曲阳县	476.99	—	—	—	—	—
武安市	883.67	—	697.29	—	—	—
饶阳县	—	—	—	—	698.77	—
抚宁县	2 821.08	—	—	—	—	—
青龙满族自治县	2 088.17	5 072.04	—	1 960.01	—	341.76
灵寿县	—	—	—	—	2 799	—
内丘县	566.36	—	—	—	—	—
总计	6 984.16	6 993.56	1 419.49	1 960.01	3 497.77	341.76

（4）*障碍因素*　利用耕地质量等级图对障碍因素栅格数据进行区域统计，马铃薯二作区九级地部分耕地无明显障碍，部分耕地存在障碍层次和砂姜层。用行政区划图与耕地质量等级图叠加联合形成行政区划耕地质量等级综合图，对障碍因素栅格数据进行区域统计，九级地中，2018年无明显障碍耕地面积较2009年减少197.94hm²，存在障碍层次的耕地面积减少6 058.71hm²，存在砂姜层的耕地面积增加3 650.57hm²，统计结果见表2-331。

表2-331　障碍因素马铃薯二作区九级地行政区划分布（hm²）

县市	无障碍层		障碍层次		砂姜层	
	2009年	2018年	2009年	2018年	2009年	2018年
阜平县	147.89	—	—	—	—	—
涞水县	722.20	—	—	—	—	1 921.53

（续）

县市	无障碍层		障碍层次		砂姜层	
	2009 年	2018 年	2009 年	2018 年	2009 年	2018 年
曲阳县	194.40	—	282.60	—	—	—
武安市	397.66	—	1 183.30	—	—	—
饶阳县	698.77	—	—	—	—	—
抚宁县	2 340.69	—	480.39	—	—	—
青龙满族自治县	1 247.61	5 644.76	840.54	—	—	1 729.04
灵寿县	—	—	2 799.00	—	—	—
内丘县	93.48	—	472.88	—	—	—
总计	5 842.70	5 644.76	6 058.71	—	—	3 650.57

（5）*耕层质地*　利用耕地质量等级图对耕层质地栅格数据进行区域统计，马铃薯二作区九级地耕层质地为轻壤、砂壤、中壤和重壤。用行政区划图与耕地质量等级图叠加联合形成行政区划耕地质量等级综合图，对耕层质地栅格数据进行区域统计，九级地中，2018 年轻壤面积较 2009 年减少 507.88hm^2，砂壤面积减少 1 982.09hm^2，中壤面积减少 32.22hm^2，重壤面积减少 83.91hm^2，统计结果见表 2-332。

表 2-332　耕层质地马铃薯二作区九级地行政区划分布（hm^2）

县市	轻壤		砂壤		中壤		重壤	
	2009 年	2018 年	2009 年	2018 年	2009 年	2018 年	2009 年	2018 年
阜平县	—	—	147.89	—	—	—	—	—
涞水县	722.20	1 188.73	—	546.13	—	186.66	—	—
曲阳县	476.99	—	—	—	—	—	—	—
武安市	1 474.22	—	—	—	106.74	—	—	—
饶阳县	—	—	698.77	—	—	—	—	—
抚宁县	680.86	—	2 140.22	—	—	—	—	—
青龙满族自治县	1 651.66	6 590.76	324.38	783.04	112.14	—	—	—
灵寿县	2 799.00	—	—	—	—	—	—	—
内丘县	482.44	—	—	—	—	—	83.91	—
总计	8 287.37	7 779.49	3 311.26	1 329.17	218.88	186.66	83.91	—

（6）*地形部位*　利用耕地质量等级图对地形部位栅格数据进行区域统计，马铃薯二作区九级地地形部位为宽谷盆地、平原中阶、平原低阶、丘陵下部、丘陵中部、丘陵上部、山间盆地、山地坡中和山地坡下。用行政区划图与耕地质量等级图叠加联合形成行政区划耕地质量等级综合图，对地形部位栅格数据进行区域统计得知，九级地中，2018 年地形部位为宽谷盆地的耕地面积较 2009 年减少 342.29hm^2，地形部位为平原中阶的耕地面积减少 698.77hm^2，地形部位为平原低阶的耕地面积减少 282.60hm^2，地形部位为丘陵下部的耕地面积减少2 652.48hm^2，地形部位为丘陵中部的耕地面积增加 850.76hm^2，地形部位为丘陵上部的耕地面积增加 2 165.58hm^2，地形部位为山间盆地的耕地面积减少 722.20hm^2，地形部位为山地坡中的耕地面积增加 67.87hm^2，地形部位为山地坡下的耕地面积减少 991.97hm^2，统计结果见表 2-333。

表 2-333 地形部位马铃薯二作区九级地行政区划分布（hm^2）

县市	宽谷盆地		平原中阶		平原低阶		丘陵下部		丘陵中部		丘陵上部		山间盆地		山地坡中		山地坡下	
	2009 年	2018 年	2009 年	2018 年	2009 年	2018 年	2009 年	2018 年	2009 年	2018 年	2009 年	2018 年	2009 年	2018 年	2009 年	2018 年	2009 年	2018 年
阜平县	147.89	—	—	—	—	—	—	—	—	—	—	—	—	—	—	—	—	—
涞水县	—	—	—	—	—	—	—	—	—	509	—	778.3	722.2	—	—	634.23	—	—
曲阳县	194.4	—	—	—	282.6	—	—	—	—	—	—	—	—	—	—	—	—	—
武安市	—	—	—	—	—	—	—	—	—	—	—	—	—	—	—	—	1 580.96	—
饶阳县	—	—	698.77	—	—	—	—	—	—	—	—	—	—	—	—	—	—	—
抚宁县	—	—	—	—	—	—	2 821.08	—	—	—	—	—	—	—	—	—	—	—
青龙满族自治县	—	—	—	—	—	—	404.12	572.72	—	341.76	—	1 387.28	—	—	—	—	1 684.05	5 072.04
灵寿县	—	—	—	—	—	—	—	—	—	—	—	—	—	—	—	—	2 799	
内丘县	—	—	—	—	—	—	—	—	—	—	—	—	—	—	566.36	—	—	—
总计	342.29	—	698.77	—	282.6	—	3 225.2	572.72	—	850.76	—	2 165.58	722.2	—	566.36	634.23	6 064.01	5 072.04

（7）质地构型　利用耕地质量等级图对质地构型栅格数据进行区域统计，马铃薯二作区九级地质地构型为海绵型、紧实型、夹层型、上紧下松型、松散型和薄层型。用行政区划图与耕地质量等级图叠加联合形成行政区划耕地质量等级综合图，对质地构型栅格数据进行区域统计，九级地中，2018 年海绵型面积较 2009 年减少 282.60hm^2，紧实型面积减少 1 580.95hm^2，夹层型面积减少 2 821.08hm^2，上紧下松型面积减少 2 588.69hm^2，松散型面积减少 574.63hm^2，薄层型面积增加 5 241.86hm^2，统计结果见表 2-334。

表 2-334　质地构型马铃薯二作区九级地行政区划分布（hm^2）

县市	海绵型		紧实型		夹层型		上紧下松型		上松下紧型		松散型	
	2009 年	2018 年	2009 年	2018 年	2009 年	2018 年	2009 年	2018 年	2009 年	2018 年	2009 年	2018 年
阜平县	—	—	—	—	—	—	—	—	147.89	—	—	—
涞水县	—	—	—	—	—	—	—	—	722.20	—	—	1 921.53
曲阳县	282.60	—	—	—	—	—	—	—	194.40	—	—	—
武安市	—	—	1 580.95	—	—	—	—	—	—	—	—	—
饶阳县	—	—	—	—	—	—	—	—	698.77	—	—	—
抚宁县	—	—	—	—	2 821.08	—	—	—	—	—	—	—
青龙满族自治县	—	—	—	—	—	—	—	210.31	2 088.17	3 843.16	—	3 320.33
灵寿县	—	—	—	—	—	—	2 799.00	—	—	—	—	—
内丘县	—	—	—	—	—	—	—	—	566.36	—	—	—
总计	282.60	—	1 580.95	—	2 821.08	—	2 799.00	210.31	4 417.79	3 843.16	—	5 241.86

（8）生物多样性　利用耕地质量等级图对生物多样性栅格数据进行区域统计，马铃薯二作区九级地生物多样性处于“一般”和“不丰富”状态。用行政区划图与耕地质量等级图叠加联合形成行政区划耕地质量等级综合图，对生物多样性栅格数据进行区域统计，九级地中，2018 年处于“一般”状态耕地面积较 2009 年减少 5 260.78hm^2，处于“不丰富”状态耕地面积增加 2 654.69hm^2，统计结果见表 2-335。

表 2-335　生物多样性马铃薯二作区九级地行政区划分布（hm^2）

县市	一般		不丰富	
	2009 年	2018 年	2009 年	2018 年
阜平县	—	—	147.89	—
涞水县	722.20	—	—	1 921.53
曲阳县	—	—	476.99	—
武安市	397.66	—	1 183.30	—
饶阳县	698.77	—	—	—
抚宁县	—	—	2 821.08	—
青龙满族自治县	549.67	—	1 538.50	7 373.80
灵寿县	2 799.00	—	—	—
内丘县	93.48	—	472.88	—
总计	5 260.78	—	6 640.64	9 295.33

(9) 农田林网化 利用耕地质量等级图对农田林网化栅格数据进行区域统计，马铃薯二作区九级地农田林网化处于“高”、“中”和“低”状态。用行政区划图与耕地质量等级图叠加联合形成行政区划耕地质量等级综合图，对农田林网化栅格数据进行区域统计，九级地中，2018 年处于“高”状态耕地面积较 2009 年增加 13.48hm^2，处于“中”状态耕地面积减少 3 002.66hm^2，处于“低”状态耕地面积增加 383.08hm^2，统计结果见表 2-336。

表 2-336 农田林网化马铃薯二作区九级地行政区划分布（hm^2）

县市	高		中		低	
	2009 年	2018 年	2009 年	2018 年	2009 年	2018 年
阜平县	—	—	—	—	147.89	—
涞水县	—	—	—	1 921.52	722.20	—
曲阳县	—	—	282.60	—	194.40	—
武安市	—	—	—	—	1 580.95	—
饶阳县	—	—	698.77	—	—	—
抚宁县	—	—	2 340.69	—	480.39	—
青龙满族自治县	—	13.48	1 117.95	2 408.31	970.22	4 952.01
灵寿县	—	—	2 799.00	—	—	—
内丘县	—	—	93.48	—	472.88	—
总计	—	13.48	7 332.49	4 329.83	4 568.93	4 952.01

(10) 清洁程度 利用耕地质量等级图对清洁程度栅格数据进行区域统计，马铃薯二作区九级地清洁程度处于“清洁”状态。用行政区划图与耕地质量等级图叠加联合形成行政区划耕地质量等级综合图，对清洁程度栅格数据进行区域统计，九级地中，2018 年处于“清洁”状态耕地面积较 2009 年减少 2 606.09hm^2，统计结果见表 2-337。

表 2-337 清洁程度马铃薯二作区九级地行政区划分布（hm^2）

县市	清洁	
	2009 年	2018 年
阜平县	147.89	—
涞水县	722.20	1 921.53
曲阳县	476.99	—
武安市	1 580.95	—
饶阳县	698.77	—
抚宁县	2 821.08	—
青龙满族自治县	2 088.17	7 373.80
灵寿县	2 799.01	—
内丘县	566.36	—
总计	11 901.42	9 295.33

(11) 盐渍化程度 利用耕地质量等级图对盐渍化程度栅格数据进行区域统计，马铃薯二作区九级地盐渍化程度为无、轻度和中度。用行政区划图与耕地质量等级图叠加联合形成

行政区划耕地质量等级综合图，对盐渍化程度栅格数据进行区域统计，九级地中，2018 年无盐渍化耕地面积较 2009 年增加 6 826.86hm^2，轻度盐渍化耕地面积减少1 160.64hm^2，中度盐渍化耕地面积减少 8 272.30hm^2，统计结果见表 2-338。

表 2-338　盐渍化程度马铃薯二作区九级地行政区划分布（hm^2）

县市	无		轻度		中度	
	2009 年	2018 年	2009 年	2018 年	2009 年	2018 年
阜平县	—	—	—	—	147.89	—
涞水县	—	1 921.53	—	—	722.20	—
曲阳县	—	—	282.60	—	194.40	—
武安市	—	—	397.66	—	1 183.30	—
饶阳县	—	—	—	—	698.77	—
抚宁县	—	—	480.38	—	2 340.69	—
青龙满族自治县	1 902.11	7 373.80	—	—	186.05	—
灵寿县	—	—	—	—	2 799.00	—
内丘县	566.36	—	—	—	—	—
总计	2 468.47	9 295.33	1 160.64	—	8 272.30	—

（12）地下水埋深　利用耕地质量等级图对地下水埋深栅格数据进行区域统计，马铃薯二作区九级地地下水埋深处于“≥300cm”和“200～300cm”状态。用行政区划图与耕地质量等级图叠加联合形成行政区划耕地质量等级综合图，对地下水埋深栅格数据进行区域统计得知，九级地中，2009 年只有内丘县部分耕地处于“200～300cm”状态；2018 年，所有耕地处于“≥300cm”状态。2018 年处于“≥300cm”状态耕地面积较 2009 年减少2 512.61 hm^2，处于“200～300cm”状态耕地面积减少 93.48hm^2，统计结果见表 2-339。

表 2-339　地下水埋深马铃薯二作区九级地行政区划分布（hm^2）

县市	≥300cm		200～300cm	
	2009 年	2018 年	2009 年	2018 年
阜平县	147.89	—	—	—
涞水县	722.20	1 921.53	—	—
曲阳县	476.99	—	—	—
武安市	1 580.95	—	—	—
饶阳县	698.77	—	—	—
抚宁县	2 821.08	—	—	—
青龙满族自治县	2 088.17	7 373.80	—	—
灵寿县	2 799.01	—	—	—
内丘县	472.88	—	93.48	—
总计	11 807.94	9 295.33	93.48	—

（13）耕层厚度　利用耕地质量等级图对耕层厚度栅格数据进行区域统计，马铃薯二作区九级地耕层厚度为≥20cm、15～20cm 和<15cm。用行政区划图与耕地质量等级图叠加联合形

成行政区划耕地质量等级综合图，对耕层厚度栅格数据进行区域统计，九级地中，2018 年耕层厚度≥20cm 的耕地面积较 2009 年增加 1 341.85hm²，耕层厚度为 15～20cm 的耕地面积减少 909.85hm²，耕层厚度＜15cm 的耕地面积减少 3 038.10hm²，统计结果见表 2-340。

表 2-340　耕层厚度马铃薯二作区九级地行政区划分布（hm²）

县市	≥20cm		15～20cm		＜15cm	
	2009 年	2018 年	2009 年	2018 年	2009 年	2018 年
阜平县	—	—	147.89	—	—	—
涞水县	—	380.01	722.20	1 541.52	—	—
曲阳县	—	—	194.40	—	282.60	—
武安市	—	—	397.66	—	1 183.30	—
饶阳县	—	—	698.77	—	—	—
抚宁县	2 821.08	—	—	—	—	—
青龙满族自治县	515.97	4 865.25	—	2 508.55	1 572.20	—
灵寿县	—	—	2 799.00	—	—	—
内丘县	566.36	—	—	—	—	—
总计	3 903.41	5 245.26	4 959.92	4 050.07	3 038.10	—

（14）土壤有机质含量　利用耕地质量等级图对土壤有机质含量栅格数据进行区域统计，二作区九级地 2009 年土壤有机质含量为 15.74g/kg，2018 年为 15.42g/kg。用行政区划图与耕地质量等级图叠加联合形成行政区划耕地质量等级综合图，对土壤有机质含量栅格数据进行区域统计，九级地中，2009 年土壤有机质含量变化幅度在 10.5～24.0g/kg 之间，2018 年在10.7～26.8g/kg 之间，2009—2018 年土壤有机质含量平均值增加 0.32g/kg，统计结果见表2-341。

表 2-341　土壤有机质含量马铃薯二作区九级地行政区划分布（g/kg）

县市	最大值		最小值		平均值	
	2009 年	2018 年	2009 年	2018 年	2009 年	2018 年
阜平县	22.2	—	22.2	—	22.20	—
涞水县	13.4	26.8	12.9	18.1	13.12	22.52
曲阳县	16.3	—	13.0	—	14.65	—
武安市	24.0	—	15.4	—	20.18	—
饶阳县	15.2	—	14.2	—	14.70	—
抚宁县	15.8	—	13.2	—	14.65	—
青龙满族自治县	15.2	14.5	10.5	10.7	12.75	13.09
灵寿县	20.0	—	16.8	—	17.44	—
内丘县	18.3	—	14.7	—	16.23	—
总计	24.0	26.8	10.5	10.7	15.74	15.42

（15）土壤有效磷含量　利用耕地质量等级图对土壤有效磷含量栅格数据进行区域统计，二作区九级地 2009 年土壤有效磷含量为 22.21mg/kg，2018 年为 26.88mg/kg。用行政区划图与耕地质量等级图叠加联合形成行政区划耕地质量等级综合图，对土壤有效磷含量栅格数

据进行区域统计，九级地中，2009 年土壤有效磷含量变化幅度在 11.6～45.1mg/kg 之间，2018 年在 7.6～36.3mg/kg 之间，2009—2018 年土壤有效磷含量平均值增加 4.67mg/kg，统计结果见表 2-342。

表 2-342 土壤有效磷含量马铃薯二作区九级地行政区划分布（mg/kg）

县市	最大值		最小值		平均值	
	2009 年	2018 年	2009 年	2018 年	2009 年	2018 年
阜平县	30.9	—	30.9	—	30.90	—
涞水县	20.8	27.8	18.2	7.6	19.70	18.08
曲阳县	15.7	—	12.7	—	14.20	—
武安市	26.6	—	13.5	—	22.23	—
饶阳县	25.2	—	23.3	—	24.25	—
抚宁县	15.8	—	11.6	—	12.93	—
青龙满族自治县	25.9	36.3	18.0	24.4	21.15	29.76
灵寿县	45.1	—	30.0	—	39.18	—
内丘县	25.2	—	20.2	—	23.24	—
总计	45.1	36.3	11.6	7.6	22.21	26.88

（16）土壤速效钾含量　利用耕地质量等级图对土壤速效钾含量栅格数据进行区域统计，二作区九级地 2009 年土壤速效钾含量为 101.48mg/kg，2018 年为 86.77mg/kg。用行政区划图与耕地质量等级图叠加联合形成行政区划耕地质量等级综合图，对土壤速效钾含量栅格数据进行区域统计，九级地中，2009 年土壤速效钾含量变化幅度在 71～163mg/kg 之间，2018 年在 67～151mg/kg 之间，2009—2018 年土壤速效钾含量平均值减少 14.71mg/kg，统计结果见表 2-343。

表 2-343 土壤速效钾含量马铃薯二作区九级地行政区划分布（mg/kg）

县市	最大值		最小值		平均值	
	2009 年	2018 年	2009 年	2018 年	2009 年	2018 年
阜平县	77	—	77	—	77.00	—
涞水县	81	151	77	98	78.60	122.28
曲阳县	83	—	81	—	82.00	—
武安市	163	—	112	—	137.87	—
饶阳县	116	—	103	—	109.50	—
抚宁县	77	—	71	—	75.71	—
青龙满族自治县	130	82	84	67	102.85	75.15
灵寿县	116	—	80	—	101.91	—
内丘县	121	—	80	—	104.25	—
总计	163	151	71	67	101.48	86.77

（17）土壤 pH　利用耕地质量等级图对土壤 pH 栅格数据进行区域统计，二作区九级地 2009 年土壤 pH 为 7.13，2018 年为 6.50。用行政区划图与耕地质量等级图叠加联合形成行政区划耕地质量等级综合图，对土壤 pH 栅格数据进行区域统计，九级地中，2009 年土壤

pH 变化幅度在 5.4～8.5 之间，2018 年在 5.4～8.0 之间，2009—2018 年土壤 pH 平均值减少 0.63，统计结果见表 2-344。

表 2-344　土壤 pH 马铃薯二作区九级地行政区划分布

县市	最大值		最小值		平均值	
	2009 年	2018 年	2009 年	2018 年	2009 年	2018 年
阜平县	7.2	—	7.2	—	7.20	—
涞水县	7.9	8.0	7.9	7.8	7.90	7.94
曲阳县	8.0	—	7.8	—	7.90	—
武安市	7.5	—	7.3	—	7.49	—
饶阳县	8.0	—	7.9	—	7.95	—
抚宁县	6.4	—	5.4	—	5.68	—
青龙满族自治县	8.5	6.6	6.3	5.4	6.89	6.03
灵寿县	8.2	—	7.7	—	8.05	—
内丘县	8.1	—	7.9	—	8.00	—
总计	8.5	8.0	5.4	5.4	7.13	6.50

（18）土壤容重　利用耕地质量等级图对土壤容重栅格数据进行区域统计，二作区九级地 2009 年土壤容重为 1.49g/cm^3，2018 年为 1.48g/cm^3。用行政区划图与耕地质量等级图叠加联合形成行政区划耕地质量等级综合图，对土壤容重栅格数据进行区域统计，九级地中，2009 年土壤容重变化幅度在 1.25～1.58g/cm^3 之间，2018 年在 1.27～1.60g/cm^3 之间，2009—2018 年土壤容重平均值减小 0.01g/cm^3，统计结果见表 2-345。

表 2-345　土壤容重马铃薯二作区九级地行政区划分布（g/cm^3）

县市	最大值		最小值		平均值	
	2009 年	2018 年	2009 年	2018 年	2009 年	2018 年
阜平县	1.40	—	1.40	—	1.40	—
涞水县	1.36	1.40	1.25	1.27	1.33	1.32
曲阳县	1.52	—	1.48	—	1.50	—
武安市	1.48	—	1.35	—	1.42	—
饶阳县	1.48	—	1.45	—	1.47	—
抚宁县	1.55	—	1.53	—	1.53	—
青龙满族自治县	1.54	1.60	1.30	1.44	1.50	1.53
灵寿县	1.54	—	1.40	—	1.51	—
内丘县	1.58	—	1.50	—	1.55	—
总计	1.58	1.60	1.25	1.27	1.49	1.48

（九）十级地耕地质量特征

1. 空间分布　2009 年十级地在马铃薯二作区面积 870.38hm^2，占耕地总面积的 0.11%，2018 年，面积为 1 733.67hm^2，占耕地总面积的 0.22%，十级地面积逐渐增加。十级地在马铃薯二作区各县市的具体分布见表 2-346，2009—2018 年，青龙满族自治县十级地面积增加 863.29hm²，统计结果见表 2-346。

表 2-346 十级地在马铃薯二作区各县市的面积与分布

地区	2009 年		2018 年	
	面积（hm²）	占十级地面积（%）	面积（hm²）	占十级地面积（%）
青龙满族自治县	870.38	100.00	1 733.67	100.00
总计	870.38	100.00	1 733.67	100.00

2. 属性特征

（1）*排水能力* 利用耕地质量等级图对排水能力栅格数据进行区域统计，马铃薯二作区十级地排水能力处于“满足”和“基本满足”状态。用行政区划图与耕地质量等级图叠加联合形成行政区划耕地质量等级综合图，对排水能力栅格数据进行区域统计得知，十级地中，2018 年处于“满足”状态的耕地面积较 2009 年减少 360.68hm²，处于“基本满足”状态耕地面积增加1 223.97hm²，统计结果见表 2-347。

表 2-347 排水能力马铃薯二作区十级地行政区划分布（hm²）

县市	满足		基本满足	
	2009 年	2018 年	2009 年	2018 年
青龙满族自治县	870.38	509.70	—	1 223.97
总计	870.38	509.70	—	1 223.97

（2）*灌溉能力* 利用耕地质量等级图对灌溉能力栅格数据进行区域统计，马铃薯二作区十级地灌溉能力处于“不满足”状态。用行政区划图与耕地质量等级图叠加联合形成行政区划耕地质量等级综合图，对灌溉能力栅格数据进行区域统计得知，十级地中，2018 年处于“不满足”状态耕地面积较 2009 年增加 863.29hm²，统计结果见表 2-348。

表 2-348 灌溉能力马铃薯二作区十级地行政区划分布（hm²）

县市	不满足	
	2009 年	2018 年
青龙满族自治县	870.38	1 733.67
总计	870.38	1 733.67

（3）*有效土层厚度* 利用耕地质量等级图对有效土层厚度栅格数据进行区域统计，马铃薯二作区十级地有效土层厚度处于“30～60cm”和“60～100cm”状态。用行政区划图与耕地质量等级图叠加联合形成行政区划耕地质量等级综合图，对有效土层厚度栅格数据进行区域统计得知，十级地中，2018 年处于“30～60cm”状态耕地面积较 2009 年增加 126.47hm²，处于“60～100cm”状态耕地面积增加 736.82hm²，统计结果见表 2-349。

表 2-349 有效土层厚度马铃薯二作区十级地行政区划分布（hm²）

县市	60～100cm		30cm～60cm	
	2009 年	2018 年	2009 年	2018 年
青龙满族自治县	—	126.47	870.38	1 607.20
总计	—	126.47	870.38	1 607.20

(4) 障碍因素　利用耕地质量等级图对障碍因素栅格数据进行区域统计，马铃薯二作区十级地大部分基本无明显障碍，部分存在障碍层次。用行政区划图与耕地质量等级图叠加联合形成行政区划耕地质量等级综合图，对障碍因素栅格数据进行区域统计，十级地中，2018年无明显障碍耕地面积较2009年增加1 733.67hm^2，存在障碍层次的耕地面积减少870.38hm^2，统计结果见表2-350。

表2-350　障碍因素马铃薯二作区十级地行政区划分布（hm^2）

县市	无障碍		障碍层次	
	2009年	2018年	2009年	2018年
青龙满族自治县	—	1 733.67	870.38	—
总计	—	1 733.67	870.38	—

(5) 耕层质地　利用耕地质量等级图对耕层质地栅格数据进行区域统计，马铃薯二作区十级地耕层质地为轻壤和砂壤。用行政区划图与耕地质量等级图叠加联合形成行政区划耕地质量等级综合图，对耕层质地栅格数据进行区域统计，十级地中，2009年青龙满族自治县耕地为轻壤；2018年，青龙满族自治县耕地耕层质地为轻壤和砂壤。2018年轻壤面积较2009年减少756.98hm^2，砂壤面积增加106.31hm^2，统计结果见表2-351。

表2-351　耕层质地马铃薯二作区十级地行政区划分布（hm^2）

县市	轻壤		砂壤	
	2009年	2018年	2009年	2018年
青龙满族自治县	870.38	1 627.36	—	106.31
总计	870.38	1 627.36	—	106.31

(6) 地形部位　利用耕地质量等级图对地形部位栅格数据进行区域统计，马铃薯二作区十级地地形部位为山地坡下。用行政区划图与耕地质量等级图叠加联合形成行政区划耕地质量等级综合图，对地形部位栅格数据进行区域统计，十级地中，2018年地形部位为山地坡下的耕地面积较2009年增加863.29hm^2，统计结果见表2-352。

表2-352　地形部位马铃薯二作区十级地行政区划分布（hm^2）

县市	山地坡下	
	2009年	2018年
青龙满族自治县	870.38	1 733.67
总计	870.38	1 733.67

(7) 质地构型　利用耕地质量等级图对质地构型栅格数据进行区域统计，马铃薯二作区十级地质地构型为薄层型和松散型。用行政区划图与耕地质量等级图叠加联合形成行政区划耕地质量等级综合图，对质地构型栅格数据进行区域统计，十级地中，2009年青龙满族自治县耕地为松散型；2018年青龙满族自治县耕地为薄层型。2018年松散型面积较2009年减少870.38hm^2，薄层型耕地面积增加1 733.67hm^2，统计结果见表2-353。

表 2-353 质地构型马铃薯二作区十级地行政区划分布（hm²）

县市	松散型		薄层型	
	2009 年	2018 年	2009 年	2018 年
青龙满族自治县	870.38	—	—	1 733.67
总计	870.38	—	—	1 733.67

（8）生物多样性 利用耕地质量等级图对生物多样性栅格数据进行区域统计，马铃薯二作区十级地生物多样性处于“不丰富”状态。用行政区划图与耕地质量等级图叠加联合形成行政区划耕地质量等级综合图，对生物多样性栅格数据进行区域统计，十级地中，2018 年处于“不丰富”状态耕地面积较 2009 年增加 863.29hm²，统计结果见表 2-354。

表 2-354 生物多样性马铃薯二作区十级地行政区划分布（hm²）

县市	不丰富	
	2009 年	2018 年
青龙满族自治县	870.38	1 733.67
总计	870.38	1 733.67

（9）农田林网化 利用耕地质量等级图对农田林网化栅格数据进行区域统计，马铃薯二作区十级地农田林网化处于“中”和“低”状态。用行政区划图与耕地质量等级图叠加联合形成行政区划耕地质量等级综合图，对农田林网化栅格数据进行区域统计，十级地中，2018 年处于“中”状态耕地面积较 2009 年增加 1 076.71hm²，处于“低”状态耕地面积减少 213.42hm²，统计结果见表 2-355。

表 2-355 农田林网化马铃薯二作区十级地行政区划分布（hm²）

县市	中		低	
	2009 年	2018 年	2009 年	2018 年
青龙满族自治县	—	1 076.71	870.38	656.96
总计	—	1 076.71	870.38	656.96

（10）清洁程度 利用耕地质量等级图对清洁程度栅格数据进行区域统计，马铃薯二作区十级地清洁程度处于“清洁”状态。用行政区划图与耕地质量等级图叠加联合形成行政区划耕地质量等级综合图，对清洁程度栅格数据进行区域统计，十级地中，2018 年处于“清洁”状态耕地面积较 2009 年增加 863.29hm²，统计结果见表 2-356。

表 2-356 清洁程度马铃薯二作区十级地行政区划分布（hm²）

县市	清洁	
	2009 年	2018 年
青龙满族自治县	870.38	1 733.67
总计	870.38	1 733.67

（11）盐渍化程度 利用耕地质量等级图对盐渍化程度栅格数据进行区域统计，马铃薯二作区十级地盐渍化程度为无和中度。用行政区划图与耕地质量等级图叠加联合形成行政区

划耕地质量等级综合图，对盐渍化程度栅格数据进行区域统计，十级地中，2018 年无盐渍化耕地面积较 2009 年增加 1 733.67hm^2，中度盐渍化耕地面积减少 870.38hm^2，统计结果见表 2-357。

表 2-357　盐渍化程度马铃薯二作区十级地行政区划分布（hm^2）

县市	无		中度	
	2009 年	2018 年	2009 年	2018 年
青龙满族自治县	—	1 733.67	870.38	—
总计	—	1 733.67	870.38	—

（12）*地下水埋深*　利用耕地质量等级图对地下水埋深栅格数据进行区域统计，马铃薯二作区十级地地下水埋深处于“≥300cm”状态。用行政区划图与耕地质量等级图叠加联合形成行政区划耕地质量等级综合图，对地下水埋深栅格数据进行区域统计，十级地中，2018 年地下水埋深“≥300cm”状态耕地面积较 2009 年增加 863.29hm^2，统计结果见表 2-358。

表 2-358　地下水埋深马铃薯二作区十级地行政区划分布（hm^2）

县市	≥300cm	
	2009 年	2018 年
青龙满族自治县	870.38	1 733.67
总计	870.38	1 733.67

（13）*耕层厚度*　利用耕地质量等级图对耕层厚度栅格数据进行区域统计，马铃薯二作区十级地耕层厚度为≥20cm、15～20cm 和＜15cm。用行政区划图与耕地质量等级图叠加联合形成行政区划耕地质量等级综合图，对耕层厚度栅格数据进行区域统计，十级地中，2018 年耕层厚度≥20cm 的耕地面积较 2009 年增加 934.07hm^2。耕层厚度为 15～20cm 的耕地面积增加 799.60hm^2，耕层厚度＜15cm 的耕地面积减少 870.38hm^2，统计结果见表 2-359。

表 2-359　耕层厚度马铃薯二作区十级地行政区划分布（hm^2）

县市	≥20cm		15～20cm		＜15cm	
	2009 年	2018 年	2009 年	2018 年	2009 年	2018 年
青龙满族自治县	—	934.07	—	799.60	870.38	—
总计	—	934.07	—	799.60	870.38	—

（14）*土壤有机质含量*　利用耕地质量等级图对土壤有机质含量栅格数据进行区域统计，二作区十级地 2009 年土壤有机质含量为 12.80g/kg，2018 年为 11.95g/kg。用行政区划图与耕地质量等级图叠加联合形成行政区划耕地质量等级综合图，对土壤有机质含量栅格数据进行区域统计，十级地中，2009 年土壤有机质含量变化幅度在 11.0～14.1g/kg 之间，2018 年在10.7～14.3g/kg 之间，2009—2018 年土壤有机质含量平均值减少 0.85g/kg，统计结果见表2-360。

表 2-360 土壤有机质含量马铃薯二作区十级地行政区划分布（g/kg）

县市	最大值		最小值		平均值	
	2009 年	2018 年	2009 年	2018 年	2009 年	2018 年
青龙满族自治县	14.1	14.3	11.0	10.7	12.8	11.95
总计	14.1	14.3	11.0	10.7	12.8	11.95

（15）土壤有效磷含量　利用耕地质量等级图对土壤有效磷含量栅格数据进行区域统计，二作区十级地 2009 年土壤有效磷含量为 21.90mg/kg，2018 年为 29.08mg/kg。用行政区划图与耕地质量等级图叠加联合形成行政区划耕地质量等级综合图，对土壤有效磷含量栅格数据进行区域统计，十级地中，2009 年土壤有效磷含量变幅在 18.6～26.7mg/kg 之间，2018 年在 25.1～34.7mg/kg 之间，2009—2018 土壤有效磷含量（平均值）增加 7.18mg/kg，统计结果见表 2-361。

表 2-361 土壤有效磷含量马铃薯二作区十级地行政区划分布（mg/kg）

县市	最大值		最小值		平均值	
	2009 年	2018 年	2009 年	2018 年	2009 年	2018 年
青龙满族自治县	26.7	34.7	18.6	25.1	21.9	29.08
总计	26.7	34.7	18.6	25.1	21.9	29.08

（16）土壤速效钾含量　利用耕地质量等级图对土壤速效钾含量栅格数据进行区域统计，二作区十级地 2009 年土壤速效钾含量为 104mg/kg，2018 年为 72.18mg/kg。用行政区划图与耕地质量等级图叠加联合形成行政区划耕地质量等级综合图，对土壤速效钾含量栅格数据进行区域统计得知，十级地中，2009 年土壤速效钾含量变化幅度在 97～113mg/kg 之间，2018 年在 66～77mg/kg 之间，2009—2018 年土壤速效钾含量平均值减小 31.82mg/kg，统计结果见表2-362。

表 2-362 土壤速效钾含量马铃薯二作区十级地行政区划分布（mg/kg）

县市	最大值		最小值		平均值	
	2009 年	2018 年	2009 年	2018 年	2009 年	2018 年
青龙满族自治县	113	77	97	66	104	72.18
总计	113	77	97	66	104	72.18

（17）土壤 pH　利用耕地质量等级图对土壤 pH 栅格数据进行区域统计，二作区十级地 2009 年土壤 pH 为 6.73，2018 年为 5.98。用行政区划图与耕地质量等级图叠加联合形成行政区划耕地质量等级综合图，对土壤 pH 栅格数据进行区域统计，十级地中，2009 年土壤 pH 变化幅度在 6.4～6.9 之间，2018 年在 5.5～6.5 之间，2009—2018 年土壤 pH 平均值减少 0.75，统计结果见表 2-363。

表 2-363 土壤 pH 马铃薯二作区十级地行政区划分布

县市	最大值		最小值		平均值	
	2009 年	2018 年	2009 年	2018 年	2009 年	2018 年
青龙满族自治县	6.9	6.5	6.4	5.5	6.73	5.98

（续）

县市	最大值		最小值		平均值	
	2009 年	2018 年	2009 年	2018 年	2009 年	2018 年
总计	6.9	6.5	6.4	5.5	6.73	5.98

(18) 土壤容重 利用耕地质量等级图对土壤容重栅格数据进行区域统计，二作区十级地 2009 年土壤容重为 1.52g/cm³，2018 年为 1.54g/cm³。用行政区划图与耕地质量等级图叠加联合形成行政区划耕地质量等级综合图，对土壤容重栅格数据进行区域统计得知，十级地中，2009 年土壤容重变化幅度在 1.50～1.53g/cm³ 之间，2018 年在 1.49～1.60g/cm³ 之间，2009—2018 年土壤容重平均值增加 0.02g/cm³，统计结果见表 2-364。

表 2-364 土壤容重马铃薯二作区十级地行政区划分布（g/cm³）

县市	最大值		最小值		平均值	
	2009 年	2018 年	2009 年	2018 年	2009 年	2018 年
青龙满族自治县	1.53	1.60	1.50	1.49	1.52	1.54
总计	1.53	1.60	1.50	1.49	1.52	1.54

第三章
马铃薯耕地质量演变因素分析

耕地质量受多种因素影响。主要的人为因素大致包括影响作物生长相关因素和影响农业生产经营管理、投入因素两类。前者包括，耕地固有自然质量特性和影响耕地质量的人为因素。例如，植物根系立地适宜性、土地适耕性等植物生长的立地特性；土壤水分与养分可利用状况等植物生长的物质特性；温度、光热、空气干湿度等作物生长环境特性等，统称为耕地固有自然质量特性。后者既影响农业生产经营管理、投入的因素包括土地平整、农田供水工程与灌溉设施、排水设施、防护林等，同时还包括适于土地经营管理规模、土地利用现状、农业机械的作业情况等。马铃薯耕地土壤质量改变与耕作制度、种植技术、施肥情况等多种因素有关，主要包括施肥、灌溉、种植技术等。

第一节　河北省马铃薯肥水管理

2009 年前后，河北省马铃薯施肥主要采用测土配方施肥技术。之后各类马铃薯高产高效生产技术、地膜覆盖技术、水肥一体化生产技术、全程机械化生产技术等逐渐推广，使全省马铃薯单产、总产稳步提高。

根据农业部要求，从 2005 年开始，在全省范围内推广测土配方施肥技术。测土配方施肥是以土壤化验和肥料田间试验为基础，根据农作物需肥规律、土壤供肥能力，并在合理施用有机肥料的基础上，提出大量元素（氮、磷、钾）及中、微量元素等肥料的施用品种、数量、施肥时期以及施用方法。测土配方施肥技术以养分归还学说、最小养分律、同等重要律、不可代替律、肥料效应报酬递减律和因子综合作用律等为理论依据，以确定不同养分的施肥总量和配比。全省已有 151 个项目县（市、单位）实施了测土配方施肥项目，覆盖到全省所有农业县。通过项目实施，摸清了耕地土壤肥力基本状况，初步建立了主要作物施肥指标体系，完善了测土配方施肥服务体系，推行了“一村一站、一户一卡”、配方信息上墙、站企结合等多种测土配方施肥推广服务模式，探索了配方、生产、销售“三位一体”有机结合的工作机制，促进了广大农民施肥观念的转变，增强了测土施肥、配方施肥和施配方肥的科技意识，取得了明显的经济、社会和生态效益，为促进农业增效、农民增收发挥了积极作用。

1. 河北马铃薯一作区施肥情况　对 2009 年一季作区的 14 个主要种植县(市、区)的 576 条测土配方施肥数据汇总表明（表 3-1），目标亩产在 1 000～2 000kg，有机肥亩施用量为畜禽粪便 2 000～2 500kg，化肥亩施用量（折纯量）氮（N）7.5～20kg、磷（P_2O_5）4～18kg、钾（K_2O）3～12kg。目标亩产在 2 000kg 以上，有机肥亩施用量为畜禽粪便或农家肥 3 000～

4 000kg，化肥亩施用量(折纯量)氮(N)6～24kg、磷（P_2O_5）5～25kg、钾（K_2O）9～40kg。2009 年一季作区化肥平均亩施用量氮 10.29kg、磷（P_2O_5）7.97kg、钾（K_2O）9.05kg。

对 2018 年一季作区的 8 个主要种植县（市、区）的 118 条测土配方施肥数据分析出（表 3-2），目标亩产在 1 000～2 000kg，有机肥亩施用量为畜禽粪便 2 000～2 500kg，化肥亩施用量（折纯量）氮（N）7.5～20kg、磷（P_2O_5）3～18kg、钾（K_2O）4～20kg。目标亩产在 2 000kg 以上，有机肥亩施用量为畜禽粪便 2 000～4 000kg，化肥亩施用量（折纯量）氮（N）7～23kg、磷（P_2O_5）3～18kg、钾（K_2O）5～15kg。2018 年一季作区化肥平均亩施用量氮 14.41kg、磷（P_2O_5）12.46kg、钾（K_2O）8.76kg。

表 3-1　2009 年一季作区马铃薯施肥状况汇总

地市	县域	样本数量（个）	亩产水平（kg）	有机肥种类	有机肥亩施用量（kg）	化肥亩施用量（折纯量，kg）		
						N	P_2O_5	K_2O
张家口	崇礼	72	1 000～3 000	畜禽粪便	2 000～2 500	10～11	4.5～5	5.0
	沽源	254	1 000～2 000	有机肥或畜禽粪便	4 000	7.5～20	7.5～28	7.5～26
		5	2 000～4 000	农家肥	3 000～4 000	6～17	6～18	7.5～21
	怀安	2	1 000～1 500	—	—	11.0	6.0	22.5
	康保	5	1 000～2 000	羊粪	2 000	4.5～16	3.4～5.6	1.5
		2	2 000～3 000	—	—	8.6～11	10.7	16.5～24.2
	尚义	20	1 000～2 000	牛粪	2 000	6.4～20	4.6～15	20
	万全	2	1 000～2 000	—	—	11.2	7.0	7.0
		2	2 000～2 500	—	—	17.6	19.0	9.0
	蔚县	3	1 000～2 000	农家肥或粪便	2 000	3～6.9	3～6	3～10
	宣化	168	1 000～1 500	人粪尿（鲜基）	2 000	4～21	4.8～18	5～24
		22	1 500～2 000	人粪尿（鲜基）	2 000	14～16.8	3～6	5～24
	御道口牧场	1	2 550	—	—	20	15	40
	张家口市	1	2 351	牛栏粪	4 000	16.6	9.8	15
	涿鹿	1	1 785	—	—	10.9	3.5	5.3
承德	承德县	1	2 300	—	—	50.0	25.0	30.0
	丰宁	7	600～1 000	—	—	3～5	1.5～2	8～12
		19	1 000～2 000	—	—	3～11	1.5～6	6～12
	围场	5	1 000～2 000	—	—	21.5～23.3	4.3～5.7	13.6～15.4
		4	2 000～2 500	—	—	21～24	5～5.6	6～13.6
平均值		—	—	—	—	10.29	7.97	9.05

表 3-2　2018 年一季作区马铃薯施肥状况汇总

地市	县域	样本数量（个）	亩产水平（kg）	有机肥种类	有机肥亩施用量（kg）	化肥亩施用量（折纯量，kg）		
						N	P_2O_5	K_2O
张家口	崇礼	30	2 000～2 500	畜禽粪便	2 000	11	4.5	5
	沽源	59	1 000～1 500	羊圈粪	5 000	16.6	18.4	10.4

（续）

地市	县域	样本数量（个）	亩产水平（kg）	有机肥种类	有机肥亩施用量（kg）	化肥亩施用量（折纯量，kg）		
						N	P_2O_5	K_2O
张家口	怀安	3	1 000	—	—	21.5	13.5	10
	康保	2	2 000～2 500	羊圈粪	1 000	6.67	5.16	13.5
	尚义	12	1 000～1 500	牛栏粪	2 000	6.4～20	4.6～15	9～20
	张家口市	1	2 500	牛栏粪	4 000	16.6	9.8	15
	涿鹿	6	1 000～1 500	—	—	7.5～9.2	2.5～9	3.8～12.5
		4	1 500～2 000	—	—	9.2～10.9	3～3.5	4.5～5.3
承德	双滦	1	2 500	—	—	23	18	24
平均值		—	—	—	—	14.41	12.46	8.76

2. 河北马铃薯二作区施肥情况 对2009年二季作区的4个主要种植县（市、区）的66条测土配方施肥数据分析（表3-3），目标亩产在1 000～2 000kg，有机肥亩施用量为猪粪尿2 000kg，化肥亩施用量（折纯量）氮（N）7kg、磷（P_2O_5）4kg、钾（K_2O）13kg，目标亩产在2 000～3 000kg，有机肥亩施用量为猪粪尿2 000kg，化肥亩施用量（折纯量）氮（N）10～15kg、磷（P_2O_5）6～18kg、钾（K_2O）18～25kg。目标亩产在3 000～4 000kg，有机肥亩施用量为猪粪尿2 000kg，化肥亩施用量(折纯量)氮（N）10～20kg、磷（P_2O_5）7～12kg、钾（K_2O）18～25kg。2009年二季作区化肥平均亩施用量氮11.36kg、磷（P_2O_5）7.08kg、钾（K_2O）18.57kg。

对2018年二季作区的9个主要种植县（市、区）的20条以上测土配方施肥数据汇总（表3-4），目标亩产在1 000～2 000kg，有机肥亩施用量为腐熟有机肥1 000kg，化肥亩施用量（折纯量）氮（N）15～24kg、磷（P_2O_5）9～15kg、钾（K_2O）9～27kg。目标亩产在2 000～3 000kg，有机肥亩施用量为腐熟有机肥1 000kg，化肥亩施用量（折纯量）氮（N）10～45kg、磷（P_2O_5）6～30kg、钾（K_2O）18～30kg。目标亩产在3 000～4 000kg，有机肥亩施用量为有机肥3 200～4 000kg，化肥亩施用量（折纯量）氮（N）12～21kg、磷（P_2O_5）7～23kg、钾（K_2O）18～33kg。2018年一季作区化肥平均亩施用量氮13.84kg、磷（P_2O_5）8.73kg、钾（K_2O）20.47kg。

表3-3 2009年二季作区马铃薯施肥状况汇总

地市	县域	样本数量（个）	亩产水平（kg）	有机肥种类	有机肥亩施用量（kg）	化肥亩施用量（折纯量，kg）		
						N	P_2O_5	K_2O
石家庄	灵寿	10	1 000～2 500	猪粪尿	2 000	7	4	13
邢台	隆尧	1	2 000	—	—	15	18.75	22.5
唐山	滦县	32	2 000～3 000	—	—	10～13	6～8	18～25
		19	3 000～4 000	—	—	10～13	7～10	18～25
	玉田	4	3 000～3 500	—	—	20	12	24
平均值		—	—	—	—	11.36	7.08	18.57

表 3-4　2018 年二季作区马铃薯施肥状况汇总

<table>
<tr><th rowspan="2">地市</th><th rowspan="2">县域</th><th rowspan="2">样本数量（个）</th><th rowspan="2">亩产水平（kg）</th><th rowspan="2">有机肥种类</th><th rowspan="2">有机肥亩施用量（kg）</th><th colspan="3">化肥亩施用量（折纯量，kg）</th></tr>
<tr><th>N</th><th>P_2O_5</th><th>K_2O</th></tr>
<tr><td rowspan="2">唐山</td><td rowspan="2">滦县</td><td>26</td><td>2 000～3 000</td><td>—</td><td>—</td><td>10～13</td><td>6～8</td><td>18～25</td></tr>
<tr><td>34</td><td>3 000～4 000</td><td>—</td><td>—</td><td>12～13</td><td>7～10</td><td>18～25</td></tr>
<tr><td>邯郸</td><td>曲周</td><td>多点调查</td><td>2 000</td><td>腐熟有机肥</td><td>1 000</td><td>15.9～24.2</td><td>9～15</td><td>9～25</td></tr>
<tr><td rowspan="4">石家庄</td><td>赵县</td><td>多点调查</td><td>2 500</td><td>—</td><td>—</td><td>30</td><td>30</td><td>30</td></tr>
<tr><td>正定</td><td>多点调查</td><td>2 500～3 500</td><td>—</td><td>—</td><td>13</td><td>10</td><td>20</td></tr>
<tr><td>行唐</td><td>多点调查</td><td>1 400～1 600</td><td>—</td><td>—</td><td>15</td><td>15</td><td>27.5</td></tr>
<tr><td>栾城</td><td>多点调查</td><td>2 700～2 800</td><td>—</td><td>—</td><td>18.75</td><td>18.75</td><td>18.75</td></tr>
<tr><td rowspan="2">邢台</td><td>隆尧</td><td>多点调查</td><td>3 500～4 000</td><td>有机肥</td><td>3 200～4 000</td><td>21.2</td><td>23</td><td>33.8</td></tr>
<tr><td>平乡</td><td>多点调查</td><td>3 000</td><td>—</td><td>—</td><td>33.4～45.5</td><td>10～15</td><td>20～30</td></tr>
<tr><td>沧州</td><td>吴桥</td><td>多点调查</td><td>2 500～3 000</td><td>—</td><td>—</td><td>15～22.5</td><td>12～18</td><td>18～27</td></tr>
<tr><td colspan="2">平均值</td><td>—</td><td>—</td><td>—</td><td>—</td><td>13.84</td><td>8.73</td><td>20.47</td></tr>
</table>

第二节　马铃薯水肥一体化

水肥一体化技术是指根据作物需求，对水分和养分进行综合调控和一体化管理，实现水肥耦合，全面提升农作物水肥利用效率。马铃薯水肥一体化种植技术，具有省水、节肥，省工的特点，同时能够有效提高马铃薯产量和商品薯率，减少病虫害。按照马铃薯全生育期及各生育阶段的需肥需水规律，制定科学的灌溉施肥制度，安排灌溉量和施肥量，保证马铃薯不同生育时期水分和养分需求。灌溉和追肥主要通过滴灌完成，追肥主要在马铃薯现蕾期、盛发期、膨大期各一次。一般情况下，每次每亩灌溉量维持在 12～15 m^3。

1. 喷灌　喷灌是通过管道将有压水送到灌溉农田，利用喷头分散成细小水滴，均匀喷洒到田间，对作物进行的灌溉。作为一种先进的机械化、半机械化灌水方式，喷灌在很多发达国家已被广泛采用，一般有平移式、管道式、卷盘式、中心支轴式和轻小型机组式等方式。喷灌的主要优点如下：①节水效果显著，水分利用率可达 80%。②由于取消了农渠、田间灌水沟、毛渠及畦埂，增加 15%～20%的播种面积，改善了田间小气候和农业生态环境，灌水均匀土壤不板结，有利于抢季节和保全苗，使得作物增产幅度一般可达 20%～40%。③避免了由于过量灌溉造成土壤的次生盐碱化。④大大减少了平整土地和田间渠系建设及管理维护等的工作量。⑤促进了农业的机械化、产业化和现代化发展。⑥减少农民用于灌水的投劳和费用，增加收入。

2. 滴灌　滴灌可根据作物生育期对水分的需求，将水分和养分通过滴灌系统均匀持续供给作物根区，是一种高效灌溉技术，具有节水、增产、省肥、省工等特点。滴灌比喷灌具有更高的节水增产效果，同时可以结合施肥，提高施肥效果，此外，滴灌还具有减少地面水分蒸发、抑制杂草生长、减轻盐分在地表聚集、减少病害等优点。滴灌和地膜相结合形成膜下滴灌技术，已在我国北方大面积推广。覆膜不仅大大减少了作物棵间蒸发，而且避免了土壤水分的深层渗漏和地表的径流，使作物对水、肥的利用更加直接有效，便于田间管理和精准灌溉，达到高效用水的目的。

河北一季作区马铃薯广泛采用覆膜种植技术，配合马铃薯种植机械，使用播种机一次性完成起垄、播种、施肥、覆膜、铺设滴灌带等工作。有研究表明，与漫灌相比，滴灌施肥显著提高了马铃薯氮肥利用率和产量。江俊艳在马铃薯生产中，膜下滴灌条件下，灌水量小，地表蒸发量少，不向深层渗漏，能维持根区最佳土壤含水量，比传统灌溉节水 70%～80%，比喷灌节水 20%～30%。王玉明等研究表明，与露地滴灌相比，膜下滴灌马铃薯增产达 26%，水分利用效率提高 28.5%。

第三节　马铃薯全程机械化

依靠传统方法种植和收获马铃薯劳动强度大，费工费时，效率低，且占用大量劳动力资源，影响劳动力转移和经济效益提高。马铃薯机械化种植技术集开沟、施肥、种植、覆土、镇压等作业于一体的综合机械化技术，具有保墒、省工、节种、节肥、深浅一致等优点，不仅可以提高种植质量，降低劳动强度，而且为马铃薯中耕、收获等作业机械化提供了条件。

据测算，马铃薯机械整地效率是人畜力效率的 40 倍，机械化开沟、施肥、播种效率是人工播种效率的 80 倍，机械化收获是人工收获效率的 60 倍。发展马铃薯生产全程机械化是马铃薯产业快速发展的重要技术手段。伴随马铃薯的种植规模的稳步增长，马铃薯的机械化种植、收获机械及配套技术已经逐渐完善。

主要机械化技术及特点（河北坝上地区马铃薯全程机械化生产技术，2014）：

（1）*深松耕技术*　采用深松耕机械，达到规定的耕深，深耕 25～35 cm，深松 35～45 cm。确保土壤疏松细碎，地表平整；耕深、耕宽均匀一致。

（2）*机械耙耱整地技术*　于马铃薯播种前，采用大中型拖拉机配套耙并配铁耱整地，确保土壤细碎，土质松软，为马铃薯播种创造条件。

（3）*化肥机械施肥技术*　采用机械化或半机械化化肥深施机具，按种植要求，将所需化肥品种、数量、施肥部位和施肥深度均匀施用。采用种肥分层施肥播种机复式作业，种肥一次性施入土壤。

（4）*机械化播种技术*　利用马铃薯播种机一次完成开沟、施肥、播种、覆土、起垄、镇压、铺膜等作业。机械化播种技术可以保证种植深度。河北省大部分地区马铃薯种植采用垄作。垄作提高地温，促进早熟，利于抗涝，便于锄草和灌溉，更有利于机械化作业。垄作时，马铃薯种植深度（含垄高）一般为 12～18 cm，马铃薯种植机械化将起垄、播种一次性完成，保证起垄高度与种植深度。该技术可确保适时播种，是马铃薯取得高产的重要因素。当土壤 10 cm 深处地温达到 7～8℃时是马铃薯种植的最佳时期。而传统的人、畜力无法在最佳时期完成大面积作业。依靠高效率的机械化种植机械，能够确保适时种植，保证全苗，为高产打下基础。同时，该项技术具有保墒、效率高、省工节种、节肥和播种深浅一致等特点。

（5）*机械化中耕培土技术*　利用马铃薯中耕培土机一次完成中耕除草、松土、追肥、培土等作业，达到蓄水保墒、除草和增加土壤透气性的目的。一般中耕作业以二次为宜。在马铃薯芽出土前和现蕾期前各中耕培土一次。

2000 年以来，我国马铃薯机械化开始起步，马铃薯机械以种植机械和收获机械为主，大多数机械可以一次性完成马铃薯种植、施肥、铺膜等项作业。部分机械完成马铃薯种植的深松、施肥、开沟、播种、注水、起垄、覆土和镇压等多道工序。

我国对马铃薯收获机械的研制虽较早，但发展缓慢。20 世纪初的中国农村，小面积的挖掘马铃薯主要采用了手工的铁锹或锄头的挖掘方式，较大面积的挖掘采用了畜力牵引犁，将薯块翻出，由人工捡拾。我国黑龙江、甘肃、内蒙古、陕西等省份根据各自种植特点，研制马铃薯收获机，主要适用于我国北方干旱半干旱地区农户和小型农场，生产效率较高。

2018 年前后，随着市场需求，农机购置补贴政策等强农惠农措施的推动，广大农民购置、使用马铃薯生产机械的积极性不断提高，马铃薯全程机械化生产得到了长足发展。现已生产出适应全国不同主产区的地形条件、土壤类型、种植模式和经营规模等的马铃薯生产全程机械化设备，并探索出配套技术。

针对河北省马铃薯生产情况，马铃薯一季作区地势相对平坦、地块较大，规模化种植发展速度较快。全程机械化发展重点为大、中型播种和收获技术，马铃薯机械化联合耕整地、精量播种、联合收获和分段收获、高效精准植保、秸秆处理以及残膜收机械化技术及装备。近年来，张家口、承德两市马铃薯种植广泛推广应用马铃薯机械化生产技术，农机农艺结合，通过机械化完成起垄、覆膜、中耕、节水喷灌、收获等工序，马铃薯亩产可达到 3 500kg。

河北省马铃薯二季作区种植区域较为零散，地块较小，种植规模小，全程机械化发展重点为小型播种和收获机械与配套技术，以中、小型马铃薯播种机、收获机、高效精准植保及秸秆处理等机械及配套技术为主。

第四节　土壤微生物因素

马铃薯属茄科植物，忌连作。连作障碍是根际土壤系统内部诸多因素综合作用的外在表现，其因素主要有土壤理化性状劣变、土传病害和根际分泌物引起的自毒作用等。作物重茬导致的连作障碍与农田土壤、气候、栽培状况等因素密切相关。因此，连作后的土壤变化是一个涉及土壤、作物和微生物等多因素共同作用的过程，尤其是化感自毒物质和土壤微生物之间的协同作用。农田长期重茬种植，使马铃薯产量降低、品质下降。国内外许多学者研究表明，连作会引起植物自毒，导致土壤微生物群落结构和功能改变，同时连作会导致土壤养分失调，并且根系分泌的酚酸类物质会抑制土壤有益微生物生长，连作年限越久，土壤中酚酸类物质会积累越多，毒害作用加大，从而加剧破坏根际土壤微生物群落的平衡。土壤微生物对农业生态系统的结构和可持续发展至关重要，在物质和能量传递、养分循环利用以及土壤自我修复过程中起着重要的作用。

耕地质量不仅取决于土壤的养分与理化性质，还与土壤的生物学性质有关。土壤微生物量和酶活性是影响土壤微生态环境的重要因素，同时还是植物营养元素的活性库。长期不合理施肥，会造成土壤理化性状下降、养分失调等问题。

采用生物有机肥、复合微生物肥料和农用微生物菌剂等产品，可在向土壤补充养分的同时，输入有益微生物。有益微生物具有促进土壤养分转化，提高作物利用率，增强植物抗逆性的功效。近年来，微生物类肥料在全省马铃薯种植中逐渐推广应用，巨大芽孢杆菌和胶质芽孢杆菌作为有效菌株的溶磷解钾微生物菌剂在农业生产上应用较为广泛。巨大芽孢杆菌作为可以分解软磷脂和土壤中吸附态磷，提高土壤有效态磷含量。胶质芽孢杆菌具有解钾、解硅、溶磷等作用。国内学者对微生物菌剂在马铃薯种植上的效果做了大量研究，如河北省坝上地区砂壤土，种植马铃薯施用含有巨大芽孢杆菌和胶质芽孢杆菌的混合菌剂，既可以提升土壤中磷钾的养分，同时又可以防止过量施用化肥带来的养分流失和环境问题。

第五节　地膜覆盖

1. 地膜覆盖技术推广情况　地膜覆盖技术具有保温、保墒、抑制杂草等特点，从而促进作物增产。这项技术从 20 世纪 70 年代左右开始引入国内，在我国旱地农业生产中发挥重要作用，称为我国旱地农业生产的“白色革命”开始。目前地膜覆盖技术已在我国大部分省份被广泛应用，适宜作物有马铃薯、棉花、玉米等。国家统计局数据显示，我国 2018 年农用塑料薄膜使用量为 246.68 万 t。

地膜覆盖技术被广泛应用于河北省马铃薯的生产中。2009 年期间，河北一季作区主要采用垄作马铃薯种植技术，土壤经灭茬、深松、平整等措施后起垄，铺膜后，于地膜上开穴后播种。地膜可保持土壤中水分，抑制水分蒸发。该项技术简单易学，因此在河北省乃至全国干旱、半干旱地区得到大面积推广。

2018 年期间，由于马铃薯全程机械化和水肥一体化技术的成熟和推广，河北省马铃薯广泛采用膜下滴灌方式种植马铃薯。该技术采用马铃薯种植机械，一次性完成整地、施肥、播种、铺设滴灌带、覆膜等工序，省时省工。灌溉采用滴灌完成，便于田间管理和精准灌溉，达到省水、节肥的目的，且起到了显著的增产、增收的效果。

目前河北二季作区 90％以上采用地膜覆盖技术，马铃薯种植多以 3 月上旬播种，6 月上中旬收获上市。该区域光热条件适宜早熟马铃薯与地膜覆盖技术配套。马铃薯品种选择生长期短，结薯早，薯块膨大快，商品性好的早熟品种，如费乌瑞它、中薯 3 号、早大白等。

根据地膜覆盖情况，二季作区可以分为一膜覆盖、二膜覆盖、三膜覆盖、四膜覆盖 4 种模式。

（1）*一膜覆盖*　主要是指单一的地膜覆盖，主要分布在石家庄、保定、沧州、衡水、邢台的冀中南地区粮区、棉区和山区。该种植模式地膜覆盖具有促进马铃薯早出苗及生长发育、提高地温、保水保肥、抑制杂草等优点，明显增加农民经济效益，已成为二季作区成熟应用的马铃薯栽培技术。

（2）*二膜覆盖*　以地膜＋拱棚为主，主要应用在河北二季作区。二膜覆盖可减少地面蒸腾，最大限度地利用地下水分，抑制杂草生长，减少风蚀侵害，从而增加马铃薯产量，提高马铃薯价格。

（3）*三膜覆盖*　主要是地膜＋拱棚＋大棚，特别适宜在河北二季作区应用。该技术模式的特点是马铃薯直接播种，省去了马铃薯催芽环节，且能充分利用光热资源，茬口安排合理，符合马铃薯及配套作物的生长规律，高产高效，便于推广。

(4) 四膜覆盖　通常是指地膜＋小拱棚＋中拱棚＋大拱棚，四膜覆盖是种植早春马铃薯高效栽培模式，主要在冀中南地区进行。四膜覆盖可以充分利用多膜覆盖提高温度，达到早播早收，提早上市，提高单位土地面积生产效益的目的。

根据作物种植情况，主要分为马铃薯—玉米轮作、马铃薯—棉花轮作、马铃薯—玉米间作等种植模式。

(1) 马铃薯—玉米轮作　该种植模式主要分布在太行山山前平原的石家庄、保定、沧州、衡水、邢台等粮食主产区。于3月上旬播种，采用大垄双行种植铺地膜种植春季马铃薯。6月上中旬马铃薯收获后种植夏玉米。马铃薯亩产约为3 000kg，玉米亩产为650kg。

(2) 马铃薯—棉花轮作　多在河北省棉花种植区采用马铃薯—棉花套种技术。主要在辛集市，邯郸的肥乡、魏县、成安、曲周等县市，邢台的南宫、威县、隆尧、新河等县市，衡水的冀州、枣强、故城，沧州的吴桥、东光、河间等县市推广，马铃薯套种棉花或马铃薯收获后复种夏播棉。其中，马铃薯套种棉花模式，3月上旬地膜播种马铃薯，于4月下旬地膜播种棉花，于10月底收获棉花，籽棉亩产约300kg。马铃薯复种夏播棉模式，于3月上旬地膜播种马铃薯，采用大垄双行种植，马铃薯6月上旬收获，亩产可达2 500kg。马铃薯收获后于6月10日前后播种棉花。

(3) 马铃薯—玉米间作　主要在石家庄的赞皇、元氏、平山、井陉、灵寿等县；邢台的内丘、临城等县；邯郸的涉县，武安等县；保定的阜平、易县等山区、半山区县推广。马铃薯3月中下旬地膜播种，采用大小行播种；6月上旬，在马铃薯之间的大行距内播种夏玉米。6月20日左右收获马铃薯，马铃薯收获后加强玉米的管理。马铃薯亩产2 500kg，夏玉米亩产达到650kg。

2. 地膜残留　农用地膜在促进作物增产的同时，也带来了土壤的“白色污染”。我国目前使用的地膜大多数是聚乙烯或聚氯乙烯薄膜，具有极高的化学和生物性质稳定，在自然条件下很难降解，且极易碎，无法完整地回收。土壤中积累大量地膜残留，将造成土壤隔离带，影响土壤中水分和养分的正常运动，并影响种子萌发和出苗，造成作物产量严重下降，长期下去，不仅造成作物减产，还加剧农田生态系统的污染。所以科学回收处理地膜十分重要。

目前，我国残膜回收主要采用半机械化的回收机具和人工完成捡拾。我国研制的残膜回收机具种类较多。残地膜回收机具地膜回收率较高，但功能单一，只能完成残膜回收作业，且机械成本较高，完成马铃薯收获后还需进入田间单独完成回收作业，增加了时间和用工成本，降低了综合经济效益，农民不易接收，阻碍了机械和技术的推广。人工捡拾地膜，仅靠人力完成作业，劳动强度大，作业时间长，地膜回收率低，影响了马铃薯的收益。

第四章
马铃薯主产区耕地质量提升

第一节　马铃薯主产区耕地质量限制因素分析

前面章节中通过选择耕地自然质量、空间质量、管理质量和生态质量 4 个方面对耕地进行了综合质量评价，各质量量化的情况决定了耕地综合质量的高低，从而得出河北省马铃薯耕地质量评价结果。进一步通过对影响马铃薯耕地质量的各因素进行分析，提出限制该地区耕地保护提升的障碍因素，为耕地质量保护提升提供参考依据。为探讨河北省马铃薯耕地综合质量提升的可能性与潜力大小，充分挖掘耕地的潜在质量，引入限制因素指数模型，分析各评价指标对耕地综合质量的限制程度，划分限制因素区，并以此为科学依据有目的、有针对性的消除影响耕地综合质量的限制因素，提升耕地的综合质量。

一、限制因素指数模型

引入限制因素指数模型对耕地综合质量限制因素进行分析，确定其限制程度，为后续耕地综合质量提升提供参考，在耕地综合质量评价基础上对影响耕地综合质量的限制因素进行诊断，将耕地综合质量中各限制因素的实际得分与最大值进行比较，两者差额占最大值的百分比即为该限制因素的全域限制程度。其具体计算公式如下：

$$P_{ij}=1-A_{ij}$$

$$X_{ij}=\frac{P_{ij}G_{ij}}{\sum_{i=1}^{n}p_{ij}G_{ij}}\times 100\%$$

式中，X_{ij} 为指标限制程度，即准则层 i 中单项指标 j 对耕地综合质量的限制程度；P_{ij} 为偏离度，即准则层 i 中的单项指标 j 与指标标准值差距；G_{ij} 为贡献度，即准则层 i 中单项指标 j 对耕地综合质量的影响程度（权重）；A_{ij} 为指标隶属度，即准则层 i 中单项指标 j 的指标隶属度。

将限制程度按照其数值大小划分为无限制（0%）、轻度限制（0%～10%）、中度限制（10%～20%）以及重度限制（>20%），如表 4-1 所示。

表 4-1　河北省耕地综合质量限制程度分级

限制程度	分级
0%	无限制

（续）

限制程度	分级
0%～10%	轻度限制
10%～20%	中度限制
＞20%	重度限制

二、限制因素分析

对研究区域内 1 690 个评价单元的限制因素的限制程度进行计算，其中质地构型的限制程度最大为 28.2%，地形部位的限制程度最大为 39.3%，坡度的限制程度最大为 14.6%，有效土层厚度的限制程度最大为 37.8%，耕层质地的限制程度最大为 23.8%，土壤容重的限制程度最大为 37.2%，障碍因素的限制程度最大为 23.6%，灌溉能力的限制程度最大为 39.1%，排水能力的限制程度最大为 39.5%，生物多样性的限制程度最大为 19.0%，农田林网化的限制程度最大为 16.6%，有机质含量的限制程度最大为 40.6%，全氮含量的限制程度最大为 38.8%，有效磷含量的限制程度最大为 26.3%，速效钾含量的限制程度最大为 27.6%，pH 的限制程度最大为 43.7%，清洁程度均表现为无限制，其中仅坡度、生物多样性和农田林网化均小于重度限制因素的下限 20%，该三项限制因素指标无重度限制。

1. 重度限制因素分析　分县统计各限制因素的重度限制面积，统计研究区各限制因素的重度限制面积占研究区总面积的比例，灌溉能力作为重度限制的第一大限制因素，其面积占研究区耕地总面积的 13.6%，其中围场满族蒙古族、张北县、沽源县的灌溉能力的限制面积占研究区耕地面积的 1.5%以上；有机质含量作为重度限制的第二大限制因素，其限制面积占研究区耕地总面积的 10.8%，其中昌黎县、尚义县、赤城的限制因素中全氮含量的限制面积均占研究区耕地总面积的 1%以上；生物多样性、农田林网化等限制因素无重度限制因素，坡度、有效耕层厚度等因素重度限制因素较低。

2. 限制因素分析　以质地构型含量为限制因素的区域，其限制程度范围 0～28.2%，其中无限制的区域面积占研究耕地总面积的 15.3%，主要集中在马铃薯二作区，包括乐亭县、昌黎县、隆化县、涿州市、邢台县等。轻度限制的区域占比最大约 67.9%，主要集中在马铃薯一作区，诸如张北县、康保县、阳原县、逐鹿县等。中度限制的区域主要集中在蔚县、怀安县、新乐市和饶阳县，其区域面积占研究耕地总面积约为 16.7%。重度限制的区域只包括新乐市、承德县、沽源县和阜平县，其区域面积占研究耕地总面积不足 1%。

以地形部位为限制因素的区域，其限制程度范围 0～39.3%，其中无限制的区域面积占研究耕地总面积为 9.3%，主要集中在马铃薯二作区，包括乐亭县、昌黎县、涿州市、玉田县等。轻度限制的区域占比最大约 56.2%，主要集中在丰宁满族自治县、沽源县、围场满族蒙古县、尚义县、赤城县等。中度限制的区域主要集中在康保县、张北县、蔚县、平泉县等，其区域面积占研究耕地总面积约为 32.5%。重度限制的区域共包括 8 个县区。诸如蔚县、崇礼区、灵寿县和张北县等，其区域面积占研究耕地总面积约 2.0%。

坡度为限制因素的区域，其限制程度范围 0～14.6%，其中无限制的区域面积占研究耕地总面积最大为 65.2%，无限制的耕地主要分布在沽源县、张北县、尚义县、赤城县等。轻度限制的区域占比次之，约为 34.6%，主要集中在康保县、丰宁满族自治县、围场满族蒙古族自治县、张北县等。中度限制的区域主要集中在张北县、青龙满族自治县、内丘县、平泉县和万全区，其区域面积占研究耕地总面积约 0.2%。无重度限制区域，这表明坡度不是研究区耕地的主要限制因素。

以有效土层厚度为限制因素的区域，其限制程度范围为 0～37.8%，其中轻度限制的面积占研究区耕地总面积为 74.1%，分布广泛。重度限制的区域占比小不足 1%，仅分布在邢台县和万全区区域内。无限制的耕地主要分布在围场满族蒙古族自治县、丰宁满族自治县、蔚县、怀安县、阳泉县等，占研究区耕地总面积约为 23.2%。中度限制的耕地主要分布在新乐市、涿州市、张北县、万全区、涿鹿县，沽源县等 26 个县区，中限制的区域面积占研究区耕地总面积为 2.6%。

以土壤容重为限制因素的区域，其限制程度范围为 0～37.2%，其中七成区域属于轻度限制因素的区域，其面积占研究区耕地总面积为 70.9%，重度限制的区域占比最小为 0.6%，重度限制的耕地主要分布在定兴县、灵寿县、涿州市、曲阳县、新乐市、沽源县、涞水县、万全区。中度限制的耕地主要分布在沽源县、玉田县、曲阳县、定兴县等，其面积占研究区耕地总面积为 17.6%。无限制的区域面积占研究耕地总面积约为 10.9%，主要分布在张北县、怀来县、崇礼区、围场满族蒙古族自治县等 23 县区。

以障碍因素为限制因素的区域，其限制程度范围为 0～23.6%，其中九成区域属于无限制因素的区域，其面积占研究区耕地总面积为 89.6%；重度限制仅出现在平泉县、乐亭县、承德县部分区域，其面积占研究区耕地总面积不足 0.1%。中度限制的耕地主要分布在玉田县、万全区、平泉县、承德县等区域内，其面积占研究区耕地总面积约 1.1%。轻度限制的区域面积占研究耕地总面积约为 9.2%，主要分布在万全区、平泉县、玉田县等 26 县区。

以灌溉能力为限制因素的区域，其限制程度范围为 0～39.1%，无限制的区域位于涿州市、新乐市、涞水县、怀来县等 14 个区县，其面积占研究区耕地总面积为 3.6%。轻度限制的区域主要位于蔚县、隆化县、丰宁满族自治县、曲阳县、饶阳县等，其面积占研究区耕地总面积为 22.7%。中度限制的区域主要位于康保县、张北县、沽源县、丰宁满族自治县等，其面积占研究区耕地总面积为 60.1%。重度限制的区域主要位于围场满族蒙古族自治县、张北县、沽源县、崇礼区等，其面积占研究区耕地总面积为 13.6%。综上所述，研究区域灌溉能力普遍不高，中度限制区域较高。

以排水能力为限制因素的区域，其限制程度范围为 0～39.5%，其中四成的区域属于轻度限制因素的区域，其面积占研究区耕地总面积为 40.4%，重度限制的区域占比最小为 3.4%，重度限制的耕地主要位于乐亭县、玉田县、隆化县、尚义县等。中度限制的耕地主要分布在丰宁满族自治县、沽源县、尚义县、赤城县、隆化县等，说明这些县的排水能力较差，其面积占研究区耕地总面积为 48.3%。无限制的耕地主要位于阳原县、怀来县、新乐市、康保县等，其面积占研究区耕地总面积为 7.9%。

以生物多样性为限制因素的区域，其限制程度范围为 0～19.0%，无重度限制的区域。研究区域几乎全部都属于轻度限制因素的区域，其面积占研究区耕地总面积为 95.6%，无限制的区域占比约为 1.1%，主要分布于蔚县、怀来县、内丘县、万全区、邢台县、宣化区。中度限制的耕地主要分布在清苑区、赤城县、乐亭县等共 19 个县区，其面积占研究区耕地总面积为2.6%。

以农田林网化为限制因素的区域，其限制程度范围为0～16.6%，无重度限制的区域。研究区域几乎全部都属于轻度限制因素的区域，其面积占研究区耕地总面积为97.7%，无限制的区域占比约为1.6%，主要分布于乐亭县、玉田县。青龙满族自治县、内丘县、蔚县5个区县。中度限制的耕地主要分布在怀来县、涿鹿县、崇礼区、阜平县等共10个县区，其面积占研究区耕地总面积为0.7%。

以有机质含量为限制因素的区域，其限制程度范围为0～40.6%。无限制的耕地主要位于平泉县、涿州市、玉田县、张北县等区县，其面积占研究区耕地总面积为10.4%。轻度限制的区域主要位于康保县、张北县、沽源县、蔚县、围场满族蒙古族自治县等，其面积占研究区耕地总面积为37.5%。中度限制的区域主要位于张北县、康保县、沽源县、围场满族蒙古族自治县等，其面积占研究区耕地总面积为41.3%。重度的区域主要位于昌黎县、尚义县、阳原县、赤城县等，其面积占研究区耕地总面积为10.8%。综上所述，研究区域有机质含量普遍不高，轻度和中度限制区域较高。

以全氮含量为限制因素的区域，其限制程度范围为0～38.9%。无限制的耕地主要位于沽源县、崇礼区、丰宁满族自治县、平泉县等区县，其面积占研究区耕地总面积仅为5.5%。轻度限制的区域主要位于康保县、张北县、沽源县、赤城县等，其面积占研究区耕地总面积为48.9%。中度限制的区域主要位于张北县、丰宁满族自治县、围场满族蒙古族自治县、昌黎县等，其面积占研究区耕地总面积为41.6%。重度的区域主要位于阳原县、曲阳县、蠡县、涿州市等，其面积占研究区耕地总面积为4.0%。

以有效磷含量为限制因素的区域，其限制程度范围为0～26.3%，研究区域近七成耕地都属于无限制因素的区域，其面积占研究区耕地总面积为66.1%，重度限制的区域占比仅为0.1%，主要分布于尚义县、阳泉县、涿鹿县、涞水县、宣化区、怀安县、怀来县、定兴县、蠡县。轻度限制的耕地主要分布在康保县、张北县、尚义县、赤城县、丰宁满族自治县等，其面积占研究区耕地总面积为28.0%。中度限制的耕地主要分布在阳原县、尚义县、康保县、赤城县等，其面积占研究区耕地总面积为5.8%。

以速效钾含量为限制因素的区域，其限制程度范围为0～27.6%，研究区域近八成耕地都属于无限制因素的区域，其面积占研究区耕地总面积为80.1%，重度限制的区域占比不足0.1%，主要分布于涿州市、阜平县、灵寿县。轻度限制的耕地主要分布在康保县、张北县、青龙满族自治县、昌黎县、沽源县、阳泉县等，其面积占研究区耕地总面积为18.0%。中度限制的耕地主要分布在涿州市、新乐市、阜平县、昌黎县、灵寿县等，其面积占研究区耕地总面积为1.8%。

以pH为限制因素的区域，其限制程度范围为0～43.7%，其中五成的区域属于中度限制因素的区域，其面积占研究区耕地总面积为46.9%，重度限制的区域占比最小为6.8%，重度限制的耕地主要位于武安市、定兴县、饶阳县、怀来县、涿州市等。轻度限制的耕地主要分布在康保县、围场满族蒙古族自治县、张北县、尚义县、沽源县等，其面积占研究区耕地总面积为35.0%。无限制的耕地主要位于围场满族蒙古族自治县、隆化县、承德县、平泉县、灵寿县等，其面积占研究区耕地总面积为11.3%。

以耕层质地为限制因素的区域，其限制程度范围为0～23.8%，其中近八成的区域属于轻度限制因素的区域，其面积占研究区耕地总面积为74.0%，重度限制的区域占比不足

0.1%，重度限制的耕地主要位于新乐市和涿鹿县。中度限制的耕地主要分布在新乐市、涿州市、张北县、万全区、涿鹿县等，其面积占研究区耕地总面积为2.9%。无限制的耕地主要位于丰宁满族自治县、蔚县、围场满族蒙古族自治县、怀安县等，其面积占研究区耕地总面积为23.1%。

3. 耕地综合质量限制因素分区 以行政区县为单位对区县范围内的耕地图斑限制因素进行统计，以占区县总耕地面积较大的耕地最大限制因素为标准对各行政区县进行限制因素分区，得到19类限制因素区，其中限制因素类型为灌溉、排水—灌溉、有机质—pH、有机质—全氮—灌溉、有机质—排水—灌溉—pH、有机质—全氮—排水—灌溉—pH的区县耕地总面积占总耕地面积比均在5%以上（表4-2)。这四类限制因素的耕地面积占耕地总面积的44.26%。分类统计结果显示，有机质含量限制的耕地面积占耕地总面积的39.9%，全氮含量限制的耕地面积占耕地总面积的29.7%，pH限制的耕地面积占耕地总面积的44.3%，排水限制的耕地面积占耕地总面积的41.9%，灌溉限制的耕地面积占耕地总面积的60.9%。

表4-2 河北省马铃薯种植区耕地综合质量限制因素类型分区占比

限制因素类型	区县个数	占比（%）
全氮	1	1.01
灌溉	2	8.89
有机质—全氮	1	0.84
排水—灌溉	3	5.8
排水—pH	2	2.09
全氮—pH	1	1.31
有机质—pH	1	5.1
灌溉—pH	1	3.04
有机质—灌溉	1	1.39
有机质—全氮—灌溉	2	5.12
排水—灌溉—pH	2	3.76
全氮—排水—pH	1	1.16
全氮—灌溉—pH	1	0.96
有机质—全氮—pH	4	3.7
全氮—速效钾—pH	1	1.02
有机质—排水—灌溉—pH	4	12.5
有机质—全氮—排水—灌溉	2	3.4
有机质—全氮—排水—灌溉—pH	3	6.85
有机质—全氮—有效磷—灌溉—pH	1	2.46

以灌溉能力为主导限制因素，包括由有机质、pH、排水能力、有效磷和全氮为次要限制因素组成的多种类型分区，其面积占耕地总面积的6.85%。主要分布于3个区县昌黎县、清苑区和丰宁满族自治县。有机质—排水—灌溉—pH限制因素类型区影响范围、分布范围广，集中组团式分布于全省境内，其面积占耕地总面积的12.5%；“灌溉能力—排水能力”

类型区主要集中于玉田县、邢台县和崇礼区，其面积占耕地总面积的5.8%；“有机质—全氮—灌溉”类型区其面积占耕地总面积的5.12%。

第二节　马铃薯主产区耕地质量提升潜力测算

以上文的耕地综合质量限制因素分区为研究对象，对其范围内的耕地进行限制因素改造提升，分别用整体、各县区的耕地综合质量等级提升情况来表征耕地质量提升潜力，分析研究区域耕地等级的提升空间。

一、马铃薯主产区耕地质量提升区限制因素响应

以耕地综合质量限制因素分区为对象，对其分区范围内的耕地进行改造提升，统计各耕地综合质量提升区的限制因素共8个，分别为pH、全氮含量、速效钾含量、有机质含量、有效磷含量、灌溉条件、排水条件、田块规整度及有效土层厚度等。由于研究区地处鄂西北丘陵山地区，考虑当地实际情况限制，在对耕地限制因素提升时，考虑将其提升至平均水平（加权平均）以上或以相近较优耕地为参考进行提升。

对研究区耕地限制因素的分析基础上，按照限制因素改良的难易将其进行划分，为耕地综合质量提升提供依据。依据相关土地整治研究，按照改造响应时间划分限制因素改造的难易程度，见表4-3。

表4-3　耕地质量限制因素改造响应时间

限制因素	改造难度与相应时间
pH	
全氮含量	
速效钾含量	通过生物化学手段进行改良，改造响应时间短
有机质含量	
有效磷含量	
灌溉条件	
排水条件	土地整治基本工程，改造难度小
农田林网化	可通过整理工程、地块调整改造，时间短，成本低

综上所述限制因素的整治改良由易到难排序为：排水条件、灌溉条件、田块规整度、pH、有机质含量、全氮含量、速效钾含量、有效磷含量、有效土层厚度。

二、马铃薯主产区耕地质量限制因素提升标准

耕地综合质量的提升是将耕地现有限制因素进行优化，优化提升需要投入一定的资金技术，在这种情况的限制下要将改造重点放在需要重点监控的地方，基于上述原则对耕地综合

质量限制因素进行合理改造提升。由于同一研究对象受 8 个限制因素的影响，其中限制程度为 0%的限制因素已达至最优水平无提升空间，限制程度较小的因素对耕地综合质量的提升不敏感，因此在进行综合质量提升时，需对限制程度大的限制因素进行重点改造提升。依据上文划分的限制因素区对区域内相关评价指标进行有针对性的提升，并对提升后的耕地综合潜力进行计算，定量估计研究区耕地综合质量的提升潜力。

综合考虑研究区的实际情况将采样分析化验得到的指标数据提升标准设定为全域的平均水平，以全域相关指标的加权平均数值作为标准对其进行提升，因此将 pH、全氮含量、速效钾含量、有机质含量与有效磷含量提升标准均设定为全域该指标值的平均（加权平均）数值。即限制因素为 pH 的区域其 pH 在 4.50～5.33 之间，可以将其改善至 6.01；以全氮含量为限制因素的区域其全氮含量为 0.43～1.02g/kg，将其提升至 1.05g/kg；以速效钾含量为限制因素的区域其速效钾含量为 33.37～80.88g/kg，将其改善至 87.56g/kg；限制因素为有机质含量的区域其值在 5.71～17.92g/kg 范围内，将其提升至 18.16g/kg；以有效磷含量为限制因素的区域其有效磷含量范围为 1.29～7.36g/kg，将其改善为 14.07g/kg（表 4-4）。

表 4-4　耕地质量限制因素提升标准

限制因素	实际	提升
pH	4.50～5.33	6.01
全氮含量	0.43～1.02	1.05
速效钾含量	33.37～80.88	87.56
有机质含量	5.71～17.92	18.16
有效磷含量	1.29～7.36	14.07
灌溉条件	不满足	一般满足
排水条件	无排水体系	一般
农田林网化	0.4	0.7

灌溉条件、排水条件、田块规整度提升标准为隶属度提升一个档次。即限制因素为灌溉条件的限制区，其灌溉条件“不满足”限制了作物的生长需求，因此将其提升至“一般满足”保证作物水分需求；限制因素为排水条件的区域，其排水条件“无排水体系”对作物安全生长造成威胁，因此将其提升至“一般”水平，对田块规整度进行提升。

三、马铃薯主产区耕地质量提升结果评价

依据提升标准以限制因素区内的耕地地块为耕地综合质量提升单元对耕地限制因素区各地块的限制因素进行改造提升。从等级面积上来看，对耕地限制因素进行提升前，全区耕地综合质量等级分布在一等至十等地，其中五等地面积最大，占耕地总面积的 30.6%；四等地次之。对研究区主导因素进行改造后，十等耕地全部得到提升，全区耕地的等级分布在一等至九等。其中有 3.9%的耕地提升至三等地，有 15.6%的耕地提升至四等地，五等地面积较改造前减少 7.9%；六等地面积较改造前减少 11.2%；七等地较改造前减少 5.1%，八等

地较改造前减少9.1%，九等地较改造前减少15.6%，十等地百分百改造。

河北省马铃薯种植二作区经过耕地综合质量提升后，共有约28%的耕地占比等级得到提升，其中提升至9级的耕地面积占比0.2%，主要集中在青龙满族自治县；其中提升至8级的耕地面积占比0.7%，主要集中在青龙满族自治县、涞水县；提升至7级的耕地面积占比2.8%，主要分布在抚宁县、涞水县和青龙满族自治县；升至6级的耕地面积占比1.9%，主要集中在青龙满族自治县、抚宁县、涞水县、阜平县；升至5级的耕地面积占比4.6%，主要集中在邢台县、青龙满族自治县、抚宁县、涞水县、阜平县等；升至4级的耕地面积占比11.0%，主要分布于昌黎县、抚宁县、阜平县、涞水县、邢台县、内丘县、玉田县等；升至3级的耕地面积占比5.0%，主要分布于曲阳县、灵寿县、昌黎县、抚宁县、阜平县、涞水县、邢台县、内丘县、玉田县等；升至2级的耕地面积占比1.5%，主要分布于涿州市、涞水县、阜平县、昌黎县等；升至1级的耕地面积占比0.2%，主要分布于涿州市。

河北省马铃薯种植一作区经过耕地综合质量提升后，共有约36.0%的耕地占比等级得到提升，提升至8级的耕地面积占比0.2%，主要集中在康保县；提升至7级的耕地面积占比3.1%，主要分布在承德县、赤城县、丰宁满族自治县、沽源县、康保县、蔚县、张北县；升至6级的耕地面积占比3.4%，主要集中在围场满族蒙古自治县、蔚县、张北县、涿鹿县、赤城县；升至5级的耕地面积占比5.9%，主要集中在承德县、赤城县、崇礼区、丰宁满族自治县、沽源县、康保县、平泉县、围场满族蒙古族自治县、阳泉县；升至4级的耕地面积占比12.2%，主要分布于围场满族蒙古族自治县、蔚县、阳原县、张北县、涿鹿县、万全区等；升至3级的耕地面积占比6.2%，主要分布于承德县、赤城县、崇礼区、丰宁满族自治县、隆华县、尚义县、涿鹿县等；升至2级的耕地面积占比4.5%，主要分布于隆化县、阳泉县、宣化区等。

四、马铃薯主产区耕地质量提升方向与途径

1. 提升土壤肥力　土壤肥力是衡量土壤能够提供作物生长所需的各种养分的能力。具体表现影响耕地土壤肥力的因素较多，河北省马铃薯种植区主要的限制因素包括土壤有机质含量、全氮含量、速效钾含量、有效磷含量等。通过以下几种可以提高土壤肥力。①增施有机肥。有机肥是很好的土壤改良剂，它既能熟化土壤，保持土壤的良好结构，又能增强土壤的保肥供肥和缓冲能力，不断供给作物生长需要的养分，为作物生长创造良好的土壤条件；通过施用人、畜的粪、尿肥及堆肥、沤肥等有机质含量高的农肥来增加和保持土壤有机肥含量，有条件的地方可大量施肥（河泥、草碳等），对提高土壤有机质含量有明显作用。②推广秸秆还田。秸秆还田是改良土壤，增加土壤生产能力的有效措施。一是秸秆经过堆沤后施入土壤；另一种是在作物收获后，把秸秆切碎撒在地表后用犁翻压，直接还田，这样能够改善土壤的物理性质，促进土壤团粒结构形成，增加透气、透水、保肥能力，从而提高土壤肥力。推广以小麦、玉米、豆科作物等秸秆还到马铃薯田及喷施腐化剂技术，既能有效地利用有机肥资源，又能改善土壤结构，增强土壤保肥供肥性能，节约化肥投入，降低生产成本，增加农民收入。③实施间套种和轮作。近年来农作物复种指数越来越高，致使许多土壤有机质含量降低，肥力下降。实行轮作、间作制度，调整种植结构，做到用地与养地相结合，不仅可以保持和提高土壤有机质含量，而且还能改善农产品品质，对促进农业可持续发展具有

重要意义。④因地制宜种植绿肥。种植绿肥可为土壤提供丰富的有机质和氮素，促进用地与养地结合，减少连作障碍及下茬化肥用量，提高土壤有机质含量。应大力提倡种植豆科牧草来培肥地力，增加经济产量。目前可种植的牧草有草木樨、紫花苜蓿等，以此来改善土壤，培肥地力，提高土壤生产能力。⑤测土配方施肥。测土配方施肥是以土壤养分测试和肥料田间试验为基础，根据作物需肥规律、土壤供肥性能和肥料效应，在合理施用有机肥的基础上，提出氮、磷、钾及中、微量元素的施用量和施肥时期，不但有利于提高土壤环境效益和社会经济效益，还能通过合理施肥措施提高作物产量。

2. 改善水分利用 坝上地区马铃薯生产主要在雨养条件下进行，但该区马铃薯多数种植在旱地，水资源较为匮乏，很难保证产量的稳定。马铃薯二作区主要通过灌溉措施提升马铃薯产量，然而长期灌溉造成了水资源危机日趋严峻，主要表现为地下水的严重下降。地膜覆盖后可有效减少土壤水分的流失，为马铃薯根部的生长创造了良好条件。此外，地膜覆盖的保湿保温作用，可进一步增进肥效，促进提高马铃薯吸收养分效率。因此，近年来地膜覆盖的马铃薯高产栽培技术模式在河北地区得到广泛应用。但越来越多的研究发现，地膜覆盖后可能会导致土壤肥力的过度消耗，不利于耕地质量的提升，且废弃的地膜对生态环境也有不利影响。保水剂是近年来发展的一种新型保水措施，保水剂能够有效地增加土壤持水性能，实现保水保肥的技术目标，并且是一种良好的土壤改良剂，在一定程度上弥补了马铃薯水肥管理中的一些不足，因此可被应用于农业生产中以提高水分利用效率和作物产量。

3. 缓解土壤酸化 土壤酸化也是限制河北省马铃薯耕作质量提升的重要因素，可以通过生物化学方法来改善土壤 pH，使其适合马铃薯生长。①化学改良改善土壤 pH，例如：施用磷石膏。通过提高土壤活性钙阳离子的含量，减轻碳酸钠和重碳酸钠对作物的危害，降低 pH。②巧施化肥。盐碱地多施钙质化肥（过磷酸钙、硝酸钙等）和酸性化肥（硝酸铵等），可增加土壤中钙的含量和活化土壤中钙素。③施用腐殖酸类改良剂。这类物质是很好的离子交换剂，对钠、氯等有害离子有代换吸附作用，能调节土壤酸碱度。④施用抑盐剂。该剂用水稀释后，喷在地面能形成一层连续性的薄膜。这种薄膜能阻止水分子通过，抑制水分蒸发和提高地温，减少盐分在地表积累，对农作物保苗增产有良好作用。

4. 改善耕层 河北省是我国优质马铃薯主产区，连年旋耕导致耕层变浅，犁底层变厚，深层土壤紧实度大幅增加，使得根系可利用的水分、养分范围减小，造成马铃薯减产、品质变差，严重影响其经济效益。深松能打破犁底层，减小土壤紧实度，促进根系下扎，提高深层根系活力，扩大根系营养范围，可延缓地上部衰老。机械化深松技术是保护性耕作体系的配套技术，是在不打破原有土层结构的情况下，利用深松作业机械疏松土壤，打破犁底层，增加土壤耕层深度的耕作技术。开展农机深松整地，能增加耕层蓄水保墒能力，增加土壤疏松程度，增加水肥的入渗率和土壤透气性，是改善耕地质量，提高粮食产量的重要举措。

5. 建设高标准农田 作为未来重要的发展目标，是提升马铃薯种植质量的重要一环。高标准粮田是指在划定的基本农田保护区范围内，建成集中连片、设施配套、高产稳产、生态良好、抗灾能力强、与现代农业生产和经营方式相适应的高标准基本农田。属于“田成方、土成型、渠成网、路相通、沟相连、土壤肥、旱能灌、涝能排、无污染、产量高”的稳定保量的粮田。其建设内容主要包括土地平整、灌溉与排水、田间道路、农田防护与生态环境保持以及其他等五项工程，并指出农田的耕作层土壤应符合《土壤环境质量标准》（GB 15618—2008）的规定，影响作物生长的障碍因素应降到最低限度 ；耕作层厚度和有效土层厚度分别达到 25 cm 以上和 50 cm 以上。农业部规定的高标准农田，是指土地平整，集中连片，耕作层深厚，土壤肥沃无明显障碍因素，田间灌排设施完善，灌排保障较高，路、林、电等配套，能够满足农作物高产栽培、节能节水、机械化作业等现代化生产要求，达到持续高产稳产、优质高效和安全环保的农田。在开展马铃薯种植高标准基本农田建设中，首先要重视马铃薯前期的基础研究和调查评价工作，深入了解和掌握马铃薯待整治区域农田质量特征，明确马铃薯主要障碍因素的基础上，进而进行科学的整治规划设计。整治工程建设要严格按照高标准的要求进行，注重工程质量和长期效益。其次要针对各区域马铃薯耕地质量特征进行科学的整治工程规划设计，既要涵盖高标准基本农田建设的各方面内容，又要重视针对具体区域农田土壤主要障碍因素的改造，彻底消除或减缓不利因素对作物生长的负面影响。

第三节　马铃薯主产区耕地质量提升措施

近年来，虽然河北省已针对马铃薯种植采取有效措施来提升耕地地力，但有机肥施用范围和数量仍然偏少，微生物菌剂的应用刚刚进入大力推广阶段，只是减缓了耕地质量的下降速度，地力的提升任重道远。马铃薯耕地质量的提升要秉承用养结合原则，通过科学施肥、有效用水、合理轮作、适度经营等措施，稳步持续提升耕地质量。通过对河北省及周边省份相关耕作措施的汇总，本节提出以下几种有利于提高耕地质量的马铃薯种植措施，主要包括耕作措施、施肥措施、轮作套作措施、其他措施，其中耕作措施包括地膜覆盖、深松、免耕、秸秆还田、滴灌等；施肥措施包括配方施肥、水肥一体化、有机肥、缓控释肥等；轮作套作措施包括粮豆轮作、粮草轮作、间作等；其他措施包括保水剂、土壤调理剂、菌剂等。

一、地膜覆盖高产栽培技术模式

冀西北坝上高原干旱、低温、肥力低，严重限制了马铃薯种植业的持续发展，马铃薯全膜覆盖垄沟种植技术是马铃薯一作区主要栽培模式，它是一项集保墒、集雨、增温为一体的抗旱种植技术，通过养分管理来调控作物的水分利用过程，实现水肥资源高效利用，也实现了水资源缺乏地区水资源量的最大化。在该项技术得到大面积应用之后，马铃薯产量得以大幅度提高，为当地农业增产和农民增收发挥了支撑性作用。

1. 马铃薯地膜覆盖措施产量效应　大多数研究结果表明，地膜覆盖具有显著的增产效果，不同地膜覆盖方式后在不同地区马铃薯产量平均提高 10%～35%，且可提高投入产出比。其中，地膜颜色对增产效果产生显著影响。白色地膜具有良好的增温保墒效果，而黑色地膜增温缓慢，但具有去除杂草的作用，近年来也应用较多，但不同地膜覆盖后对马铃薯增产效应有显著差异。其中白膜的提高率为 20%～40%，而黑膜提高率为 10%～30%，白膜覆盖增产率高于黑膜覆盖。昌黎县地膜覆盖马铃薯种植技术经济效益每亩可达 2 680 元，其中亩产达 4 000kg，每亩总生产成本为 1 720 元，经济效益良好。

2. 马铃薯地膜覆盖栽培技术耕地质量提升效果

（1）保持土壤温度　地膜覆盖技术在马铃薯培育过程中发挥着提升土壤温度的积极作

用。由于春季温度较低，利用地膜技术可以将土壤土层温度提升1～6℃。覆盖地膜后的马铃薯，其不仅比露地马铃薯的产量高，而且还有效延缓了马铃薯中下部叶片衰老时间，促进其产量进一步提升。

(2) *涵养土壤内部的水分与养分* 覆盖薄膜后，土壤气密性较强，有效地减少了土壤水分的流失，确保土壤长期保持湿润环境，为马铃薯根部的生长创造了良好条件。地膜覆盖的保湿保温作用，可进一步增进肥效，促进提高马铃薯吸收养分效率。但大多研究结果显示，地膜覆盖后土壤有机质、全氮等含量均会显著降低5%～20%，因此在使用地膜覆盖措施的同时应注意土壤肥力的降低。

3. 马铃薯地膜覆盖栽培要点

(1) *选地和整地* 种植马铃薯的地块必须具备地势平坦、土层深厚、土质肥沃、便于灌溉等各方面的特点，最好选择壤土或沙壤土，同时前茬作物不能为茄科和十字花科。在播种开始前，必须先进行土地的深耕与平整，促进土壤通透性的增强，提升土壤的蓄水保墒、保肥能力，才能创造出适宜马铃薯生长发育的环境。一般情况下，根据马铃薯种植的要求，土地的深耕必须达到30～40 cm，而且必须在深耕的基础上进行精细的平整，才能达到深、净、细、平、实的要求。土地平整结束后，应该及时地进行马铃薯薯种的选择和处理。

(2) *品种选择* 薯种要求所选择的品质必须具有产量高、品质好、植株生长健壮、块茎膨大速度快、抗病能力强、抗逆性强等各方面的特点。例如中暑5、荷兰15、冀张薯12等。

(3) *施肥管理* 基肥应该坚持以有机肥为主（腐熟的堆厩肥和人畜粪等）、化肥为辅。一般亩施有机肥3 000kg、三元复合肥100kg、硫酸钾30kg。

(4) *起垄覆膜* 在进行地膜覆盖种植马铃薯时，应该采取宽垄双行密植的种植方式，按照垄宽60～80 cm，垄高20～25 cm，垄距为15～20 cm的要求种植。亩播种密度为4 000～4 500株。在播种开始前，必须对垄面进行仔细的平整，并在平整完成后立即覆盖地膜，避免土壤水分的蒸发。在地膜覆盖完成后必须不定期地检查和维护，如果发现地膜出现破裂的现象，必须及时地予以处理。

(5) *适时播种* 采取地膜覆盖技术，马铃薯必须在土壤温度达到3～5℃进行播种。在播种的过程中必须将事先处理好的薯块摆放在沟内，然后覆盖上10 cm厚度的土壤，将垄耧平并喷上除草剂，最后再覆盖上地膜。在覆盖地膜时，必须将地膜尽可能地贴近地面，同时将地膜的边缘用土埋住并压实。

(6) *及时放苗* 马铃薯进入出苗期后种植人员必须经常地检查出苗情况，同时及时地放苗，避免幼苗因为生长过快接触到地膜而被烧死或者烫死。一般情况下，地膜马铃薯播种后25～30 d左右出苗，及时进行查苗放苗。苗子刚拱出土面时将芽苗抠出地膜，利于苗齐、苗壮。假如出苗时外界温度过低的话，则可以采取推迟破膜时间的方式予以处理。

(7) *科学灌溉* 一是播种底墒水，播种前造墒播种，浇足浇透。二是齐苗水，出苗整齐一致时浇水壮苗。三是现蕾水，当田间植株50%现蕾时，浇好现蕾水。四是薯块膨大水。以后视天气和土壤水分情况，每隔7 d浇1次小水，收获前10 d停水。覆膜栽培的正常年份，一般不需要灌溉也能够保证土壤湿润，满足马铃薯生长发育所需。但马铃薯进入薯块膨大期，由于机体生长发育旺盛，对养分和水分的需求量加大，此时应该保证田间有充足的水分，如果这个阶段遇到连续干旱，应该及时进行灌溉，确保田间墒情适宜。当马铃薯进入生长中后期，如果连续遇到阴雨天气，应该及时将田间的积水排出，避免引发薯块腐烂。

(8) *科学追肥*　应根据土壤肥力和生长状况确定追肥时间和追肥量。出苗后，结合浇水亩追施尿素 15kg。现蕾期结合培土追施一次结薯肥，一般亩施硫酸钾 20kg、尿素 20kg。

(9) *病虫防控*　马铃薯生长周期较长，在整个生长发育阶段很容易受到多种病虫害的威胁。在病虫害防控过程中，应该始终坚持农业防治为主、化学防治为辅的原则。密切观察田间马铃薯的生长情况，选择低毒高效低残留的化学农药定期进行农药防治。地下害虫危害较为严重的种植地，可以选择使用 3%辛硫磷颗粒剂、10%的吡虫啉、或 2.5%的氯氟氰菊酯进行防治。当马铃薯生长到中后期，要重点防治好晚疫病和青枯病，发病初期可以选择使用 25%的甲霜灵可湿性粉剂 800 倍液、72%的克露可湿性粉剂 1 000 倍液、687.5 g/L 的银法利、40%的春雷·噻唑锌等轮换交替使用，每间隔 7～10 d 使用 1 次，连续使用 2～3 次。阴雨天气应该注重做好土传病害的防治工作，每次药物防治过程中，可以额外使用磷酸二氢钾或者有机肥液进行根外追肥，增强马铃薯植株自身的抵抗能力。马铃薯采收前半个月停止用药，保障马铃薯质量安全。

4. 马铃薯地膜覆盖种植过程中注意事项

①马铃薯种植需要深耕，在前茬收获之后要及时进行土地翻耕，确保深度在 30 cm 左右，并进行合理施肥后对土层进行均匀深翻。

②在进行覆膜处理时，需要结合马铃薯种植进行，确保种植一垄后及时完成一垄的覆膜，以减少种薯损伤。

③在进行覆膜前需要结合土壤处理情况适度施肥以及土壤杀虫除草，确保在农作过程中不隔晌，不过夜，维持土壤处理的连续性。

④在种植中要将种薯芽眼朝上，置于垄上后要立刻用地膜进行覆盖，将地膜拉紧后，在上面覆盖一定的碎土严实，但也要注意不要太过紧实导致马铃薯无法出芽。每隔 5 cm 左右需要在地膜两边以及垄上压石块抗风，同时注意膜下应留下近 1/3 的垄基，以便水分灌溉吸收。

⑤破膜引苗是马铃薯覆膜种植技术中的关键内容之一，主要是在种植后的 20 d 左右，观察有幼苗露出地面并出现多片叶子之后可以进行破膜引苗。

⑥地膜应用一般是在开花初期、植株封垄前进行揭膜，并进行追肥灌水，中耕培土，确保马铃薯及时适应环境变化。在这一阶段进行揭膜相对简单容易，既有效避免对马铃薯的伤害，还容易实现地膜的较高回收。在进行揭膜时需要确保处理干净，尽量减少田地中的地膜残留，不然容易造成田地内的土壤污染。

⑦覆盖膜能够有效提高马铃薯对土壤中有机物的吸收，肥力利用增高，如果管理不当，容易造成作物早熟却难以增产的情况，甚至发生减产问题。

⑧随着科学技术的发展和进步，生产地膜的颜色和种类越来越多，地膜的功能越来越广，不同颜色的地膜对太阳光拥有不同的吸收、透射和反射作用，所产生的光和热效应不同，从而引起作物对光的吸收不同。因此，可根据自身条件和要求来合理选择地膜种类。

二、水肥一体化种植技术模式

河北省马铃薯种植大多分布于承德、张家口两地，其水资源十分有限，但种植马铃薯是一项需花费大量水资源的任务，因此需要对马铃薯生产中的水肥利用技术进行深入研究，挖掘高效高产技术。马铃薯水肥一体化技术在应用过程中可以实现省肥、节水的双重效果，很好地解决马铃薯生产中的灌溉和追肥问题，可根据马铃薯在各生育期对水肥的需求适时、适量进行灌溉施肥，为马铃薯生长提供适宜的水肥环境条件。这项技术的应用可改善土壤微环境，解决河北农业水资源短缺、马铃薯栽培管理中水肥脱节、灌溉施肥不合理等原因导致的水肥利用效率低下、产量低而不稳等问题。与常规灌溉施肥相比，水肥一体化技术可实现显著的节水减肥效果，提高马铃薯产量和商品薯率，提升品质，增加薯农收益。因此，推广和实施马铃薯水肥一体化种植技术，对河北省马铃薯产业高效可持续发展意义重大。

1. 水肥一体化经济效益分析 水肥一体化种植技术能优化马铃薯种植工作的质量与效果，可降低马铃薯的生产成本，降低幅度在5%～10%，净利润提高50%～80%，从而提高投入产出比。因此，要将水肥一体化种植技术应用在马铃薯实际种植工作中，进而全面提高马铃薯种植工作的经济效益（表4-5）。

表4-5 水肥一体化处理马铃薯经济效益分析

方法	亩产值（元）	亩生产成本（元）						亩净利润（元）	投入产出比
		种植	设备	肥料	农药	人工	合计		
常规	3 802	590	60	760	60	680	2 150	1 652	1∶1.77
水肥一体化	4 881	590	150	660	60	530	1 990	2 891	1∶2.45

注：引自《马铃薯水肥一体化种植技术》，李颜军。

2. 水肥一体化耕地质量提升效果

（1）*提升节水效率* 和漫灌的方法相比，水肥一体化的膜下滴灌技术的灌水量为600～750 ml/m³，而漫灌措施下的浇水量达到了1 500～1 800 ml/m³，节水率为50%～60%。

（2）*减少肥料损失* 通过一体化滴灌技术，可以将肥料和水分直接运输到植物根系区域，促进根系快速吸收养分，进而减少了漫灌方式下肥料和水分的流失，可以节约肥料5%～10%，肥料利用率超过15%，是节约化肥的有效措施。

（3）*省时省力* 应用水肥一体化滴灌技术，不会被种植环境地形所影响，无需人工进地处理，同时也不需要背药拿肥，进而省去了喷药、施肥、平地和修渠等工作，节约了大量劳动力资源。

（4）*实现增产目标* 使用水肥一体化滴灌技术，可以根据土壤实际状况确定施肥方法，并结合马铃薯的需水量进行灌溉，促进养分供应可以满足马铃薯成长需求，为其提供均衡养分，为其营造最适合的生长环境，控制马铃薯的缺素症问题，提升整体产量。实施该技术还有助于降低病虫害的发生几率，解决了追肥问题，降低了人为破坏植物的几率，促进马铃薯健壮成长，减少杂草的出现。

3. 水肥一体化实施过程要点

（1）*选地和整地* 种植马铃薯的地块必须具备地势平坦、土层深厚、土质肥沃、便于灌溉等各方面的特点，最好选择壤土或沙壤土，同时前茬作物不能为茄科和十字花科。在播种开始前，必须先进行土地的深耕与平整，促进土壤通透性的增强，提升土壤的蓄水保墒、保肥能力，才能创造出适宜马铃薯生长发育的环境。一般情况下，根据马铃薯种植的要求，土地的深耕必须达到30～40 cm，而且必须在深耕的基础上进行精细的平整，才能达到深、净、细、平、实的要求。土地平整结束后，应该及时地进行马铃薯薯种的选择和处理。

（2）*品种选择* 薯种要求所选择的品质必须具有产量高、品质好、植株生长健壮、块茎膨大速度快、抗病能力强、抗逆性强等各方面的特点。例如中薯 5、荷兰 15、冀张薯 12 等。

（3）种薯处理

①种薯切块处理。有条件的种植户推荐使用小种薯播种，对于薯块较大的，在播种之前要做好切块处理工作。每个薯块一般维持在 25～35 g，每个薯块上确保带有 1～2 个健壮芽眼。在种薯切块之前要做好刀具消毒工作，切块过程中遇到病虫害种薯，应该立即更换刀具，或者对刀具进行再次消毒。

②药剂拌种。切换完毕后，每 100kg 种薯可以使用滑石粉 2kg、70%的甲基硫菌灵粉剂 150 g、2%的春雷霉素可湿性粉剂 100 g 进行拌种。

③催芽。在马铃薯播种前 10 d，将种块放置于 20℃的室内或暖棚内进行催芽处理，避免阳光直射，使得马铃薯薯块芽眼萌动。

（4）适时播种　首先，科学选择播种日期。当土壤 10 cm 温度持续维持在 5℃左右；其次，播种密度。马铃薯采用大垄双行覆膜种植技术，垄面宽 120 cm，每一垄上种植两行，行距维持在 60 cm，株距为 10～25 cm，每亩定植 4 400 株左右；再次，机械化播种。马铃薯播种采用机械化精量播种机，一次性完成开沟、播种、施肥、起垄、锄草、覆膜等工作。一般情况下，播种深度维持在 10～12 cm，播种后及时覆土。

（5）水肥一体化设备　马铃薯生产过程中，要想实现肥水一体化，应该重视水池建设、设备选择、管道铺设、管道选择和水肥投放管理。灌溉水池建设要根据种植面积和种植规模来综合确定，通常情况下，施肥池面积在 10～20 m^3。选择可以移动的首部系统，在系统中安装水泵、过滤器、施肥装置、水表安全式压阀以及空气阀，田间管道设计要确保能够正常回收，布置方式为水源、首部、主管、支管、滴灌带，动力可以选择 7.5～10 kW 的 QS 潜水泵代替。地下输水管道部分采用 75 cm 或 100 cm 的 PV 管道，地面水管主要包含 PL 管道、分支管和毛管。毛管采用内部镶嵌式贴片式滴灌带，滴头间距 30 cm，每小时出水量 3 L，水压 2kg 左右。滴灌带在敷设过程中要尽量放松、扯平，保证滴灌带平直。一般情况下，滴灌带敷设和马铃薯播种同时进行。

膜下滴灌带采用单向直线铺设，沿着马铃薯行间布置，确保一膜一带，每个滴灌带能够滴灌两行马铃薯，滴孔间距 30 cm。支管垂直毛管双侧布置，干管垂直于支管和毛管平行，主管、干管和水泵管口出口连接起来，将水肥直接引入到马铃薯根系。按照整个灌溉系统每次灌溉量以及马铃薯在不同生育阶段的需肥需水规律，合理分配灌溉量和施肥量，制定合理的灌溉施肥制度，确保满足马铃薯不同生育时期水分和养分需求。

（6）病虫害防治　针对马铃薯种植过程中经常出现的青枯病、晚疫病蓟马、蚜虫、二十八星瓢虫等，应该坚持以农业防治为主，化学防治为辅的防治原则，一旦发现病症，要积极采取措施防控。马铃薯青枯病、晚疫病可以使用多菌灵、代森锰锌等药剂进行防控。发病初期，将患病植株及时拔除，用生石灰对定植穴进行消毒。蓟马、蚜虫可以使用 10%的吡虫啉可湿性粉剂或者 20%的马瓜·乙酮可湿性粉剂进行防治。对于二十八星瓢虫，可以使用菊酯类药物进行防治，效果显著。

三、保水剂施用技术模式

马铃薯对水分需求量多且对水分缺失较为敏感，缺水会导致马铃薯正常发育受阻甚至严重受损，不同生育期受损的具体表现不同。实际上，中国约60%的马铃薯种植于干旱、半干旱地区，拥有灌溉条件的马铃薯少之又少。与此同时，肥料利用率低同样是中国马铃薯单产落后于其他发达国家的因素之一。为解决这些问题，实现马铃薯高产高效的生产目标，实际生产上应用了许多技术措施，如喷灌、滴灌、膜下滴灌、非充分灌溉等，以及覆膜保墒、秸秆覆盖、化学保墒等农艺措施，大大缓解了干旱地区水资源紧俏的现状。其中保水剂这项农艺保墒技术越来越受到国内外学者的重视，原因在于保水剂能够有效地增加土壤持水性能，实现保水保肥的技术目标，并且是一种良好的土壤改良剂，在一定程度上弥补了马铃薯水肥管理中的一些不足。保水剂是一种新型高分子材料，具有较好的吸水和保水能力，所持水分的85%～90%是植物可利用的自由水，而且其本身无毒、无害、无污染，对人体无刺激作用，因此被广泛应用于农业生产中以提高水分利用效率和作物产量。近年来，保水剂因良好保水增产效果在河北省得到应用。

1. 保水剂的经济效益分析 从多项研究结果可以看出，施用保水剂可显著提高马铃薯产量，提高率在6%～20%。例如，2018年海瑞达保水剂产品在河北省张家口张北县和沽源县试验基地的研究结果显示，使用保水剂可提高马铃薯产量17.9%和9.85%，亩产增收1 522元和481.2元，产投比分别达到1∶10.15和1∶4.01（表4-6）。

表4-6 保水剂的投入产出分析

地区	亩保水剂用量（kg）	灌溉方式	马铃薯亩产（kg）		增产率（%）	亩产增收效益（元）	投入产出比
—	—	—	未使用保水剂	使用保水剂	—	—	—
张家口张北县	5	滴灌	4 260	5 021	17.9%	1 522	1∶10.15
张家口沽源县	4	滴灌	4 069.5	4 470.5	9.85%	481.2	1∶4.01

2019年河北省承德市围场县进行了保水剂施用试验，试验中对比了覆膜与保水剂两个处理方式对马铃薯产量的影响。试验结果表明，未使用保水剂（覆膜）处理，亩均产为4 688.7kg；使用保水剂（未覆膜）处理，亩均产为4 717.4kg。因此，使用保水剂未覆膜的马铃薯与覆膜未使用保水剂的产量相当（使用保水剂未覆膜处理高出28.7kg）。总体来看，保水剂和地膜覆盖两者保水措施对马铃薯产量效应差异性较小，但两处理土壤物理化学性质发生显著差异。

2. 保水剂对耕地质量提升的效果分析

①施用保水剂不仅可以提高土壤蓄水保墒能力，调节季节性降水分配，缓解干旱对作物生长造成的压力，还可以通过改善土壤水分和植物叶片水势状况等调控光合生理过程，提高光合效率，从而实现作物增产和改善品质的目的。

②保水剂还具有改善土壤结构和促进植物生长的作用。施用保水剂可使马铃薯出苗时间提前2～3 d，且出苗率提高1%～5%。保水剂和氮肥配施不仅提高肥料养分利用率，而且减少了肥料过度使用，降低环境污染。

3. 保水剂在马铃薯种植过程中注意事项

①保水剂施量不宜过大，施用量过多时，且在干旱情况下容易与马铃薯争夺部分水分，从而使植株受干旱胁迫的程度相对较大，使得膜透性和膜损伤程度增大，影响产量增加。不同种植区气候条件、土壤类型或保水剂类型不同，最佳施用量差异较大，可见对于不同地区

寻找适合马铃薯生产的保水剂最佳用量尤为重要。

②保水剂施用有多种方式，包括拌种、穴施、涂层等。拌种方法即将马铃薯切成块，于保水剂颗粒中均匀沾种后再进行播种；穴施方法即在播种时，先按株距挖穴（深 15 cm 左右），按一定量将保水剂施入穴中，再播种马铃薯；涂层方法即在切薯块时，按一定比例（如种薯：保水剂：水＝100：1：100），先称好一定重量的保水剂，然后均匀撒入定量水中，搅拌均匀形成凝胶状水分散体，再将一定比例的种薯全部浸入，充分混合，静置一定时间，然后捞出摊晾，待种薯表面形成一层薄膜包衣即可播种。可根据实际情况，选择合适的保水剂施用方式。

③不同材料的保水剂性能有很大差异，而土壤的质地以及理化性质决定该区域土壤是否适宜使用保水剂，若一味盲目推广使用，不仅起不到预想的效果，甚至会造成严重的减产。应该针对不同地区马铃薯生产制定相应的保水剂适用体系，在使用保水剂前应对保水剂及土壤的质地、土壤理化性质进行全面的安全性评价。

④保水剂是近几年发展起来的新型保水措施，目前在应用推广及作用机理方面尚显不足。建立完善的针对马铃薯施用保水剂的体系显得尤为重要。马铃薯不同的发育时期对水分及养分的需求在用量及种类上均有差别。而保水剂作用效果的量化以及与养分相互作用方面的研究并不透彻，不同保水剂对马铃薯的作用效果不同，针对这些问题需要进一步探索。目前市场上流通的保水剂在材料上有各种各样的不足，不能完全满足生产需要，需加强对毒性低、耐盐性、热稳定性高、保水性能好、防止土壤板结材料的研究。

⑤保水剂是化学品的衍生物，其使用可能会像农药、化肥一样给生态环境带来一定程度上的破坏和污染，所以在有效利用保水剂的同时，应该对其可能会给生态带来的威胁作一些适当的评估研究，目前国内这方面的研究还较少。

四、马铃薯轮作倒茬技术模式

马铃薯长期连作会导致土壤理化性状恶化，土壤肥力下降，土壤微生物活力下降，根系分泌物的自毒作用增强，从而影响作物对土壤养分的吸收利用，最终导致马铃薯产量和品质的下降。随着马铃薯连作种植而产生的问题日益突出，探索如何通过有效和科学途径降低马铃薯连作障碍，进而提高耕地质量和马铃薯产量及品质已刻不容缓。合理轮作倒茬是防止马铃薯土壤连作障碍发生的最佳途径，该措施可最大限度地提高土地生产力和作物的质量以及纯收益，且对环境的负面影响最小。

单一作物长期连作后，作物专性吸收引起土壤某些养分亏缺或养分比例失衡是作物连作的主要障碍因子之一。克服连作障碍，可通过应用改善土壤微生境的生物菌肥来实现，但目前就生物菌肥克服连作障碍的途径仅处于研究阶段，在生产上缺乏有支撑力的产品。马铃薯与其他作物轮作（豆科作物、藜麦、谷子、玉米、芝麻等）的耕作方式，能够增加农田生态系统的稳定性，有效地降低作物病害的严重程度，降低根际土壤真菌的数量，使病虫害发生几率和程度显著低于单作地块，还可达到节水增效的目的。因此合理利用马铃薯轮作倒茬措施，是提高耕地质量的有效手段。青饲玉米与马铃薯轮作倒茬，可以解决因重茬种植马铃薯产量和品质下降的问题，实现马铃薯和青饲玉米效益的双赢，已在河北坝上地区得到应用。

1. 轮作倒茬的产量效应　大量研究发现，合理轮作可以最大限度地提高土地生产力和作物的质量以及纯收益，而且对环境的负面影响较小。在河北坝上地区，青储玉米和马铃薯倒茬可使玉米干物质产量提高 10%以上。在承德中南部县区，实施的避温栽培马铃薯与鲜食玉米复种模式有较好的经济效益，复种模式经济效益较一年一熟的单季玉米、马铃薯可提高 15%～60%。河北唐山市采用的马铃薯—玉米—香菜一年 3 种立体栽培模式，每年每亩纯收入 11 000 元。

2. 轮作对耕地质量提升的效果分析

（1）*提高土壤酶活性* 马铃薯连作显著制约着土壤酶活性，随着连作年限的增加，土壤中碱性磷酸酶、蔗糖酶、脲酶等活性逐年降低。实施马铃薯轮作方式后，各土壤肥力相关酶活性均有不同程度地提高。

（2）*提高土壤养分含量，降低 pH* 马铃薯连作会导致土壤理化性状恶化，土壤微生物活力下降，土壤养分亏缺加重，从而影响作物对土壤养分的吸收利用。通过马铃薯与其他作物轮作后，土壤有机质、全氮、速效氮、速效磷提升 10%～200%。轮作可使土壤 pH 降低 3%～8%。

表 4-7 为甘肃农业大学试验站针对不同轮作措施对土壤理化性质的研究结果，该试验比较了 3 种种植模式（轮作藜麦、轮作玉米及连作）对马铃薯根际土壤微环境、根系生理、根系发育及植株生长的影响。结果也表明，轮作藜麦、玉米明显降低土壤 pH，提高土壤中有机质、碱解氮和有效磷含量，增强土壤肥力相关酶的活性，增加土壤细菌、放线菌数量和细菌与真菌数量比值（B/F），降低真菌数量，改善马铃薯根际土壤微环境，对植株生长发育起到促进作用，表现在马铃薯的株高、茎粗、地上部干重、根干重、单株薯重均有一定程度的增加。

表 4-7 不同种植模式下的土壤理化性质

处理	土层（cm）	pH	有机质（g/kg）	碱解氮（mg/kg）	有效磷（mg/kg）
马铃薯连作	0～15	8.13	29.89	69.77	16.49
	15～30	8.32	36.77	57.05	18.48
	30～45	8.61	31.56	28.23	9.28
马铃薯—藜麦轮作	0～15	7.78	31.89	74.67	19.21
	15～30	7.56	38.12	64.75	19.04
	30～45	8.47	32.51	38.50	11.37
马铃薯—玉米轮作	0～15	7.29	33.33	81.67	21.25
	15～30	7.34	38.75	73.50	21.93
	30～45	8.17	35.78	49.82	14.63

注：引自《不同种植模式对土壤质量及马铃薯生长的影响》，宋佳承等。

3. 轮作倒茬种植技术要点

①马铃薯轮作周期的长短因地制宜，在病虫害发生较轻、施肥量较多的地区，轮作周期可以短一些，一般以 3 年为主；反之，则应适当延长轮作周期。种植马铃薯切忌迎茬和重茬。因为迎茬和重茬对土壤养分和水分消耗过大，还会引起病害大发生，导致马铃薯产量下降，品质降低。

②马铃薯最好的前茬作物是禾谷类作物，以麦茬优先，玉米和谷子也可，尽量选择生长期短，吸收肥料少，吸肥时间短，土壤残肥多的作物。同时在收获后，可以及时进行浅耕灭草，实行半休闲，接纳大量雨水，有利于土壤熟化，较快恢复地力，杂草少。

③豆科作物也是马铃薯比较好的前茬作物。因其根部生有大量根瘤，根瘤菌能固定土壤中游离的氮素，为马铃薯生长提供良好的土壤环境。但大豆茬地下害虫较多，特别是隔年豆茬，地下害虫更严重，可造成马铃薯缺苗断条、减产。因此，必须加强防虫措施，同时，豆科作物使用豆磺隆、绿磺隆等除草剂，不能种植马铃薯。

④茄果类作物，如番茄、茄子、辣椒或白菜、甘蓝等为前茬的地块上，不宜种植马铃薯，以防止共患病害的发生。

五、马铃薯间套作技术模式

马铃薯前期农田覆盖度低，光热资源不能充分利用。一方面马铃薯株行距较大，如果将播期相近的蚕豆、棉花、玉米等与马铃薯间作形成复合群体后，矮秆的马铃薯可利用近地面的太阳辐射光能，高秆的作物则有效地利用空间光能，进而提高农田种植系统对光、热资源从空间立体角度的利用。另一方面，作物间作系统相对单种体系，消耗土壤肥力更甚，间作农田如没有相应的土壤肥力措施作保障，将使土壤有机质和养分发生亏损。因此合理利用马铃薯间作模式是十分必要的。

1. 马铃薯间套作对耕地质量提升的效果分析

(1) *改善土壤理化性质*　马铃薯间套作一般条件下土壤养分含量较单作均有所提高，土壤全氮、全磷、碱解氮、速效磷等含量可提高 5%～35%，pH 有所下降。

(2) *改变土壤微生物群落结构*　间作较单作可提高土壤中细菌、放线菌生物量，降低真菌生物量。间作模式会改变土壤的微生态环境，影响土壤微生物群落的结构组成，改变土壤微生物群落功能多样性。

2. 马铃薯玉米套作　马铃薯套种玉米种植技术充分利用玉米的高光效作用和马铃薯的耐旱喜阴特性，充分利用高矮作用不同生长期进行搭配，发挥农作物调节作用和边行优势，充分利用有限的土地资源，实现粮食增产、农民增收的重要途径。这种种植方式使马铃薯在夏季高温期间有玉米遮阳降温，减轻马铃薯病毒病害的发生。一般马铃薯亩产 2 500～3 000kg，玉米亩产 400～550kg，亩总收入可达 2 000 元以上，亩纯收入达 1 500 元以上。

(1) *马铃薯玉米套种特点*　一是适应范围广，适应不同海拔、不同类型地区，适应不同土质和肥力条件，适应作饲料、蔬菜、加工等不同需求；二是改良土壤，相互利用，马铃薯茎叶易腐烂，有机质、氮、磷、钾含量高，可有效地改善土壤结构。

(2) *合理安排播期和茬口*　确定最佳播期，一是要趋利避害，充分利用 4～6 月份水、热资源，避开规律性夏秋干旱；二是玉米与马铃薯共生期以 25～30 d 为宜。共生期过长，薯苗纤细瘦弱，抗病力减弱；播种过迟，共生期过短，则影响小春作物种植。三是要在作物适宜生长的温度和环境条件允许范围内来确定最佳播期。

3. 马铃薯棉花间作　在冀中南棉花马铃薯间作栽培技术是近几年发展的一项高产、高效新技术，有“棉花间作马铃薯，一年白赚一季薯”的美誉。早春马铃薯与棉花间作套种，共生期短，相互影响小，经济效益高，一般可亩产马铃薯 1 000～2 000kg，棉花亩收籽棉

260kg，亩收入 2 000 元左右。

主要技术要点：

(1) 备足优种　马铃薯玉米间作用脱毒马铃薯种薯每亩 50kg，农户备种后存放在住人的房间内即可安全越冬。

(2) 提前催芽　立春（2月 4 日）开始催芽。

(3) 造墒整地　惊蛰前进行造墒整地，亩施磷酸二铵 30kg、尿素 20kg、硫酸钾 15kg、粗肥 2 000kg，整平待播。

(4) 播种时间和方法　惊蛰（3 月 5～10 日）播种。播种时先按 90 cm 宽距开沟，沟深 10 cm，在沟内播种马铃薯，株距 24 cm，再顺沟撒施毒饵，然后覆土 3～5 cm，喷施氟乐灵（每亩 50g）后随即覆盖地膜，增温保墒促进出苗。

(5) 播种密度　马铃薯株行距 90cm×24 cm，亩密度 3 000 棵；于 4 月中旬在马铃薯行间地膜边上点播一行棉花，棉花株行距 90cm×21 cm，亩密度 3 500 棵，马铃薯棉花行距 40～50cm。

(6) 田间管理　5 月中下旬马铃薯开花前破膜浇水，中耕培土，结合浇水追一次氮肥。小满前后棉花马铃薯间作田发生蚜虫时要进行除治。6 月 15 日开始收获马铃薯，将马铃薯秧覆盖在棉垄内促进棉花生长增产。棉花管理采用简化整枝技术夺取棉花高产。

六、生物菌肥施用技术

目前生物菌肥在园艺作物和一些大田作物上有较多的研究，生物菌肥可以调节土壤环境，提高肥料利用率，有效改善土壤污染、解决由长期的不合理施肥带来的一系列环境问题，但在马铃薯栽培上试验较少。张北坝上地区属温带大陆性季风气候，其气候条件适宜种植马铃薯。马铃薯整个生长期对氮、磷、钾养分的需求较大，尤其对钾素需求更大。然而张北地区土壤类型属栗钙土，土壤质地偏砂，养分含量较低，所以如果解决马铃薯生育期对养分的大量需求和土壤养分匮乏之间的矛盾，对于提升张北地区马铃薯产量和品质至关重要，于是通过研究和推广生物菌肥技术，找寻适合马铃薯的技术路线，对张北地区马铃薯产业高效可持续发展意义重大。

1. 施用生物菌肥的产量效应　在常规生产下不同生物菌肥均能有效促进马铃薯的生长、提高其产量，且不同生物菌肥在不同地区马铃薯产量平均提高 10%～35%，其中施用溶磷解钾微生物菌剂可以使马铃薯增产 5%～25%；施用合缘牌植宝露微生物菌剂可以使马铃薯增产 2%～9%。施用生物菌肥可使马铃薯增产约 3 000 元/hm^2，增效约 2 000 元/hm^2，增产增收效果显著。

2. 施用生物菌肥的耕地质量提升效果

(1) 提高土壤理化性质　相关研究表明，施用菌肥处理可显著提高土壤速效养分含量。例如，河北省张北县战海乡许家营村试验基地的研究结果发现，施用溶磷解钾微生物菌剂可以提高土壤速效磷钾含量，不同马铃薯品种土壤速效磷钾含量可分别提高 24%～47%和 28%～46%。此外，施用生物菌剂还可提高土壤酶活性，施用溶磷解钾微生物菌剂后土壤酸性和碱性磷酸酶活性可分别提高 30%～40%和 20%～40%。

(2) 提高土壤保水能力　施入微生物菌肥对马铃薯根际土壤含水量的提高有积极作用。

微生物菌肥可增加 20～40 cm 土层的土壤含水量，特别是在块茎膨大期 20～40 cm 土层土壤含水量增加 8%～9%，这可能是由于生物菌肥增加了土壤中微生物群落的数量，改善了土壤生态环境，从而提高了土壤的保水能力。

（3）提高土壤微生物数量和多样性　施用不同生物菌肥，对土壤微生物量碳、氮均有明显增加作用，施用不同菌肥土壤微生物量碳氮含量可提高 10%～200%。随土壤含水量的增加，菌肥的促进作用一般得到增强，在土壤含水量为 15%～20%时，土壤微生物量碳氮含量达到最大，菌肥发挥作用最强。

3. 生物菌肥技术要点

①试验地块地势平坦，地力均匀，前茬作物为休闲。土壤类型最好是栗钙土，土壤质地为砂壤土，耕性良好，保肥、保水性较好。

②薯种要求所选择的品质必须具有产量高、品质好、植株生长健壮、具有抗旱耐寒特性，适应能力较强等各方面的特点。例如冀张薯 12、紫色马铃薯、大西洋等马铃薯品种。

③生物菌肥在土壤中经大量繁殖后才能发挥以菌抑菌的作用，故要在定植前提早施入，使其有繁殖壮大的时间，可随有机肥一起施入土壤，也可在定植之前或定植时穴施，后期可多次追施同一种生物菌肥以壮大菌群，提高解磷解钾能力和防病效果。

④施用菌肥的最佳温度是 25～37℃，低于 5℃或高于 45℃条件下施用效果较差。高温、低温、干旱条件下的作物田块不宜施用生物菌肥。

⑤应注意不要将菌肥与杀菌剂、杀虫剂、除草剂和含硫的化肥（如硫酸钾等）以及稻草灰混合施用，因为会导致生物菌被杀死。或者先施菌肥，隔 48 h 后再打药除草。若拌种，切忌和已拌好杀菌剂的种子混合施用。另外，还应防止与未腐熟的农家肥混用。

⑥对于已多年施用化肥的田块，施用生物菌肥时不能大量减少化肥和有机肥的施用量，因农作物对化肥产生了依赖性，用生物菌肥取代氮肥不能很快适应。因此，其取代量应做到第一、第二、第二年分别取代 30%、40%和 60%，磷、钾肥只能补，不能减少。

七、缓释肥施用技术

氮素是土壤中含量较低而马铃薯从土壤中吸收数量最多的营养元素，氮肥的施用对于提高马铃薯产量效果十分显著。种植户习惯性施肥不仅施肥量大造成环境污染，氮素损失浪费较大。缓释肥的施用，在作物全生育期肥料一次性基施一方面可节省追肥所需的劳动力投入，另一方面减少肥料用量提高氮肥利用率并减少环境污染等问题，缓释肥的施用为河北省马铃薯的高效、生态生产提供新思路。

1. 缓释肥实施经济效益分析　缓释肥料是一种新型肥料，主要通过加入缓释剂或改变生产工艺生产而成，其可延缓肥料中养分的释放速度，从而实现一次性施肥、不用追肥，与普通化肥相比施肥次数减少，节省 1/3 左右劳动力。另一方面，缓释肥对土壤的养分供给更符合马铃薯生长周期内对养分的需求，提高肥料利用率，从而使结薯率最高，其产量、综合经济效益均有提高。但缓释肥必须达到一定量，才能满足马铃薯各生育期的生长需要，从而达到增产的目的。施用不同缓释肥马铃薯产量效应不同，增产幅度为 5%～30%，其中腐殖酸缓释肥在提高马铃薯产量上的表现较好，在最佳配比用量的基础上可增产 25%～30%。经济效益可提高 2 000～6 000 元/hm^2。

2. 缓释肥实施耕地质量提升效果

（1）优化作物生理指标　缓释肥提高了生育期间的生理生态指标，如光合速率、植株体含氮量、叶绿素等，由于养分释放缓慢，与作物生长需肥基本一致，有利于作物的生长发育。也解决了生产上由于底肥过多，导致根系周围盐分浓度过高而引起烧苗。

（2）调节土壤养分及理化性状　施用包膜控释尿素能提高土壤全氮、碱解氮、硝态氮、铵态氮，且包膜控释尿素可增强土壤多酚氧化酶、磷酸酶、脲酶活性。由于一些包膜材料的本身特性和残留等问题，也改善土壤的物理化学性状，影响到土壤的孔隙度与孔隙大小的分配，增加土壤水分的有效性，改善土壤的保水、释水性能。

（3）提高氮肥利用率，降低氮素挥发和淋失　一方面，缓释肥料可显著增加氮肥利用率，平均提高40%左右；另一方面，缓释肥可有效减少氮元素在土壤中淋溶和挥发，较传统无机肥 N_2O 排放量减少30%～60%，在马铃薯整个生长季均能降低硝酸氮含量，减少幅度平均为20%左右。对于普通化肥来讲，缓释肥料是环境友好型肥料，应大力推广。

3. 缓释肥实施过程要点

①当施用高效缓释肥时一定要做到种肥隔离，肥料不能直接与种子接触且种肥隔离不少于7 cm，否则会伤苗影响作物产量。缓释肥深施效果更好，施肥可选用条施、坑施或撒施、播种机施肥。

②缓释肥施用量要适中，不宜过高。沙土等低水肥地块，土壤有机质含量低，土壤保水保肥能力差，不适合施用涂层缓释肥。这样的地块应采用底肥＋追肥的常规形式。

③盐碱地和旱地施用高效缓释肥易造成烧苗现象，要谨慎施用，要根据土壤条件和目标产量做相应增减，一般施肥用量应按照上一年的80%进行施用，作底肥施用时比普通的化肥的施用量要多一些，但不宜过多否则容易造成烧根，施完肥后要时回土防止肥料挥发，还要及时浇水保墒。

④缓释肥的肥效较长，所以其肥效的释放速度会受到温度的影响，温度越高，肥效释放越快，容易出现肥害，所以建议较常规的施肥量相比可减少10%～20%，也可以选择采用撒施的方法，直接将缓释肥洒在土壤表面上。

⑤因缓释肥成本较高，为降低成本，建议配合有机肥施用，可减量施用缓释肥，由此解决因缓释肥成本过高农户无法承受的问题。

⑥根据作物的生长需要，明确肥料施用的种类，高效缓释肥有多个种类，控释时期和养分含量均不同，施肥过程中要因地制宜，根据作物生育期的长短、需肥量大小有针对性地选择施用。

八、生物炭施用技术模式

河北是我国马铃薯主产区之一，规模化和集约化生产给企业和种植户带来经济效益的同时，也使土壤中微生物多样性减少，土传病害严重，马铃薯产量与质量下降，危害马铃薯产业的健康发展。生物质炭是作物秸秆、林业废弃物、畜禽粪便等生物质在限氧的条件下不完全燃烧的产物，是一种疏松多孔粉末状物质，其本身富含大量稳定性的有机碳和一部分养分元素。生物质炭施用于土壤能够改良酸化土壤、提高土壤肥力和作物产量，所以推广生物炭的实施对河北省马铃薯产业高效可持续发展意义重大。

1. 施用生物炭的产量效应　生物质炭在土壤中与马铃薯等块茎类作物的果实部分直接接触，所以施用生物质炭后使土壤紧实度降低，有利于增加马铃薯产量，其中生物质炭施用年限和施用量与马铃薯产量密切相关。生物质炭施用后马铃薯总产量和经济效益可提高10%～50%。

2. 施用生物炭的耕地质量提升效果

(1) *改善土壤物理性质*　生物炭是一种富含有机碳、具有稳定结构、较大比表面积的粉状颗粒，多数呈碱性，将生物炭作为土壤改良剂施入土壤，可吸附更多的水分和养分离子，提高土壤养分吸持量和持水容量，尤其是氧化后的生物炭可提高砂质土壤的持水量，改善土壤持水能力。如施用生物炭后，马铃薯土壤田间持水量可提高10%～20%，土壤毛管孔隙度增加1%～5%，进而改变土壤扩散率，改良砂性土壤的持水性。因此，生物炭使用后改善土壤物理性状及水分运移情况，提高耕作层水分含量，随之水分利用率也随之提高，可提高20%～50%。

(2) *改善土壤化学性质*　生物炭施用一方面能提高土壤有机碳、有效磷、速效钾等含量，另一方面能够调节土壤pH和盐基饱和度。因为生物炭含有大量的Ca^{2+}、Mg^{2+}等阳离子，通过与土壤中的H^{+}和Al^{3+}交换作用，从而有效降低其在土壤中的浓度。此外，生物炭无论施用在酸性还是碱性土壤环境中均能够使土壤中阳离子的交换量提高20%～25%，并随生物炭的增加呈上升的变化趋势，这可能与生物炭表面附着着大量的阳离子有关。

(3) *改变土壤微生物群落结构*　马铃薯随连作年限的延长，土壤真菌比例逐渐上升。施用生物炭能够使土壤真菌群落数量及多样性降低5%～20%。因此，施用生物炭可通过改变土壤的理化性质和微生物群落结构，在一定程度上抑制病原菌的生长，对破除马铃薯连作障碍有积极作用。

3. 生物炭施用技术要点

①生物炭用量不宜过多，低剂量生物质炭施用能显著提高马铃薯产量，但随着生物质炭用量增加，会降低一些元素的生物有效性，甚至引起微量元素缺乏症，马铃薯增产效果消失，还可能会降低马铃薯品质，所以应控制生物炭施用量。

②在生产中应考虑将生物炭施入时间后移，并建议采用螯合制备工艺，将生物炭与肥料制备成炭基肥。因为随着生物炭用量的增加，土壤碳氮比提高，土壤微生物与植株争氮竞争加剧，影响块茎形成，对单株结薯数有显著抑制的负面效应，并导致最终产量随生物炭剂量的增加而大幅下降。

③不同生物炭成分差异显著，因此应在专家指导下合理施入生物炭用量。

④在施用生物炭时需注意配施氮肥、补充硫肥。生物炭在加工制备过程中，其氮、硫分会严重损失，加之强烈的吸附性，长期大量单一施用会导致土壤有效养分含量降低，对作物生长造成不利影响。

⑤施用时需注意防护，基于生物炭比表面积大和孔隙度高的特点，许多污染物、细菌和病毒容易附着在生物炭上，并随着空气流动细小的生物炭颗粒容易进入人体的呼吸道和皮肤，对呼吸系统和心血管健康造成一定威胁。

九、新型肥料增效剂施用技术模式

目前河北马铃薯种植中肥料的利用率较低，如何提高马铃薯种植中的肥料利用率，是提高耕地质量及马铃薯产量过程中亟待解决的问题。使用新型肥料增效剂，可以有效地把肥料养分富集起来，既有利于作物吸收，又不容易被土壤固定、挥发和流失，可有效提高肥料利用率，增加作物产量，这也是近年来肥料研究中的热点之一。肥料增效剂的施用，提高了马铃薯种植中的肥料利用率，增强了马铃薯对肥料的吸收利用，从而提高马铃薯产量。所以肥料增效剂的推广、制备和使用为农业可持续发展提供理论依据和实践指导。

1. 新型肥料增效剂实施经济效益分析 由中国科学院微生物研究所自主研制的新型肥料增效剂，已在宁夏、甘肃等地得到应用。该增效剂是利用微生物代谢产物复配改性天然纳米材料而成，是一种具有三维纳网络结构的复合生物纳米材料，增效剂可有效控制氮素在土壤中转化和迁移。在宁夏银川市吉堡镇的试验中发现，在施肥量相同的条件下，添加不同比例的增效剂均可以提高马铃薯产量，其中添加10%增效剂时，马铃薯增产幅度可达14.2%，在减少肥料施用20%的情况下，添加10%增效剂后马铃薯产量也基本与全量施肥下持平。不同剂量的新型肥料增效剂实施后，马铃薯亩产可提高250～500kg，经济效益每亩增加250～450元。

2. 肥料增效剂实施耕地质量提升效果 肥料增效剂可有效提高土壤碱解氮、速效磷、速效钾、有机质等含量，提高幅度为1.5%～10%。肥料增效剂能够将更多的肥料养分保持在耕作层，减少了肥料的流失，从而有利于作物的吸收，提高肥料利用效率，在作物等产量条件下，可减少施肥量20%～30%。

3. 肥料增效剂实施过程要点

①肥料增效剂主要作为原料填充于肥料中，在实施过程中需注意将肥料增效剂集中冲施于作物根系周围，渗透到土壤20 cm左右，确保肥料增效剂与土壤中的肥料充分接触。

②可与液体肥料、杀虫剂、除草剂或水混合使用，用于作物播种前的土壤处理，既杀虫又增产还是好的调节剂；出苗后土表喷施，请勿直接喷施于作物表面。

③不同肥料增效剂在不同的土质上面有着不同的表现，且不同肥料增效剂主要成分有较大差异，因此具体施用量、施用种类、施用时间等需有专家进行指导。

④因为各种增效剂的比例不同，所以在使用时要注意增效剂的安全性是否可靠，对幼苗有无毒害，其次对土壤根瘤菌等有益微生物的副作用要小。

十、其他有效措施

1. 土壤改良剂施用技术 土壤改良剂，又称土壤调理剂，是指加入土壤中用于改善土壤的物理、化学和生物性状的物料，用于改良土壤结构、降低土壤盐碱危害、调节土壤酸碱度、改善土壤水分状况或修复污染土壤等。主要分为天然矿物类、固体废弃物类、人工提取或合成的高分子聚合物类，以及生物制剂类等。不同种类土壤改良剂对耕地质量的改善作用不同。

承德围场县采用盛满丰1号土壤改良剂对马铃薯土壤进行改良，发现实施改良剂后马铃薯产量可提高15%～24%，种植纯收入可增加7 000～9 800元/hm^2，并且发现颗粒剂较施用粉剂效果更好是（表4-8）。

表 4-8 土壤改良剂对马铃薯经济效益的影响分析

处理	产量 (kg/hm²)	收入 (元/hm²)	增加成本 (元/hm²)	增纯收入 (元/hm²)	投入效益比
常规施肥+盛满丰 1 号土壤改良剂粉剂 30kg/hm²	35 700	46 100	1 000	7 000	1∶7.0
常规施肥+盛满丰 1 号土壤改 良剂颗粒剂 75kg/hm²	39 000	48 900	1 000	9 800	1∶9.8
常规施肥+不施盛满丰 1 号土壤改良剂	29 000	38 100	—	—	—

注：引自《盛满丰 1 号土壤改良剂在马铃薯上的施用效果》，李文忠等。

土壤改良剂按组成成分来源主要分为人工合成型（聚丙烯酸盐类、聚丙烯酰胺列、聚乙烯醇类）、天然型（有机和无机种类）和人工合成—天然共聚型（以人工合成高聚物混合天然型）。腐殖酸对土壤的改良效果优于高分子聚合物，有效改善了土壤结构，有利于作物的根系生长。高分子聚合物在影响土壤水分的作用效果明显优于腐殖酸，主要是由于高分子聚合物以其高吸水的特性，增加了土壤水分，改善了土壤水分状况。因此，应根据自身需求正确选择土壤改良剂的种类。

在干旱和半干旱地区，土壤水分状况是限制该区耕地质量提升和农业生产力的最主要因素，则选择改善水分能力更好的高分子聚合物，进一步提高作物产量。腐殖酸具有良好的土壤改良作用，更有利于该区域水土保持，降低土壤侵蚀，有利于改善该区域的土壤环境。

两种土壤改良剂的配合施用，兼顾了改良土壤和增加土壤水分的作用，增加了土壤微生物的繁殖和代谢活动，有效地促进土壤养分的良性循环，两种土壤改良剂形成了良好的互补作用，对马铃薯生长的影响得到加强。

2. 硒肥施用技术 硒是人类身体健康必需的微量元素之一，土壤—植物系统中硒匮乏会导致人体硒缺乏，因此，为从农产品中补充硒元素，富硒农产品生产技术已成为当前研究的热点。硒肥施用不仅可提高作物品种和产量，提高经济效益，也可一定程度提高土壤肥力，改善耕地质量。但目前硒肥在马铃薯种植上的施用尚未大面积推广，且其后续土壤效应也尚无定论。

在硒肥施用过程中需注意以下几个问题：①“马铃薯专用富硒肥”，无论基肥还是追肥，均不得施后长时间暴露于空气中，必须尽早浇水、灌入土层或覆土；②“马铃薯专用富硒肥”只能用于马铃薯栽培，不得挪用其他品种的富硒肥用于马铃薯生产，必须做到专肥专用；③马铃薯属忌氯作物，不能掩用任何含氯的肥料如氯化钾、氯化铵及含氯的复合肥、复混肥等，尤其牵涉钾肥时，应选硫酸钾型肥料，不得使用氯化钾型肥料；④首次生产富硒马铃薯时，“马铃薯专用富硒肥”用量应予适当增加；每年的用肥量，应根据土壤土质状况、栽培品种、栽培季节等具体情况进行调整，不可一概而论。

3. 秸秆还田施用技术 马铃薯地膜覆盖技术的推广过程中，大量塑料地膜对土壤环境具有一系列的潜在危害，不利于农田可持续发展。地膜的大量使用也导致了秸秆的弃用、焚烧，引发新的资源浪费和环境污染等问题。河北马铃薯种植系统中，除玉米秸秆小部分用于青贮饲料外，大部分被浪费。秸秆还田是代替地膜覆盖的重要形式，秸秆还田一方面保墒作用明显，有利于马铃薯薯块的形成和膨大，可提高马铃薯产量和经济效益；另一方面，秸秆腐解后为土壤提供大量有机物质，可降低土壤容重，提高土壤团聚结构、有机质及养分含量。因此，秸秆还田是一种低成本、高回报的耕地质量提升措施，应得到相应的重视。

在秸秆还田过程中需注意以下几个问题：①秸秆中存在着较难分解的纤维素、木质素，不易被土壤中的微生物快速分解利用，因此必须保证农田水温条件才能达到秸秆还田的良好效果；②秸秆中的碳氮比较高，微生物需吸收利用较多的氮素才能充分分解秸秆，因此秸秆还田需要配施氮肥才能避免秸秆与作物竞争氮素的现象；③秸秆还田的产量和养分效应一般随秸秆还田量的增加而提高，但秸秆还田量并非越多越好，过高秸秆还田量会影响马铃薯的生长，应适当调整秸秆还田量。

第五章
马铃薯产业发展建议

马铃薯适应性强，产量高，营养丰富，低脂高蛋白，富含膳食纤维，在世界各地被广泛种植，为解决人类粮食短缺，保障人类营养供给，立下了汗马功劳。联合国粮食及农业组织（FAO）历来高度重视马铃薯产业，一直把马铃薯列入四大粮食作物之一，将之作为粮食作物进行统计和管理。

我国马铃薯种植面积和总产量均居世界第一，过去我国在农作物分类中，曾一直将马铃薯作为蔬菜进行统计和管理。在国内长期以粮为纲思想的影响下，马铃薯的地位明显降低，比起其他粮食作物，国人对马铃薯的关注程度、科研投入、资金投入、甚至土地分配使用等诸多方面都未给予应有的重视。马铃薯普遍种植在贫瘠、干旱、高海拔、沙化、河滩、边角零余地块，因此产量和品质受到多重因素制约。2015 年国家实施马铃薯主粮化战略，马铃薯正式成为我国第四大粮食作物，这是农业种植结构调整、保证国家粮食安全的重要战略决策，必将对马铃薯产业提升和发展产生巨大的推动作用。

2016 年中央一号文件，提出了“藏粮于地”的理念。十三五规划建议提出：“坚持最严格的耕地保护制度，坚守耕地红线，实施藏粮于地、藏粮于技战略。”要做到藏粮于地，关键是两点：第一，保住耕地面积；第二，提高耕地质量。保住耕地面积是基础，提高耕地质量是关键。在提高耕地质量方面，行之有效方法的有土地整治、农田水利工程、秸秆还田等。种植马铃薯的土地规模普遍小而散，是规模化、现代化生产的最大瓶颈，为实现机械化，迫切需要进行土地整治。河北省种植马铃薯的地区，严重缺水，应加大农田水利建设力度，同时采用滴灌、地膜等技术，提高农田灌溉水分利用系数。在马铃薯种植区通过增施有机肥、秸秆还田及增施益生菌等方式，提高土壤肥力。

马铃薯是一种极具生产潜力的农作物，光合效率高，营养物质生产和积累能力强，同时马铃薯水肥利用效率高，比其他农作物优势明显，即高产又高效，有巨大的增产空间和广阔的发展前景。据 2016 年《全国农产品成本收益资料汇编》2014—2016 年河北省主要竞争作物与马铃薯每亩平均成本收益比较数据显示，与小麦、玉米、大豆、花生四大主栽作物比，马铃薯在河北省主栽作物中单位成本最低、净收益最高、成本收益率最高。从单位成本来看，每 50kg 马铃薯成本为 51.66 元，远低于小麦、玉米、大豆、花生；从净收益来看，马铃薯每亩净收益 162.59 元，而小麦作为其他 4 种作物净收益最高的品种，净收益不足马铃薯 50%；从成本收益率来看，马铃薯的成本收益率为 10.41%，远高于小麦、花生、玉米、大豆。

河北省马铃薯主产区在张家口及承德的坝上、坝下地区，同时在秦皇岛、唐山、保定、石家庄、邢台、邯郸等市的山区、半山区、河滩、林下等零余地块种植。近年来，在省委、省政府的高度重视和大力支持下，全省积极实施了马铃薯产业开发战略，从品种选育、种薯脱毒、优化种植技术、建设贮藏设施、兴办加工企业以及开拓市场等多方面着手，全力促进马铃薯向高产、优质、高效型转变，已经在多个领域取得了丰硕成果，有效带动了农民增收和区域经济发展。

河北省在马铃薯育种、扩繁和商品薯生产等方面颇有优势。张家口和承德生产的马铃薯种薯，品质优良，抗性强，备受国内、外同行认可，获得很多资质和荣誉。张家口市和承德围场满族蒙古族自治县被农业部认定为国家区域性马铃薯良种繁育基地；张北县被农业部命名为“中国北方马铃薯之乡”、“中国马铃薯微型薯之乡”；“张北马铃薯”获农业部农产品地理标志登记保护。近些年，张家口、承德两地引入和培养了一批种薯科研、生产和推广龙头企业，如张家口弘基农业科技开发有限责任公司、中美合资辛普劳有限公司等，截止 2018 年底，全省具有生产资质的种薯生产企业 18 家（其中张家口 14 家、承德 3 家、二季作区 1 家），年生产原原种 5 亿多粒，原原种占全国市场份额近 30%，原种约占全国 400 万吨种薯市场的 8%，在山东滕州和广东惠州两大种薯交易市场，河北省种薯已经具备了良好的商誉和一定的影响力。全省已经初步形成较为完整的种薯生产体系，包括脱毒和组织培养快繁、微型薯快繁、田间种薯扩繁、质量检测和分级等。从品种上和品种结构上也基本做到了早、中、晚熟品种相配套，加工薯、鲜食薯齐全。在商品薯生产方面，河北省也占有相当地位，近几年播种面积和产量都比较稳定，全国排名占到十二名左右，而且商品率比较高，在很多地方取得了一定的美誉度，获得消费者认可。2018 年种植面积 139 333.33 hm^2，总产量 459 万 t。

河北省马铃薯产业发展水平与世界先进水平相比较，仅在制种技术方面处于中等或中等偏上水平，其余技术均处于平均线之下，尤其是在生产层面上水平较低。许多农户仍旧使用传统的耕作方法，生产水平低，效益低。当前生产上存在的主要问题是：生产规模小，种植户技术接受能力差，机械化程度低，生产成本较高，加工能力短缺，尤其是高端产品加工能力奇缺，营销能力差等。从 2018 年河北省马铃薯不同经营主体平均成本收益比较来看，全省马铃薯龙头企业凭借规模优势，在产值、净利润和成本收益率上都明显高于种植大户和合作社，成本上龙头企业与合作社相比基本持平。河北省马铃薯种植大户、合作社和龙头企业的单位亩产值分别是 1 650、3 750、5 600 元，其中龙头企业分别是种植大户和合作社的 3.39 和 1.49 倍；在成本方面，种植大户、合作社和龙头企业每亩的成本分别是 1 385、2 645和 2 840 元，龙头企业的马铃薯种植成本是种植大户的 2.05 倍，与合作社差距不大；从净利润和成本利润率方面来看，种植大户、合作社和龙头企业每亩净利润分别是 265、1 105和 2 760 元，成本利润率分别是 19.37%、41.63%和 98.18%，龙头企业的单位净利润是种植大户的 10.42 倍，效益明显好于马铃薯种植大户和合作社。未来的工作重点是，通过各部门和单位共同努力，培优扶强种植主体和经营主体，推广成型配套的种植技术，提升种植和管理水准，通过科学浇水、施肥，组团生产和营销，将马铃薯的增产、增收潜力充分发挥出来，使马铃薯产业这项极具市场优势和开发前景的农产品，变成推动全省农村致富奔小康的主要农业产业。

当前我们应紧紧抓住农业部“马铃薯主粮化”战略调整的重大机遇，围绕京津冀一体化重大国家战略，借助消费升级的东风，一方面要扶优扶强，在政策、资金、技术、整合（强强联合、产学研结合）等方面大力扶持现有的强势项目和优势企业，在种薯和商品薯生产上，帮助企业做大做强，做到企业强大，行业领先。另一方面，要挖掘潜力，补齐短板。同时结合河北省区位优势和气候特点，进一步提高产量和品质，增加精深加工，延长产业链，提高贮存能力，建立健全稳定的销售渠道，做到全年均衡供应，提高企业效益。为实现以上目标建议从以下几个方面做好工作。

一、打造产业技术体系

充分利用现有国家马铃薯产业技术体系，河北省现代农业产业技术体系薯类产业创新团队、河北省农林科学院、河北省农业大学、河北省北方学院马铃薯研究中心、张家口农业科学院马铃薯研究所、张家口市国家马铃薯改良中心华北分中心、承德市农林科学院、石家庄市农林科学研究院等科研体系与院所；省、市、县、乡各级土壤肥料和农业技术推广队伍；龙头企业、公司企业内的科研和推广资源，充分参与到新品种选育、组织培养、质量检测、良种繁育推广、栽培技术创新、技术普及推广等环节。利用与京、津知名研究院所和海外院所、有关企业及相关专家的关系，深入开展科技攻关、成果转化、人才培训等领域的战略合作，实现优势互补、产业对接、成果共享。理顺和调动农业科研、农业教育、公司企业、农业技术推广多方关系和积极性，打造河北省马铃薯产业技术体系，建设河北省马铃薯产业科技高地，引领全省马铃薯产业健康发展。

河北省应以“种薯研发推广—标准化种植—现代化贮藏—精深加工”为技术路线，充分调动政府、科研、教学、推广单位、产业联盟、龙头企业各方积极性，逐步建设成品种选育、种薯脱毒、组培、扩繁，原原种、原种、商品种的标准化种薯生产及推广体系。

二、优化产业布局

综合考虑河北省气候和水土资源禀赋，建设优势产区；以发挥比较优势为原则，鼓励适度规模经营，优化马铃薯生产布局。马铃薯适宜种植在土层深厚、疏松，富含有机质，保水保肥的肥沃土壤。生理上性喜冷凉，其生理特性是：地下薯块形成和生长需要疏松透气、凉爽湿润的土壤环境，对温度的要求比较苛刻，块茎生长的适易温度是16～18℃，当地温高于25℃时，块茎停止生长；茎叶生长的适易温度是15～25℃，超过39℃停止生长。河北省西北部坝上、坝下地区气候冷凉、昼夜温差大，土壤有机质含量相对较高，病虫害少，是理想的马铃薯种植地域，是我国马铃薯种薯、加工用薯和鲜食用薯生产的优势区域，且生产出来的马铃薯薯型好，口感佳，光滑白润，耐运输、耐贮藏享誉全国。河北省应将马铃薯产业重点布局在张承地区、推行集约化种植、标准化生产。同时邯郸、邢台、石家庄、保定、秦皇岛、唐山等地区，利用靠近消费地的便利条件，生产早春鲜食薯。在耕作模式上，张家口、承德等地种植马铃薯通常春种秋收，是传统上的一作区，除繁种外，种植品种主要是生产薯条、薯片、淀粉等专用品种和部分鲜食品种，具有较大的增产增收潜力。邯郸、邢台、石家庄、保定、秦皇岛等地区光照充足、利用早春气候冷凉阶段，辅助覆膜技术，种植菜用马铃薯，一般春种夏收，赶在春夏之交蔬菜紧缺期间上市，效益好，有较大的增产、增收潜力。张家口农业科学院马铃薯研究所、河北省北方学院马铃薯研究中心、张家口市国家马铃薯改良中心华北分中心、承德市农林科学院等农业科研单位在一作区马铃薯栽培技术方面进行了一系列探索，集成和推广了很多成熟的良种良法配套技术，规模化的公司企业和合作社等大规模生产水平居全国前列，如全程机械化喷灌圈种植技术，马铃薯绿色增产增效技术集成生产模式等，集成了世界领先的灌溉系统、生产机械和种植模式。马铃薯生产基本实现了耕地、整地、浇水、播种、施肥、打药、收获全程机械化。石家庄市农林科学研究院在马铃薯栽培技术，特别是二作区马铃薯高效栽培技术、多膜覆盖技术均处国内外中上水平。该研究院还集成了一系列适宜二作区推广的马铃薯高效种植模式，探索出了适宜太行山区采用的马铃薯套种夏玉米、马铃薯套种小果树模式；马铃薯复种夏甘薯、夏花生模式，适宜粮区采用的马铃薯复种夏玉米、夏谷子、夏大豆模式。适宜菜区推广的一膜马铃薯复种大葱、复种大白菜模式，形成了较为完备的二作区马铃薯高效种植模式及配套栽培技术体系，为两作区马铃薯产业发展提供了强有力的技术支撑。

河北省马铃薯产业高产优质发展主要制约因素是水资源匮乏，马铃薯主产区位于张承坝上地区，该区水资源极度匮乏，存在严重的地下水超采问题。年平均降水量 350 mm 左右，亩耕地平均地下水资源不足 70 cm^3，约为全国平均值的 1/20。水资源短缺已成为制约张家口、承德地区，尤其是坝上马铃薯主产区种植规模外延扩张的重要因素，开发节水马铃薯高效种植模式，减少缺水因素制约，是农技研发的方向之一。地膜覆盖技术具有保温、保墒、抑制杂草等特点，能够显著延长马铃薯生长期，改善植株生长小环境，保持土壤中水分，抑制水分蒸发，降低劳动强度，节水、增产效果明显，厚黑膜配套滴灌技术是现在非常成熟，效果最好的模式。

培肥地力，藏粮于地。马铃薯是茄科植物，忌连作，连作后主要表现为土壤理化性状劣变、土传病害和根际分泌物引起的自毒作用积累等，农田长期重茬种植，会使马铃薯产量降低、品质下降。同时，长期不合理施肥，也会造成土壤理化性状下降、养分失调。建议在配方施肥、秸秆还田、增施有机肥的基础上，配施生物有机肥、复合微生物肥料和农用微生物菌剂等产品，可在向土壤补充养分的同时，输入有益微生物，有益微生物具有促进土壤养分转化，提高作物养分利用率，增强植物抗逆性的功效。近年来微生物类肥料在全省马铃薯种植中逐渐推广应用。巨大芽孢杆菌和胶质芽孢杆菌作为有效菌株的溶磷解钾微生物菌剂在农业生产上应用较为广泛，既可以提升土壤中磷钾的养分，同时可以防止过量施用化肥带来的养分流失和环境问题。

三、扶优扶强龙头企业

农业龙头企业是提高农业管理水平和普及农业技术的带头人，它不仅是农业技术的研发者、农业技术的实践者，在某种程度上也是农业生产的组织者。在龙头企业引导和带领下，马铃薯生产和深加工才能健康发展。同时，龙头企业也是实施品牌战略的必备基础条件。扶持壮大龙头企业，即是振兴马铃薯产业的必备条件，也是捷径路线。经调查测算，龙头企业的净利润是种植大户的 10.42 倍，效益明显好于马铃薯种植大户和合作社（调查显示龙头企业普遍规模较大、种植水平和机械化程度较高，且大都创立了自身品牌，所产出的马铃薯销往全国各地，销售的时间较充裕，利润较高。龙头企业、合作社和种植大户每亩净利润分别是 2 760、1 105 和 265 元，成本利润率分别是 98.18%、41.63%和 19.37%）。政府应加大支持力度，再加上各部门帮助龙头企业不断发展壮大，用以带动合作社和种植大户，推动提高农业管理水平和技术能力，提高种植马铃薯的收益率。只有龙头企业发展或是合作社达到相当规模后，马铃薯深加工和营销现代化才能得以实现。

四、做大做强育种、制种产业

马铃薯的良种培育、繁育和脱毒种薯是马铃薯生产过程中的高端环节，也是实现马铃薯增产、增效的关键技术。该环节技术密集，资金需求大，利润高。河北省现有科研力量在分子育种技术、品种选育、高端栽培技术研发等领域虽然有了一定的基础，取得了很大的成绩，但与产业发展的需求相比，与世界先进水平相比有还有不小的差距，主要问题是育种制种企业规模小、实力弱、科技力量亟待提高，推销队伍推销能力有待加强。

1. 调动各方力量，推进种业发展　“藏粮于地、藏粮于技”战略，核心之一就是“藏粮于种”。随着这几年张家口农业科学院冀张薯 5 号、冀张薯 8 号、冀张薯 12、冀张薯 14 号的育成和在我国冷凉地区和俄罗斯等国的大面积推广，标志着河北省居于国家战略性、基础性核心产业马铃薯育种产业链上游走在了全国前列，占有了优质种质资源，掌握了选育品种的优势，具备了种业竞争的主动权。应继续收集种质资源，在分子育种，组织培养选育方面下工夫，引导单位和企业筛选培育更加适合全省种植的耐瘠薄、抗干旱高产的自有品种，主攻专用高淀粉品种、适宜加工品种和鲜食品种，提高专用品种比例，凸出品种导向性。同时根据不同种植需求，引进推广高纯度冀张薯 5 号、冀张薯 8 号、冀张薯 12 号、冀张薯 14、中薯 3 号、中薯 5 号、费乌瑞它、夏波蒂、大西洋、荷兰 15、早大白等新优品种进行组培、扩繁、育成原原种和原种。充分利用全省已经初步成形，较为完整的种薯生产体系，包括脱毒和组织培养快繁、微型薯快繁、田间种薯扩繁、质量检测和分级体系。加大支持力度培育和引入资金密集型马铃薯种薯企业，助力企业尽快完善工厂化组培、脱毒苗、原原种培育、原种扩繁等生产环节，提高生产效率，使其尽快进入良好运营状态。

2. 充分发挥种薯制种优势　充分利用张家口和承德得天独厚的坝上高原，夏季冷凉、病虫害少、防护隔离条件好、人力资源相对丰沛的资源禀赋，发展马铃薯种薯扩繁基地，提升全省脱毒原原种、原种与商品种生产能力，提高全省脱毒原原种、原种和商品种在全国市场占比。通过大规模标准化种薯繁育，规范提高种薯质量，降低种薯价格，加大推广力度，普及优质种、脱毒种。同时，大力支持和加强良种培育、繁育基地建设，提升脱毒种薯普及率。张家口市全市和承德围场满族蒙古族自治县被农业部认定为国家区域性马铃薯良种繁育基地。建设国家马铃薯良繁基地，有利于加快现代种业创新发展，同时繁育基地也是新品种新技术展示与推广基地，能够严格按照种薯生产规程进行规范化生产，直观地做给农户看，带着农户干，使马铃薯繁育基地成为繁育推广的主渠道。马铃薯良繁基地不仅是种薯的生产基地，还是马铃薯种业的创新基地，更是科技成果转化的展示基地。一方面，马铃薯良繁基地是国家种业科技创新的重要平台，能够集聚科技、人才、资本等创新资源，推动产学研紧密结合，带动区域农业发展，还是培育和带动相关人才成长的基地。另一方面，马铃薯良繁基地是连接科研和推广的桥梁，能够加速农业科技成果转化，是农业科技成果引进、消化、吸收、创新和集成开发的窗口，同时也是新品种、新技术、新模式、新装备的重要鉴定平台和成果转化应用平台。应全力发展马铃薯种薯扩繁基地，大力推广已经成熟的马铃薯种薯繁育全程机械化喷灌圈等技术，以提高脱毒原种和商品种比例，减少商品薯比例，提高种植效益。

3. 制种主要问题和发展方向 当前河北省选育和推广品种类型比较单一，存在欠缺：一是缺乏适合加工的本土化品种，特别是适于薯片、薯条和全粉生产的低还原糖且抗低温糖化品种，现在用于加工的品种多为国外引进的夏波蒂、大西洋、麦肯 1 号等品种，需要沃土、高水、高肥，对全省干旱、较瘠薄、连作面积大的省情不完全适应；二是缺乏适合城乡市场消费的鲜食型品种，研发推广工作跟进相对较慢；三是受用地成本高等因素影响，轮作倒茬不及时，连作因素导致病害问题日益突出，黑痣病、枯萎病等土传病害日益严重，用药量增加，影响马铃薯产量和品质，培育抗病性强，抗重茬，耐连作的品种也是亟待解决的问题；四是优良脱毒种薯推广宣传力度不够，使用率仍较低，农户与新型经营主体相比、坝下与坝上相比尤为明显；五是现阶段全国优质马铃薯脱毒种薯普及率仍然很低，仅为 15%～20%左右，其主要原因是优质脱毒种薯生产投入成本较大导致供应价格较高，未充分脱毒种子或者加代种子以次充好扰乱市场，薯农对种薯脱毒及种薯质量认识不到位，很多地方还在采用传统的引种、换种的做法，且现存种薯繁育市场不规范，品种间混级混杂严重，病毒性退化和两种以上病毒混合性感染现象比较严重。

4. 搞好品牌建设和推广 建议河北省继续完善马铃薯种薯（包括各个级别原原种、原种、生产种等）标准，各级企业创建自主品牌。买卖双方凭标准和种薯品牌议价。对卖方来说，可以做到优质优价，扩大销量，进而促使卖家不断提高品质，发展企业；对买方来说，能够放心买到好的种薯，丰收有望。应在这方面加大支持力度，促使全省马铃薯种薯生产尽快走上标准化轨道，创建自有品牌，增加生产能力和竞争力，同时降低生产成本，扩大市场占有率。

为扩大河北种薯的知名度和影响力，方便种薯交易和市场监管，建议省主管部门商议市场管理部门，在全省种薯主产区建立（线上、线下）种薯交易市场（如山东滕州、广东惠州种薯交易市场），通过产地交易市场对我省产品进行品牌化运作，打响河北种薯名声，扩大河北种薯影响力。在国际贸易方面应紧随马铃薯种薯主要的出口国荷兰、比利时和美国的脚步，先在已经打开市场的俄罗斯、中东等市场站稳脚步，扩大市场份额，再逐步拓展到更多国家和地区。

全省农业技术推广部门，应强化科技支撑，绿色发展提升产业竞争力水平，组织生产企业和农户弥补短板，通过规范种薯质量控制、抗旱节水高产栽培、机械种植及收获、病虫草害综合防治、品牌化现代化营销等关键环节，最终实现主推种薯脱毒化、品种专业化、推销营销现代化。充分利用现有的基层农业技术推广体系和在部分地区已经建立的县、乡、村三级脱毒马铃薯繁育推广体系，积极支持农业科研单位、教育机构、涉农企业、农业产业化经营组织、农民合作经济组织、中介组织等参与脱毒马铃薯繁育、推广与服务。

五、良种、良法配套，促高产高效

我国马铃薯单产世界排名长期徘徊在 90 名左右，比利时、荷兰等国单产水平较高，多年平均单产在 50 t/hm^2 左右，我国平均单产 15 t/hm^2 左右，最主要原因是投入严重不足。马铃薯生产潜力巨大（国内也有一些生产水平比较高的地区和地块，例如：2018 年山东省平度市蓼兰镇曹戈庄村李桂香地块，种植希森 6 号单季亩产 9.58 t，折 143.7 t/hm^2，创造了马铃薯世界单产纪录；河北省马铃薯亩产记录是在张家口创造的7.5 t，折112.5 t/hm^2），应通过政策引导将马铃薯栽培逐步向优势产区集中，通过使用良种，合理轮作，配方施肥，节水灌溉，标准化机械化操作等配套高产高效栽培技术，建立高产高效示范区，以提高单产和整体收益率为突破方向，带动产业水平提升。

农业技术推广部门加强技术入户和指导，在种薯、肥料、灌溉方面增加投入，紧抓技术到位率。通过滴灌、黑膜、生物防控适宜技术措施减轻病、虫、草害的危害。搞好机械化种植技术的示范推广，机械化种植技术能够提高生产效率。在集中连片地区应扩大型农用机械应用规模和范围，分摊成本。现在大型机械一般都是从国外进口，成本高昂，应加快国有大型农业专用机械提档升级，做好国产替代。在丘陵、山区、小规模适宜种植区推广小型、中型农用专用机械。通过普及机械化，降低劳动强度，减少用工成本。配套包括轮作倒茬、土壤消毒、高抗品种、脱毒种薯、种薯处理、配方施肥、统防统治、残膜回收、全程机械化等关键技术，标准化种植技术规程。

六、冷藏保鲜

相对于张承地区每年300多万 t 马铃薯产量，两地马铃薯贮藏、加工龙头企业仍然偏少，先进贮藏设施少，贮藏损失大，转运成本高，大多数马铃薯只用于鲜食或者初加工成粉丝、粉条及淀粉，少量加工成主食化产品，如馒头、蛋糕等。二作区马铃薯基本是在地头出售，贮藏设施不健全，马铃薯种植户只能被动接受上市价格。为提高附加值，做好茬口衔接，首选手段就是对马铃薯进行冷藏或窖藏，保证全年均衡供应鲜薯，一可增加销量，二可提高经济效益。冷藏是发达国家贮藏马铃薯的主要方式。选择耐储藏品种、基本度过休眠期，薯块成熟度和愈伤良好、无损伤、无腐烂、未变绿、处于休眠期（未萌芽）内的马铃薯用于贮藏。马铃薯冷藏首选钢结构波纹板屋顶智能冷藏库，采用低能耗快速组装的轻钢结构骨架压力仓。建成成本虽略高于土建冷库，但使用年限长，节能。通常采用钢结构拱形波纹板屋顶，减少了储存库的上部多余的空间，比普通气调库节省1/4的空间，减少散热能耗1/5。采用中间压力仓共享式通风系统，最大限度优化利用通风功效，降低运行成本。采用变频通风体统，比常规通风方式节能40%。采用湿帘式加湿，优化加湿效果，使储藏的产品处于最佳湿度范围。采用环境参数智能调节系统来改善马铃薯的储藏环境，解决马铃薯在储藏过程中易冻窖、伤热、发芽和黑心等问题。采用木板组成楼面，墙面系统，采用货架配小型气调仓（箱、筐）或者将马铃薯散堆在库内，堆高1.5～2 m，每距2～3 m垂直放一个通风筒。通风筒制成栅栏状，横断面积0.3m×0.3 m，下端接触地面，上端伸出薯堆，以便于通风。贮藏前避免阳光直晒，入库初期，库温应控制在12～15℃，相对湿度95%以上，使其进行10～15 d的预贮，促使其伤口愈合，增强对细菌以及真菌侵染的抵抗力。注意种薯贮藏温度宜为2～4℃，鲜食薯贮藏温度宜为4～6℃，加工薯贮藏温度宜为6～10℃。

如果条件有限也可以选择进行窖藏或沟藏。马铃薯收获后预贮在荫棚或空屋内，使其基本度过休眠期，同时愈合伤口，直至休眠期快结束时进行窖藏或沟藏。选土质坚硬、地势高而干燥、排水良好的地方挖窖。最好是伏天挖，秋天使用，使窖壁充分干燥。一般一个窖储量约3 000kg左右，窖深3 m左右。窖顶设通风孔。然后将选好的薯块堆于窖内。堆藏时应掌握好堆高。过高易发热和压伤。一般食用薯块可堆高1.5～1.8 m；早熟种薯1.1～1.25 m，中、晚熟种薯 1.3～1.5 m。贮藏沟深 1～1.2m，宽 1～1.5m，沟长不限。薯块厚度40～50 cm，寒冷地区可以铺 70～80 cm，上面覆土保温，覆土要随气温下降分次覆盖。沟内堆薯不能过高。入窖初期，温度应控制在 12～15℃，相对湿度 95%以上。注意通风，防止薯堆发热或冻伤，窖温要经常保持 1～2℃。

七、延伸加工产业链条

欧美国家人均年消费马铃薯食品折鲜薯数量为：英国 100kg、美国 60kg（其中油炸土豆片为 9kg）、法国 39kg，我国人均年消费量仅为 11.7kg，且主要作为鲜薯食用，约占总量的 55%。欧美国家马铃薯加工环节成熟稳定，消费主要以冷冻薯条、薯片为主（占比 70%左右），在工工艺、加工设备、包装、储运、运输、销售等各个环节都比较完善；马铃薯薯片、薯条、脆片、膨化食品等生产工艺设备几乎全部实现了机械化、自动化；马铃薯加工品的制作方法，产品质量、包装等方面操作规范严格且标准。国内的马铃薯深加工产品主要为淀粉、薯条薯片、全粉及主食化产品 4 个品类。淀粉是我国马铃薯产业中传统的深加工产品，工业化生产有 40 多年的历史，可制粉条、粉皮、糊精、葡萄糖、酒精、柠檬酸、变性淀粉、涂料等，加工淀粉的废水可制作酒、酱油、醋、麦芽糖和饲料酵母等多种产品。目前，全国年产马铃薯淀粉 50 万 t 左右，主要用作食品加工原料或添加剂，以及作为工业辅助原料，譬如用于印染、浆纱、造纸、铸造、医药、化工等多种工业领域。美味的薯条薯片是世界各族人民都喜欢的食品，可以说是征服了全世界人民的胃。在我国，薯条薯片加工业发展较为滞后，且目前国内的大型加工企业主要是麦肯、爱味客等国际巨头的直营分公司或合资企业，民族品牌企业少之又少。据统计，现在我国马铃薯消费中薯条薯片加工量不足 5%。近年来随着冷冻加工能力提升，速冻薯条、薯片发展较为迅速，引领马铃薯加工业的发展方向。主食化产品主要是在国家马铃薯主食化政策推动下出现的大众主食产品，如用马铃薯全粉做的配方米以及馒头、面条、全粉糕点、蛋糕等传统食品；还有薯泥与蔬菜杂粮混合所做成的功能性主食；另外有以马铃薯淀粉、全粉为原料所做的膨化休闲食品等。

河北省马铃薯加工比例不足两成，且初加工占比较高，精深加工占比亟待提高，尤其是高附加值的马铃薯薯片、薯条、脆片、膨化食品等的加工企业更是凤毛麟角。应沿着发达国家加工业成熟的发展道路，结合我国特色发展马铃薯加工产业。首先是生产规模化，为提高市场竞争力，应该引进和培育规模化的知名大型食品加工企业，以获得其成熟的大规模生产、强大的品牌影响、现成的营销体系和队伍等。其次是品种专用化，应重点把选育不同加工需要的品种确定为优先发展目标，将马铃薯品种分为食品专用型、淀粉专用型、油炸专用型、全粉专用型等。再次技术高新化，广泛采用高新技术，使马铃薯加工业向着节水、节能、高效率、高质量、高利用率、高提取率等方面发展，充分发挥后发优势，避免重复弯路。

按照大力发展深加工延伸马铃薯产业链，提升价值链原则，立足农业办工业，依托资源上项目的思路，吸引、鼓励马铃薯加工企业在河北马铃薯主产县建厂；同时，继续大力支持原有加工企业，加大本地马铃薯消化能力，缓解产地销售压力。积极培育壮大马铃薯加工龙头企业，引进大型龙头企业，集群发展，实现产业链整合，组建马铃薯产业联合体，重点扶持骨干龙头企业，培育集种薯、种植、贮藏、加工及产品营销为一体的加工产业集群。二是创新利益联结机制，通过“龙头企业＋合作社＋农户”“龙头企业＋基地＋农户”等形式，促进产业提档升级，让种植户分享溢价效益。

八、紧抓机遇推动品牌建设

借力京津冀一体化和京张冬奥会契机，按照奥运食品标准，选定一批备选企业和生产基地，加强前期准备工作，积极打造马铃薯种薯、商品薯、加工制品的区域公用品牌和自由品牌，提升品牌知名度和美誉度，发挥品牌效应，提升产品质量和档次。紧抓“马铃薯主粮化”、京津冀一体化和消费升级机遇，加强品牌建设工作，突出产品特色和品牌知名度，针对不同的消费需求群体，做好产品的分类分级。例如：大力推广农产品地理标志产品，张北马铃薯在京、津地区已经有了一定声望，应该利用多种手段推介和宣传该产品，让更多京津消费者了解并吃上张北马铃薯、河北马铃薯。

不断健全市场流通体系，充分利用现有蔬菜、马铃薯专业批发市场、购销网点、运销大户、营销从业人员。同时，在集中产区建设大型的马铃薯交易市场，带动当地马铃薯产业发展，提高广大薯农收益和抗风险的能力。继续建设完善马铃薯销售市场信息服务平台，及时掌握最新的全国各地马铃薯生产、销售等动态，抓住电商蓬勃发展机遇，拓展新的销售渠道。充分利用自然景观和马铃薯生产基地，建设马铃薯博物馆田园综合体、生态休闲观光园等，打造集自然、生产、休闲、娱乐于一体的马铃薯主题旅游景区，促进三产融合，提升马铃薯附加值。

规范生产，扩大国际市场占有率。全球马铃薯的总产量的3%用于国际之间交易，国际贸易集中在欧盟国家和北美地区。马铃薯的国际贸易以冷冻产品为主，主要是薯条、薯片。近年来，全世界冷冻马铃薯的贸易总额为30多亿美元，出口大国为荷兰、加拿大、比利时和美国。拥有欧洲最大规模的马铃薯加工业的荷兰，将其总产量320万t马铃薯的70%～80%加工成薯条和薯片，其中90%的加工产品用于出口。美国马铃薯产品出口份额的59%为冷冻薯条，其中41%供应日本，55%的冷冻薯条出口到中国。由于受可耕种面积和气候等条件的限制，我国周边的日本、韩国和东南亚国家，一直都是马铃薯种薯、食用鲜薯和马铃薯加工制品的进口国。据不完全统计，仅越南、泰国每年需进口种薯3万t，日本每年需进口薯条27万t。这些地区都是我国马铃薯出口的潜在市场，与西欧、北美等主要马铃薯输出国相比，我国具有明显的区位优势和地理优势。近年来中国逐步在全球马铃薯“舞台”上站稳脚跟，2017年，中国马铃薯出口额2.81亿美元，占马铃薯全球贸易额的5.8%。近年来河北省出口量从无到有，且逐渐增加，应狠抓标准制定，规范生产，逐步增加河北省产品在国际市场占有率。

参考文献

王哲，2019. 河北省马铃薯产业发展研究［J］. 河北农业大学学报（社会科学版），21（4），文章编号：1008 6927（2019）04 0008 05 .

罗其友，2018. 2017—2018 年中国马铃薯产业发展态势［A］//中国作物学会马铃薯专业委员会. 马铃薯产业与脱贫攻坚.